DEUTSCHE DEMOKRATISCHE REPUBLIK
DEUTSCHE AKADEMIE DER LANDWIRTSCHAFTSWISSENSCHAFTEN ZU BERLIN
INSTITUT FÜR LANDWIRTSCHAFTLICHE INFORMATION UND DOKUMENTATION

Landwirtschaftliches Zentralblatt

ABTEILUNG III

TIERZUCHT · TIERERNÄHRUNG FISCHEREI

9. JAHRGANG
1964

AKADEMIE-VERLAG · BERLIN

.Z. III TIERZUCHT · TIERERNÄHRUNG · FISCHEREI · JG. 1964 · NR. 4 · SEITE 689–928 · BERLIN · APRIL 1964

LANDWIRTSCHAFTLICHES ZENTRALBLATT

ABTEILUNG TIERZUCHT · TIERERNÄHRUNG · FISCHEREI

INHALTSVERZEICHNIS

LZ. III/4/64

NAMENVERZEICHNIS

3—64/04—0001 bis 0730; 3—64/04—9001 bis 9228

Ab Jahrgang 1964 beziehen sich die hinter dem Autorennamen angegebenen Zahlen auf die Signatur des Dokumentationsmaterials

Signatur in [Klammern] bedeutet Bibliographie, mit Stern * bedeutet Buchbesprechung

LANDWIRTSCHAFTLICHES ZENTRALBLATT
ABT. TIERZUCHT · TIERERNÄHRUNG · FISCHEREI

1964 **NR. 4** **APRIL**

ALLGEMEINES

A. GESCHICHTE, FORSCHUNG, UNTERRICHT

3-64/04-0001 Franz, Günther. **Liebig und Hohenheim (Rede, gehalten bei Antritt des Rektorates am 8. Mai 1963 von dem ordentlichen Professor der Geschichte und Agrargeschichte).** Landwirtsch. Hochschule Hohenheim, Reden u. Abh. **1963** Nr. 15. S. 1–30. – 57 Lit. 40.

3-64/04-0002 Michalka, J. **Tierseuchenforschung und -bekämpfung in den letzten 250 Jahren.** Wiener tierärztl. Mschr. **50** (1963) Nr. 1. S. 94–102. 40.

3-64/04-0003 Boguslawski, E. von. **Die Reform des Studiums der Landwirtschaft.** Mitt. dtsch. Landwirtsch.-Ges. **77** (1962) Nr. 34. S. 1129–1130. Das Grundstudium des allg. Landbaues und die landwirtsch. Praxis sollen in der BRD als Voraussetzung für die Zulassung zum Studium beibehalten werden. Eine qualitative Verbesserung der praktischen Zeit (1,5 Jahre), die sich über 2 Vegetationsperioden erstrecken soll, wird angestrebt. Den Abschluß bildet eine Praktikantenprüfung, die von den zuständigen Behörden unter Mitwirkung der jeweiligen Fakultät abgehalten wird. Es wird eine Verlängerung des Studiums auf 8 Semester vorgeschlagen. Die praktische Zeit einbegriffen beträgt die Grundausbildung 5,5 Jahre. Während der letzten beiden Semester wird das Studium in 3 Schwerpunktrichtungen gegliedert: Pflanzenproduktion, Tierproduktion, Wirtschafts- und Sozialwissenschaft des Landbaues. Prüfungstermine sind: vor Beginn des 3. Semesters als Vorprüfung zur Diplomprüfung; nach Beendigung des 6. Semesters (Prüfungsfächer sind nur diejenigen, die nicht zu der gewählten Spezialrichtung gehören) und nach dem 8. Semester. Die Anfertigung der großen Hausarbeit erfolgt im 7. und 8. Semester. Vf. betont, daß die letzten beiden Semester keiner Spezialausbildung entsprechen. Diese erfolgt erst nach dem Studium durch eine Dissertation und im Vorbereitungsdienst zum höheren landwirtsch. Dienst (Abschluß: Assessorprüfung). Die neue Studienordnung ermöglicht allen Fachrichtungen eine Referendarausbildung. Die lange Ausbildungszeit führt zu Bestrebungen, Teile der Promotionszeit auf die Referendarzeit und umgekehrt anzurechnen. U. König. 50.

3-64/04-0004 *Haensch, Günter, Haberkamp-Antón, Gisela* und *Lenninger, Gertrud.* **Wörterbuch der Landwirtschaft.** Ergänzungsband Italienisch (systematisch und alphabetisch). München; Basel; Wien: BLV Verlagsgesellschaft. 1963. (182 S.) 14,5 × 22 cm. DM 29,–. Zum Wörterbuch der Landwirtschaft, das in den Sprachen Deutsch, Englisch, Französisch, Spanisch bereits erschienen ist, wurde jetzt der Ergänzungsband Italienisch herausgegeben. Er umfaßt über 10000 Wörter folgender Gebiete: allg. Landwirtschaft, Agrarökonomik, Verwertung landwirtsch. Produkte, Bodenkunde, allg. Biologie, Genetik, allg. und spez. Pflanzenbau, Gartenbau, allg. und spez. Tierzucht, Veterinärmedizin, ländliches Bauwesen und Landmaschinen. Die systematische Anordnung wurde beibehalten, die einzelnen Wörter wie im Hauptband numeriert, so daß sie leicht mit den anderen Sprachen verglichen werden können. Die jeweils gesuchten Wörter können im alphabetischen Register schnell gefunden werden. I. Förtsch.

3-64/04-0005 *Singhvi, M. L.* and *Shrimali, D. S.*, Bearb. **References sources in agriculture: an annotated bibliography.** Udaipur: Rajasthan College of Agriculture, Consumers Co-Operative Society Ltd. 1962. (424 S.).

3-64/04-0006 Cercetarea stiinţifica în agricultură (Tematica). (Die wissenschaftliche Forschung in der Landwirtschaft. Thematik.) Bucuresti: Centrul de material didactic şi propaganda agricolă. 1963. (228 S.) 8°. (1963 A 1019)

3-64/04-0007 Mezögazdasági technikumok tankönyvei. Állattennyésztés. (Landwirtschaftliches polytechnisches Lehrbuch. Tierzucht. Nr. 1.) Budapest: Mezögaz. kiadó. 1962. (392 S.) 8°. (1963 A 1182,1)

3-64/04-0008 Zestawienie rolniczej tematyki naukowobadawczej planowanej na 1963 r. (Zusammenstellung der landwirtschaftlichen Forschungsthemen des Planjahres 1963.) Warszawa: Państw. wyd. rolnicze i leśne. 1963. (583 S.) 8°. (1963 A 1200)

ALLGEMEINE TIERZUCHT

B. ORGANE DES TIERKÖRPERS

3-64/04-0009 Stormorken, Helge; Oslo, Noorwegen, Univ., Veeartsenijschool. Mechanisme van hemostase en koagulatie. **(Mechanismus von Hämostasie und Koagulation.)** Vlaams diergeneeskund. Tijdschr. **32** (1963) Nr. 3. S. 65–95. – 3 Abb., 16 Tab.

Vf. bespricht den Beitrag der Gefäße, der Blutplättchen und der Koagulationsfaktoren zum hämostatischen Mechanismus und die gegenseitigen Beziehungen zwischen diesen Faktoren und dem fibrinolytischen System. Auf Störungen dieses Mechanismus und ihre Diagnose wird näher eingegangen.

W. Wittig. 1120.

3-64/04-0010 Dalton, Roger G. und Fisher, Edward W. Plasma and blood volumes in horses. **(Plasma- und Blutvolumen beim Pferd.)** Brit. veterin. J. **119** (1963) Nr. 8. S. 384–386. – 2 Tab., 8 Lit.

Bei 12 Clydesdale und mit leichten Tieren gekreuzten Clydesdale werden 19 Blut- und 18 Plasmavolumen-Bestimmungen mit Hilfe von Evansblau T. 1824 (vgl. Dalton u. Fisher, LZ. Abt. III **7** [1962] Nr. 12. S. 2452.) an gesunden nicht trächtigen Stuten und Wallachen ausgeführt. Das Körpergewicht der Tiere variierte von 309–786 kg. Mit einem Plasmavolumen von ø 49 ± 1,45 ml/kg (39–64 ml/kg) und einem Blutvolumen von 73 ± 10,5 ml/kg (57–96 ml/kg) ähneln die Befunde den Angaben in der Literatur und stimmen mit den für Percheron gefundenen Werten weitestgehend überein.

C.-U. v. Mickwitz. 1120.

3-64/04-0011 Meyer, H.; Hannover, Tierärztl. Hochschule, Inst. für Tierzucht und Vererbungsforsch. **Über den Kalium-Gehalt im Blut bei Rind und Ziege.** Mh. Tierheilkunde **15** (1963) Nr. 5. S. 113–120. – 2 Abb., 5 Tab., 12 Lit.

Es wurden insgesamt 448 Rinder der Schwarzbunten Niederungsrasse aus 6 verschiedenen Betrieben, 50 Weiße Deutsche Edelziegen und 50 Bunte Deutsche Edelziegen aus Einzelbeständen untersucht. Die Bestimmung des K-Gehaltes erfolgte im Gesamtblut und in den Erythrocyten. Der Blut-K-Gehalt im Gesamtblut wurde bei Rindern im Mittel mit 38,9 ± 0,31 mg% ermittelt. Die Schwankungsbreite lag zwischen 25 und 61 mg%. Für den K-Gehalt der Erythrocyten wurde der durchschnittl. Wert mit 77,81 ± 0,95 mg% und einem Schwankungsbereich von 41–142 mg% festgestellt. Die Variation des K-Gehaltes beim Einzeltier wurde bei 16 Kühen über einen Zeitraum von 5 Mon. in verschiedenen Abständen überprüft. Hierbei war die Differenz zwischen den einzelnen Tieren mit ca. 4,5 mg% deutlicher als die Variation beim Einzeltier. Der K-Gehalt des Blutplasmas zeigte dagegen keinen Unterschied zwischen den einzelnen Tieren. Von den geprüften Variationsursachen – Betrieb, Alter, Laktationsstadium, Trächtigkeitsstadium und väterliche Abstammung – wiesen nur die beiden letztgenannten Faktoren einen gesicherten Einfluß auf den K-Gehalt des Blutes auf. Bei Weißen Deutschen Edelziegen lag der Mittelwert des K-Gehaltes im Gesamtblut bei 83,06 ± 1,61 mg% und in den Erythrocyten bei 244,1 ± 3,63. Die Bunten Deutschen Edelziegen zeigten im Gesamtblut einen Mittelwert von 93,44

± 2,22 und in den roten Blutkörperchen einen solchen von 249,5 ± 5,50 mg%. Der unterschiedliche K-Gehalt im Gesamtblut beider Rassen wird auf gleiche Differenzen im Hämatokritwert zurückgeführt. W. Verter. 1120.

3-64/04-0012 Evans, J. V.; Armidale, New South Wales, Univ. of New England, School of Rural Sci. Adaptation to subtropical environments by Zebu and British breeds of cattle in relation to erythrocyte characters. **(Die Anpassung von Zeburassen und britischen Rinderrassen an eine subtropische Umwelt in Beziehung zu Erythrocytenmerkmalen.)** Austral. J. agric. Res. **14** (1963) Nr. 4. S. 559–571. – 4 Abb., 1 Tab., 61 Lit.

Die Tiere der Rassen Africander (A.) und Brahman (B.) sowie deren Kreuzungen mit Shorthorn und Hereford hatten gegenüber Tieren der engl. Rassen und deren Kreuzungen untereinander einen höheren Hämatokrit- und Na-Gehalt der Erythrocyten und einen niedrigeren K-Gehalt sowie eine niedrigere Resistenz der Erythrocyten. Insgesamt ergab sich bei A. und B. und den Kreuzungen ein höherer Gehalt von K + Na, außerdem ein höheres spez. Gew. des Vollblutes. Das schnellaufende Hb kam bei den britischen Rassen überhaupt nicht vor, jedoch bei den Zeburassen mit einer Frequenz von 0,13 bis 0,33 und bei den Kreuzungen von 0,08–0,24. Der Plasmakalium- und -natriumgehalt sowie der Glukosegehalt des Blutes und das spez. Gew. des Plasmas wiesen nur geringgradige Unterschiede auf. Die untersuchten Blutmerkmale, bes. der K-Gehalt der Erythrocyten, werden in Beziehung gesetzt zum Anpassungsvermögen an eine subtropische Umwelt. B. Busch. 1120.

3-64/04-0013 Peter, Krystyna und Suska, Ewa. Badania nad zawartością potasu i sodu w krwi owiec niektórych ras polskich. **(Untersuchungen über den Gehalt an Kalium und Natrium im Blut von Schafen einiger polnischer Rassen.)** Roczniki Nauk rolniczych, Ser. B **81** (1962) S. 75–86. – 3 Abb., 1 Tab., 18 Lit. Zus. in Russ., Engl. PRL/CBR. 1120.

3-64/04-0014 Bobek, S. und Pelczarska, A.; Krakow, Polen, Coll. of Agric. Thiocyanate-level in the serum and thyroid of cows from areas with different intensities of goitre in human beings. **(Der Thiocyanatspiegel in Serum und Schilddrüse von Kühen aus Gegenden mit unterschiedlicher Häufigkeit von Kropfbildung bei Menschen.)** Nature [London] **198** (1963) Nr. 4884. S. 1002. – 2 Tab., 14 Lit.

Es zeigten sich direkte Beziehungen zwischen der prozentualen Häufigkeit der Kropfbildung bei Menschen und dem Prozentsatz der über 24 g wiegenden Schilddrüse, dem Thiocyanat(Th.)-Serumspiegel sowie dem Th.-Gehalt des Schilddrüsenextraktes von Schlachtrindern. Bei Tieren mit cystösen Schilddrüsen war Th. vermehrt nachzuweisen (hochsignifikant). In den Gegenden mit häufig vorkommendem Kropf beim Menschen lag der J-Gehalt von Wasser und Milch niedrig. Vff. folgern, daß Thiocyanate (aus verschiedenen Species von Weißklee) neben anderen Faktoren eine Vergrößerung der Schilddrüse bei Rindern bewirken. B. Busch. 1120.

3-64/04-0015 Grimbergen, A. H. M. und Kuiken, E. J. M. von; Amersfoort, Nederland, Stichting voor Onderzoek van Pluimvee en Varkens. **Elektrophoretische Untersuchungen von Geflügelblutseren.** Arch. Geflügelkunde **27** (1963) Nr. 4. S. 325–334. – 3 Abb., 1 Tab., 21 Lit. Zus. in Engl.

An 1,9 Weiße Leghorn wurden von der 8. Woche beginnend alle 2 Wochen mit Hilfe der Biuretmethode das Gesamteiweiß (GE.) und außerdem nach Papier- und Agargelelektrophorese die Eiweißfraktionen bestimmt. GE. zeigte einen allmählichen Anstieg bis zur Geschlechtsreife, dann einen Abfall; bei Legehennen war die Schwankungsbreite sehr groß, max. Werte wurden z. Z. des 1. Eies erreicht. Der Albumingehalt stieg mit zunehmendem Alter bis zum Legebeginn, danach nahm er wieder ab. Der Hahn hatte konstantes GE. Der Albumin-Globulin-Quotient schwankte bei Junghennen vor dem

Legen zwischen 0,51 und 1,68 bei einem Mittelwert von 1,03. Bei den Hennen traten zu Beginn der Legeperiode neue Lipoproteine auf, die sehr labil waren und während der Elektrophorese ausflockten. An Leukose erkrankte Tiere hatten im Mittel einen erniedrigten Albumin-Globulin-Quotienten.

B. Busch. 1120.

3-64/04-0016 Gilbert, A. B. The effect of oestrogen and thyroxine on the blood volume of the domestic cock. **(Die Wirkung von Oestrogen und Thyroxin auf das Blutbild vom Hausgeflügel.)** J. Endocrinol. [London] **26** (1963) Nr. 1. S. 41–47. – 4 Abb., 2 Tab., 22 Lit.
Während der ersten Behandlungswoche mit Oestrogen fielen Hämatokritwert, Erythrocyten- und Blutvolumen signifikant ab. Nach 2 Wochen konnte beobachtet werden, daß das Plasmavolumen wieder anstieg, das Blutvolumen auf den Ausgangswert zurückkehrte, nur das Erythrocytenvolumen auf dem abgefallenen Wert stehen blieb. Die gleichzeitige Thyroxininjektion zusammen mit dem Oestrogen konnte diese Veränderung verhindern. Aus den Ergebnissen kann entnommen werden, daß Thyroxin und Oestrogen als antagonistische Hormone gewertet werden müssen. Auf die antagonistische Wirkung beider Hormone im Körper wird eingegangen. M. Richter. 1120.

3-64/04-0017 Shafie, M. M., Badreldin, A. L., Ghany, M. A. und Afifi, Y. A.; Giza, Cairo Univ., Fac. of Agric. Effect of adding antibiotic, cow and buffalo manure to the ration on the blood constituents of chickens. **(Die Wirkung eines Futterzusatzes von Antibiotica, Kuh- und Büffelkot auf die Blutbestandteile von Hühnern.)** Wld. Poultry Sci. J. **19** (1963) Nr. 2. S. 104–109. – 2 Abb., 2 Tab., 10 Lit.
Gegenüber den Kontrollen zeigten Rhodeländer-Hennen bei Verabreichung von Kuh- und Büffelkot (10% der Ration) oder Aurofac (0,045 oder 0,022%) einen Anstieg der Erythrocytenzahl, des Hb-Wertes sowie der Leukocytenzahl. Der Plasmaproteingehalt stieg nur bei Rinderkot- und 0,045% Aurofaczugaben an, Blut-Ca und -P sanken bei Kotzusatz ab, letzterer ebenfalls bei 0,022% Aurofac. In einem weiteren Versuch mit ägyptischen Rassen wurde festgestellt, daß bei Zugabe von 0,045% Aurofac das Hb in geringem Maße und die Leukocyten deutlich vermehrt, Ca und P vermindert waren. Das Plasmaprotein war bei den Tieren einer Rasse vermehrt, bei den anderen vermindert. Signifikant war in allen Versuchen lediglich der Leukocytenanstieg.

B. Busch. 1120.

3-64/04-0018 Goedde, H. W. und Altland, K.; Freiburg, Univ., Inst. für Anthropol. Pseudocholinesterase-variants in Germany and Czechoslovakia. **(Pseudocholinesterasevarianten in Deutschland und der ČSSR.)** Nature [London] **198** (1963) Nr. 4886. S. 1203–1204. – 1 Tab., 8 Lit.
Nach eigenen Untersuchungen konnten Vff. eine gute Übereinstimmung zwischen 2 Untersuchungsmethoden (ausgedrückt in der Dibucain- und in der Fluoridzahl) feststellen. Die Zahl der homozygoten Individuen überwog bei weitem die Zahl der heterozygoten, welche nur zwischen 4,2 und 8,5% lag. B. Busch. 1120.

3-64/04-0019 Hughes, Howel V. **Die Haut als heterogenes Organ und einige neuere Ergebnisse ihrer Erforschung.** Wiener tierärztl. Mschr. **50** (1963) Nr. 8. S. 735–742. – 16 Lit. Zus. in Engl., Franz., Ital.
Die Haut ist ein zusammengesetztes und lebenswichtiges Organ, das aus verschiedenen Unterorganen besteht, von denen alle ihre eigenen Formen des Wachstums, der Differenzierung und der Aktivität haben. Die Melanoblasten werden zu Melanocyten differenziert, die dadurch charakterisiert sind, daß sie eine Anzahl feiner Dendriten besitzen. Entlang der Dendriten wandern die Melaninkörnchen, nachdem sie im Zelleib gebildet worden sind, in die tieferen Zellen der Epidermis. Es werden Zweifel über die Haut als

Exkretionsorgan geäußert, da es scheint, daß die Schweißdrüsen nicht die Fähigkeit haben, Harnsäure und Kreatinin in hohen Konzentrationen auszuscheiden. Die Ausdehnung der reticulären Schicht des Corium kann nicht leicht bestimmt werden, denn sie geht unmerklich in die Fascia supf. des Körpers über. Die Mastzellen bilden sicher ein Antikoagulans wie Heparin, vielleicht aber auch Histamin. Bes. reichlich sind sie in Hautcarcinomen und scheinen eine Schranke zwischen Tumor und dem normalen Gewebe zu bilden. Das gesamte Hautgefäßsystem mit dem gewundenen Verlauf seiner größeren Gefäße ist offensichtlich mit dem Ziel geplant, den äußeren Einwirkungen und Stressen zu begegnen und wenigstens bei manchen Tierarten ein Reservoir zu bilden, von dem die Körperwärme abgegeben werden kann. Die Aufnahme der Empfindungen für Hitze, Kälte und Schmerz durch physiol.-spez. Nervenendigungen wird in Zweifel gezogen. Es wird ein bes. Erregungsmuster angenommen, das das Gehirn erreicht und irgendwo zwischen Haut und Gehirn selbst entstehen kann. R. Berg. 1135.

3-64/04-0020 Fujita, Hisao und Fujita, Setsuya. Electron microscopic studies on neuroblast differentiation in the central nervous system of domestic fowl. **(Elektronenmikroskopische Untersuchungen über die Neuroblastendifferenzierung im ZNS des Haushuhnes.)** Z. Zellforsch. mikroskop. Anatom. **60** (1963) Nr. 3. S. 463–478. – 15 Abb., 19 Lit.

Unter Verwendung des Lobus opticus und des Telencephalons des Haushuhnes (2. Bebrütungstag – Erwachsenenalter) wurden die Feinstruktur der Nervenzellen und die mit der Differenzierung verbundenen morphol. Veränderungen elektronenmikroskopisch untersucht. Die Matrix, früher auch primitive Ependymschicht genannt, setzt sich nur aus einer Zellart zusammen, den Matrixzellen. Das Charakteristische in der Feinstruktur der Matrixzellen stellen die zahlreichen freien Ribosomen und ein spärlich entwickeltes interzelluläres Membransystem dar. Die Matrixzellen enthalten einen kleinen Golgi-Apparat und ein kleines an seiner Oberfläche rauh gestaltetes endoplasmatisches Reticulum. Mehrere Mitochondrien liegen im Cytoplasma verstreut, während die Ribosomen kleine Anhäufungen über das ganze Cytoplasma bilden. Die Neuroblasten unterscheiden sich von den Matrixzellen bereits vom frühesten Stadium der Differenzierung. Wie die Neuroblasten heranreifen, entwickeln sich graduell das endoplasmatische Reticulum, die intrazellulären Vakuolen und die Mitochondrien. Das endoplasmatische Reticulum scheint zur Nissl-Substanz zu werden. R. Berg. 1210.

3-64/04-0021 Mel'nikov, L. A., Razumova, L. L., Lemažichin, B. K. und Frank, G. M.; Inst. für Biol. Physik der Akad. der Wiss. der UdSSR. K voprosu o mechanizmach ukoročenija mysc (po dannym rentgenografii). **(Zur Frage über die Mechanismen der Verkürzung der Muskeln [nach Angaben der Röntgenographie].)** Doklady Akademii nauk SSSR, Moskva **151(31)** (1963) Nr. 4. S. 955–958. – 2 Abb., 6 Lit.

In vorliegendem Artikel werden die Veränderungen der molekularen Orientierung einiger Strukturelemente der Muskeln in Abhängigkeit von ihrer Verkürzung sowie der Mechanismus der Verkürzungen untersucht. Dabei wird festgestellt, daß Verkürzungen bis 25–30% keine molekulare Desorientierung hervorrufen. Der Mechanismus der Verkürzung der quergestreiften Muskeln beruht auf dem System des Eindringens von Aktin-Eiweißfasern in Myosin-Eiweißfasern. Es muß angenommen werden, daß der Mechanismus der Verkürzungen der glatten Muskeln anders ist als der der untersuchten quergestreiften Muskeln. K. Witt. 1250.

3-64/04-0022 Schilling, E.; Mariensee/Trenthorst, Max-Planck-Inst. für Tierzucht und Tierernähr. **Rassenunterschiede am Skelett des Beckens und der Hinterextremitäten beim Schwein.** Z. Tierzücht. Züchtungsbiol. **78** (1963) Nr. 4. S. 293–324. – 15 Abb., 23 Lit.

Die Herauszüchtung neuer Schweinetypen, bei denen jene Körperpartien bes. entwickelt sind, die hochbezahlte Fleischstücke liefern, führt zwangsläufig zu geänderten Belastungen des Skeletts und damit u. U. zu krankhaften Veränderungen. So wurde bei dem aus Holland eingeführten veredelten Landschwein das Zuchtziel hinsichtlich der 'idealen' Schinkenform und der verlängerten Rücken- und Lendenpartie nahezu erreicht, während gleichzeitig sehr häufig pathologische Veränderungen am Tarsus festgestellt wurden. Zum Studium der bei diesen Tieren auftretenden Arthrosis deformans mit degenerativen Knochenaberrationen im medialen Bereich des Gelenks wurden vergleichende Untersuchungen am Skelett des Beckens und der Hinterextremitäten holländischer Zuchtformen und Schweinen der Angler-Rasse, die ähnlich gebaut, aber weniger lang sind, durchgeführt. Die Einzelheiten über die Veränderungen an Talus, Calcaneus, Tibia und Femur müssen dem Orig. entnommen werden. Die Knochen waren verbogen und verkantet, das Becken rel. kurz und schmal mit disproportionierter Verlängerung im kaudalen Sitzbeinabschnitt. Da das Skelett der holländischen Zuchtrasse spät verknöchert, können Druck- und Zugveränderungen am Knochen möglicherweise bes. leicht wirksam werden. Bei Züchtung langer Schweine sollte auf korrekten Stand und Gang bes. geachtet werden. H. Fischer. 1310.

3-64/04-0023 Adrichem, P. W. M. van; Hoorn, Inst. voor Veevoedingsonderzoek. Een beenafwijking bij jonge schapen. **(Eine Veränderung an den Beinen bei jungen Schafen.)** Tijdschr. Diergeneeskunde 88 (1963) Nr. 15. S. 933–939. – 7 Abb., 1 Tab., 9 Lit. Zus. in Engl., Franz., Dtsch.

Bei 7 im Inst. für Futtermitteluntersuchungen zu Hoorn gehaltenen Schafen traten Gelenkschwellungen an allen Extremitäten auf; auch zeigten diese Tiere eine X-beinige Stellung. Bei einigen hochtragenden Schafen traten Schwergeburten infolge Deformation des Beckens auf. Die klinischen, röntgenologischen und chem. Untersuchungen führten zur Diagnose Rachitis, welche durch Gaben von Vit D_3 geheilt werden konnte. Vf. hält es für ratsam, allen abgesetzten Lämmern einen Vit.-D_3-Stoß zu verabfolgen.
W. Kuhlmann. 1310.

3-64/04-0024 Michel, Günther. **Zum Bau der Herzmuskulatur bei Haus- und Wildschweinen.** Zbl. Veterinärmed., R. A **10** (1963) Nr. 5. S. 381 bis 396. – 5 Abb., 42 Lit. Zus. in Engl., Franz., Span.

Die Herzmuskelfasern des Hausschweines zeigen trotz des allg. geringeren Herzgewichtes einen größeren Dmr. als beim Wildschwein. Daraus wird gefolgert, daß sich beim Wildschwein bedeutend mehr Fasern im Herzen befinden als beim Hausschwein. Der rel. große Dmr. der Herzmuskelfasern weist beim Hausschwein auf eine gewisse Hypertrophie hin. Die Kernverhältnisse in den Herzmuskelfasern des Hausschweines sind verändert, wobei aber diese Veränderungen meist nicht durch Krankheiten, sondern durch die infolge Hochleistungszüchtung enorm gesteigerte Beanspruchung hervorgerufen werden und somit eine Anpassungserscheinung darstellen. Dabei ist zu bemerken, daß die reihenförmige Ausbildung der Zellkerne in Form der sog. Kernreihen, bes. bei älteren Ferkeln und Schlachtschweinen auftritt. Die Zellkerne zeigen eine auffallend unterschiedliche, auf rasch ablaufende Teilungsvorgänge hinweisende Form. R. Berg. 1370.

3-64/04-0025 Lewin, N. A. **Die Blutversorgung des Innenohres des Schafes.** Wiener tierärztl. Mschr. **50** (1963) Nr. 8. S. 743–747. – 2 Abb., 10 Lit. Zus. in Engl., Franz., Ital. 1370.

3-64/04-0026 Becker, R. B., Mashall, S. P. und Arnold, P. T. Dix; Gainesville, Florida Agric. Exp. Stat. Anatomy, development, and functions of the bovine omasum. **(Anatomie, Entwicklung und Funktionen des Blätter-**

magens beim Rind.) J. Dairy Sci. **46** (1963) Nr. 8. S. 835–839. – 2 Abb., 2 Tab., 19 Lit.

Am Blättermagen (I) von 68 männl. Jerseykälbern verschiedenen Alters wurden zunächst allg. anatomische Untersuchungen über dessen Lage sowie über Form und Anordnung der Laminae und Papillen durchgeführt. Es zeigte sich, daß die Zahl und Anordnung der Laminae zwischen den einzelnen Tieren und zwischen der oberen und unteren Abteilung von I signifikant variierte. Da die Laminae den Übergang vom Netzmagen zum I teilweise blockieren, und da sie sich bis zum Sulcus omasi erstrecken, können nur kleine Futterpartikel in den I gelangen. An luftgetrockneten Futterproben wurde eine weitere Reduktion der Partikel auf weniger als 1 mm Dmr. im I festgestellt. Die Auflösung und Verdauung der feinen Partikel bedingt einen schnellen Transport in den Labmagen. Zwischen dem 10. und 150. Lebenstag steigt das Volumen des vollen I auf das 60fache an. Unabhängig vom Alter liegt der Feuchtigkeitsgehalt des I-Inhalts wesentlich niedriger als der des Pansen- und Netzmageninhalts. F. Döcke. 1385.

3-64/04-0027 Åhman, Brita; Uppsala, Dep. of Animal Physiol. The ultrastructure of the follicle cells of the hen. **(Die Ultrastruktur der Follikelzellen der Henne.)** Kungl. Lantbrukshögskolans Ann. **29** (1963) Nr. 1. S. 99–105. – 3 Abb., 7 Lit.

Ovarialfollikel (Dmr. 1–2 mm) von Hennen wurden entweder elektronenmikroskopisch oder nach Azanfärbung unter dem Lichtmikroskop untersucht. Die Eizellen sind in diesem Stadium von einer kontinuierlichen Lage zylindrischer Follikelzellen umgeben, die deutlich pseudogeschichtet sind und einer rel. dicken geschichteten Basalmembran aufsitzen. Die Follikelzeilen enthalten zahlreiche Mitochondrien und meistens Bündel von je 8–12 parallelen α-Cytomembranen. Für den beschriebenen Transport des Golgi-Materials von den Follikelzellen zur Eizelle bestand kein Anhaltspunkt. In den meisten Teilen der Zellen fanden sich ringförmige, granulahaltige, stark eosinophile und häufig in Vakuolen gelegene Strukturen, die in Beziehung zur Zellwand stehen, deren Bedeutung aber nicht bekannt ist. F. Döcke. 1415.

3-64/04-0028 Loen, A. van; Utrecht, Niederlande, Reichsuniv., Veterinärmed. Fak., Zootechn. Inst. **Genetische Untersuchungen des Vorkommens von doppeltem Muttermund (Cervix Duplex-Kondition) beim Rind.** Int. Fachtag. künstl. Besam. Haustiere, Wels, Vortr. **13** (1963) 21 S. [Maschinenschr. vervielfält.] – 11 Tab.

Bei einer Gesamtzahl von 16375 Kühen der Maas-Rhein-Ijssel-Rasse fanden sich 607 (3,7%) Fälle von Cervix-Duplex-Kondition (CDK). Unterschiede in der Fortpflanzungsfähigkeit zu Kühen mit einfacher Cervix konnten nicht ermittelt werden. Es war festzustellen, daß Vatertiere das Vorkommen von doppeltem Muttermund bei ihren Töchtern beeinflussen (P 0,0001) und daß CDK-behaftete Muttertiere verhältnismäßig mehr behaftete Töchter als normale gebären (P 0,01). Bez. des Vererbungsmusters wurden starke Hinweise dafür gefunden, daß die Anfälligkeit für doppelten Muttermund einem autosomalen, dominanten Gen (oder Genkomplex) – $p = 0{,}17$ – mit unvollständiger und möglicherweise stark umweltbedingter Penetranz ($z = 0{,}13$) zuzuschreiben ist. J. Bergfeld. 1420.

3-64/04-0029 Galojan, A. A.; Inst. für Biochem. der Akad. der Wiss. der Armen. SSR. O naličii kortikotropin-stimulirujuščego faktora v perednem gipotalamuse. **(Über einen vorhandenen Corticotropin-Reiz-Faktor im Vorderhypothalamus.)** Doklady Akademii nauk Armjanskoj SSR, Erevan **36** (1963) Nr. 1. S. 35–38. – 1 Tab., 17 Lit. Orig.: russ., Ausz.: armen.

Vf. diskutiert das Vorhandensein eines Corticotropin-Reiz-Faktors im Vorderhypothalamus. Seiner Meinung nach fällt eine Veränderung der Neuro-

sekretion im Hypothalamus-Neurohypophysen-System der Ratten mit einer Veränderung der Ascorbinsäuremenge in der Nebenniere nach Histamingabe zusammen. Das Ziel der Arbeiten war es, festzustellen, inwieweit ein Teil des Hypothalamus der Ratten den Corticotropin-Reiz-Faktor bildet. Die Versuchsmethodik und die Ergebnisse der Versuche werden beschrieben.
G. Rothe. 1512.

3-64/04-0030 Fujita, Hisao; Kawaramachi, Kamikyoku, Kyoto, Japan, Kyotò Prefectural Med. Coll. Electron microscopic studies on the thyroid gland of domestic fowl, with special reference to the mode of secretion and the occurrence of a central flagellum in the follicular cell. **(Elektronenmikroskopische Untersuchungen der Schilddrüse des Haushuhnes unter besonderer Berücksichtigung des Sekretionsmodus und des Auftretens einer zentralen Geißel in den Follikelzellen.)** Z. Zellforsch. mikroskop. Anatom. **60** (1963) Nr. 4. S. 615–632. – 16 Abb., 24 Lit.
Es wurden normale und TSH-stimulierte Schilddrüsen bei Weißen Leghorn vom 19. Bebrütungstage bis zum Alter von 2 Jahren elektronenmikroskopisch untersucht. Die intrazellulären Tropfen von hoher und geringer elektronenoptischer Dichte sind von einer 70–90 Å dicken Grenzmembran eingeschlossen, die aus 2 dichten und 1 weniger dichten Schicht zusammengesetzt ist. Die übrigen cytoplasmatischen Membransysteme, einschließlich endoplasmatischem Reticulum, Golgi-Apparat und Plasmamembran, weisen eine ähnliche Struktur auf. Granula von hoher Dichte bilden das Golgi-Feld, während die weniger dichten Abkömmlinge des endoplasmatischen Reticulums zu sein scheinen. Jedoch können auch einige weniger dichte Granula aus den Golgi-Vacuolen hervorgehen. Einige der weniger dicht erscheinenden Tröpfchen können durch eine Öffnung, die sich an der Verbindung der Plasmamembran und Grenzmembran der Tröpfchen befindet, ins Follikellumen sezerniert werden. Es wird eine direkte Sekretion des Inhalts der weniger dichten Tröpfchen und der mit einer rauhen Oberfläche versehenen endoplasmatischen Säckchen in den perikapillaren oder interfollikularen Raum des Basalteils der Follikelzellen angenommen. Eine zentrale Geißel mit einem Basalkörperchen konnte in einigen Follikelzellen junger und erwachsener Hühner beobachtet werden. R. Berg. 1525.

3-64/04-0031 Rosenberg, Lawson L., Dimick, M. K. und LaRoche, Gilles; Berkeley, Univ. of California. Thyroid function in chickens and rats. Effect of iodine content of the diet and hypophysectomy on iodine metabolism in White Leghorn cockerels and Long-Evans rats. **(Schilddrüsenfunktion bei Küken und Ratten. Die Wirkung des Jodgehaltes in der Nahrung und der Hypophysektomie auf den Jodstoffwechsel bei Weißen-Leghorn-Hähnchen und Long-Evans-Ratten.)** Endocrinology **72** (1963) Nr. 5. S. 749–758. 6 Tab., 28 Lit.
Mit Hilfe der Isotope ^{127}J und ^{131}J sollte der Schilddrüsenstoffwechsel des Jods bei gesunden und hypophysektomierten Weißen-Leghorn-Hähnchen, die einmal eine Fütterung mit niedrigem und zum anderen mit hohem J-Gehalt erhielten, untersucht werden. Es konnte festgestellt werden, daß die Schilddrüse bei den gesunden Tieren mit niedriger Jodernährung sehr aktiv war. Supplementierte man die Nahrung mit Jod, so konnte ein sofortiger Aktivitätsabfall der Schilddrüse beobachtet werden. Nach einer Hypophysektomie der Tiere war noch eine ungewöhnlich hohe Schilddrüsenaktivität 1,5 Mon. später vorhanden, was durch die J-Gaben in der Fütterung erklärt wurde. Ähnliche Versuche mit ähnlichen Ergebnissen wurden an Ratten durchgeführt. W. Richter/Kleinmachnow. 1525.

3-64/04-0032 Rosenberg, Lawson L., LaRoche, Gilles und Dimick, M. K. Thyroid function in chickens and rats. Equilibration of injected iodide with existing thyroidal iodine in White Leghorn cockerels. **(Schilddrüsen-**

funktion bei Küken und Ratten. Das Gleichgewicht von injizierten Jodiden mit der vorhandenen Menge von Schilddrüsenjod bei Weißen-Leghorn-Hähnchen.) Endocrinology **72** (1963) Nr. 5. S. 759–763. – 3 Abb., 1 Tab., 14 Lit.
Es wurden an Weißen-Leghorn-Hähnchen Untersuchungen über die Beeinflussung bzw. die Bewegungsvorgänge von injizierten Jodiden auf das vorhandene Schilddrüsenjod angestellt. Bis zu 48 Std. konnte eine spez. J-Aktivität festgestellt werden, während nach dieser Zeit die untersuchten Jodaminosäuren sich auf eine gleiche Reaktionsbasis einstellten. Die Erkenntnisanalyse ergab, daß die intrathyreoidalen Jodinations- und Dejodinations-Reaktionen kontinuierlich verlaufen. W. Richter/Kleinmachnow. 1525.

3-64/04-0033 Bearn, J. G. und Pilkington, T. R. E.; London, Middlesex Hospital Med. School. Effect of total thyroidectomy in the rabbit foetus on foetal cholesterol metabolism. **(Der Einfluß totaler Thyreoidektomie beim Kaninchenfeten auf den Cholesterinstoffwechsel.)** Nature [London] **197** (1963) Nr. 4874. S. 1302–1303. – 2 Tab., 5 Lit.
Vff. fanden bei 10 Kaninchenfeten, denen man am 23. Tage des intrauterinen Lebens die Schilddrüsen mit einer neuentwickelten, Larynx und Trachea schonenden Technik entfernt und die man im Uterus belassen hatte, 6 Tage später eine hochsignifikante Erhöhung des Serumcholesterins. Damit wurden Ergebnisse früherer Untersuchungen der Autoren bestätigt, die mit einer nicht optimalen Technik der Thyreoidektomie gewonnen wurden. Aus den Untersuchungen wird geschlossen, daß die fetale Schilddrüse für die normale Regulation des fetalen Cholesterinstoffwechsels unentbehrlich ist.
H. Grychtolik. 1525.

3-64/04-0034 Gomes, W. R., Estergreen, V. L., Frost, O. L. und Erb, R. E.; Pullman, Washington State Univ. Progestin levels in Jugular and ovarian venous blood, corpora lutea, and ovaries of the nonpregnant bovine. **(Progestingehalt in Jugularis- und Ovarvenenblut, Gelbkörpern und Ovarien beim nichtträchtigen Rind.)** J. Dairy Sci. **46** (1963) Nr. 6. S. 553–558. – 2 Tab., 28 Lit.
Untersucht wurden 31 Rinder und Färsen. Die Gewinnung des Organmaterials und des Ovarvenenblutes erfolgte durch unilaterale Laparatomie. Chem. bestimmt wurden Progesteron und Δ^4-pregnen-20β-ol-3on (20β-ol) (Methode s. Orig.). Das Gewicht des Corpus luteum (C. l.) und der Progestin-Gehalt (Progesteron und 20β-ol) des C. l. stiegen bis zum 14. und der Gesamt-Progestin-Gehalt des Ovars (ohne C. l.) bis zum 11. Tag des Zyklus signifikant, um bis zum nächsten Oestrus wieder abzufallen. Während der Plasma-Progestin-Gehalt des Ovarvenenblutes signifikant mit den Zyklustagen ($r = 0{,}78$) und dem C. l.-Progestin-Gehalt ($r = 0{,}55$) korrelierte, konnten Beziehungen zwischen dem Progesteron-Gehalt des Jugularvenenplasmas zu dem Zyklusstand nicht ermittelt werden. 20β-ol konnte im Jugularvenenplasma nicht gefunden werden. Durchschnittswerte: C. l. am Tage des Oestrus = Progesteron 6,8 μg/g, 20 β-ol 0,0 μg/g, am 14. Tag des Zyklus = Progesteron 73,2 μg/g, 20 β-ol 7,0 μg/g; Ovargewebe am Tage des Oestrus = Progesteron und 20 β-ol 0,0 μg/g, am 11. Tag des Zyklus = Progesteron 7,0 μg/g, 20 β-ol 0,5 μg/g; Ovarvenenplasma am Tag des Oestrus = Progesteron und 20 β-ol 0,0 μg/ml; am 15. Tag des Zyklus Progesteron 6,2 μg/ml, 20 β-ol 0,1 μg/ml; Jugularvenenplasma am Tag des Oestrus = 0,0032 μg/ml, am 11. Tag 0,022 μg/ml.
J. Bergfeld. 1580.

3-64/04-0035 Cupps, P. T., Lunaas, T. und Garm, O.; Davis, Univ. of California; Vollebekk, Norway, Veterin. School. Metabolism of progesterone and sodium acetate by adrenal gland homogenates from normal cows and cows with ovarian cysts. **(Stoffwechsel von Progesteron und Natrium-Acetat in Homogenaten von Nebennierengewebe normaler Kühe und solcher mit Ovarcysten.)** J. Dairy Sci. **46** (1963) Nr. 6. S. 550–552. – 2 Tab., 7 Lit.

Untersucht wurden Organe von 2 normalen Kühen und von 4 Kühen mit Ovarcysten. Ein Unterschied in der Wirksamkeit der Nebennierenhomogenate beider Tiergruppen auf die Umbaurate von 4-^{14}C-Progesteron zu Corticoiden bestand nicht. Homogenate von Kühen mit cystischer Ovarentartung bauten 1-^{14}C-Acetat wesentlich langsamer zu Steroid-ähnlichem Material um als solche von normalen Kühen. J. Bergfeld. 1580.

3-64/04-0036 Kirkpatrick, R. L., First, N. L. und Casida, L. E.; Madison, Univ. of Wisconsin. Effect of estradiol-17β on follicular development and pituitary potency in gilts fed 6-methyl-17-acetoxyprogesterone. **(Die Wirkung von Oestradiol-17β auf die Follikelentwicklung und Hypophysenaktivität bei Jungsauen, an die 6-Methyl-17-acetoxyprogesteron verfüttert wurde.)** J. Animal Sci. **22** (1963) Nr. 3. S. 767–770. — 3 Tab., 13 Lit.

40 Jungsauen, bei denen wenigstens 1 normaler Brunstzyklus vor Behandlungsbeginn abgelaufen war, erhielten vom 13. Zyklustag an 500 mg 6-Methyl-17-acetoxyprogesteron (MAP) pro 6 lb. Futter über 12 Tage in Gruppenfütterung verabreicht. Durchschnittl. wurden 524 mg MAP/Tag und Tier aufgenommen. 3 Tage vor der am 4., 7., 10., 13. oder 16. Tag nach Entzug des MAP vorgenommenen Schlachtung erhielt die Hälfte der Tiere eine i. v. Injektion von 10 mg Oestradiol-17β. Nach der Schlachtung wurden der Dmr. der beiden größten Follikel jedes Ovars bestimmt, der FSH-Gehalt des HVL nach der Methode von Steelman und Pohley (1953) und der ICSH-Gehalt nach der Methode von Parlow (1961) ermittelt. Die Behandlung mit Oestradiol-17β übte keinen signifikanten Einfluß auf den Gonadotropingehalt des HVL und die Entwicklung der Ovarialfollikel sowie auf das Auftreten von Oestrus, Ovulation und Luteinisierung der Follikel aus. Am 13.–16. Tag nach Entzug des MAP waren sowohl bei den Kontrollen als auch bei den mit Oestradiol-17β behandelten Tieren große cystische Ovarialfollikel nachzuweisen. Eine Beziehung zwischen dem Gonadotropingehalt des HVL und den Ovarveränderungen bestand nicht. F. Döcke. 1580.

3-64/04-0037 *Schulze, Günter.* **Kernmessungen an Lymphozyten des Hundes.** Diss. Berlin-Dahlem, Vet.-Med. Fak. 1962. (34 S.) 8°. (Diss. 9277)

C. GENETIK

3-64/04-0038 Ulbrich, F. und Weinhold, E.; Berlin-Dahlem, Bundesgesundheitsamt, Max-von-Pettenkofer-Inst. **Darstellung der Chromosomen weißer Blutzellen des Rindes und Entwurf eines Chromosomenschemas.** Berliner Münchener tierärztl. Wschr. **76** (1963) Nr. 14. S. 269–270. — 4 Abb., 5 Lit.

Es werden die Chromosomen aus Leukocyten von 7 weibl. und 4 männl. Rindern dargestellt. 9 Tiere gehörten der schwarzbunten und 2 der rotbunten Rasse an. Die Methodik der Züchtung von Leukocyten des strömenden Blutes und die Präparation von Chromosomen wird bis auf geringe Einzelheiten nach Angaben von Edwards und Young, Kosenow u. a. vorgenommen. Der normale diploide Chromosomensatz in Leukocyten vom Rind besteht nach diesen Untersuchungen aus 60 Chromosomen. Davon sind 58 akrozentrisch, die sich nur durch die Länge der Chromosomen voneinander unterscheiden, und 2 metazentrisch. Letztere stellen offenbar die Geschlechtschromosomen dar. Die Geschlechtschromosomen beim weibl. Rind unterscheiden sich nicht voneinander und ähneln den X-Chromosomen. Beim männl. Tier ist nur ein großes X-Chromosom vorhanden, während das sog. Y-Chromosom x-förmig und sehr klein ist. Es wird der Versuch unternommen, das Idiogramm eines weibl. und eines männl. Tieres aufzustellen. Das für den Menschen ausgearbeitete „Denver-Schema“ ist hierbei nicht anwendbar. W. Verter. 1615.

3-64/04-0039 Stone, Larrie E. A chromosome analysis of the domestic pig (sus scrofa) utilizing a peripheral-blood culture technique. **(Eine Chromosomen-Analyse beim Hausschwein unter Benutzung von Kulturen des peripheren Blutes.)** Canad. J. Genetics Cytol. **5** (1963) Nr. 1. S. 38–42.
Methodik: 10–50 ml Blut wurden den Ohrvenen oder den Nackengefäßen von 6 Sauen und dem Herzen von einem Jungeber unter Benutzung von heparinisierten Kanülen entnommen. Die Blutproben sedimentierten (90 Min.) bei Stubentemperatur. Das überstehende Plasma wurde, mit „Difco" (Bakto-Phytohämagglutinin) versehen, als Kulturmedium benutzt. Nach Bebrütung und nach der üblichen Behandlung mit Colcimid und hypotonischem Natriumcitrat wurden die Zellen auf Objektträgern ausgebreitet und die Leukocyten-Mitosen mit Sudan-Schwarz-B. gefärbt. – Ergebnis: Es wurden 38 Chromosomen in Übereinstimmung mit den älteren Angaben von Krallinger (1931) und anderen gezählt. – Von anderen bekannten Cytologen waren 40 Chromosomen angegeben worden. Vf. läßt die Frage offen, ob sich diese Differenz durch Zählfehler erklärt, oder ob Rassendifferenzen bestehen; er benutzte nur Tiere der Hampshire-Rasse. – Ein beigefügtes Idiogramm gibt die Größe und Morphologie der Chromosomen wieder. Die X-Chromosomen sind mittelgroß mit subterminalem Centromer, das Y-Chromosom des Ebers ist etwas größer als das X-Chromosom. Die Schenkellängen stehen im Verhältnis 2:1. P. Hertwig. 1615.

3-64/04-0040 Donnelly, Grace Marie und Newcomer, E. H. Autoradiographic patterns in cultured leucocytes of the domestic fowl. **(Autoradiographisches Verteilungsmuster bei kultivierten Hühnerleukocyten.)** Exp. Cell Res. **30** (1963) Nr. 2. S. 363–368. – 7 Abb., 14 Lit.
Tritium-markiertes Thymidin wurde verschiedenen Suspensionen von kultivierten Hühnerleukocyten zugesetzt (in der vorliegenden Arbeit genaue Detailangabe der Untersuchungsmethode, die schließlich zu den auszuwertenden Autoradiographien führte). – Durch die Aufnahme und das Muster der Verteilung von markiertem Thymidin in den Zellen wurde festgestellt, daß in den Leukocyten des Haushuhns die DNS von den kleinen Chromosomoiden schneller synthetisiert wird als von den Chromosomen. Vff. meinen, daß in dieser nicht synchron verlaufenden DNS-Synthese der Grund für früher beschriebene Unterschiede in den Zahlenangaben über die kleineren Chromatidenelemente bei Hühnern zu suchen sei. H. Freye. 1615.

3-64/04-0041 Fraser, J. E. B.; Canterbury, New Zealand, Univ., Lincoln Coll. The use of colchicine and colcemid for methaphase stasis in the matrix cells of wool follicles. **(Die Anwendung von Colchicin und Colcemid zur Metaphase-Stasis in den Matrixzellen von Wollfollikeln.)** Austral. J. biol. Sci. **16** (1963) Nr. 1. S. 211–217. – 6 Abb., 1 Tab., 19 Lit.
Colchicin und das Colchicin-Derivat Colcemid wurden – in verschiedenen Stärken in aqua dest. gelöst – in die linke Jugularvene bei Romneyschafen injiziert, um eine Metaphase-Stasis in der Matrix des Haarbulbus zu erzielen. – Colchicin ist als bedingt wirkungsvoll erkannt worden: Bei einer Dosis von 0,22 mg/kg Körpergewicht waren schwere Schäden oder der Tod der Tiere die Folge. Eine Dosis von 0,12 mg/kg Lgw. hatte nur geringen toxischen Effekt, doch wurde das Maximum einer Metaphase-Stasis nicht erreicht. – Colcemid wurde als weit weniger toxisch und ohne kumulierende Wirkung nach wiederholter Anwendung erkannt. Dosen von 0,22–0,35 mg/kg Lgw. wurden von den Schafen gut vertragen, dagegen wirkten 0,65 mg/kg Lgw. innerhalb von 24 Std. tödlich. Als günstigste Dosis wurden 0,30 mg Colcemid/kg Lgw. festgestellt, wonach keinerlei toxische Wirkung auftrat und die auch nach 10maliger Anwendung ohne kumulierenden Effekt blieb. Das Maximum der Metaphase-Stasis wurde 6 Std. nach erfolgter Colcemid-Injektion gefunden. H. Freye. 1625.

3-64/04-0042 Zosimovskaja, A. I.; Inst. für Strahlen- und Physiko-Chem. Biol. der Akad. der Wiss. der UdSSR. Issledovanie mitotičeskogo cikla kletok kostnogo mozga u myšej metodom radioavtografii. **(Untersuchungen des mitotischen Zyklus der Zellen des Knochenmarks bei Mäusen durch die radioautographische Methode.)** Doklady Akademii nauk SSSR, Moskva **151(31)** (1963) Nr. 3. S. 687–690. – 4 Abb., 8 Lit.
Die Untersuchung der Dauer des mitotischen Zyklus der blutbildenden Zellen ist notwendig für das Verstehen der Natur pathol. Prozesse, die im Knochenmark vor sich gehen, und für das Auffinden von Wegen zu ihrer Verhütung. Im vorliegenden Artikel wird die radioautographische Untersuchungsmethode des mitotischen Zyklus der blutbildenden Zellen im Knochenmark bei Mäusen beschrieben. Die erhaltenen Ergebnisse gestatten die Annahme, daß die Dauer des mitotischen Zyklus der Zellen der myelogenen Reihe 20,4–21,5 Std. und der erythroiden Reihe 14,3–14,5 Std. beträgt. Alle angeführten Berechnungen über die Zeit des mitotischen Zyklus der Knochenmarkzellen stützen sich auf die Hypothese, daß das System der Blutbildung sich im Zustand des beständigen Gleichgewichts befindet, bei dem die Zahl der sich neu bildenden Zellen mit der Zahl der absterbenden gleich ist. Die angeführten genauen Analysen und Prüfungen der Richtigkeit der Bestimmung der Dauer des mitotischen Zyklus der Zellen des Knochenmarks sind infolge der großen Heterogenität seiner Zusammensetzung notwendig. K. Witt. 1625.

3-64/04-0043 Lysenko, T. D. O suščnosti nasledstvennosti i izmenčivosti organizmov. **(Über das Wesen der Erblichkeit und der Veränderlichkeit der Organismen.)** Životnovodstvo, Moskva **25** (1963) Nr. 3. S. 3–7.
Mit vorliegendem Referat hat Vf. auf einer wiss. Konferenz der Akad. der Landwirtschaftswiss. der UdSSR die grundsätzlichen Ansichten der Mitschurinschen Biologie zu den Fragen der Vererbung und der Veränderlichkeit der Organismen dargelegt. Ausgehend davon, daß das Hauptmerkmal des lebenden Körpers die Assimilation und die Dissimilation ist, wird die Erblichkeit wie folgt charakterisiert: Sie ist der Bedarf an bestimmten Lebensbedingungen für den Organismus und die spez. Reaktionen auf solche Bedingungen, die nicht lebensnotwendig sind, aber als vorhandene Umweltfaktoren auf den lebenden Organismus einwirken. – Es wird weiter auf Fragen der Neubildung und des Verlustes von Erbanlagen, des Konservativismus, der nichterblichen Variationen und der adaequaten Vererbung eingegangen. Abschließend sind kurz die Verwandlung verschiedener Getreidearten in andere Arten und die praktische Bedeutung dieser Frage erwähnt. W. Bonitz. 1656.

3-64/04-0044 Hanset, R. La génétique des populations d'effectif réduit. II. Consanguinité et hétérozygotie. **(Die Genetik von Populationen beschränkten Umfanges. 2. Mitt. Inzucht und Heterozygotie.)** Ann. Méd. vétérin. [Bruxelles] **106** (1962) Nr. 6. S. 431–456. – 1. Mitt. vgl. LZ. Abt. III 8 (1963) Nr. 4. S. 673.
Nach einigen allg. Bemerkungen über Inzucht und deren Einfluß auf das Genotypenverhältnis in einer Population behandelt Vf. den Fall einer panmiktischen Population von beschränktem Umfang. Er gibt den Inzuchtkoeffizienten in der t-ten Generation für Zwitterpopulationen und für Populationen mit getrenntgeschlechtlichen Individuen an. Die Bedeutung des Inzuchtkoeffizienten wird ausführlich an Hand der Wahrscheinlichkeitsdefinition und der Definition über Pfadkoeffizienten diskutiert. Anschließend beschäftigt sich Vf. mit der formelmäßigen Beschreibung von Inzuchtlinien. Schließlich wird der Einfluß von Kopplung, Mutation und Selektion auf die Zunahme von Homozygoten (Heterozygotieverlust) untersucht und formelmäßig erfaßt. D. Rasch. 1667.

3-64/04-0045 Hanset, R. La génétique des populations d'effectif réduit. III. Dérive fortuite et distribution des fréquences géniques. **(Die Genetik**

von Populationen beschränkten Umfanges. 3. Mitt. Genetische Drift und die Verteilung der Genhäufigkeiten.) Ann. Méd. vétérin. [Bruxelles] **106** (1962) Nr. 8. S. 534–572. – 2. Mitt. vgl. vorst. Ref.
Betrachtet man in einer sehr großen Population diploider Individuen einen Locus mit 2 Allelen (A, a) und ist die Häufigkeit von A $\bar{q}$, so haben Stichproben von N Individuen (2 N Gameten) eine Genhäufigkeit $q_i = \frac{i}{2N}$ mit der Wahrscheinlichkeit $P_{qi} = \frac{(2N)!}{i!\,(2N-i)!}\bar{q}^{\,i}\,(1-\bar{q})^{2N-i}$ (Binomialverteilung). Vf. untersucht die Entwicklung der Genhäufigkeiten in diesen Stichproben, die als getrennte endliche Populationen angesehen werden (Beispiel für $N = 2$, Geschwisterpaarung). Die Häufigkeit q in einer solchen isolierten Linie schwankt in aufeinanderfolgenden Generationen und nähert sich dem Wert Null oder Eins. Diese Variation von q wird als genetische Drift oder Sewall-Wright-Effekt bezeichnet. Vf. setzt sich ausführlich mit dieser Erscheinung (Beispiele) auseinander. Weiter werden die hierarchischen Unterteilungen von Populationen, die Gametenkorrelation und der Elternschaftskoeffizient besprochen sowie der Einfluß von Migration, Mutation und Selektion auf die Verteilung der Genhäufigkeiten. D. Rasch. 1667.

3-64/04-0046 Hanset, R. La génétique des populations d'effectif réduit. IV. La notion d'effectif efficace. **(Die Genetik von Populationen beschränkten Umfanges. 4. Mitt. Der Begriff effektiver Umfang.)** Ann. Méd. vétérin. [Bruxelles] **107** (1963) Nr. 1. S. 11–24. – 3. Mitt. vgl. vorst. Ref.
In einer Population von N Individuen ist die Verteilung der Zahl k von Gameten, die von einem bestimmten Elter stammen, durch die Glieder von $\left(\frac{1}{N} + \frac{N-1}{N}\right)^{2N}$ gegeben. Für $N \to \infty$ sind Mittelwert und Varianz gleich, folglich ist k asymptotisch poissonverteilt. Die Verhältnisse idealer Populationen sind praktisch nicht realisierbar. Man spricht daher vom effektiven genetischen Umfang N_e einer Population. Vf. gibt eine Definition (von Crow, 1954) dieses Begriffes und führt theoretische Untersuchungen u. a. über die Varianz der Zahl der Gameten pro Elter durch. Anschließend werden die Beziehungen zwischen effektivem Umfang und Selektion erläutert. D. Rasch. 1667.

3-64/04-0047 Hanset, R. La génétique des populations d'effectif réduit. V. Considérations d'ordre pratique. **(Die Genetik von Populationen beschränkten Umfanges. 5. Mitt. Praktische Betrachtungen.)** Ann. Méd. vétérin. [Bruxelles] **107** (1963) Nr. 2. S. 86–120. – 4. Mitt. vgl. vorst. Ref.
In dieser Arbeit betrachtet Vf. die 4 vorangegangenen Teilberichte im Hinblick auf natürliche Population und Haustierpopulationen. Es wird zu verschiedenen Einzelfragen Stellung genommen. U. a. wird erwähnt, daß bei hierarchischer Unterteilung von Populationen 3 Inzuchtkoeffizienten berechnet werden können. Arbeiten mehrerer Vf. über Haustiere auf diesem Gebiet werden besprochen. Besondere Aufmerksamkeit wird der Linienzucht und der Beziehung zwischen KB und Inzucht gewidmet. D. Rasch. 1667.

3-64/04-0048 Lowe, P. C., Carson, J. R. und King, S. C. Effect of blood transfusions on plumage color in chickens. **(Die Wirkung von Bluttransfusionen auf die Gefiederfarbe von Haushühnern.)** J. Heredity **54** (1963) Nr. 1. S. 17–22.
Bluttransfusionen zwischen gefärbten und weißen Rassen sollen nach Angaben sowjetischer Autoren die Gefiederfarbe der Nachkommenschaft verändern. Diese aufsehenerregenden Angaben wurden von obigen Autoren in eigenen Versuchen überprüft. Benutzt wurden Hühner der Rhode-Island-Red-Rasse und Schwarze Rhodeländer sowie Weiße Leghorn jeweils als Spender oder Empfänger. Vor Beginn der Transfusionen wurde die genetische

Reinheit der Rassen in 3 Generationen überprüft, bes. die Homozygotie des Gens für das dominante Weiß (*J*) der Leghorns. Die F_1-Kreuzungen mit Schwarzen Rhodeländern ergaben wie erwartet weiße Küken mit schwarzen Flecken, nie rein schwarze Küken, so daß an der Homozygotie der Leghorn nicht zu zweifeln ist. Bluttransfusionen, 80–130 cm^3 pro Tier, wurden während 3 aufeinanderfolgender Generationen vorgenommen. Die Färbung wurde beim Schlupf, im Alter von 8 Wochen und bei geschlechtsreifen Tieren überprüft. In keinem Fall des 455 Tiere umfassenden Experimentes trat eine auf die Transfusion rückführbare Farbänderung auf. P. Hertwig. 1670.

3-64/04-0049 Leroy, Pierre und Benoit, Jacques. Résultats obtenus sur des sujets de troisième et de quatrième générations, issus de poules Rhode Island Red traitées au sang de pintade. **(Beobachtungen über die 3. und 4. Generation von Hühnern, welche von Rhode Island Red abstammen, denen Perlhuhnblut injiziert wurde.)** C. R. hebd. Séances Acad. Sci. **256** (1963) Nr. 21. S. 4501–4504.

Eine kurze Arbeit vom Mai 1963 berichtete über den ersten Teil der Versuche. Hühnern eines Rhode-Island-Red-Stammes wurde während 2 Generationen Blut von Perlhühnern eingespritzt (200 ml). In der 1. Generation (beide Eltern behandelt) zeigte sich bei 42,19% der Tiere eine Verdunkelung des Gefieders, die im gleichen Ausmaß in der 2. Generation beibehalten wurde, gleichgültig, ob die F_1-Tiere erneut Injektionen von Perlhuhnblut erhielten oder nicht. — Die jetzige Arbeit berichtet über die 3. und 4. Generation. Wie schon zu Beginn der Versuche wurden die Hühner in jeder weiteren Generation in eine Gruppe B (erneut injiziert) und eine Gruppe C bzw. E (nicht injiziert) geteilt. Es zeigte sich nun der paradoxe Effekt, daß die Nachkommen der erneut behandelten B-Gruppen die dunkle Färbung wieder verloren, während die Nachkommen der unbehandelten C- und E-Gruppen die modifizierte Färbung der 2. Generation beibehielten. — Vff. vermuten, daß von der 3. Generation an wiederholte Bluttransfusionen die für die Pigmentierung notwendige enzymatische Reaktionskette verändern, was umso erstaunlicher ist, da doch bis zur 2. Generation eben diese Bluttransfusionen die Pigmentierung auslösten. P. Hertwig. 1670.

3-64/04-0050 Schmid, D. O.; München, Tierzuchtforsch. e. V., Inst. für Blutgruppenforsch. **Die Bedeutung der Blutgruppenforschung für die Geflügelzucht.** Züchtungskunde **35** (1963) Nr. 5. S. 196–204. — 2 Abb. Zus. in Russ., Engl., Franz.

Aus der Erkenntnis heraus, daß beim Geflügel eine Überlegenheit der Heterozygoten besteht, gewinnt die Blutgruppenbestimmung beim Geflügel zunehmende Bedeutung, da mit ihrer Hilfe gefundene Passer-Paarungen markiert und planmäßig reproduziert werden können. Einige Geflügelzuchtkonzerne haben auf diesem Wege in rel. kurzer Zeit bedeutende Leistungssteigerungen erzielt. Die Sperma-Plasma-Protein-, Serum-Transferrin- sowie Eiklar-Conalbumin-Typen haben noch keine Anwendung in Zuchtverfahren gefunden. B. Busch. 1690.

3-64/04-0051 Krampitz, G. und Wieneke, J. **Über biologische Eigenschaften von Poly-α-Aminosäuren.** Dtsch. tierärztl. Wschr. **70** (1963) Nr. 11. S. 285–288. — Zus. in Engl.

Polyaminosäuren besitzen vielseitige biochem. Wirkungen, von denen einige in vorliegendem Referat übersichtsweise dargestellt werden. Zunächst wird auf die Bedeutung von Polypeptiden für immunologische Untersuchungen hingewiesen. So haben Präparationen von Rinderserumalbumin durch Anheften von Peptiden aus Glutaminsäure, Lysin, Leucin oder Phenylalanin eine Verstärkung der antigenen Eigenschaften aufzuweisen; bes. effektiv erwiesen sich Polyleucin und Polyphenylalanin. Untersuchungen an Polypeptidyl-

Gelatine lassen erkennen, daß das Anhängen von aromatischen Aminosäuren die Antigenität steigert, während das Fixieren von polaren Aminosäuren die antigene Spezifität stark einengt. Wenn an nichtantigene, lineare Polymere Polypeptide anderer Aminosäuren fixiert werden, entstehen vielkettige Polyaminosäuren (mit Molekulargewichten um 70000), die antigene Eigenschaften aufweisen. Polyaminosäuren bieten ferner chemotherapeutische Möglichkeiten für die Virusbekämpfung. Polylysin bewirkt ferner eine Agglutination bei Bakterien und hemmt deren Wachstum und Respiration. Komplexverbindungen des Polylysins mit dem Insulin schließlich eignen sich dazu, die Wirkungsdauer des Insulins zu verlängern. Was die Verträglichkeit angeht, so bewirken basische Polyaminosäuren eine Agglutination von Erythrocyten und eine Verzögerung der Blutgerinnung. E. Kolb. 1690.

3-64/04-0052 *Darlington, C. D.* und *LaCour, L. F.* **Methoden der Chromosomenuntersuchung.** Stuttgart: Franckh'sche Verlagshandlung. 1963. (162 S. m. Abb. u. Tab.) 15,5 × 23 cm. In 13 Kapiteln und 3 Anhängen wird das umfangreiche Gebiet behandelt, wobei dem Vorwort zufolge die beschriebenen Methoden der Chromosomenuntersuchungstechnik sich erstrecken „von den allereinfachsten Verfahren, die man im Unterricht und in Kursen braucht, bis zu den ausgeklügelten Arbeitsgängen, die der Forscher anwendet". Die Kapitel beinhalten: 1. Chromosomenforschung: Ursprung, Umfang und Aufgabe; 2. Ausrüstung; 3. Lebende Chromosomen; 4. Stückfixierung; 5. Ausstrich- und Quetschpräparate; 6. Paraffinmethoden; 7. Färbung und Einschluß; 8. Besondere Methoden; 9. Beeinflussung der Mitose; 10. Beeinflussung und Steuerung der Befruchtung; 11. Fotographie; 12. Autoradiographie; 13. Darstellung der Ergebnisse. Anhang I ist dem Untersuchungsmaterial gewidmet, Anhang II den Standardlösungen, im Anhang III werden die Arbeitsgänge dargestellt, im Anhang IV die Gerätschaften. Ein ausführliches Literaturverzeichnis, ein Verzeichnis deutscher Namen von häufig erwähnten Gattungen, Familien usw., eine Erklärung häufig gebrauchter Fachausdrücke und ein Sachregister sind dem Buch beigefügt. Ein Tafelteil (26 Abb.) beschließt den Band. H. D. Hennig.

3-64/04-0053 *Geissler, Erhard.* **Bakteriophagen – Objekte der modernen Genetik.** Berlin: Akademie-Verlag. 1962. (138 S. m. 39 Abb. u. 9 Tab.) 11 × 18 cm. DM 8,– = Wissenschaftliche Taschenbücher. Medizin. Nr. 5. Vf. erläutert einführend kurz die Bedeutung der Phagengenetik und geht im folgenden nach einer Darstellung der Entwicklung der virulenten Phagen und der temperierten Phagen (Lysogenie) auf den Komplex Mutationen – Phagen – Modifikationen ein. Nach Erörterungen zum Thema Replikation der Phagen-DNS folgen Ausführungen zur Rekombination und Mutagenese. Gen und Coding-Problem sowie Transduktion und Konversion werden im Anschluß daran behandelt. Ein Literaturverzeichnis und Quellennachweis der den Text ergänzenden Abbildungen bilden zusammen mit dem Stichwortverzeichnis den Abschluß des instruktiven Bändchens. H. D. Hennig.

3-64/04-0054 *Andresen, Erik.* **A study of blood groups of the pig.** Diss. Vet. med. Fak. København. 1961. (229 S.) 8°. (Diss. 9207.)

3-64/04-0055 *Auerbach, Charlotte.* **The science of genetics.** New York: Harper. 1961. (X, 273 S.) 8°. (1963 A 771)

3-64/04-0056 *Dubinin, Nikolaj Petrovič.* **Molekularnaja genetika i dejstvie izlučenij na nasledstvennost'.** (Die Molekulargenetik und die Wirkung von Strahlungen auf die Vererbung.) Moskva: Gosatomizdat. 1963. (238 S.) (1963 B 164)

3-64/04-0057 *Fejginson, Noj Il'ič.* **Korpuskuljarnaja genetika.** (Korpuskular-Genetik.) Moskva: Sel'chozgiz. 1963. (542 S.) (1963 A 671)

3-64/04-0058 **Molekuljarnaja genetika. Sbornik statej.** (Molekulargenetik. Artikelsammlung.) Moskva: Izd. inostr. lit. 1963. (105 S.) (1963 A 662)

D. FORTPFLANZUNG

3-64/04-0059 Gul', A. P.; Moskau, Pawlow-Inst. für Physiol. der Akad. der Wiss. der UdSSR. Izmenenie ėstrogennoj funkcii u moločnogo skota pod vlijaniem vnešnich faktorov. **(Veränderungen der Oestrogenfunktionen bei weiblichen Rindern unter Einfluß äußerer Faktoren.)** Doklady Akademii nauk SSSR, Moskva **144(30)** (1962) Nr. 6. S. 1418–1421. – 3 Tab., 15 Lit.

Auf der Grundlage von Untersuchungen wird festgestellt, daß die Oestrogenfunktionen in der Ontogenese der Rinder dauernden physiol. Veränderungen unterworfen sind, die für jedes Stadium der Geschlechtsentwicklung charakteristisch sind. In den verschiedenen Stadien der Geschlechtsentwicklung besteht eine unterschiedliche Reaktion der Geschlechtsdrüsen auf die veränderten Bedingungen der äußeren Umwelt. In der frühen postnatalen Entwicklung ist die Geschlechtsfunktion ein noch nicht vorbereitetes Glied der neuro-hormonalen Regulierung des Organismus, durch deren Vermittlung sich der Einfluß der äußeren Umwelt bei den geschlechtsreifen Jungrindern und Kühen verwirklicht. K. Witt. 1761.

3-64/04-0060 Mesnil du Buisson, François du und Léglise, Pierre-Claude; Jouy-en-Josas, Seine-et-Oise, C. N. R. Z. Effet de l'hypophysectomie sur les corps jaunes de la truie. Résultats préliminaires. **(Einfluß der Hypophysektomie auf die Gelbkörper beim Schwein. Vorläufige Ergebnisse.)** C. R. hebd. Séances Acad. Sci. **257** (1963) Nr. 1. S. 261–263. – 1 Tab., 10 Lit.
Weibl. Schweine wurden 4 Std., 30 Min.; 5 Std. bzw. 9 Std. nach Beginn des Oestrus hypophysektomiert. Weder die 40 Std. nach Brunstbeginn eintretende Ovulation noch die Gelbkörperbildung wurden dadurch verhindert. Eine während der Gelbkörperphase des Zyklus durchgeführte Hypophysektomie bewirkte keine vorzeitige Regression der zyklischen Gelbkörper. Dagegen waren die infolge einer Hysterektomie persistierenden Gelbkörper innerhalb von 10 Tagen nach Durchführung einer Hypophysektomie vollständig zurückgebildet. F. Döcke. 1763.

3-64/04-0061 Denamur, Robert und Mauléon, Pierre; Jouy-en-Josas, Seine-et-Oise, C. N. R. Z. Contrôle endocrinien de la persistance du corps jaune chez les ovins. **(Endokrine Regulation der Erhaltung des Gelbkörpers beim Schaf.)** C. R. hebd. Séances Acad. Sci. **257** (1963) Nr. 2. S. 527–530. – 1 Tab., 15 Lit.
Bei intakten (**I**) und am Ovulationstag hypophysektomierten (**II**) 100 Tage alten weibl. Schafen wurden durch Verabreichung von PMSG und HCG Ovulation und Gelbkörperbildung ausgelöst. Bei den **I** konnten die Corpora lutea (C. l.) durch 1 mg/Tag Oestradiol (**III**) 50 Tage lang erhalten werden, so daß dem **III** auch beim Schaf eine luteotrope Wirkung zukommt. Bei den **II** hatte **III** dagegen keinen luteotropen Effekt. Durch Verabreichung von 2400 IE Rinder- oder Schafprolaktin konnte die Lebensdauer der C. l. weder bei den **I** noch bei den **II** verlängert werden. Bei den **I** blieben die C. l. nach am Ovulationstag durchgeführter Hysterektomie 60 Tage morphol. intakt, nicht aber bei den **II**. Eine erst 20 Tage nach der am Ovulationstag durchgeführtenHysterektomie vorgenommene Hypophysektomie bewirkte eine vollständige Rückbildung derzu diesem Zeitpunkt vorhandenen C. l. Durch Oestradiol oder eine Hysterektomie wird also wahrscheinlich die Sekretion eines hypophysären luteotropen Faktors ausgelöst, der nicht mit dem Prolaktin identisch ist. F. Döcke. 1763.

3-64/04-0062 Denamur, Robert und Mauléon, Pierre; Jouy-en-Josas, Seine-et-Oise, C. N. R. Z. Effects de l'hypophysectomie sur la morphologie et l'histologie du corps jaune des ovins. **(Die Wirkung der Hypophysektomie auf die Morphologie und Histologie des Gelbkörpers beim Schaf.)** C. R. hebd. Séances Acad. Sci. **257** (1963) Nr. 1. S. 264–267. – 2 Tab., 14 Lit.
Durch 2 i. m. Injektionen von 250 IE PMSG und die einmalige i. v. Applikation von 1000 IE HCG wurden bei 100–120 Tage alten weibl. Schafen 1–2 Ovulationen ausgelöst. 14 der 40 Tiere wurden nach der Methode von Denamur u. Martinet (1963) am Ovulationstag hypophysektomiert. Nach der am 4., 8., 12., 16. und 20. Tag post ovul. erfolgten Tötung wurden die Corpora lutea (C. l.) nach morphol. und histol. Gesichtspunkten in 3 Klassen eingestuft. Bei den intakten Schafen wies das histol. Bild der C. l. bis zum 12. Tag auf eine starke funktionelle Aktivität hin. Vom 12.–16. Tag traten zunehmende Regressionserscheinungen auf, und am 20. Tag waren die C. l. fast völlig zurückgebildet. Die C. l. der hypophysektomierten Tiere zeigten bis zum 12. Tag das gleiche Verhalten wie die der intakten, bildeten sich aber dann schneller zurück und waren am 20. Tag vollständig verschwunden. Für die zyklische Funktion des Gelbkörpers beim Schaf scheint also ein hypophysärer luteotroper Faktor nicht erforderlich zu sein. F. Döcke. 1763.

3-64/04-0063 Teplitz, R. und Ohno, S.; Duarte, Calif., City of Hope Med. Center. Postnatal induction of ovogenesis in the rabbit (Oryctolagus cuniculus). **(Postnatale Induktion der Oogenese beim Kaninchen [Oryctolagus cuniculus].)** Exp. Cell Res. **31** (1963) Nr. 1. S. 183–189.

Zur Untersuchung kamen die Ovarien von 31 weibl. Kaninchen im Alter von 0–20 Tagen und von 1 Jahr. Das rechte Ovar wurde jeweils histol. untersucht (H. E.-Färbung), das linke fand als Quetschpräparat nach Giemsa-Färbung für die cytologische Untersuchung Verwendung. Ein Teil der Tiere wurde mit Colchicin behandelt, bei den anderen wurde das linke Ovar einer Trypsin-Verdauung unterworfen. Es zeigte sich, daß das Ovar beim Kaninchen zum Zeitpunkt der Geburt nur proliferierende Oogonien, aber keine Oocyten enthält. Die Differenzierung der Oogonien zu den Oocyten findet also — im Gegensatz zu allen anderen bisher untersuchten Tierarten — erst postnatal statt. Die stärkste meiotische Oocytenaktivität wurde zwischen dem 12. und 14. Tag beobachtet, und am 20. Tag hatten alle Oocyten das Diplonten-Stadium vollendet, waren in das Dictyoten-Stadium eingetreten und bildeten Primordialfollikel. F. Döcke. 1763.

3-64/04-0064 Maßnahmen zur Verbesserung der künstlichen Besamung. 1. Uterusmotilität beim Schwein. Dummerstorf, Inst. Tierzuchtforsch. Dtsch. Akad. Landwirtsch.-Wiss. Berlin Plan-Nr. 1701 16 h 2-19/6. Abschlußber. (2/8. 1963).

An 26 Sauen wurden mit Hilfe der Gummiballon-Kymographenmethode die Cervix- und Uteruskontraktilität untersucht. Bei Oestrogendominanz treten in beiden Abschnitten des Genitaltrakts starke, langanhaltende Kontraktionen auf, die durch längere Ruheintervalle getrennt sind und ihr Maximum im Oestrus erreichen. Während der Corpus-luteum-Phase treten schwache Kontraktionen mit hoher (Uterus) oder niedriger (Cervix) Frequenz auf. Im Blütestadium der Gelbkörper fehlt jede registrierbare Aktivität. Durch die Besamung im Besamungskasten wird keine, bei zusätzlicher Stimulation mittels Clitorismassage oder Kontakt mit einem Eber eine schwache Uterusreaktion ausgelöst. Die verschiedenen Phasen des Deckaktes rufen unter diesen Bedingungen deutliche Kontraktionen mit dem Maximum bei der Paarung hervor. Bei der in der Bucht befindlichen, nicht fixierten Sau sind alle Reaktionen stärker ausgeprägt. Es wird empfohlen, die Besamungen nicht im Kasten vorzunehmen. 1764.

3-64/04-0065 Rollinson, D. H. L.; Entebbe, Uganda, Animal Health Res. Centre. Reproductive habits and fertility of indigenous cattle to artificial insemination in Uganda. **(Sexualverhalten und Fruchtbarkeit von einheimischen Rindern nach künstlicher Besamung in Uganda.)** J. agric. Sci. **60** (1963) Nr. 2. S. 279–284. — 7 Tab., 26 Lit.

Die durchschnittl. Länge des Geschlechtszyklus betrug 20,9 Tage (Kühe und Färsen), des Oestrus 2 Std., 14 Min., des bemerkbaren Pro-Oestrus 14 Std., des Metoestrus 11 Std., 7 Min. Auf den Suchbullen (vasect.) wirkten die Tiere im Durchschnitt pro Brunst (26 Std., 21 Min.) sexuell erregend. Die höchste Fruchtbarkeit wurde bei Besamungen in dem Zeitraum von der 16.–26. Stunde nach Einsetzen des Pro-Oestrus erzielt. J. Bergfeld. 1765.

3-64/04-0066 Hynek, H. und Hořejš, I. Použití séra březích klisen u skotu ve veterinární a chovatelské praxi. **(Anwendung des Serums trächtiger Stuten beim Rind in der Veterinär- und Zuchtpraxis.)** Vědecké Práce ústředního výzkumného Ústavu Živočišné Výroby v Uhříněvsi **6** (1963) S. 123–140. — 3 Tab., 21 Lit. Zus. in Russ., Engl., Dtsch.

Man überprüfte die Fähigkeit des Serums trächtiger Stuten (PMS), bei Kühen und Färsen des Tschechischen Rotfleckviehs die Brunst hervorzurufen. Benutzt wurde Serum von 4 Warmblutstuten zwischen dem 40. und 120. Trächtigkeitstag und ein Präparat der Firma Bioveta. Durch eine s. c. Applikation von 20 ml PMS gelang es, eine deutliche Brunst nach 5,5 Tagen bei 25% und eine stille Brunst bei weiteren 32,7% der behandelten Tiere hervorzurufen. Davon wurden 14% nach der 1. Insemination trächtig. Die künstlich hervorgerufene Brunst dauerte ⌀ 2 Tage. Die s. c. PMS-Applikation wird als Hilfsmethode der Sterilitätsbehandlung empfohlen. Die intravaginale Applikation in die Scheidenschleimhaut hatte ein ähnliches Ergebnis wie die s. c. Anwendung. Mit abnehmender PMS-Gabe geht die Zahl der Brunstfälle zurück, bei steigender Dosis wird auch die Brunst prägnanter. Die Kontrollbehandlung steriler Kühe durch Enucleation des Gelbkörpers, Eierstock- und Gebärmuttermassage brachte bessere Ergebnisse: Durchschnittl. innerhalb von 4,4 Tagen stellt sich eine akute Brunst in 66,6% der behandelten Fälle ein, und nach der 1. Insemination wurden 35,5% der Färsen und Kühe trächtig. In keinem einzigen Fall gelang es, durch PMS-Applikation die Geburt von Zwillingen hervorzurufen. ČSSR/ÚVTI. 1765.

3-64/04-0067 Bereznev, A. P.; Dubrowizy, Gebiet Moskau, Unions-Forsch.-Inst. für Tierzucht. Dejstvie oksitocina i nejrotropnych preparatov na semjaizverženie u bykov. **(Die Wirkung von Oxytocin und neurotroper Stoffe auf den Samenerguß bei Bullen.)** Životnovodstvo, Moskva **25** (1963) Nr. 4. S. 68–70. — 3 Tab.
In 28 Versuchen an 6 Bullen wurden die neurotropen Präparate „Proserin" und „Carbocholin" sowie Oxytocin in ihrer Wirkung auf die Ejakulation bei Bullen untersucht. „Proserin" und „Carbocholin" wirken über die parasympathischen Nervenwege auf die glatte Muskulatur der spermaführenden Organe. Der Effekt setzt 25–40 Min. nach s. c. Injektion ein. Das Oxytocin wirkt unmittelbar kontraktionsverstärkend auf die glatten Muskelelemente der Hoden, Nebenhoden, Samenleiter und der accessorischen Geschlechtsdrüsen. Ejakulatvolumen und Gesamtspermienzahl erhöhen sich. Die Wirkung tritt 5 Min. nach der Injektion ein. Die Dosierung der einzelnen Präparate wird angeführt. Da lt. Vf. die kombinierte Anwendung der Präparate auch degenerativen Erscheinungen in der Spermiogenese entgegenwirken soll, empfiehlt er sie den Besamungsstationen zur Behandlung von Bullen mit unzureichender Spermaqualität. I. Tschinkel. 1775.

3-64/04-0068 Perek, M. und Snapir, N. Seasonal variations in semen production of different breeds of cocks and the effect of vitamin C feed supplementation upon the semen of White Rocks. **(Jahreszeitliche Abweichungen in der Samenproduktion bei Hähnen unterschiedlicher Rassenzugehörigkeit und die Wirkung der Vitamin-C-Beifütterung auf den Samen bei White Rocks.)** Brit. Poultry Sci. 4 (1963) Nr. 1. S. 19–26.
Veranlaßt durch die Feststellung der Geflügelzüchter Israels, daß die Fruchtbarkeit bei Hähnen verschiedener Rassenzugehörigkeit (Zuchten) im Sommer und Herbst nachläßt und wieder zunimmt, sollte untersucht werden, ob diese Fluktuation mit den Jahreszeiten oder den Zuchten korreliert ist. Zum 1. Versuch wurden 6 Mon. alte Hähne verschiedener Rassen ad libitum mit einem handelsüblichen Mischfutter von Jan.–Dez. gefüttert. Der einmal wöchentl. gewonnene Samen wurde auf sein Volumen und die Spermienkonzentration geprüft. Im 2. Versuch wurde zum Zeitpunkt des Absinkens der Spermaproduktion (Juli) Vitamin C (100 ppm) dem Grundfutter zugefügt und die Spermaproduktion nach denselben Kriterien untersucht. Es zeigte sich, daß generell kein statistisch gesicherter Einfluß von den Jahreszeiten auf die Spermaproduktion ausgeübt wurde. Eine Ausnahme bildete die Zeit der heißen Winde (Hamsin). Somit scheint die Spermaproduktion hauptsächlich ein zucht- oder rassenbedingtes Merkmal zu sein. Die Vitamin-C-Zugabe hatte hochsignifikante Auswirkungen auf die Samenproduktion in der sonst abfallenden Zeit des Jahres zur Folge, jedoch ließen sich keine Unter-

schiede bei der Beweglichkeit der Spermien sichern. Auf welchem Wege die Aktivierung der männl. Gonaden durch das Vitamin C verursacht wird, ist noch unbekannt. R. Menzel. 1775.

3-64/04-0069 Döcke und Bergfeld. **Maßnahmen zur Verbesserung der künstlichen Besamung. 3. Kondition und Fruchtbarkeit beim weiblichen Rind.** Dummerstorf, Inst. Tierzuchtforsch. Dtsch. Akad. Landwirtsch.-Wiss. Berlin Plan-Nr.: 1701 16h 2-19/6. Teil-Abschlußber. (2/8. 1963).

Es wurde bei 26 zu Beginn der Untersuchungen 8 Mon. alten Zwillingsfärsen des Deutschen Schwarzbunten Rindes in der Zeit von Juni 1962 bis Apr. 1963 in etwa 4- bis 6wöchigen Abständen die Zahl der Eosinophilen-Granulocyten pro mm^3 Blut ermittelt. Die Mittelwerte stiegen mit dem Alter und dem Körpergewicht während der Untersuchungsperiode stetig von ⌀ 118,03 auf ⌀ 459,68 Zellen pro mm^3 Blut. An Hand von Diagrammen wird versucht, den möglichen Einfluß der Faktoren Fütterung, Außentemperatur und Trächtigkeit zu erklären. Das Einsetzen der Geschlechtsreife scheint nicht direkt auf die Höhe der Werte einzuwirken. Zwischen den Paaren bestehen im Niveau und Verlauf der verfertigten Diagramme zum Teil erhebliche, paareigen anmutende Unterschiede. Die Möglichkeit einer genetisch bedingten Steuerung des Eosinophilen-Blutbildes und seiner Entwicklung wird angedeutet. 1792.

3-64/04-0070 Ashton, G. C. und Fallon, G. R.; Rockhampton, Queensland, Australia, C. S. I. R. O.; Brisbane, Univ., Veterin. School. β-globulin type, fertility and embryonic mortality in cattle. **(β-Globulintyp, Fruchtbarkeit und embryonale Mortalität beim Rind.)** J. Reproduct. Fertility **3** (1962) Nr. 1. S. 93–104. – 7 Tab., 14 Lit.

Sowohl bei den untersuchten Milch- als auch Fleischrassen ergab sich gegenüber der Erwartung ein Überwiegen der beobachteten heterozygoten Typen. Es wird angenommen, daß homozygote Embryonen eine höhere embryonale Mortalität haben. Dafür spricht auch die Zahl der Tiere, welche am 25. Tag nach der Besamung und später wieder brünstig werden. Jedoch war der Befruchtungssatz bei gleich oder ungleich homozygoten Eltern höher als bei heterozygoten. B. Busch. 1792.

3-64/04-0071 Kihlström, J. E.; Uppsala, Sweden, Univ. of Uppsala, Inst. of Zoophysiol. Evidence of sexual cycles in males. **(Nachweis von Sexualzyklen bei männlichen Tieren.)** Ark. Zool. [Stockholm] **15** (1963) Nr. 23. S. 359–361. – 2 Abb., 1 Tab., 5 Lit.

Vf. wies bei Bullen eine statistisch signifikante zyklische Variation in der Fertilität bei der Mehrzahl der Beobachtungen nach. Die Länge der beobachteten Zyklen betrug 4–9 Wochen. H. Grychtolik. 1793.

3-64/04-0072 Kihlström, J. E. und Degerman, G.; Uppsala, Sweden, Univ. of Uppsala, Inst. of Zoophysiol. Hormonally regulated cyclic variations in the sexual functions of the male rabbit. **(Hormonal regulierte zyklische Änderungen der Sexualfunktion beim männlichen Kaninchen.)** Ark. Zool. [Stockholm] **15** (1963) Nr. 22. S. 357–358. – 1 Tab., 5 Lit.

Vff. fanden bei männl. Kaninchen, in deren Samenflüssigkeit mit rel. häufiger Frequenz Gel auftrat, bei 6 von 8 Tieren statistisch signifikante zyklische Veränderungen in der Fertilität in Beziehung zu dem Erscheinen des Gels. Die Länge der Zyklen betrug 3÷8 Tage. Da andere Autoren fanden, daß die Produktion des gelartigen Anteils des Ejakulats durch Androgene stimulierbar ist, wird geschlossen, daß die beobachteten zyklischen Veränderungen in der Fertilität durch die physiol. Schwankungen des Sexualhormonspiegels bedingt sind. H. Grychtolik. 1793.,

3-64/04-0073 Kauffold. **Versuche zur Polyovulation und Eitransplantation. 3. Histochemische Untersuchungen an Säugetiereizellen.** Dummerstorf,

Inst. Tierzuchtforsch. Dtsch. Akad. Landwirtsch.-Wiss. Berlin Plan-Nr.: 1701 16h 1-28/8. Abschlußber. (5/9. 1963). — 1 Anlage.
Vitalcytologisch deutliche Strukturen an normalen und atretischen Eizellen der Maus wurden vergleichend beobachtet und beschrieben. Nach Superovulation mit gonadotrop wirksamen Hormonpräparaten konnte eine Erhöhung des Anteils degenerierter Eizellen in den Tuben festgestellt werden. Die vitalcytologische Beurteilung der Eizellen ist bes. nach Durchführung von Vitalfärbungen mit basischen Farbstoffen als Methode zur Ermittlung des Einflusses experimenteller Faktoren auf die frühembryonale Sterblichkeit geeignet. 1812.

3-64/04-0074 Solomon, J. B.; London, Roy. Cancer Hospital, Chester Beatty Res. Inst., Inst. of Cancer Res. Actively acquired transplantation immunity in the chick embryo. **(Aktiv erworbene Transplantations-Immunität beim Hühnerembryo.)** Nature [London] **198** (1963) Nr. 4886. S. 1171–1173. — 1 Abb., 2 Tab., 29 Lit.
Weiße Leghornembryonen erhielten nach 11- bis 17tägiger Bebrütung verdünntes Gesamtblut von Roten Rhode-Island-Hennen i. v. injiziert. Eine 2. Injektion mit dem gleichen Blut erfolgte am 19. Bebrütungstag und 6 Tage später die Tötung der Tiere und Wägung der Milz. Es zeigte sich, daß die nach der 2. Injektion zu erwartende Splenomegalie nur dann durch die 1. — sensibilisierende — Injektion reduziert worden war, wenn diese zwischen dem 11. und 13. Tag erfolgt war. Wurde zwischen dem 13. und 19. Tag oder nach dem Schlupf mit Blut sensibilisierten Küken ca. 7 Tage später ein Stück Haut von Rhode-Island-Hennen implantiert, wurden zwar mehr Implantate abgestoßen als bei den Kontrolltieren, doch war die Sensibilisierung geringer als bei einer 2maligen Hauttransplantation. Vf. kommt zu dem Schluß, daß die Sensibilisierung vor dem Milz-Test die empfindlichste Methode zum Nachweis der Sensibilisierung von Embryonenlymphocyten zu sein scheint.
F. Döcke. 1816.

3-64/04-0075 Teuscher, R. und Seils, H.; Eberswalde, Bezirkstierklin. **Ein Beitrag zur sekundären Extrauteringravidität beim Rind.** Wiener tierärztl. Mschr. **50** (1963) Nr. 8. S. 770–784. — 3 Abb., 1 Tab., 15 Lit.
Vff. beschreiben nach einleitender Darstellung der Literatur über primäre und sekundäre Extrauteringraviditäten beim Rind, einen Fall von sekundärer Bauchhöhlenschwangerschaft bei einer 2jährigen Färse. Das Rind wurde mit dem Verdacht auf Fremdkörpererkrankung eingeliefert. Bei einer Probelaparotomie wurden nach Ausschluß anderweitiger Erkrankungen an der ventralen Bauchwand die Extremitäten eines Fetus gefühlt. Bei der weiteren Untersuchung wurde die lebende Frucht frei zwischen den Darmschlingen liegend aufgefunden. Im rechten Uterushorn befand sich ein ca. 20 cm langer Riß. Die Frucht war im geschlossenen Eihautsack durch die Rupturstelle in die Bauchhöhle vorgefallen. Die Eihäute waren stellenweise mit dem parietalen Bauchfell und dem Pansen verwachsen. Eine Lösung der Adhäsionen war nicht möglich. Nach Entwicklung der Frucht, doppelter Unterbindung des Nabelstranges und antibiotischer Versorgung der Bauchhöhle wurde die Laparotomiewunde verschlossen. Drei Tage post operationem mußte das Tier wegen Verschlechterung von Herz und Kreislauf geschlachtet werden. Nach dem pathologisch-anatomischen Befund, der Größe der Frucht sowie auf Grund von Länge und Aussehen der Rupturstelle im Uterus wird angenommen, daß sich die Frucht etwa von 5 Mon. bis zu 6½ Mon. der Trächtigkeit in der freien Bauchhöhle befand und weiter entwickelte. Eine Plazentation in der Bauchhöhle fand nicht statt, lediglich Verwachsungen zwischen Eihäuten und Peritonaeum waren zu beobachten. Eine Plazentombildung war nur innerhalb des Uterus vorhanden. Die Versorgung der Frucht erfolgte über den intakten Nabelstrang. Vff. halten es auf Grund ihrer Beob-

achtungen für unwahrscheinlich, daß eine sekundäre Bauchhöhlenschwangerschaft, bei der der Fetus frei im Darmkonvolut liegt, jemals voll ausgetragen werden kann. J. Wollrab. 1830.

3-64/04-0076 Jost, Alfred; Paris, Fac. des Sci. Maintien de la gestation chez la lapine par un stéréo-isomère voisin de la progestérone (6-déhydro-rétro-progestérone). Action sur les foetus. **(Erhaltung der Gravidität beim Kaninchen durch ein stereoisomeres Progesteronderivat [6-Dehydro-retro-progesteron]. Wirkung auf den Fetus.)** Acta endocrinol. [Copenhagen] **43** (1963) Nr. 4. S. 539–544. – 1 Abb., 2 Tab., 15 Lit.
Eine Dosis von 5 mg/Tag 6-Dehydro-retro-progesteron (Isopregnenon) s. c. wirkt beim kastrierten weibl. Kaninchen trächtigkeitserhaltend, so daß seine gestagene Aktivität etwa der des Progesterons entspricht. Bei oraler Verabreichung sind für den gleichen Effekt ca. 200 mg/Tag erforderlich. Die nach dieser Behandlung erhaltenen weibl. Feten zeigen keine deutlichen Symptome einer Maskulinisierung, doch sind die Müllerschen Gänge proliferiert. Die männl. Feten sind normal ausgebildet. F. Döcke. 1830.

3-64/04-0077 Derivaux, J. Stérilité et mortalité prénatale. **(Sterilität und pränatale Mortalität.)** Ann. Méd. vétérin. [Bruxelles] **104** (1963) Nr. 3. S. 145–168. – 94 Lit.
Bei Feststellung von Sterilität ist nicht immer die Ursache zu ermitteln. Nach einmaliger Besamung werden oft nur 60–65% Geburten erreicht, nach 2 oder 3 Besamungen schon 80–90%. Bei der Untersuchung wird meist eine Sterilität sine materia gefunden. Es muß also die Befruchtung gefehlt haben oder irgendwie mangelhaft gewesen sein, oder das befruchtete Ei muß abgestorben sein. Man rechnet bei der Entwicklung eines befruchteten Eies die Periode des Eies bis zum 10. Tag, die des Embryos bis zum 40. Tag, anschließend bis zur Geburt folgt die fetale Periode. Die Mortalität des Embryos der Kuh tritt zwischen dem 16. und 34. Tag ein und kommt bei 15% und mehr vor. Als Ursache wurden Störungen am Ei oder Embryo erkannt, was Schweinegeburten beweisen, wo nacheinander tote und lebende Ferkel geboren werden. In Anbetracht der ökonomischen Wichtigkeit der Verluste referiert Vf. 94 darüber geschriebene Berichte. K. Preißler. 1844.

3-64/04-0078 Lasley, J. F., Day, B. N. und Mayer, D. T.; Columbia, Univ. of Missouri. Intra-uterine migration and embryonic death in swine. **(Intrauterine Überwanderung und Embryonaltod beim Schwein.)** J. Animal Sci. **22** (1963) Nr. 2. S. 422–424. – 2 Tab., 5 Lit.
Intrauterine Eiüberwanderung (**I**) beim Schwein wurde schon mehrfach beschrieben. Vff. ließen 119 Kreuzungsjungsauen am 55. Trächtigkeitstag schlachten, excidierten den Genitaltrakt und bestimmten die Zahl der Gelbkörper auf jedem Ovar sowie die Verteilung der Feten in den beiden Uterushörnern. Bei 41% der Tiere war die Zahl der in einem Horn gefundenen Feten größer als die der Gelbkörper auf dem korrespondierenden Ovar. Aber auch bei Sauen, bei denen die Zahl der Feten und der Gelbkörper auf beiden Seiten übereinstimmt, kann eine intrauterine Eiüberwanderung stattgefunden haben, so daß deren Prozentsatz wahrscheinlich noch höher liegt. Während zwischen der Gesamtovulationsrate und dem Auftreten von **I** keine Beziehung gefunden wurde, bestand eine solche zwischen einer irregulären Verteilung der Ovulationen auf die beiden Ovarien und der **I**. In 69% der Fälle hatte die **I** vom linken in das rechte Uterushorn stattgefunden. Bei **I** wurden ⌀ 1,24 Ferkel mehr geboren, so daß ihr möglicherweise eine Bedeutung für die Verhinderung der embryonalen Mortalität zukommt. Anhaltspunkte für eine genetische Basis der Häufigkeit von **I** wurden nicht gefunden. F. Döcke. 1844.

3-64/04-0079 Šichov, I. Ja.; Dubrowizy, Gebiet Moskau, Unions-Forsch.-Inst. für Tierzucht. Soderžanie nukleinovych kislot v moločnoj železe krup-

nogo rogotogo skota. **(Der Gehalt an Nukleinsäuren in der Milchdrüse bei Kühen.)** Životnovodstvo, Moskva **25** (1963) Nr. 3. S. 77–78. – 1 Abb., 1 Tab.
Mit biochem. Methoden wurde der Gehalt an Ribonukleinsäure (RNS) und Desoxyribonukleinsäure (DNS) von Milchdrüsen verschiedener Funktionsstadien ermittelt. Das Verhältnis des Phosphors der RNS (P-RNS) zu dem der DNS (P-DNS) zeigt folgendes Bild:

Gruppe	Anzahl der Tiere	Jährl. Milchleistung/ 100 kg Lgw. (kg)	P-RNS/100 g Rohgewebe (mg)	P-DNS/100 g Rohgewebe (mg)
1	4	700–816	58,3 ± 4,3	22,0 ± 2,5
2	4	382–424	46,6 ± 5,7	29,6 ± 3,2
3	5	nichtlakt. Kühe	39,7 ± 3,1	38,0 ± 2,9
4	3	Färsen	14,0 ± 3,0	29,2 ± 6,5

Die Ergebnisse zeigen, daß sich RNS bei stark laktierenden Drüsen anreichert, während DNS beständig abnimmt. W. Bonitz. 1862.

3-64/04-0080 Èktov, V. A. und Solovej, M. Ja. Razvitie moločnoj železy čistoporodnych i pomesnych svinej v ontogeneze. **(Die Entwicklung der Milchdrüsen reinrassiger und gekreuzter Sauen in der Ontogenese.)** Izvestija Timirjazevskoj sel'skochozjajstvennoj akademii, Moskva **1962** Nr. 5. S. 216 bis 228. – 9 Abb., 7 Tab., 18 Lit. Zus. in Engl.
Von der Milchleistung der Sauen hängen in starkem Maße die Entwicklung und das Wachstum sowie die Lebensfähigkeit der Ferkel ab. Daher war es notwendig, den histol.-morphol. Bau der Milchdrüsen und ihre Veränderungen in der embryonalen und postembryonalen Periode bei reinrassigen und gekreuzten Sauen zu untersuchen. Die Entwicklung der Milchdrüsen geht bei gekreuzten Sauen, vor allem mit dreirassiger Abstammung, intensiver vor sich, sie haben einen höheren Prozentsatz an Drüsengewebe, größere Alveolen und ein besseres Verhältnis zwischen Drüsen- und Bindegewebe. Dadurch haben sie auch eine höhere Milchleistung in der Säugeperiode, die in den angestellten Versuchen um 19–61% höher war als bei reinrassigen Sauen.
K. Witt. 1862.

3-64/04-0081 Alešin, S. N. Opyt fiziko-chimičeskoj interpretacii processa sekrecii korovego moloka. **(Versuch einer physikalisch-chemischen Interpretation des Prozesses der Milchsekretion bei der Kuh.)** Izvestija Timirjazevskoj sel'skochozjajstvennoj akademii, Moskva **1962** Nr. 6. S. 217–226. – 5 Abb., 3 Tab., 10 Lit. Zus. in Engl.
In vorliegendem Artikel wird versucht, auf Grund von phys.-chem. und kolloidchem. Erscheinungen die Milchsekretion mathematisch zu interpretieren, und zwar auf der Grundlage von experimentell gewonnenen Angaben. Es wurde bestätigt, daß die Milchleistung der Kühe mit dem Verlauf der Laktationsperiode absinkt und der Fettgehalt sich erhöht. Die abs. Fettmenge der Milch wächst mit der Vergrößerung des Milchertrages. Die theoretischen Ergebnisse der mathematischen Interpretation der biophys. Prozesse der Milchsekretion stimmen gut mit den experimentellen Angaben überein; trotzdem darf dies erst als erster Versuch angesehen werden, der keineswegs endgültige Ergebnisse aufweist. Die weitere Bearbeitung und Vervollkommnung dieser mathematischen Interpretation ermöglicht es in der Perspektive, die Milch- und Fettleistung für eine Laktationsperiode und den Termin des Laktationsabschlusses vorauszusagen. K. Witt. 1864.

3-64/04-0082 Velitok, I. G.; Dubrowizy, Gebiet Moskau, Unions-Inst. für Tierzuchtforsch. O deponirovanii ostatočnogo moloka v vymeni korov. **(Über**

die Deponierung der Restmilch im Kuheuter.) Životnovodstvo, Moskva **25** (1963) Nr. 3. S. 74–77. – 2 Abb., 2 Tab.
Die Versuche mit Pituitrininjektionen (18 IE Oxytocin) in verschiedenen Zeitabständen und anschließender Ermittlung der Restmilch wurden an 189 Kühen verschiedener Rassen durchgeführt. Ergebnisse von insgesamt 990 Versuchen: Die Menge der Restmilch schwankt von 50–7800 ml, wobei 77,5% auf 50–2000 ml entfallen; sie kann auch durch gewöhnliches Hand- und Maschinenmelken gewonnen werden und beeinflußt den Fettgehalt der Milch (14–18% Fett in der Restmilch). Zusammenfassend wird festgestellt, daß der Sekretionsprozeß in den Zellen der Alveolen sowohl mit als auch ohne Vorhandensein von Restmilch vonstatten geht. Deponierte Milch in den Alveolen ist das Ergebnis vorangegangener synthetisierender Prozesse, die denselben dann eine spez. Richtung gibt und dabei Resorptionserscheinungen hervorruft. W. Bonitz. 1864.

3-64/04-0083 Ermolov, B. N.; Leningrad, Pawlow-Inst. für Physiol. der Akad. der Wiss. der UdSSR. Izmenenija aktivnosti ščitovidnoj železy i moločnoj produktivnosti u koz pod vlijaniem l-tiroksina. **(Veränderung der Aktivität der Schilddrüse und der Milchproduktivität bei Kühen unter dem Einfluß von L-Thyroxin.)** Fiziologičeskij žurnal SSSR imeni I. M. Sečenova, Moskva – Leningrad **49** (1963) Nr. 1. S. 111–114. – 2 Tab., 2 Lit.
An 13 laktierenden Kühen, die im 8.–9. Mon. tragend waren, wurde folgender 3-Perioden-Versuch durchgeführt: I. Neutrale Beobachtungsperiode (20 Tage); II. Injektion von Thyroxin (Dosis 0,03 mg/kg Lgw. tägl.), verabreicht in basischer Lösung in 12stündiger Folge (19 Tage); III. Einstellung der Thyroxinzufuhr, Nachbeobachtung (12 Tage). Als Maß für die Aktivität der Schilddrüse diente der Prozentsatz einer Menge äußerlich zugeführten ^{131}J, der sich nach einer gewissen Zeit in ihr angesammelt hatte. – Ergebnis: Periode II: 4mal geringere physiol. Aktivität der Schilddrüse; steigender Milchertrag (Maximum am 12. Tag mit Erhöhung um 33%); steigende Milchfettsekretion; fallendes Körpergewicht (um 15%). Periode III: 8mal geringere physiol. Aktivität der Schilddrüse; schroffer Abfall des Milchertrages auf die Hälfte von I; Maximum der Milchfettsekretion (33% über dem Niveau von I), später starker Abfall unter I. Körpergewicht nimmt allmählich zu. – Erklärung: Unterdrückung der thyreotropen Funktion der Hypophyse in der Periode II durch erhöhte Thyroxinkonzentration im Organismus; Hypofunktion der Schilddrüse, die sich auch noch in der Periode III erhält; Verminderung der Empfindlichkeit der Rezeptoren der Hypophyse bei Veränderung der Thyroxinkonzentration. – Es wurden auch Fälle beobachtet, in denen die stimulierende Wirkung von Thyroxin auf die Milch- und Milchfettsekretion ausblieb. U. Baumgärtel. 1866.

3-64/04-0084 Eibl, K.; Neustadt/Aisch, Besamungsstat. **Die Leistungen der Rinderbesamung.** Zuchthyg., Fortpflanzungsstör. Besam. Haustiere **7** (1963) Nr. 3/4. S. 161–168. – Zus. in Russ., Engl.
Heute gibt es in der BRD ca. 100 Besamungsorganisationen und in der DDR 14 Besamungsstationen mit Nebenbetrieben. 20 Jahre KB haben inzwischen für Wissenschaft und Praxis eine Reihe neuer Erkenntnisse vermittelt, von denen als wichtigste genannt seien: 1. Vollkommene Lösung der genossenschaftlichen Vatertierhaltung durch gemeinschaftliche Besamungsorganisationen, 2. Gewinnung neuer Erkenntnisse auf dem Gebiet der männl. Fruchtbarkeit und Unfruchtbarkeit. Vf. geht außerdem im einzelnen auf viele mit der KB zusammenhängende Probleme (z. B. Auslese auf Konstitution und Fruchtbarkeit sowie individuelle Paarungen) ein, weist auf z. Z. noch offene Fragen (z. B. die Fütterung auf Fruchtbarkeit) hin und stellt die Notwendigkeit einer zuchthygienischen Überwachung im Hinblick auf das Auftreten von Erbfehlern heraus, obwohl diese Gefahr 20jährigen Erfahrungen zufolge

nicht überbewertet zu werden braucht. Durch die KB wurde in der Rinderzucht ein Zuchtausleseverfahren eingeführt, wie dies den Pflanzenzüchtern seit 50 Jahren geläufig ist. Abschließend wird die KB als Garant der Fruchtbarkeit herausgestellt, sie hat sich ferner in Verbindung mit der Bullenprüfung zu einem wichtigen Hilfsmittel der Zucht entwickelt, das bei richtiger Anwendung alle anderen Möglichkeiten übertrifft. E. Kieslinger. 1881.

3-64/04-0085 Scheller, H. **Großversuch über die Durchführung der künstlichen Besamung bei Schweinen.** Schönow, Inst. Künstl. Besam. Plan-Nr.: V 1705 15-2-1/1. Abschlußber. (24/7. 1963).
Der Abschlußbericht enthält die Ergebnisse der umfassend durchgeführten Untersuchungen über die Problematik der KB bei Schweinen. Es werden die Technik und die z.T. selbst konstruierten Geräte für Gewinnung, Beurteilung, Aufbereitung, Aufbewahrung, Transport und Insemination des Eberspermas beschrieben und dargestellt. Insgesamt werden 1234 Besamungen nach verschiedenen Gesichtspunkten ausgewertet. Das Trächtigkeitsergebnis aus 3jährigem Durchschnitt beträgt 61,9%. Die Möglichkeiten der Spermakonservierung sind noch unzureichend. Im Anhang wird eine Richtlinie für die Durchführung der KB bei Schweinen vorgeschlagen. 1881.

3-64/04-0086 Mozer, P. Considérations sur la récolte et l'examen du sperme de taureau. **(Betrachtungen zur Spermagewinnung und -prüfung bei Bullen.)** Élevage et Inséminat. **1963** Nr. 74. S. 3–10. — 5 Lit.
In einer vergleichenden Betrachtung zum Sprungverhalten bei der Samenentnahme wird festgestellt, daß Friesenbullen i. allg. keine Schwierigkeiten bereiten. Sie sind an die Anwesenheit des Menschen bei dieser Gelegenheit gewöhnt. Ein vollständiges Fehlen der Decklust kommt fast gar nicht vor. Einige Bullen samen nicht in eine gewöhnliche Vagina ab. Sie benötigen zur Ejakulation eine schwache Verstärkung des Friktionsreizes. Eine geringfügige Penishypoplasie dürfte hierfür der Anlaß sein. Bei den Limousine sind die Bullen ebenfalls temperamentvoll bei guter Libido und selten bösartig. Erektionsbeschwerden gibt es kaum. Bei allen Bullen dieser Rasse ist der Penisdurchmesser etwas verringert, weshalb bei der Samenentnahme die gleichen Bedingungen zu erfüllen sind wie bei den Friesenbullen. Die Bullen der Charollaiserasse bereiten beim Absamen Schwierigkeiten. Hierzu tragen die Bedingungen ihrer Aufzucht bei. Sie sind gewöhnt, auf der Weide bei völliger Freiheit zu decken. Die Gegenwart des Menschen dulden sie hierbei nicht. Ohne eine rindernde Kuh sind sie nicht zum ersten Sprung zu bewegen. Es handelt sich hierbei weniger um einen Libidomangel als um ein Nichtverstehenwollen der geforderten Leistung. Diese Schwierigkeiten nehmen vom Herbst zum Winter zu und verringern sich im Frühjahr. — Die Spermauntersuchung gliedert sich in die allg. üblichen 7 Phasen. Als 8. wird eine Kontrolle auf das Vorhandensein von Brucella-Agglutininen vorgenommen. 7% der Spermienmißbildungen betreffen den Kopf, 25% den Schwanz, 12,75% das Mittelstück. Lose Köpfe treten in 15% der Fälle auf. Insgesamt soll der Anteil der Spermienmißbildungen 25% nicht überschreiten. Bei nachgewiesenen genitalen Infektionen wurden folgende Keime gefunden: Pyocyaneum 42,2%, Staphylokokken 26,6%, Streptokokken 8,8%, Coli 15,5%. Bei gesunden Bullen mit normalem Befruchtungssatz hatte die Keimflora folgende Zusammensetzung: Pyocyaneum 30,0%, Staphylokokken 26,5%, Streptokokken 25,0%, Coli 9,4%. — Die elektrophoretische Bestimmung der Seminalplasmaproteine zeigte ein ähnliches Bild wie im Blutserum. Die rel. Anteile der einzelnen Proteine weisen jedoch wahrscheinlich durch Erkrankungen der Genitalorgane bedingte Unterschiede in den Gehaltswerten der einzelnen Plasmaproteine auf. H. Busse. 1885.

3-64/04-0087 Döcke und Bergfeld. **Maßnahmen zur Verbesserung der künstlichen Besamung. 2. Physikalische Methode zur Spermabeurteilung.**

Dummerstorf, Inst. Tierzuchtforsch. Dtsch. Akad. Landwirtsch.-Wiss. Berlin Plan-Nr.: 1701 16h 2-19/6. Abschlußber. (2/8. 1963).

An 83 Ejakulaten von 21 Bullen wurde untersucht, welche Beziehungen zwischen dem von Döcke u. Fiedler (1960) beschriebenen elektrophysikalischen Spermatest und der mit den geprüften Ejakulaten erzielten Fruchtbarkeit (10–120 Tage NR) bestehen. Es zeigte sich, daß die Durchschnittsfrequenzen und -amplituden der nach 2stündiger Inkubation bei 37 °C aufgezeichneten Aktivitätskurven eine ausreichende Prognose der Befruchtungsfähigkeit einzelner Bullen und Ejakulate ermöglichen. Auf einige Anwendungsmöglichkeiten des Tests wird hingewiesen. 1886.

3-64/04-0088 Salisbury, G. W. und Lodge, J. R.; Urbana, Univ. of Illinois. Respiratory quotients of bovine spermatozoa. **(Respirationskoeffizienten von Bullensperma.)** J. Reproduct. Fertility **5** (1963) Nr. 2. S. 195 bis 202. — 1 Abb., 4 Tab., 9 Lit.

Der nach der Warburg-Methode mit Entfernung des gebildeten CO_2 für Sperma ermittelte Respirationskoeffizient ist niedriger als der, welcher ohne CO_2-Entfernung ermittelt wurde (Dixon-Methode). Sowohl im ungewaschenen als auch im gewaschenen Sperma war der O_2-Verbrauch in Anwesenheit des respirierten CO_2 größer als in reiner O_2-Umgebung. Die Meßmethode nach Dixon (1952, „Manometric methods", Cambridge Univ. Press.) ist für Sperma der von Warburg vorzuziehen. J. Bergfeld. 1887.

3-64/04-0089 Rothschild; Cambridge, Dep. of Zool. Non-random distribution of bull spermatozoa in a drop of sperm suspension. **(Nicht zufällige Verteilung von Bullenspermien in einem Tropfen einer Spermiensuspension.)** Nature [London] **198** (1963) Nr. 4886. S. 1221–1222. — 2 Abb., 1 Lit.

Vf. prüfte die allg. vertretene Hypothese, daß sich Spermien in einem Suspensionstropfen in zufälliger Richtung bewegen. In einer 200 μm tiefen Hämocytometer-Kammer nach Hawksley wurden die Spermien bei 1500facher Gesamtvergrößerung in Abständen von 20 μm gefilmt, wobei die Mikroskopachse vertikal und horizontal verlief. Die Verteilung der schwimmenden Spermien auf den Aufnahmen ergab, daß diese von den rel. großen Glasoberflächen des Objektträgers und Deckgläschens „angezogen" werden. Diese Anziehung kann nicht auf einem Klebeffekt beruhen, da ein größerer Teil der Spermien zu weit entfernt von den Glasoberflächen blieb, als daß ein Kleben möglich wäre. Auch eine positive Chemotaxis zum Glas scheidet aus, da ein Überzug der Glasflächen mit Silikonöl oder die Verwendung von Quarzdeckgläschen die Spermienverteilung nicht veränderte. Dagegen wies die Beobachtung, daß bei 2 Proben mehr Spermien mit der Breitseite des Kopfes an den Glasoberflächen lagen, als theoretisch zu erwarten war, auf eine hydrodynamische Wechselwirkung zwischen einem schwimmenden Spermium und einer Oberfläche hin. F. Döcke. 1887.

3-64/04-0090 Iyoe, P. T., Abraham, K. A. und Bhargava, P. M.; Hyderabad, India, Regional Res. Lab. Further evidence for a positive role of acrosome in the uptake of labelled amino acids by bovine and avian spermatozoa. **(Ein weiterer Beweis für die positive Rolle des Akrosoms bei der Aufnahme markierter Aminosäuren durch Rinder- und Geflügelspermien.)** J. Reproduct. Fertility **5** (1963) Nr. 2. S. 151–158. — 8 Abb., 1 Tab., 14 Lit.

Sowohl durch Kühlung mit nachfolgender Erwärmung in wäßriger Lösung als auch durch Methanol-Behandlung konnten die Akrosomen von Bullensperma weitgehend abgelöst werden. In gleichem Maße ließ die Radioaktivität des vorher in einer Aminosäure (14-C-markiert) enthaltenden Nährlösung inkubierten, behandelten und gewaschenen Spermas nach. Mit Hahnsperma konnten die genannten Effekte nicht erzielt werden. Die cytologische Beurteilung erfolgte nach Giemsa-Färbung. J. Bergfeld. 1887.

3-64/04-0091 Bedford, J. M.; London, Roy. Veterin. Coll. Morphological changes in rabbit spermatozoa during passage through the epididymis. **(Morphologische Veränderungen in Kaninchenspermatozoen während der Nebenhodenpassage.)** J. Reproduct. Fertility **5** (1963) Nr. 2. S. 169–177. – 5 Abb., 4 Tab., 20 Lit.

Während der Nebenhodenpassage tritt eine signifikante Verminderung von Länge und Breite des Akrosoms auf. Es bestehen signifikante Korrelationen zwischen Akrosombreite und der Lage des Protoplasmatropfens (Pt.). Auftreten und Lage des Pt. veränderten sich nicht bei wiederholten Ejakulationen. Mit Pt.-Verschiebung nach distal ließ die Akrosombreite nach. Sperma aus Caput epidid. zeigte als Durchschnittswerte für die Lage des Pt.: am Spermakopf 59%, Mittelstück 28–29%, ohne Tropfen 11–14%. Die entspr. Werte für Sperma von der Cauda epidid. waren 8,5%, 25,5–36,4%, 57,6–66,0%. J. Bergfeld. 1889.

3-64/04-0092 Schrödl, M. **Weitere Erfahrungen und Ergebnisse mit Spermasol-Milch.** Tierärztl. Umschau **18** (1963) Nr. 7. S. 364–365. – 6 Tab., 2 Lit.

Vf. berichtet über die Erfahrungen, die mit dem seit 2½ Jahren verwendeten Spermasol-Milch-Verdünner gemacht wurden. In dieser Zeit betrug die Non-return-Rate bei wöchentl. 3maligem Samenversand 72,4%, bei wöchentl. 2maligem Samenversand 73,2%, insgesamt ∅ 72,6%. Ejakulate von einer Dichte von 800000 Spermien/cm³ und darunter sind für hohe Verdünnungen ungeeignet. Das Verdünnen des Samens findet am besten zwischen +30 °C und +33 °C statt. Weiterhin ist es notwendig, um ein „wahres" mikroskopisches Bild zu erhalten, vor der Untersuchung den gekühlten Samen im Brutschrank langsam auf +30 °C vorzuwärmen. G. Becker. 1891.

3-64/04-0093 Kasumov, F. M.; Kirowabad, Aserbaidshan. Forsch.-Inst. für Tierzucht. Mikroflora semeni bykov i metody bor'by s zagrjazneniem ėjakuljatov mikroorganizmami. **(Die Mikroflora des Bullenspermas und Bekämpfungsmethoden gegen die Verunreinigung der Ejakulate mit Mikroorganismen.)** Životnovodstvo, Moskva **25** (1963) Nr. 4. S. 63–66. – 1 Abb., 4 Tab.

Unter Hinweis auf die Abhängigkeit der Haltbarkeit des Spermas vom Keimgehalt wurde vom Vf. in den Jahren 1960–62 der Keimgehalt des Spermas von 12 Bullen untersucht. Gleichzeitig wurden Praeputialinhalt, das Fell des Tieres, das Phantomtier, die Luft des Stalles und des Sprungraumes, Kot und Boden auf Keimgehalt untersucht. Die Mikroflora wurde qualitativ und quantitativ bestimmt. Vf. differenzierte 15 Arten von Mikroorganismen. Als Hauptquellen für die Verunreinigung des Spermas wurden das Praeputium und die Luft des Stalles ermittelt. Die komplexe Anwendung einer Reihe aufgezählter chem. und phys. Vorbeugungsmaßnahmen ermöglicht eine keimarme Spermagewinnung. Der Maßnahmekomplex ist für die Besamungsstationen anwendbar. Der Vf. empfiehlt sie für die breite Praxis.
I. Tschinkel. 1891.

3-64/04-0094 Platov, E. M.; Moskau, Unions-Forsch.-Inst. für Pferdezucht. Predochranitel'noe dejstvie gipertonii pri bystrom ochlaždenii semeni byka. **(Die Schutzwirkung der Hypertonie bei schnellem Abkühlen von Bullensperma.)** Vestnik sel'skochozjajstvennoj nauki, Moskva 8 (1963) Nr. 4. S. 75–76. – 2 Abb., 1 Tab. Zus. in Engl., Franz., Dtsch.

Auf Grund von Versuchen wird festgestellt, daß die größte Beständigkeit der Samenzellen bei milder Kälteeinwirkung in einer 200%igen Hypertonielösung erreicht wird. Bei scharfer Kälteeinwirkung ist eine 175%ige Hypertonielösung am zweckmäßigsten. K. Witt. 1892.

3-64/04-0095 Maßnahmen zur Verbesserung der künstlichen Besamung. 4. Spermatiefgefrierung. Dummerstorf, Inst. Tierzuchtforsch. Dtsch. Akad. Landwirtsch.-Wiss. Berlin Plan-Nr.: 1701 16h 2-19/6. Abschlußber. (2/8. 1963).
1. Bei vergleichenden Tiefgefrierversuchen mit Bullensperma zeigte sich der Eidottercitratverdünner dem Magermilchverdünner überlegen. 2. Die Schnellgefriermethode nach Jakobsen erbrachte nach eintägiger, einwöchiger und 3wöchiger Aufbewahrungszeit bessere Ergebnisse als die Langsamgefriermethode. 3. Die einstündige Inkubation des Tiefgefrierspermas (40 °C) ergab sowohl nach eintägiger, einwöchiger und 3wöchiger Aufbewahrung einen signifikanten Abfall der geschätzten Vorwärtsbewegung. 4. Bei der Anwendung der Tiefgefrierung in der Besamungspraxis wird eine strenge Selektion der Ejakulate nach Qualitätsmerkmalen befürwortet. 5. Die vermutbare Möglichkeit von Beziehungen zwischen Fütterung der Samenspender und Tiefgefriereignung des Spermas erfordert weitere Untersuchungen. 1893.

3-64/04-0096 Seifert, H.; Trujillo, Peru, Hacienda Casa Grande, Tierärztl. Inst. **Beitrag zur Vereinfachung der Tiefkühltechnik von Bullensperma mittels flüssiger Luft.** Dtsch. tierärztl. Wschr. **69** (1962) Nr. 23. S. 673–677. – 4 Abb., 19 Lit.
Aus technischen bzw. finanziellen Gründen ist es im o. a. Institut nicht möglich, Sperma mit Hilfe von Trockeneis, elektrischen Kühleinrichtungen oder 3 amerikanischen und einer deutschen Apparatur, die mit Stickstoff arbeiten, im Tiefkühlverfahren einzufrieren. Da flüssige Luft in den Reparatur- und Konstruktionswerken laufend anfällt, entwickelt Vf. eine Tiefkühleinrichtung, die mit Hilfe flüssiger Luft arbeitet und bis zu 500 Ampullen in einer Charge aufnehmen kann. Die Anlage selbst und ihre Arbeitsweise werden eingehend beschrieben. Die Vorbereitung des Spermas erfolgt in der üblichen Weise. Die Befruchtungsergebnisse nach der neuen Tiefkühlmethode liegen mit wahrscheinlich 75% um 35% höher als im letzten Jahr, in dem noch mit Trockeneis gearbeitet worden war. G. Becker. 1893.

3-64/04-0097 Milovanov, V. K. Odnorazovye instrumenty – progressivnaja technika iskusstvennogo osemenenija životnych. **(Instrumentarium zum einmaligen Gebrauch — moderne Technik bei der Künstlichen Besamung.)** Životnovodstvo, Moskva **25** (1963) Nr. 3. S. 79–83. – 1 Abb., 1 Tab.
Vf. weist einleitend auf die Bedeutung der KB der landwirtsch. Nutztiere hin und geht näher auf die Entwicklung der Instrumente zum einmaligen Gebrauch (I) ein. Zum ersten Mal trat diese Frage 1936 in der UdSSR auf, als zur schnellen Verbreitung der KB die gelatinisierte (5% Gelatine) Spermadosis in einem paraphinierten Röhrchen transportiert wurde. Nach Einführung des Röhrchens in die Geschlechtswege wurde das Sperma mit einem Holzstäbchen ausgestoßen. Es wird weiter auf die Vorteile der I und die Versuche zu ihrer Verbesserung hingewiesen. Dabei gab es 3 Wege: 1. Verkürzung des Samenröhrchens bis zu verschiedenen Kapselformen. 2. Verbesserung des Besamungsröhrchens (bes. in Frankreich); verkürzt auf 20 cm wurde es mit einem Hilfsinstrument eingeführt. 3. Entwicklung bis zur heute gebräuchlichen Pipette. – Im Zusammenhang mit der Anwendung der Pipetten wird auf die rectocervikale Methode, Maße und Material der Pipetten, verschiedene Arten von Handschuhen (5, 4, keine Finger) sowie Kostengegenüberstellung von I mit dem Instrumentarium, welches mehrmals verwendet wird, eingegangen. Dabei ergibt sich, daß die I aus Kunststoff pro Besamung 10- bis 30mal billiger sind als letzteres. In den USA besamt mit dieser Methode 1 Techniker 3500–5000 Kühe im Jahr. Eine Tabelle mit Ergebnissen der Erprobung der verschiedenen Besamungsmethoden zeigt, daß die rectocervikale Methode mit 72,5% Befruchtung die beste ist (Pipette durch Gebärmutterspiegel eingeführt: 53%, Katheter: 64,6%). Insgesamt wurden dabei ca. 950 Kühe besamt. W. Bonitz. 1895.

3-64/04-0098 *Klocek, Fr.* **Rahmenbereich der Aufgaben der Mitarbeiter, die in den Staatlichen Anstalten für künstliche Besamung, in den Staatlichen Verteilerlaboratorien sowie in den Staatlichen Stützpunkten für künstliche Tierbesamung beschäftigt sind.** Aus: Przeglądu Hodowlanego 1962 Beil. S. 14-17. (Übers. aus d. Poln., Maschinenschr. vervielfält.) – TO 663.

3-64/04-0099 **Diskussion über Fragen der künstlichen Besamung.** Aus: Przeglądu Hodowlanego 1962 Beil. S. 54-60. (Übers. aus d. Poln., Maschinenschr. vervielfält.) – TO 662.

3-64/04-0100 *Bratanov, K., Dikov, V.* und *Danov, D.* **Oploždaneto pri selskostopanskite životni.** (Die Befruchtung bei den landwirtschaftlichen Nutztieren.) Sofija. 1962. (104 S.) 8°. (1963 A 905)

3-64/04-0101 *Herrick, John B.* and *Self, H. L.* **Evaluation of fertility in the bull and boar.** Ames, Iowa, U.S.A.: Iowa State Univ. press. 1962. (148 S.) 8°. (1963 A 762)

3-64/04-0102 *Kvasnickij, A. V., Konuchovova Konjuchova, V.* und *Konuchovova Konjuchova, L. A.* **Umělé osemeňování prasnic.** (Künstliche Besamung von Sauen.) Praha: Státní zemědělské naklad. 1962. (250 S.) 8°. (1963 A 191)

3-64/04-0103 *Schaetz, Franz*, Hrsg. **Die künstliche Besamung bei den Haustieren.** Jena: Fischer. 1963. (XXXIV, 912 S. m. 369 Abb. u. 100 Tab.) 8°. (1963 A 940)

3-64/04-0104 *Schmitz, Dieter Klaus.* **Untersuchungen über das Verhalten der Kochsalzresistenzprobe bei unverdünnten und verdünnten Bullenejakulaten unter besonderer Berücksichtigung der Aufbewahrungsdauer.** Diss. Veterinärmed. Fak. Hannover. 1962. (24 S.) 8°. (Diss. 9199)

3-64/04-0105 Unter d. Red. v. *Vsjakich, A. S.* **Novoe v plemennom dele i iskusstvennom osemenenii sel'skochozjajstvennych životnych.** (Neues im Züchtungswesen und in der künstlichen Besamung der landwirtschaftlichen Nutztiere.) Moskva: Izd. sel'skochoz. lit., žurnalov i plakatov. 1963. (443 S.) 8°. (1963 A 1091)

3-64/04-0106 *Weber, Kurt.* **Vergleichende Versuche über die „Sturz- und Langsamkühlung" beim Einfrieren und Tiefkühlen von Bullenejakulaten.** Diss. Veterinärmed. Fak. Hannover. 1962. (Diss. 9198)

3-64/04-0107 *Werner, Fritz.* **Versuche zur Elektroejakulation beim Bullen mit einer neuen Apparatur.** Diss. Landwirtsch. Fak. Hohenheim. 1961. (65 S.) 8°. (Diss. 9241)

3-64/04-0108 *Wittich, Hubert.* **Untersuchungen im Bereich des Lüneburger Herdbuches e. V. über das Zuchtverhalten jüngerer Bullen in Beziehung zu dem bei der ersten Körung ermittelten Hodenbefund.** Diss. Veterinärmed. Fak. Hannover. 1962. (43 S.) 8°. (Diss. 9197)

E. ZÜCHTUNG

3-64/04-0109 Mylrea, P. J.; Berry, New South Wales, Dep. of Agric. A suspeted genetic cause of abortion in cattle. **(Ein Verdacht auf eine genetische Ursache von Aborten beim Rinde.)** Austral. veterin. J. **39** (1963) Nr. 1. S. 35–36. – 1 Tab., 9 Lit.

Es handelt sich um eine reinblütige Australische-Illawarra-Shorthorn-Herde. Diese wurde bisher ausschließlich im natürlichen Sprung befruchtet. Seit einigen Jahren werden ca. 33% der Herde künstlich besamt. Im Verlaufe einer 5jährigen Periode kam es bei 8 von 33 (= 24%) auf einen bestimmten Bullen ingezüchteten Tieren nach ca. 7monatiger Trächtigkeit zum Abort. In der übrigen Herde waren im gleichen Zeitraum bei 235 tragenden Tieren nur 3 (= 1,3%) Aborte zu verzeichnen. Die rel. Häufigkeit und der fehlende Nachweis einer infektiösen Abortursache sprechen dafür, daß diese genetisch bedingt ist. Die Zahl der Verkalbungen läßt jedoch vermuten, daß nicht ein einziges rezessives letales Gen diesen zugrundeliegt. Weiterhin ist von Interesse, daß der betr. Faktor anscheinend nur am Ende der Trächtigkeit wirksam ist. H. Busse. 1950.

3-64/04-0110 Freedeen, H. T. und Jarmoluk, Leon; Lacombe, Alberta, Canada Dep. of Agric. Skeletal anomalies in swine. **(Skelettanomalien bei Schweinen.)** Canad. J. Animal Sci. **43** (1963) Nr. 1. S. 143–149. – 12 Abb., 1 Tab., 10 Lit.

Vff. berichten über röntgenologisch festgestellte Skelettanomalien, hauptsächlich des Axialskelettes, die im Verlauf von 8 Jahren bei 10683 Ferkeln mit einer Häufigkeit von 0,28% festgestellt wurden. Die Anomalien (6 Wirbelfusionen, 13 unvollständig entwickelte Wirbel, 1 fehlende 1. Rippe, 1 Otocephalie, 4 weitere Kopf- und 5 Beinanomalien) werden beschrieben und an Hand der Abstammungsanalyse genetische Interpretationen erörtert. Stoffwechselstörungen nichtgenetischen Ursprungs in verschiedenen Stadien und/oder variabler Intensität während der Embryonalentwicklung werden als Ursache angesehen. A. Schaaf. 1950.

F. WACHSTUM UND ENTWICKLUNG

3-64/04-0111 King, J. O. L.; Liverpool, Univ., School of Veterin. Sci. The effect of water intake on the efficacy of copper sulphate as a growth stimulant for pigs. **(Der Einfluß der Wasseraufnahme auf die Wirksamkeit von Kupfersulfat als Wachstumsstimulans für Schweine.)** Veterin. Rec. **75** (1963) Nr. 25. S. 651–653. – 1 Tab., 4 Lit.

24 Gruppen zu je 4 Schweinen wurden in einem Stall mit dänischer Aufstallung in Buchten gehalten, in denen eine individuelle Fütterung möglich war. Ein Schwein jeder Gruppe erhielt ein Grundfutter und 3 kg Wasser pro kg Kraftfutter, das zweite das gleiche Futter und 2,5 kg Wasser pro kg Kraftfutter; das dritte bzw. vierte Schwein erhielt Futter und Wassser wie das erste bzw. das zweite, jedoch mit Zusatz von 0,1% Kupfersulfat ($CuSO_4 \cdot 5 H_2O$) zum Kraftfutter. Bei Zusatz von Kupfersulfat zeigten die Schweine, die die größeren Wassermengen bekamen, in der Gewichtsklasse bis 100 lb. eine signifikant verbesserte Gewichtszunahme und Futterverwertung. Die Schweine, die weniger Wasser erhielten, zeigten in dieser Gewichtsklasse ebenfalls Verbesserungen in Zunahme und Futterverwertung, die jedoch nicht signifikant waren. Die weiteren Berechnungen ergaben keine signifikante Beeinflussung der Wirkung des Kupfersulfats durch die Menge des verabreichten Wassers. W. Wittig. 2120.

3-64/04-0112 *Hammond, John.* **Landwirtschaftliche Nutztiere.** Wachstum, Zucht, Vererbung. Ein Lehrbuch für die tierzüchterische Praxis. 1. dtsch. Aufl. Hamburg; Berlin: Verlag Paul Parey. 1962. (227 S. m. 199 Abb.) 8°. Das nach der 3. engl. Aufl. (1960) nunmehr in deutscher Übersetzung vorliegende Werk ist sehr übersichtlich gestaltet, und der Stoff wird anschaulich vermittelt. Teil 1 beinhaltet die Fruchtbarkeit und das Wachstum bei Haustieren. Nach den allg. Prinzipien (Kap. 1), welche die Fortpflanzung, KB, Sexualhormone, Fruchtbarkeit, Trächtigkeit und Wachstum behandeln, wird im wesentlichen nach den gleichen Gesichtspunkten auf die spez. Besonderheiten bei den einzelnen Tierarten eingegangen, und zwar Pferd (Kap. 2), Rind (Kap. 3), Schaf (Kap. 4), Schwein (Kap. 5) und Geflügel (Kap. 6). Teil 2 ist der Bedeutung der Genetik für die Praxis der Haustierzucht gewidmet. In Kap. 7 werden allg. Erwägungen (Tier- und Pflanzenzucht, Domestikation, gelenkte Zucht, Rückschläge) angestellt, Kap. 8 behandelt die Anwendung des Mendelismus (Vererbungsmechanismus, Mutationen, mischerbige Rassen, Ausmerzung unerwünschter Eigenschaften, Koppelung mit dem Geschlecht, Umkombination von Merkmalen, monogene und polygene Vererbung, Veränderung der Chromosomenzahlen, Blutgruppen). In Kap. 9 behandelt Vf. Evolution und Selektion (Auslese und Umwelt, Konstitution, Widerstandsfähigkeit gegen Erkrankungen, Vererbung der Körpergröße, Variabilität und Auslese, Stärke der Vererbung, Körperform-Test, Nachkommenschaftsprüfung), in Kap. 10 die Inzucht und Kreuzung (Stut-, Herd- und Zuchtbücher, Verdrängungszucht, Inzucht, organisierte Kreuzungszucht, Züchtung neuer Rassen), während Kap. 11 bes. Problemen der Leistungszucht gewidmet ist. Autoren- und Sachregister beschließen das Werk. F. Schenk.

G. ÖKOLOGIE EINSCHLIESSLICH HALTUNG UND PFLEGE

3-64/04-0113 Comberg, G. **Bedeutung des Stallklimas für Leistung und Gesundheit.** Mitt. dtsch. Landwirtsch.-Ges. **78** (1963) Nr. 36. S. 1134–1136.

Viele Stallungen weisen ein für die Leistungen der Tiere ungünstiges Stallklima auf. So erfordern zu niedrige Schweinestalltemperaturen z. B. DM 10 Futterkosten je Mastschwein mehr; bei 12 aufgezogenen Ferkeln je Sau und Jahr kostet das Ferkel DM 56, bei 16 nur DM 44 und bei 20 aufgezogenen Ferkeln DM 40. Die rel. Luftfeuchtigkeit sollte zwischen 60 und 80% gehalten werden. Der Einfluß des Lichtes ist umstritten, für die Zuchttierhaltung aber unerläßlich. Die Gaskonzentration (Toleranzwerte für CO_2 – 0,3%; NH_3 – 0,05%; H_2S – 0,05%) bewegt sich, wenn bei Berechnung für den erforderlichen Luftumtrieb eines Stalles die Luftfeuchte zugrunde gelegt wird, im ungefährlichen Bereich. – Europäische Rinder haben eine Thermoneutralität von 0–20 °C. Stärkere Leistungseinbußen sind unterhalb –3 bis –5 °C zu erwarten. In dieser Hinsicht haben sich Laufställe als günstig erwiesen. Abferkelställe müssen Temperaturen von ⌀ 15–20 °C aufweisen zuzüglich Infrarot-Lampen über den Ferkelnestern. Ältere Zuchtferkel und -läufer wie auch leer- und niedertragende Sauen stellen geringere Anforde-

rungen an das Stallklima. Mastschweine verlangen dagegen 60–80% Luftfeuchte; leichte Mastschweine 18–22 °C, schwere Mastschweine 15–18 °C. Da diese Forderung in der Praxis schwer zu erfüllen ist, sollte die Temperatur für Mastschweine bis 110 kg Endgewicht bei 15–18 °C liegen.
B. Schenk. 2165.

3-64/04-0114 Schmidt, L. **Klimatisierung — praktische Lüftung — Heizung — Kühlung.** Dtsch. Geflügelwirtsch. **15** (1963) Nr. 32. S. 439–444.
Vf. weist einleitend auf die mögliche Einführung von waagerecht unter der Decke angebrachten, zweiflügeligen Propellern hin, die für eine Luftbewegung bei gleichzeitiger Kühlung sorgen. Bei der bisher üblichen Ventilation mit Außenluft sollte der Minimumbedarf mit festgelegt werden (ca. 0,7–0,9 m^3/h und kg Lgw. bzw. 1,4–1,7 m^3/h und Henne). Wird im Winter nicht geheizt, so kann es zu einer Unterkühlung des Stalles kommen, wenn bei niedrigen Außentemperaturen 70% rel. Luftfeuchte gehalten werden sollen. Zur Regulierung der Luftförderleistung werden verschiedene Möglichkeiten besprochen (Drehzahlverringerung mittels Drehwiderstand oder Regeltrafo, Zeit- und Thermostatschaltung, Polumschalter, Anschluß aller Ventilatoren an zentrales Abluft-Kanalsystem). Für wünschenswert hält Vf. die Verwendung von Hygrostaten zur Regulierung der Luftzuführung. Jalousien und Windabweiser verhindern das Eindringen von Wind durch die Ventilatoröffnungen (Windabweiser nur bei Dauerlaufen sinnvoll). Zur Kühlung sollte die Luft im Sommer möglichst von der Schattenseite geholt werden. An Heizungen ist die Ölheizung die billigste; 4–5 WE je Std. und kg Lgw. bzw. 8–10 WE je Henne sind zur Luftentfeuchtung ausreichend. B. Schenk. 2165.

3-64/04-0115 Schmidt, L. **Klimatisierung — praktisch.** Dtsch. Geflügelwirtsch. **15** (1963) Nr. 34. S. 467–471.
Unter dem Gesichtspunkt der Isolierung des Geflügelstalls betont Vf. eingangs, daß die Isolierung um so besser ist, je kleiner der k-Wert ist. Anschließend werden Möglichkeiten zur baulichen Ausführung der einzelnen Bauteile erörtert, wobei bes. betont wird, daß die Decke mit einer einwandfreien Dampfsperre versehen werden muß, weil sonst durch die aufsteigende, mit Feuchtigkeit geschwängerte Stalluft die Isolierwirkung verlorengeht. Fenster sollten aus Vorsichtsgründen (Stromausfall) auf jeden Fall vorgesehen werden. Fundament und Boden müssen ebenfalls gut isoliert werden.
B. Schenk. 2165.

3-64/04-0116 Pappritz, C.-L. v. **Klimaregelung in Mast-Schweineställen.** Tierzüchter **15** (1963) Nr. 4. S. 135–138.
Bei Stallhaltung ist ein bestmögliches Stallklima Voraussetzung für Höchstleistungen der Tiere. Für Mastschweine gelten 10–15 °C und für Ferkel ca. 25 °C als Optimaltemperatur. Die rel. Luftfeuchtigkeit soll zwischen 65 und 80% liegen, der CO_2-Gehalt nicht mehr als 3,5‰ betragen. Der Wärmehaushalt eines Stalles gilt als gesichert, wenn die k-Zahl (kcal/m^2h °C) für Wände und Decke 0,6 beträgt. Für Fundamente kann man mit k = 1, für Stallfenster mit k = 3 und für Stalltüren mit k = 1,5 rechnen. Die Lüfterleistung läßt sich auf Grund verschiedener Maßstäbe (CO_2-, Wasserdampfmaßstab) errechnen. Eine zusätzliche Heizung ist erforderlich, um die gewünschten Temperaturen zu halten. Eine Kühlung kann im Sommer sehr vorteilhaft sein. Vf. führt Formeln zur Errechnung der Luftwechselrate an und rechnet ein Beispiel durch, das gleiche gilt für die Heizung. 2 Darst. für die Luftführung im Stall sowie Abb. über Lüfteranordnung, Raumheizgeräte, Verdampfer einer elektrischen Kühlanlage und Ozongerät ergänzen die Ausführungen.
B. Schenk. 2165.

3-64/04-0117 Osbaldiston, G. W. und Sainsbury, D. W. B. Control of the environment in a poultry house — the principles and practice. I. **(Die**

Umweltkontrolle in einem Geflügelhaus — Grundsätze und Praxis. 1. Mitt.) Veterin. Rec. **75** (1963) Nr. 7. S. 159–170. – 5 Abb., 2 Tab.
Vff. analysieren die Umweltfaktoren (Temperatur, Belichtung, Ventilation, Luftfeuchtigkeit) in ihrer Auswirkung auf die Leistungen des Geflügels (Eiproduktion, Gewichtsentwicklung). M. Richter. 2165.

3-64/04-0118 Roberts, Richard H. The effect of radiation to pyrethrins applied to cattle. **(Der Einfluß einer Lichtbestrahlung auf die insekticide Wirksamkeit von Pyrethrinen beim Rind.)** J. econ. Entomol. **55** (1962) Nr. 6. S. 851–853. 2170.

3-64/04-0119 Bergström, P. L., Hart, P. C. und Veen, H. E. van der. Mestproeven over de invloed van daglicht bij kalvermesten. **(Mastprüfungen über den Einfluß des Tageslichtes auf Mastkälber.)** Tijdschr. Diergeneeskunde **88** (1963) Nr. 16. S. 1002–1013. – 1 Abb., 7 Tab., 3 Lit. Zus. in Engl., Franz., Dtsch.
Da die meisten Tierbesitzer die Auffassung vertreten, daß bei Mastkälbern eine einwandfreie Fleischqualität nur dann erzielt werden kann, wenn die Tiere im Dunkeln gehalten werden, führten Vff. diesbezügliche vergleichende Untersuchungen durch. Es konnte gezeigt werden, daß in der Qualität des Fleisches der im Dunkeln oder bei Tageslicht gehaltenen Mastkälber keine Unterschiede bestehen. Das Wachstum und die Futterverwertung schienen bei den im Tageslicht aufgezogenen Mastkälbern besser zu sein.
W. Kuhlmann. 2170.

3-64/04-0120 Pappritz, C.-L. v. **Beleuchtungsprogramm in der Hühnerhaltung.** Tierzüchter **15** (1963) Nr. 5. S. 90. 92.
Genügend Licht kann die Leistungsfähigkeit der Legehennen günstig beeinflussen. In fensterlosen Intensivställen soll von der 1. Lebenswoche mit 15 Std./Tag die Beleuchtungsdauer wöchentl. um 20 Min. bis auf 8 Std./Tag in der 22. Woche reduziert werden. Danach steigt die Beleuchtungsdauer wöchentl. wieder um 20 Min. bis auf 20 Std., die bis zum Legeende beibehalten werden. Aber auch in Betrieben, die noch keine Intensivhaltung haben, sollte der 14- bis 16-Std.-Lichttag garantiert sein, weil sonst von etwa Mitte Sept. bis Mitte März das Tageslicht für eine genügende Futteraufnahme und Legetätigkeit nicht ausreicht. Deshalb empfiehlt sich die zusätzliche morgendliche Stallbeleuchtung über eine elektrische Zeitschaltuhr im Sept. und März ab 4^{00}, im Okt. und Febr. ab 3^{00}, im Nov. und Jan. ab 2^{00}. Als Lichtquellen sind Leuchtstofflampen den normalen Glühlampen vorzuziehen, obwohl sie in der Anschaffung teurer sind. Während die Brenndauer einer Glühlampe bei 1000 Brennstunden liegt, beträgt sie bei der Leuchtstofflampe ca. 7500 Brennstunden. Auch ist die Leuchtkraft einer Leuchtstofflampe mindestens 3mal größer als die einer Glühlampe. B. Schenk. 2170.

3-64/04-0121 Hewitt, A. C. T. Artificial lighting for laying hens. **(Künstliche Beleuchtung für Legehennen.)** J. Agric. [Melbourne] **61** (1963) Nr. 3. S. 109–111. – 3 Abb., 1 Tab.
Für die künstliche Beleuchtung in Hühnerställen werden Hinweise über die erforderliche Lichtintensität, Lichtverteilung, Dauer der Beleuchtung und Pflegemaßnahmen der Beleuchtungseinrichtung gegeben. Je 6 sq. ft. Stallbodenfläche wird 1W Glühlampenlicht als ausreichend angesehen. Bei Verwendung von Leuchtstofflampen kann die Wattzahl auf $^1/_3$ reduziert werden. Bei Käfighaltung wird alle 12 ft. eine 40-W-Glühlampe empfohlen. Eine gute Lichtverteilung wird erreicht, wenn der Beleuchtungsradius das 1,25fache der Lampenhöhe beträgt. Tränken, Futterplätze und Sitzstangen müssen ebenfalls beleuchtet sein. Schatten sollen auf ein Mindestmaß reduziert werden. Sie sind bei Verwendung von Leuchtstofflampen geringer. 14 Std. Licht tägl. haben sich als geeignet erwiesen, wobei die künstliche Beleuchtung zweck-

mäßigerweise morgens erfolgt und mit einer Schaltuhr reguliert wird. Diese ist am 1. und 15. jeden Monats neu einzustellen. Für den australischen Staat Victoria gültige Einstellwerte sind in 1 Tab. aufgeführt. Die Pflegearbeiten der Anlage beschränken sich auf die Reinigung der Lampen und Reflektoren sowie auf Überprüfungen der Gesamtanlage. Im Vergleich zur Mehrproduktion sind die Installationskosten einer Beleuchtungseinrichtung gering. Die Lichtwirkung beruht auf einer Anregung der Hypophyse, die über ein Hormon die Eierproduktion günstig beeinflußt. J. Strecke. 2170.

3-64/04-0122 Smith, Ralph E. und Noles, Richard K.; Athens, Univ. of Georgia. Effects of varying daylengths on laying hen production rates and annual eggs. **(Die Wirkung verschiedener Tageslängen auf Legerate und Jahreseiproduktion.)** Poultry Sci. **42** (1963) Nr. 4. S. 973–982. – 3 Abb., 2 Tab., 19 Lit.
In 2 Wiederholungen wurden Weiße Leghorn, die in den 4 Jahreszeiten geschlüpft waren, nach der Aufzucht bei natürlichem Licht in der Legeperiode 4 verschiedenen Lichtbedingungen unterworfen: Kontrolle (I), konstanter 15-Std.-Tag (II), 14tägige Lichtverlängerung um 16 Min. (III), tägl. Lichtverlängerung um 1½ Min. (IV). Innerhalb jedes Schlupfes wurden jeweils 3 Abteile mit je 50 Hennen einem Lichtregime zugeordnet. In der 52wöchigen Lichtperiode waren die Beleuchtungsgruppen (II–IV) der Kontrolle überlegen. Bei den Frühjahrsschlüpfen betrug die Differenz aber nur 7 Eier (265 gegenüber 258), bei den Herbstschlüpfen dagegen 22 Eier (250 gegenüber 228). Während der Legeperiode darf keine Verkürzung des Lichttages eintreten. Der konstante Lichttag brachte die gleichen Ergebnisse wie periodische Verlängerung des Lichttages. H. Pingel. 2170.

3-64/04-0123 Pljaščenko, S. I., Dudarev, M. A., Petraškevič, V. P. und Chudoščevskij, V. Ja.; Gebiet Minsk, Beloruss. Forsch.-Inst. für Tierzucht. Prinuditel'naja ėlektroventiljacija v svinarnikach. **(Elektrische Zwangsbelüftung von Schweineställen.)** Svinovodstvo, Moskva **17** (1963) Nr. 3. S. 40–43. – 4 Abb., 1 Tab.
Die beschriebene Anlage ist mit einer automatischen Temperaturregulierung ausgerüstet. Die Anlage verbessert die Zusammensetzung der Luft, verringert die Luftfeuchtigkeit und hält die eingestellte Temperatur konstant. Dies wirkt sich günstig auf das Wohlbefinden der Tiere und auf ihre Leistung aus. Die Kosten für die Ausnutzung der Ventilationsanlage sind rel. gering. K. Witt. 2175.

3-64/04-0124 Odden, Norman T., Esmay, Merle L. und Zindel, H. C. Ventilation air temperature changes in the attic plenum chamber of poultry houses. **(Temperaturveränderungen der Ventilationsluft innerhalb des Dachraumes von Geflügelställen.)** Michigan State Univ., agric. Exp. Stat., quart. Bull. **44** (1962) Nr. 4. S. 781–789. – 6 Abb.
Ein mechanisches Lüftungssystem für Geflügelställe, welches die Abluft durch Ventilatoren in der südl. Stallängsseite absaugen und Frischluft an der gegenüberliegenden Seite über den Dachraum zuströmen läßt, wurde in Michigan entwickelt und seit 1957 erfolgreich erprobt. Der Zweck vorliegender Untersuchung war es, die Temperaturveränderungen der Zuluft während des Durchflusses durch den Dachraum exakt zu messen und im einzelnen zu analysieren. Als wichtigste Ergebnisse sind zu nennen: Die größten Temperaturveränderungen der Zuluft innerhalb des Dachgeschosses wurden am unmittelbarsten durch die Wärmeeinstrahlung und Reflexion des Dachmaterials beeinflußt. An sonnigen Tagen betrug der Temperaturanstieg max. 12 °F, während in klaren Nächten ein max. Abfall von 5 °F zu verzeichnen war. Ein bewölkter Himmel setzte den Tagestemperaturanstieg und den Nachttemperaturabfall auf ein Mindestmaß herab. In den meisten Nächten wurden keine oder zeitweilig nur sehr geringe Temperaturabnahmen von 1–2 °F beobachtet. Die Außen-

lufttemperatur hatte auf Temperaturveränderungen der Zuluft, wenn diese das Dachgeschoß passierte, wenig Einfluß. Der Wärmeverlust durch die isolierte Stalldecke rief bei voller Nennleistung des Ventilators einen Zulufttemperaturanstieg von ca. 1 °F hervor. J. Strecke. 2175.

3-64/04-0125 Okamoto, Seikan, Koga, Osamu und Sato, Yoshichika. The effect of room cooler on the summer milk yield in dairy cows. **(Der Einfluß der Raumkühlung auf die Sommermilchleistung von Kühen.)** Sci. Bull. Fac. Agric., Kyushu Univ. **20** (1963) Nr. 3. S. 279–282. – 7 Abb., 12 Lit. Orig.: japan., Ausz.: engl.
Vff. geben die Versuchsergebnisse wieder, die sich durch die Haltung von 2 Holstein-Kühen je 2 Wochen lang nacheinander vom 27. 7.–6. 9. 1961 in bes. Boxen, die mit einer Kompressionskühlmaschine auf ca. 6 °C Raumtemperatur gehalten wurden, ergaben. Gegenüber der normalen heißen Außentemperatur stieg die Tagesleistung bei der Kuh A von 17,8 kg auf 21,8 kg Milch, die der Kuh B von 11,0 kg auf 12,9 kg, während Körpertemperatur und Atemfrequenz bei beiden Kühen signifikant gefallen waren. Milchleistung, Körpertemperatur und Atemfrequenz wurden jeden Tag aufgezeichnet und mit den entspr. Daten in der üblichen Umgebung verglichen. H. Senger. 2180.

3-64/04-0126 Bianca, W.; Ayr, Hannah Dairy Res. Inst. Rectal temperature and respiratory rate as indicators of heat tolerance in cattle. **(Rectaltemperatur und Atmungszahl als Ausdruck der Hitzeresistenz beim Rind.)** J. agric. Sci. **60** (1963) Nr 1. S. 113–120. – 5 Abb., 2 Tab., 16 Lit.
4 Ayrshire-Bullenkälber, 9 Mon. alt, wurden im Klimaraum 10 verschiedenen Hitzewirkungen ausgesetzt. 5 Serien „trockener Hitze“ lagen zwischen 30 und 50 °C bei einem konstanten Dampfdruck von 15 Torr; 5 Serien „feuchter Hitze“ erfolgten zwischen 8 und 41 Torr. Die Einwirkung dauerte jeweils 5 Std., ausgenommen bei der heißesten Behandlung, die dann abgebrochen wurde, als die Rectaltemperatur des Tieres 42 °C erreicht hatte. Neben Angaben über den Verlauf der Rectaltemperatur und die Zahl der Atemzüge/Min. werden solche über die Gewichtsentwicklung gemacht. Die Rectaltemperatur des Kalbes am Ende der jeweiligen Hitzebehandlung erwies sich als sicherer Maßstab zur Beurteilung der rel. Hitzeresistenz. Hohe Resistenz war mit niedrigem Gewichtsverlust während der einzelnen Behandlungen und rel. hohen Zunahmen während der Versuchsperiode verbunden. Die Atmungsrate scheidet als Indikator der Hitzeresistenz aus. K. Damm. 2180.

3-64/04-0127 Grover, Robert F., Reeves, John T., Will, Donald H. und Blount jun., S. Gilbert. Pulmonary vasoconstriction in steers at high altitude. **(Lungenvasoconstriction in Ochsen bei extrem hohen Temperaturen.)** J. appl. Physiol. **18** (1963) Nr. 3. S. 567–574. – 7 Abb., 4 Tab., 11 Lit. 2180.

3-64/04-0128 Thompson, R. D., Johnston, J. E., Breidenstein, C. P., Guidry, A. J., Banerjee, M. R. und Burnett, W. T.; Baton Rouge, Louisiana Agric. Exp. Stat. Effect of hot conditions on adrenal cortical thyroidal, and other metabolic responses of dairy heifers. **(Der Einfluß hoher Umgebungstemperatur auf (die Nebennierenrinde, die Schilddrüse und einige Stoffwechselprozesse bei jungen Milchkühen.)** J. Dairy Sci. **46** (1963) Nr. 3. S. 227–231. – 4 Tab., 19 Lit.
Zur Untersuchung wurden 10 Holsteinfärsen herangezogen, die bei hoher Umgebungstemperatur (24–35 °C über 72 Tage) signifikante Erniedrigungen der Thyroxinsekretion, des Thyroxinumsatzes sowie des eiweißgebundenen Jods gegenüber Werten bei kühler Umgebung (3,3–18,5 °C) zeigten. Der Plasmaspiegel von 17-Hydroxycorticosteron dagegen stieg unter den gleichen Bedingungen signifikant von 1,7 auf 4,5 μg% an. Die durchschnittl. tägl. Gewichtszunahme ging von 1,8 auf 1,1 lb., der Futterverbrauch von 15,7 auf 14,7 lb. zurück. Wärmebildung, Atemfrequenz und die Rectaltemperatur

nahmen zunächst zu, dann aber wieder etwas ab. Die Korrelationskoeffizienten zwischen Schilddrüsen- und Nebennierenrindenfunktion beim einzelnen Tier waren nicht signifikant. H. Grychtolik. 2180.

3-64/04-0129 Kaszubkiewicz, Czesław. Reakcja i adaptacja świń na działanie zimna. I. Objawy i patogeneza wstrząsu rdzeniowego. **(Reaktion und Anpassung der Schweine bei Kälte. 1. Mitt. Erscheinungen und Pathogenese des spinalen Schocks.)** Med. weteryn. **19** (1963) Nr. 6. S. 295–299. – 2 Abb., 1 Tab., 22 Lit. Zus. in Russ., Engl., Franz., Dtsch.

Vf. untersuchte achtzehn 8–16 Wochen alte, im Kühlschrank bis auf +1,2 °C bis –5 °C abgekühlte Läufer. Die max. Abkühlungszeit betrug 21 Tage. Der Übergang von max. zu min. Temperatur fand in 75 Min. und von min. zu max. Temperatur in 90 Min. statt. Infolge der Abkühlung traten bei 5 Schweinen (27,7%) zwischen dem 2. und 5. Abkühlungstag motorisch-sensorische Störungen auf. Sie entwickelten sich allmählich und beruhten auf Extremitätenparese, erniedrigtem Muskeltonus, Gleichgewichtsstörungen und Hyperästhesie. Während der totalen Gliedmaßenlähmung verweigerten die Tiere die Futteraufnahme, dagegen verschwanden Hyperästhesiesymptome. Motorische Störungen und Hyperästhesiesymptome waren nur von vorübergehender Natur; 12–20 Tage nach erfolgter Abkühlung waren sie verschwunden. Die Gesamtheit der beobachteten Erscheinungen bezeichnet Vf. als spinalen Schock. PRL/CBR, übersetzt v. O. Kasperl. 2180.

3-64/04-0130 Kaszubkiewicz, Czesław. Reakcja i adaptacja świń na działanie zimna. II. Zmiany morfologiczne i przyrosty ciężaru ciała. **(Reaktion und Anpassung der Schweine bei Kälte. 2. Mitt. Morphologische Veränderungen und Körpergewichtszunahme.)** Med. weteryn. **19** (1963) Nr. 8. S. 421–425. – 5 Abb., 3 Tab., 14 Lit. Zus. in Russ., Engl., Franz., Dtsch. 1. Mitt. vgl. vorst. Ref.

Am gleichen Tiermaterial und unter gleichen Bedingungen wurden die Schweine 2mal tägl. außerhalb der Kammer gefüttert. Das Futter bestand aus T 3-Mischung und Küchenabfällen in beliebiger Menge. Die Schweine wurden alle 5 Tage (nach 5, 10, 15 und 20 Tagen nach der Abkühlung) gewogen und die Ergebnisse mit den vor der Abkühlung festgestellten Gewichtszunahmen verglichen. In den ersten 5 Abkühlungstagen verloren sie durchschnittl. 33 g tägl. an Gewicht. Zwischen dem 5. und 10. Abkühlungstag betrug die durchschnittl. Zunahme 163 g, zwischen dem 10. und 15. Tag 203 g und nach Ablauf von 20 Tagen 437 g. Die durchschnittl. Körpergewichtszunahme vor der Abkühlung betrug 340 g. Zusammen mit der Körpergewichtszunahme kehrten der Appetit und das Wohlbefinden der Tiere zurück. Nach der Abkühlung wurden alle Schweine anatomisch-pathologisch und histol. untersucht (Herzmuskel-, Skelettmuskel-, Lungen-, Leber-, Milz-, Lymphknoten-, Nieren-, Speicheldrüsen-, Magen- und Darmausschnitte). Im Sektionsbefund wurden in 2 Fällen Nierenödem und bei 3 Schweinen katarrhalische Lungenentzündung festgestellt. Die Nierenveränderungen waren im histol. Bild am meisten charakteristisch. Sie beruhten auf Verdickung und Lumenverkleinerung der kleinen Nierenarterien, auf fettige Zellenentartung und auf Interstitiumödem und -hyperplasie. Diese Veränderungen erinnern an das Nephrosklerose-anfangsstadium. PRL/CBR, übersetzt v. O. Kasperl. 2180.

3-64/04-0131 Ryle, Margaret; Melbourne, Univ. Early reproductive failure of ewes in a hot environment. II. The uterus. **(Frühe Fortpflanzungsstörungen bei Schafen unter Hitzebedingungen. 2. Mitt. Uterus.)** J. agric. Sci. **58** (1962) Nr. 1. S. 137–143. – 6 Tab., 8 Lit. 1. Mitt. vgl. LZ. Abt. III **7** (1962) Nr. 4. S. 7006.

Die Tiere wurden nach verschiedener Vorbehandlung (Temperatur, Thyroxin, Vit. A und Progesteron) am 25. Tag der Trächtigkeit geschlachtet. Der Uterus wurde gewogen und histol. untersucht. Vit. A und Hitzeeinwirkung erhöhten das Uterusgewicht. Bei gleichzeitiger Thyroxininjektion blieb dieser Effekt aus. Progesteron beeinflußte den Temperatureffekt nur in Gegenwart von Thyroxin. Die Behandlungen zeigten keine signifikanten histol. Veränderungen im Uterus. H. Cziharz. 2180.

3-64/04-0132 Ryle, Margaret; Melbourne, Univ. Early reproductive failure of ewes in a hot environment. III. The thyroid. **(Frühe Fortpflanzungsstörungen bei Schafen unter Hitzebedingungen. 3. Mitt. Schilddrüse.)** J. agric. Sci. **60** (1963) Nr. 1. S. 95–99. – 4 Tab., 15 Lit. 2. Mitt. vgl. vorst. Ref.
Zur weiteren Aufklärung des Mechanismus der nachteiligen Wirkung hoher Temperaturen auf die Fruchtbarkeit wird der Einfluß hoher Temperaturen, des Thyroxins, Vit. A und Progesterons auf die Schilddrüse untersucht. Die Versuchstiere wurden am 25. Tag der Trächtigkeit geschlachtet, die Schilddrüsen gewogen und histol. untersucht. Das Gewicht der Schilddrüsen der hitzebehandelten Tiere war signifikant vermindert bei Tieren, die hohe Dosen Vit. A erhielten. Alle anderen Behandlungen hatten keinen Einfluß. Die durch verschiedene Behandlungskombinationen erzielten histol. Veränderungen sind schwer zu deuten. H. Cziharz. 2180.

3-64/04-0133 Ryle, Margaret; Melbourne, Univ. Early reproductive failure of ewes in a hot environment. IV. The ovary. **(Frühe Fortpflanzungsstörungen bei Schafen unter Hitzebedingungen. 4. Mitt. Ovarien.)** J. agric. Sci. **60** (1963) Nr. 1. S. 101–104. – 12 Lit. 3. Mitt. vgl. vorst. Ref.
Die Untersuchung der Ovarien nach verschiedenen Vorbehandlungen deutet darauf hin, daß die Beeinflussung der Lebensfähigkeit der Embryonen primär nicht über eine Veränderung der Hormonsekretion der Eierstöcke verläuft. H. Cziharz. 2180.

3-64/04-0134 Ryle, Margaret; Melbourne, Univ. Early reproductive failure of ewes in a hot environment. V. The conceptus. **(Frühe Fortpflanzungsstörungen bei Schafen unter Hitzebedingungen. 5. Mitt. Embryo und seine Membranen.)** J. agric. Sci. **60** (1963) Nr. 1. S. 105–112. – 2 Abb., 4 Tab., 19 Lit. 4. Mitt. vgl. vorst. Ref.
Embryonen und ihre Membranen wurden am 25. Tag der Trächtigkeit nach verschiedenen Vorbehandlungen gewogen und histol. untersucht. Aus den Ergebnissen kann geschlossen werden, daß sich der Trophoblast infolge Mangel an mütterlichem Schilddrüsenhormon zu langsam vergrößert, um adäquate Reaktionen im Endometrium zu erzielen, die für die Erhaltung des Embryos erforderlich sind. H. Cziharz. 2180.

3-64/04-0135 Reeves, John T., Grover, Estelle B. und Grover, Robert F. Pulmonary circulation and oxygen transport in lambs at high altitude. **(Lungenkreislauf und Sauerstofftransport in Lämmern bei extrem hohen Temperaturen.)** J. appl. Physiol. **18** (1963) Nr. 3. S. 560–566. – 5 Abb., 2 Tab., 21 Lit. 2180.

3-64/04-0136 Reeves, John T., Grover, Estelle B. und Grover, Robert F. Circulatory responses to high altitude in the cat and rabbit. **(Kreislaufreaktionen bei Katzen und Kaninchen bei extrem hohen Temperaturen.)** J. appl. Physiol. 18 (1963) Nr. 3. S. 575–579. – 3 Abb., 2 Tab., 16 Lit. 2180.

3-64/04-0137 Boone, M. A. und Huston, T. M.; Clemson, S. C., Clemson Coll.; Athens, Univ. of Georgia. Effects of high temperature on semen production and fertility in the domestic fowl. **(Die Wirkungen einer hohen Temperatur auf die Spermaproduktion und die Fruchtbarkeit beim Haushuhn.)** Poultry Sci. **42** (1963) Nr. 3. S. 670–676. – 15 Tab., 17 Lit.
In 3 Versuchen wurden 80 Weiße-Plymouth-Rock-Hähne für 2–3,5 Std. einer Umgebungstemperatur von 102,5–104 °F bei einer rel. Feuchtigkeit von 51 bis 68% ausgesetzt. Vor dem Hitzestress, den nur ein Teil der Hähne über-

lebte, waren die Tiere unter konstanten Bedingungen gehalten und z. T. abgesamt worden. Spermavolumen, Spermienkonzentration und Gesamtzahl der Spermien im Ejakulat lagen im unmittelbar nach dem Stress gewonnenen Sperma etwas, aber nicht signifikant niedriger als in den Kontrollejakulaten. Die Werte normalisierten sich gewöhnlich innerhalb von 5–6 Tagen. Zwischen der Körpertemperatur (i. m. implantiertes Thermoelement) am Stresstag und der Fruchtbarkeit des Spermas, das am gleichen Tag oder 2 Tage später gewonnen wurde, bestand keine gesicherte Beziehung. Die Korrelationen zwischen der Befruchtungsfähigkeit und den verschiedenen Kriterien der Spermaqualität unterscheiden sich bei den gestressten Tieren nicht signifikant von denen der Kontrollen. F. Döcke. 2180.

3-64/04-0138 Herrmann, W. **Überlegungen zur Gestaltung vorgefertigter Stallbauten.** Bauen auf d. Lande **14** (1963) Nr. 6. S. 165–170. – 10 Abb.
Um die üblichen Baukostenüberschreitungen zu vermeiden, wird ein zu festen Preisen zu lieferndes vorgefertigtes Wirtschaftsgebäude gefordert. Bei Neubauten strebt man die Wandelbarkeit und Erweiterungsfähigkeit der Gebäude an. Diesen Forderungen wird die Skelettbauweise mit erdlastigen Bergeraum-Hallen und angebauten Ställen z. T. gerecht. Auf Grund der hohen Frachtkosten und der schwierigen Handhabung der schweren Bauelemente auf der Baustelle sind die Kosten für Skelett und Ausfachung wesentlich höher als bei Wandbauweise. Lediglich eine von Landzettel (Pfalz) beschriebene Stallscheune mit kombinierter Lagerung für 1- oder 2reihige Längsaufstallung (offene Hallenkonstruktion, eingespannte Stützen, freitragende Nagelbinder) ist für DM 1400–1700/GV (bezugsfertig einschl. Stalleinrichtung) preisgünstig lieferbar. Hinsichtlich der Vorfertigung der Bauteile ist die Trennung der Ställe und Bergeräume günstiger. Am Beispiel eines Rundstalles mit Heuturm und Schwemmentmistung und gesonderten Hochsilos wird die Richtigkeit dieser Überlegungen gezeigt. Verzichtet man jedoch vollkommen auf einen Zusammenbau von Stall und Bergeraum, so lassen sich beide Bauteile noch wesentlich besser an die betrieblichen Gegebenheiten anpassen. Ein Fertigstall aus Wand-Dachelementen (Material: Holz bzw. Polyester; Entwurf: Bauabteilung der Landwirtsch.-Kammer Pfalz), mit 1reihiger Längsaufstallung, freistehend oder an vorhandene Bergeräume angebaut, zeigt die vielseitige Verwendbarkeit einer derartigen Lösung. Die Breite des Stalles beträgt 5, 6 bzw. 8 m; die der einzelnen Elemente 1,10 m. Als Ziel des Fertigstall- bzw. Fertigscheunenbaues nennt Vf. die schlüsselfertige Lieferung eines hochmechanisierten „Knopfdruckbetriebes" für 30 GV für DM 120000 (einschl. Wohnhaus). E. Kulpe. 2260.

3-64/04-0139 Mehler, A. und Heinig, W. **Standardisierung von Ausbauteilen für Milchviehanbindeställe.** Tierzucht **17** (1963) Nr. 8. S. 351–354.
Die Voraussetzung für eine wirtschaftliche Vorfertigung von Bauteilen ist eine Einschränkung und Standardisierung ihrer Abmessungen und Formen. Standardisierte Ausbauelemente werden für verschiedene Arbeitsverfahren entwickelt. Die Standlängen beim Mittellangstand betragen bei einer mittleren Rumpflänge von 1400 mm = 1900–2000, von 1500 mm = 2000–2100 und von 1600 mm = 2100–2200 mm. Die Standlänge des Kurzstandes wird von der Vorderkante der Krippe bis zur Kotstufe gemessen. Sie ist abhängig von der Rumpflänge der Tiere und der Haltevorrichtung. Bei einer mittleren Rumpflänge der Kühe von 1600 mm beträgt die Standlänge 1700 mm. Die Standbreiten für beide Stände betragen bei stützenfreien Standflächen 1100 mm, bei Anordnung tragender Stützen im Bereich der Standflächen 1200 mm. Die Kotstufe wird je nach Entmistungsverfahren 100–200 mm hoch. Das Gefälle beträgt durchgehend 2%. Alle Krippen sind 250 mm hoch. Für Mittellangstände wird der Krippenrand durch den Freßgitter-

holm um 150 mm erhöht. Die Krippenmulden bestehen aus Dritteltonschalen mit 400 mm Dmr. und liegen mit der Krippensohle 20–50 mm über der Standfläche. Die Krippenbreite beträgt 890 oder 990 mm mit Ausnahme der Futtertischkrippe, die 500–600 mm breit ist. W. Gratz. 2260.

3-64/04-0140 Kavina, Josef. Správně upravený střešní plášť' – první podmínka vyhovujícího mikroklimatu ve stáji. **(Das richtige Dach — Voraussetzung für ein befriedigendes Stallklima.)** Výstavba socialist. Vesnice **1963** Nr. 3. S. 62–63. – 6 Abb.

Von der Gesamtfläche der Stallkonstruktion entfallen auf das Dach 65 bis 75%, auf die Wände 35 oder nur 25%. Das Dach hat sowohl innen als auch außen rauhere klimatische Einflüsse abzuhalten als die Wände. Es soll gut eingedeckt, richtig wärmeisoliert und mit einem wirksamen Lüftungssystem und einer dampfundurchlässigen Schutzvorrichtung ausgestattet sein. Für die Dachkonstruktion eignen sich von den in der ČSSR erzeugten wärmeisolierenden Stoffen bes. Platten aus leichtem mikroskopischem Polystyren oder aus Schaumglas. Polystyren enthält 97,5% Luft, und 1 m³ wiegt 22–35 kg, ist jedoch brennbar und wenig wärmespeichernd. Schaumglas hat sich im strengen Winter 1962/63 gut bewährt. Bei –24 °C Außentemperatur verhindert es das Absinken der Innentemperatur in der Legehalle unter +5 °C, ohne daß die Decke beschlägt. ČSSR/ÚVTI. 2260.

3-64/04-0141 Borchert, Karl-Ludwig. **Hühnerstallbau und geregeltes Stallklima.** Bauen auf d. Lande **14** (1963) Nr. 7. S. 177–187. – 12 Abb., 6 Tab., 3 Lit.

Der Bereich der günstigsten Umweltverhältnisse für Hühner mit hoher Leistung läßt sich etwa wie folgt abgrenzen: Temperatur 12–22 °C, rel. Luftfeuchte: 65–70%. Die Klimaregelung im Hühnerstall wird dadurch erschwert, daß Hühner außerordentlich große Mengen Feuchtigkeit erzeugen. Vf. beschreibt ausführlich die Verminderung übermäßig großer Wasserdampfentwicklung und Verringerung der Wärmeverluste durch die raumumschließenden Bauteile. Ferner behandelt er: Erhöhung der Besatzdichte, Berechnung des Wasser- und Wärmehaushaltes, Lüftungssysteme (Unterdruck- und Überdrucklüftung, statischer Druck und Auswahl der Lüfter, Steuerung der Lüftungs- und Heizungsanlagen). Abschließend sind alle für den Bau von Hühnerställen maßgebenden Planungsgrundlagen stichwortartig zusammengefaßt. G. Klink. 2260.

3-64/04-0142 Tomczyk, S. Nowe obory dla gospodarstw wielkotovarowych. **(Neue Kuhställe für Marktleistungsbetriebe.)** Nowe Rolnictwo **12** (1963) Nr. 2. S. 30–36. – 3 Abb., 3 Tab.

Vf. beschreibt 3 Ställe: 1. einen mechanisierten Stall für 120 Kühe mit Deckendach; 2. für 300 Kühe mit Deckendach und mit Futter- und Streubergeraum; 3. für 340 Kühe mit einem Deckendach und Futter- und Streubergeraum. Der Stall für 120 Kühe ist 4reihig, durchfahrbar und ohne deckenlastigen Bergeraum. Er besteht aus dem eigentlichen Stallraum, aus der Futterküche, dem Futterlagerraum, aus der Milchkammer und dem Aufenthaltsraum. Der Stall soll ausgestattet sein mit einem gummibereiften Wagen zum Verteilen des Kraftfutters und der Hackfrüchte, einem Abstreifer zum Säubern der Hackfrüchte; für Ställe, die bis zu 40 m von der Scheune entfernt liegen, wird die Installation einer pneumatischen Transporteinrichtung für Rauhfutter projektiert. Das Melken ist mechanisiert. Der Stall für 300 Kühe besteht aus 2 Einheiten mit je 150 Ständen, die im rechten Winkel zueinander stehen. Beide Einheiten grenzen an den gemeinsamen Futter- und Streubergeraum. Hier liegen auch die Milchkammer, der Lagerraum für die Kraftfuttermittel, Aufenthaltsräume und die Hilfseinrichtungen für Hackfrüchte, zwei Trockenregale für die Heuaufbereitung sowie ein deckenlastiger Bergeraum für Streu, Futterstroh und Heu. Im Objekt für 340 Kühe sind die Ställe

4reihig mit 3 Futtergängen und 2 Dunggängen. In diesem Stall sind nur die Dunggänge durchfahrbar, nicht aber die Futtergänge. Die Arbeitsorganisation in den beiden letzten Objekten basiert auf der vollständigen Mechanisierung der Wartung. PRL/CBR, übersetzt v. H. Huth. 2275.

3-64/04-0143 Schulze, F. **Ein neuer Stall für die Schweinemast.** Tierzucht **17** (1963) Nr. 7. S. 317–320. – 4 Abb.

In Zusammenarbeit mit Wissenschaftlern und Praktikern wurde ein neuer Maststall als Typenprojekt entwickelt, der sowohl in landwirtsch.-technol. Hinsicht als auch konstruktiv (Montagebauweise mit vorgefertigten Elementen) den neuesten wiss. Erkenntnissen entspricht. Grundkonzeption ist eine Großbuchtenhaltung der Mastschweine mit Automatenfütterung. Es können dabei sämtliche Varianten der Fütterungstechnik durchgeführt werden. Die Kapazität beträgt 600 Tiere. Entmistet wird mit RS 09 oder Schleppschaufel. Die Buchtengröße kann feststehend oder variierbar eingerichtet werden. Die bauliche Ausführung wird im einzelnen beschrieben. G. Möbius. 2275.

3-64/04-0144 Wegner, Horst. **Hauptbetriebszweig Intensivhühnerhaltung.** Bauen auf d. Lande **14** (1963) Nr. 7. S. 194–196. – 5 Abb.

Vf. erläutert die betriebswirtschaftliche Situation seines 15 ha-Betriebes (Spezial-Legebetrieb). Die Anlage besteht aus einem Stall mit zentralem Wirtschaftsraum für 4500–5500 Legehennen und einem Aufzuchtstall für 2500–3500 Tiere. Es wird die Inneneinrichtung der Ställe beschrieben. Zur Erwärmung der Aufzuchthalle ist eine Luftheizungsanlage vorgesehen. Decke und Umfassungswände sind innenseitig mit Aluminiumblech verkleidet. Zur Lüftung des Legehennenstalles dienen 5 Ventilatoren. Auf dem Kotkasten ist eine mehrphasige Futterkette montiert. Das Eiersammelband hat sich gut bewährt. G. Klink. 2275.

3-64/04-0145 Scott, A. H.; Cambridge, Univ., School of Agric. Modern trends in animal health and husbandry. Loose housing and parlour milking of dairy cattle. Good husbandry with labour-saving layouts. **(Moderne Richtungen in der Tierhaltung und Tierzucht. Laufstall und Melkstand für Milchvieh. Gute Tierzucht durch arbeitssparende Anlagen.)** Brit. veterin. J. **119** (1963) Nr. 4. S. 149–160. – 3 Tab., 7 Lit.

Die verschiedenen Möglichkeiten zur Material- und Arbeitszeitersparnis in Milchviehställen werden ausführlich dargestellt, wobei auf die Zweckmäßigkeit der Gebäudeanlagen zueinander und auf die vorteilhafte Raumausnutzung bei der Lagerung der Futter- und Streuvorräte sowie auf die möglichen Mechanisierungsmaßnahmen beim Füttern, Melken, Entmisten und Einstreuen hingewiesen wird. – Vergleichende betriebswirtschaftliche Untersuchungen in Anbinde- und Laufställen mit verschiedenen Melkstandsystemen (Tandem-, Fischgrätenmelkstand und Pipeline) mit unterschiedlichen Einlaßarten kombiniert, ergaben für moderne Laufstallsysteme mit Selbstfütterung bis ein Drittel Arbeitsersparnis. Die bekannten Laufstallprobleme, wie Einstreubedarf, Enthornung, Futterverschwendung und Silagefütterung sowie hygienische Belange, werden erörtert. E. Krause. 2320.

3-64/04-0146 Trippenbach, W. Ogólne zasady higieny. **(Allgemeine Hygienegrundsätze in der Geflügelhaltung.)** Drobiarstwo **11** (1963) Nr. 6. S. 6–11. – 4 Abb. 2410.

3-64/04-0147 Hofmann, Fritz; Jena, Inst. für Tierzucht. **Maßnahmen zur Hebung der Arbeitsproduktivität in der Tierhaltung.** Wiss. Z. Friedrich-Schiller-Univ. Jena/Thür., math.-naturwiss. R. **12** (1963) Nr. 1. S. 49–60. – 23 Abb.

Im Zuge der sozialistischen Umgestaltung der Landwirtschaft sind bereits verschiedene Maßnahmen zur Erhöhung der Konzentration der Viehbestände

3-64/04-0154 *Šima, František* und *Michálek, Karel.* **Technologie drubeže. Učební text pro zemědělské školy oboru drubežnického.** (Technologie der Geflügelwirtschaft.) Praha: Státní zeměd. naklad. 1963. (212 S.) 8°. (1963 A 1334)

3-64/04-0155 *Szymborska, Hanna.* **Łąki i pastwiska.** (Wiesen und Weiden.) Warszawa: Państw. wyd. roln. i leśne. 1963. (10 S.) 8°. (1963 A 1207)

3-64/04-0156 *Venkrboc, L.* **Mechanizace výkrmu prasat.** (Mechanisierung der Schweinefütterung.) Praha: Ústav vědeckotechn. informací MZLVH. 1963. (32 S.) 8°. Metodiky pro zavádění výsledku výzkumu do praxe Nr. 8. (SR 2716, 1963,8)

3-64/04-0157 **Automaty do zywienia świń.** (Automaten für die Schweinefütterung.) 2. Aufl. Warszawa: Państw. wyd. roln. i leśne. 1963. (31 S.) 8°. (1963 A 684)

3-64/04-0158 **Besttechnologien in der Feld- und Viehwirtschaft.** Erarb. v. einer sozialistischen Arbeitsgemeinschaft. Karl-Marx-Stadt. 1963. (139 S.) 8°. (DA 1628).

H. NUTZUNG UND QUALITÄT TIERISCHER ERZEUGNISSE

3-64/04-0159 Kästli, P. und Gerber, H. **Schwankungen in der chemischen Zusammensetzung von Einzelmilchproben.** Mitt. Gebiete Lebensmittelunters. Hyg. [Bern] **54** (1963) Nr. 3. S. 258–284. – 7 Abb., 14 Tab., 7 Lit.
Vff. untersuchten die individuellen, natürlichen Schwankungen der einzelnen Bestandteile der Milch von Tag zu Tag einschließlich der Milchmenge nach den Beziehungen der einzelnen Stoffe untereinander und nach dem Einfluß des Laktationsstandes. Die Proben wurden von 2 Kühen im Alter von 6 und 9 Jahren jeweils 3 Wochen lang zu Beginn, in der Mitte und am Ende der Laktation genommen. Der Fettgehalt schwankte bis zu 45%, die übrigen Bestandteile bis 6 und 7%. Die größten Schwankungen im Fettgehalt, im spez. Gew. und in der Refraktionszahl ergaben sich am Ende der Laktation, was sich für die übrigen Bestandteile nicht zeigte. Beziehungen zwischen den tägl. Fettgehaltsschwankungen und den fettfreien Bestandteilen der Trockenmasse waren nicht vorhanden. Die Tagesschwankungen in den einzelnen Milchproteinen waren gleichgerichtet, nicht aber die von Eiweiß-, Lactose- und Aschegehalt. Es ließ sich keine Beziehung in den Abweichungen dieser Milchbestandteile untereinander nachweisen. Vff. kommen zu dem Schluß, daß die Tagesschwankungen in ihrer Höhe eine Milchfälschung durch Wasserzusatz bis zu 5% nicht nachweisbar machen lassen. H. Senger. 2512.

3-64/04-0160 Aschaffenburg, R., Gregory, Margaret E., Kon, S. K., Rowland, S. J. und Thompson, S. Y. The composition of the milk of the reindeer. **(Die Zusammensetzung der Rentiermilch.)** J. Dairy Res. **29** (1962) Nr. 3. S. 325–328. 2512.

3-64/04-0161 Desai, I. D. und Patel, B. M. Composition of milk of dairy cows as influenced by feeding of L-thyroxine triturate. **(Die Zusammensetzung von Kuhmilch nach Verfütterung von L-Thyroxintriturat.)** Indian J. Dairy Sci. **15** (1962) Nr. 3. S. 105–113. 2512.

3-64/04-0162 Waite, R., Abbot, J. und Blackburn, P. S. The use of quarter samples in the assessment of the effects of feeding treatments on milk composition. **(Die Brauchbarkeit der Viertelgemelksprüfung zur Feststellung von Fütterungseinflüssen auf die Milchzusammensetzung.)** J. Dairy Res. **30** (1963) Nr. 2. S. 209–215. – 5 Tab.
Bei einem nach der lateinischen Quadratmethode angelegten Fütterungsversuch wurde die chem. Zusammensetzung der Viertelgemelke normaler und kranker Euterviertel untersucht. Die Viertelproben wurden miteinander und mit dem ganzen Gemelk verglichen, um festzustellen, ob Milch abnormer Qualität aus einigen Vierteln die Versuchsergebnisse beeinflußt. Die Milch aus kranken Vierteln enthielt weniger fettfreie Tr.-Subst. und weniger Casein als die gesunder Viertel. Die Untersuchungsergebnisse unterstreichen, daß Euterschäden oder Infektionen die chem. Zusammensetzung der Milch nicht nur bei Einzelkühen, sondern auch bei einer Gruppe beeinflussen. Die genannten Mängel können durch die Versuchsdurchführung nach dem lateinischen Quadrat weitgehend ausgeschaltet werden. G. Heidler. 2512.

3-64/04-0163 Meyer, H.; Hannover, Tierärztl. Hochschule, Inst. für Tierzucht und Vererbungsforsch. **Mineralstoffe in der Milch von Rind und Schwein.** Kraftfutter **46** (1963) Nr. 7. S. 350–356.
Der Mineralstoffgehalt der Milch ist rassebedingt. So enthalten Holstein-, Ayrshire-, Guernsey- bzw. Jersey-Kühe 1,14; 1,24; 1,39 bzw. 1,49 g Ca/kg Milch und 0,85; 0,99; 1,04 bzw. 1,06 g P/kg Milch. Die individuellen Abweichungen sind beträchtlich; so können Tiere gleicher Rasse und bei gleicher Fütterung 1,15 oder 0,09 g Ca enthalten. Die Milchleistung übt wahrscheinlich keinen Einfluß aus. Steigt der Fettgehalt um 1%, so erhöht sich der Ca-Gehalt um 0,14 g und der P-Gehalt um 0,08 g/kg Milch. Durch hohe Mineralstoffgaben wird der Ca-Gehalt der Milch geringfügig und der P-Gehalt nicht erhöht. In den ersten beiden Laktationswochen ist der Ca-Gehalt der Milch höher. Die Sauenmilch hat einen hohen Mineralstoffgehalt: 2 g Ca und 1,5 g P/kg. Im Gegensatz zum Rind ist der Gehalt in den ersten beiden Tagen sehr niedrig und steigt dann auf die angegebenen Werte an. Die Starrheit der Milchzusammensetzung hat zur Folge, daß Muttertiere manchmal mehr ausgeben als sie einnehmen. B. Piatkowski. 2512.

3-64/04-0164 King, R. L. und Williams, W. F. Copper distribution in milk during early lactation. **(Die Cu-Verteilung in der Milch zum Laktationsbeginn.)** J. Dairy Sci. **46** (1963) Nr. 1. S. 11–13. – 3 Tab.
Mit ^{64}Cu wurde die Verteilung von natürlichem Cu in der Milch zu Beginn der Laktation untersucht. 2 und 4 Wochen nach dem Kalben enthielten die Fettkügelchen 15% und 10 Wochen nach dem Kalben 35% des gesamten Cu-Gehaltes der Milch. Mit der Cu-Verteilung änderte sich die Empfindlichkeit gegenüber dem Oxydationsgeschmack. Injiziertes ^{64}Cu erschien früher in der Milch als oral verabfolgtes, in der Cu-Verteilung wurden jedoch keine Unterschiede bemerkt. G. Heidler. 2512.

3-64/04-0165 Lagoni, H., Paakkola, O. und Peters, K. H. **Untersuchungen über die quantitative Verteilung radioaktiver Falloutprodukte in Milch.** Milchwissenschaft **18** (1963) Nr. 7. S. 340–344. – 4 Abb., 11 Lit.
Unter Anwendung molkereiüblicher Be- und Verarbeitungsmethoden wurde eine hinreichend große Milchmenge auf die Verteilung der mit Fallout in die Milch gelangenden Radionuklide untersucht. Sie enthielt u. a. ^{90}Sr (44,5 pc/kg Milch), ^{131}J (106 pc/kg) und ^{137}Cs (91 pc/kg). Die an Hand der mengenmäßigen Aufteilung einer Vollmilch aufgeführten Produkte wurden radiologisch analysiert. Sr konnte überwiegend in den nichtfetten Bestandteilen nachgewiesen werden. Während das Säuern der Magermilch zu einer Anreicherung von ^{90}Sr in der Molke führt, wird durch das Einlaben eine Anreicherung im Labcasein erreicht. Das Fett der Milch bleibt Sr-frei. ^{131}J befindet sich zu nicht unwesentlichen Mengen im Fett der Milch. Bei der weiteren Untersuchung der Magermilch ist festzustellen, daß die Affinität des Jods zum Säurecasein größer ist als zum Labcasein. Das Verteilungsverhältnis von ^{137}Cs entspricht in der Rahm-Magermilchebene annähernd jenem des Jods, dem Fett folgt Cs allerdings überhaupt nicht, es folgt nahezu vollkommen dem Wasser bzw. der wäßrigen Lösung in den Produkten. Die Ergebnisse zeigen, daß Fett und Eiweiß aus Milch, die mit radioaktivem Jod, Sr und Cs kontaminiert ist, für die menschliche Ernährung zur Verfügung gestellt werden können.
Herbert Winkler. 2512.

3-64/04-0166 Berge, S.; Vollebekk, Agric. Coll. of Norway, Inst. of Animal Genetics and Breed. Protein/fat in milk from different species of domestic animals. **(Das Protein-Fett-Verhältnis in Milch verschiedener Haustierarten.)** Acta Agric. scand. **13** (1963) Nr. 2. S. 220–226.
Die Regression von Protein zu Fett in Milch ist während des Melkens, im Verlauf der Laktation und im Vergleich zwischen den Laktationen Schwankungen unterworfen. Die große Schwankungsbreite von Milcheiweiß und Milchfett

innerhalb der Laktation ist bekannt und u. a. abhängig von der Dauer der Zwischenkalbezeit und der tägl. Milchleistung. Bei den Rinderrassen scheint der Proteingehalt vom Fettgehalt abhängig zu sein. Aber das Verhältnis wird von einer Reihe von Faktoren bestimmt. 1 Tab. über das vorhandene Literaturmaterial veranschaulicht das Eiweiß-Fett-Verhältnis bei mehreren Haustiergattungen. Hiernach wurden verschiedene Regressionsgleichungen aufgestellt, die mit wenigen Ausnahmen von 0,3–7,87% Fett gut übereinstimmen. Es wichen z. B. die Gattung Elefant, Büffel und Zebu infolge zu geringen Proteingehaltes zur Fettkonzentration erheblich von der Regressionsgeraden ab. Das gleiche, wenn auch in abgeschwächtem Maße, trifft für die Katze, den Hund, das Kaninchen und Schaf mit erhöhtem Proteingehalt der Milch in umgekehrter Weise zu. W. Gimmler. 2512.

3-64/04-0167 Hawke, J. C. The distribution of fatty acids between the α'- and β-positions of the glycerophospholipids of buttermilk. **(Die Verteilung von Fettsäuren zwischen α'- und β-Position der Glycerophospholipoide von Buttermilch.)** J. Lipid Res. **4** (1963) Nr. 3. S. 255–259.
Bei der Fraktionierung von Buttermilchphospholipoiden an Kieselsäuresäulen wurde gefunden, daß die Kephalinfraktion 29% gesättigte Fettsäuren, die Lecithinfraktion 57% gesättigte Fettsäuren enthielt. Dieser Unterschied beruht lediglich auf dem Verhältnis zwischen den Mengenanteilen von Palmitinsäure und Ölsäure. Außerdem ist der Hauptanteil der Polyensäuren in der Kephalinfraktion enthalten. In der α'- und der β-Position waren sowohl bei der Kephalin- wie auch bei der Lecithinfraktion etwa die gleichen prozentualen Mengen Öl- und Palmitinsäure enthalten. Stearinsäure wurde vornehmlich in α-Position, Dien-, Trien- und Polyensäuren in β-Stellung gefunden. H. Steger. 2512.

3-64/04-0168 Langlois, B. E., Stemp, A. R. und Liska, B. J.; Lafayette, Ind., Purdue Univ. Milk fat from the Babcock test for insecticide residue analysis in dairy products. **(Verwendung von nach der Babcockfettbestimmungsmethode gewonnenem Milchfett zur Ermittlung von Insekticidresten in Milchprodukten.)** J. Dairy Sci. **46** (1963) Nr. 8. S. 854–855.
Zur Verminderung der Milchprobenmenge und zur Verkürzung des Aufbereitungsverfahrens wurde zur Extraktion von Milchfett und Insekticidresten die Babcock-Methode angewendet. Die auf Chlorbasis aufgebauten Insekticide wurden nach der Methode von Moats, die eingehend beschrieben wird, aus dem Milchfett eluiert. Mit dieser Methode ließen sich je nach der Ausgangskonzentration der Insekticide in der Milch DDT bis zu 97%, Lindan bis zu 67%, Heptachlor bis zu 85% und Dieldrin bis zu 75% wiedergewinnen. Endrin ließ sich mit dieser Methode nicht erfassen, vermutlich deshalb, weil dieses Insekticid entweder durch Schwefelsäure oder die Hitzeeinwirkung der Babcock-Fettbestimmung zerstört wird. W. Gimmler. 2512.

3-64/04-0169 McKenzie, D. A. Milk testing — a forward look. **(Milchuntersuchung — ein Ausblick.)** J. Soc. Dairy Technol. **15** (1962) Nr. 4. S. 207 bis 212. 2512.

3-64/04-0170 Matschullat, G.; Hannover, Landwirtschaftskammer, Tiergesundheitsamt. **Die Brabanter Mastitis-Reaktion, ein neues Verfahren zur Ermittlung von Sekretionsstörungen des Euters durch die Kannenmilchuntersuchung.** Arch. Lebensmittelhyg. **14** (1963) Nr. 2. S. 32–37. — 6 Abb., 7 Tab., 3 Lit.
Die sog. Brabanter Mastitis-Reaktion (BMR) ist zur Untersuchung von Kannenmilchproben auf Sekretionsstörungen gedacht. Sie beruht im Prinzip wie der Schalm-Test auf dem Nachweis von erhöhtem Zellgehalt mittels einer oberflächenaktiven Substanz. Die Viskositätsmessung und Durchströmzeit der damit versetzten Milch erfolgt in Kapillarröhrchen. Die Unter-

suchungsmethodik ist weitgehend mechanisiert und gestattet es, jeweils 100 Proben gleichzeitig in kürzester Zeit unter Kombination mit der ABR-Probe zu bearbeiten. Vergleichend wurde festgestellt, daß eine echte Übereinstimmung zwischen der BMR und dem Zellgehalt besteht. Durch fortlaufende Kontrollen der Molkereien werden die Betriebe mit gehäuften Reaktionen erfaßt. Die BMR ist eine Sortiermethode und daher geeignet, in kürzester Zeit und wiederholt einen Überblick über die Mastitishäufigkeit in einem größeren Gebiet zu geben, der die Grundlage einer wirksameren Prophylaxe und Therapie ist. W. Kötsche. 2512.

3-64/04-0171 Sobeck-Skal, Evelyne. **Vorläufige Untersuchungen über die Eignung des Nitratreduktase-Tests zur Bestimmung der Rohmilchqualität.** Österr. Milchwirtsch. **18** (1963) Nr. 2. S. 17–19. – 7 Lit.
Im Laufe eines Jahres wurden 1335 Rohmilchproben vergleichend mit der Resazurin-Reduktionsprobe und der Nitrat-Reduktionsprobe untersucht. Mit der Resazurinprobe wird hauptsächlich die Aktivität der Milchsäurebildner erfaßt. Die Probe gibt einen Aufschluß über die ordnungsgemäße Kühlung der Milch. Mit Hilfe der Nitrat-Reduktionsprobe, die vorwiegend die Nicht-Milchsäurebildner erfaßt, ist eine Aussage über die hygienischen Bedingungen bei der Milchgewinnung möglich. Bei sehr keimreicher Milch wurde eine 80- bis 90%ige Übereinstimmung der Ergebnisse beider Methoden gefunden. Bei keimärmerer Milch entsprachen nur ca. 42% der mit dem Nitrat-Reduktionstest negativen Proben den Resazurin-Reduktaseklassen I und II, 58% der im Nitrat-Reduktionstest negativen Proben wurden auf Grund der Ergebnisse des Resazurin-Reduktionstestes schlecht bewertet. Es wird empfohlen, solange keine genügende Kühlung der Rohmilch durchgeführt wird, beide Reduktionsproben nebeneinander anzuwenden. H. Hauke. 2512.

3-64/04-0172 Glüxam, Josef. **Reduktionsprobe: vom Lieferanten gesehen.** Österr. Milchwirtsch. **18** (1963) Nr. 2. S. 19–21. 2512.

3-64/04-0173 Sijbrandij, S. R. **Die Eiweißbestimmung in der Milch.** Tierzüchter **15** (1963) Nr. 12. S. 431–432.
Vf. berichtet über die Eiweißbestimmung der Milch in Holland seit ihrer Einführung 1957. Dort hat sich in den Zentrallaboratorien die Farbstoffbindungsmethode mit Amido-Schwarz durchgesetzt. Die Kosten je Bestimmungsprobe liegen zwischen 17 und 28 Dpf. einschließlich Transportkosten vom Kontrollbeamten zur Zentrale. 1962 sind 32,2% aller kontrollierten Kühe oder 21,5% aller vorhandenen auf den Eiweißgehalt untersucht worden. Ende 1962 wurden mehr als $^1/_3$ der Anlieferungsmilch nach dem Eiweißgehalt bezahlt. Der Milchpreis je Prozent Eiweißgehalt beträgt allg. etwa die Hälfte des Milchpreises je Prozent Fett. Während des Melkens bleibt der Eiweißgehalt allg. konstant. Innerhalb der Laktationsperiode ist bis zu 6 Wochen nach dem Abkalben ein Absinken, danach allmähliches Ansteigen der Eiweißkonzentration zu beobachten. Während verschiedener Haltungsperioden und Fütterungszeiten können sich umweltbedingte Einflüsse auf den Eiweißgehalt positiv oder negativ auswirken. Bei Herbstkalbung ist der Eiweißgehalt im Durchschnitt etwas höher als bei Frühjahrskalbung. Im Abkalbealter von 3 Jahren ist er am höchsten. Vorher liegt er niedriger und fällt danach langsam ab. Im Durchschnitt betrug der Eiweißgehalt in Holland 3,39% mit Schwankungen von 2,20–4,80%. W. Gimmler. 2512.

3-64/04-0174 Haugen, Arvid E. En kolorimetrisk metode for proteinbestemmelse i melk. **(Eine colorimetrische Methode zur Eiweißbestimmung in Milch.)** Beretn. Forsøgslab. [Statens Husdyrbrugsudvalg] **1963** Nr. 339. S. 1–71. – 14 Abb., 22 Tab., 33 Lit. Zus. in Engl.
Für die Eiweißbestimmung genügen $^1/_{20}$ cm³ Milch, die in Filtrierpapier aufgesaugt und getrocknet verarbeitet werden können. Bei 2 Parallelproben je

Kuh können auf einen Filterpapierstreifen von 41,5 × 4 cm die Proben von 7 Kühen untergebracht werden. Die Fixierung des Eiweißes erfolgt durch Eintauchen in eine 1%ige Sublimatlösung in Äthanol, danach in eine 0,1%ige Lösung. Es folgt die Färbung in einer Amidoschwarzlösung. Bei Milch mit mehr als 6% Protein ist das Verfahren nicht anwendbar. Sie muß zuvor verdünnt werden. An den Stellen des Filterpapieres, die nicht mit Milch getränkt waren, wird das Amidoschwarz wieder herausgelöst. Die Proben können dann getrocknet und bei Dunkelheit lange aufbewahrt werden. Die Messung des Eiweißgehaltes erfolgt photometrisch, nachdem die Filterstreifen wenigstens 20 Std. in einer Na_2CO_3-Methanol-H_2O-Lösung waren, wobei die Temperatur nicht höher als 30 °C sein soll. Beim Vergleich der Ergebnisse mit denen der Kjeldahl-Analyse betrug die Abweichung ⌀ ± 0,13%, bei späteren Untersuchungen von in praktischen Betrieben genommenen Proben ± 0,14%. Bei Proben mit hohem Eiweißgehalt sind die Abweichungen größer, ebenso bei sterilisierter Milch. Koagulierte Milch kann nicht nach diesem Verfahren untersucht werden. J. K. Hinrichsen. 2512.

3-64/04-0175 Vanschoubroek, F. X. E. J. Determination and variation of protein, fat and lactose in cow's milk, and selection on these factors. **(Die Bestimmung und Variation des Protein-, Fett- und Lactosegehaltes in der Kuhmilch und die Selektion nach diesen Faktoren.)** Nederl. Melk-en Zuiveltijdschr. **17** (1963) Nr. 1. S. 12–46. — 8 Tab.
Neben den gebräuchlichsten Methoden zur Bestimmung des Eiweißgehaltes in Kuhmilch wird die Farbstoffbindungsmethode mit Amidoschwarz ausführlich beschrieben. Die Abhängigkeit des prozentischen Eiweiß-, Fett- und Lactosegehaltes von Laktationsstadium, Alter, Trächtigkeit, Jahreszeit, Ernährung, Landbauzone und Milchertrag wird untersucht. Die Selektion nach einem höheren Fettgehalt der Milch erhöhte auch den Eiweißgehalt. Die geringe Korrelation ermöglicht jedoch keine sichere Verbesserung des Eiweißgehaltes über die Selektion nach dem Fettgehalt. Zur Erhöhung des Lactosegehaltes muß ebenfalls direkt hiernach selektiert werden. In den Untersuchungen wies der Lactosegehalt die höchste Heritabilität auf, es folgten der Protein- und der Fettgehalt. G. Heidler. 2512.

3-64/04-0176 Walstra, P. und Bosma, F. R. Estimation of the fat content of milk by the hydroxamate method. **(Schätzung des Fettgehaltes der Milch nach der Hydroxamat-Methode.)** Nederl. Melk-en Zuiveltijdschr. **17** (1963) Nr. 1. S. 1–11. 2512.

3-64/04-0177 Davies, D. T. und White, J. C. D. The determination of calcium and magnesium in milk and milk diffusate. **(Die Bestimmung von Calcium und Magnesium in Milch und Milchprodukten.)** J. Dairy Res. **29** (1962) Nr. 3. S. 285–296. 2512.

3-64/04-0178 Hobbiger, Anton; Wolfpassing, Bundes-Lehr- und Versuchsanst. für Milchwirtsch. **Ein einfacher Test zum Nachweis von Antibiotika in Milch und Rahm.** Österr. Milchwirtsch. **18** (1963) Nr. 18. S. 329–331.
Das Verfahren nach V. F. Kosikowski und R. A. Ledford ermöglicht, viele Proben anzusetzen und nach einer Bebrütungsdauer von 4–6 Std. auszuwerten. In Untersuchungen konnten noch 0,005 mg Aureomycin/cm^3, 0,03 mg Chloromycetin/cm^3, 0,05 IE Penicillin/cm^3 und 0,005 Terramycin/cm^3 Milch deutlich nachgewiesen werden. E. Höpler. 2512.

3-64/04-0179 Glawischnig, E.; Wien, Tierärztl. Hochschule. **Über die Antibiotikaausscheidung mit der Saumilch und deren Nachweis im Blute der Saugferkel.** Wiener tierärztl. Mschr. **50** (1963) Nr. 7. S. 685–691. — 1 Tab., 15 Lit. Zus. in Engl., Franz., Ital.
Da in der Literatur widersprechende Angaben über die Ausscheidung von Antibiotica mit der Sauenmilch vorhanden sind, werden diesbezügliche Versuche

mit folgenden Antibiotica angestellt: 1. Procain-Penicillin in Öl, 2. Dihydrostreptomycinsulfat allein, 3. zusammen mit Penicillin, 4. Terramycin, 5. Aureomycin, 6. Chloramphenicol. 15 Sauen im Körpergewicht von ca. 200 kg werden i. m. mit hohen Dosen der obigen Antibiotica behandelt. Mit Hilfe der Lackmusmilchmethode nach Diernhofer und Scharfen sowie der Methode nach Diernhofer bzw. Glawischnig wird der Antibiotica-Gehalt in der Milch von Sauen und im Blut von Ferkeln bestimmt. Antibiotica lassen sich in der Sauenmilch nach Verabreichung folgender Dosen ermitteln: 3 Mill. IE Procain-Penicillin in Öl, 10 g Dihydrostreptomycin, 2 g Terramycin und 5 g Chloramphenicol sowie 1 mg/kg Lgw. und mehr Aureomycin. Alle Antibiotica, außer Penicillin, sind auch im Blutserum der Ferkel vorhanden. Auch bei der peroralen Verabreichung von hohen Dosen Antibiotica, wie 20 g Dihydrostreptomycinsulfat oder 20 g Chloramphenicol oder 2 g Aureomycin, lassen sich diese sowohl in der Sauenmilch als auch im Ferkelblut nachweisen. E. Tempel. 2512.

3-64/04-0180 Hesselbach, Josef. **Arbeitstechnik und Arbeitsverfahren der Milchgewinnung im landwirtschaftlichen Betrieb.** Schriftenr. „Landarb. u. Techn". Max-Planck-Inst. **1963** Nr. 30. S. 1–98.
Vf. legt die arbeitstechnischen und arbeitswirtschaftlichen Besonderheiten der Milchgewinnung dar; die verschiedenen Arbeitsverfahren des Maschinenmelkens werden genau beschrieben und klar abgegrenzt; er gibt den Arbeitszeitbedarf an sowie Richtzahlen für die Investitionskosten verschiedener Melkanlagen und geht auf Fehler beim Maschinenmelken ein. Ferner zeigt er, wie sich die häufigsten Störungen beseitigen lassen. Im letzten Drittel werden die Arbeitsverfahren der Milchkühlung, die Kühlmittel, die Kühlgeräte für Milchkannen, die Milchtank-Kühlung und die Besonderheiten der Gewinnung, der Verpackung und des Vertriebs von Vorzugsmilch behandelt. A. Bail. 2516.

3-64/04-0181 Clough, P. A. Modern housing and milking systems for dairy herds. **(Moderne Stall- und Melksysteme für Milchkühe.)** J. Soc. Dairy Technol. **16** (1963) Nr. 3. S. 133–138. – 5 Abb., 4 Lit.
Es handelt sich um den Abdruck eines Vortrages, der nach folgender Disposition den heutigen Entwicklungsstand der Unterbringung der Milchkühe und der ökonomischsten Art der Milchgewinnung wiedergibt: 1. Gebäude zur Milchviehhaltung, 2. Arbeiten im Kuhstall, 3. Offenlaufstall und Melkstände. Bez. der Unterbringung der Milchkühe kommt Vf. zu dem Schluß, daß kein Zweifel darüber besteht, daß für größere Herden die Zukunft dem Offenlaufstall mit dem Melkhaus gehört. Das Pipelinemelken in großen Anbindeställen hat gegenüber dem Kannenmelken gewisse Vorzüge, nachteilig sind aber die hohen Einbau- und Unterhaltungskosten und zum Melkeffekt selbst die Vakuumschwankungen infolge der Bedienung der Melkzeuge wie auch die Sauberhaltung der langen Leitungen. Ein gut organisiertes Kannenmelken ist deshalb bei den geringeren Kosten und des besseren Melkeffektes wegen vorzuziehen. Die Schemazeichnungen geben Hinweise für alleinige Boxenliegeställe und kombinierte Boxenliegeställe mit Freßplätzen. Die Sauberkeit der Kühe in Boxenliegeställen ist hervorragend, so daß dieser Erfolg der Boxenunterbringung das Ende der Anbindeställe bedeutet. Die Anwendung von Turmsilos mit mechanischer Entleerung und Futterverteilung auf die Futtertische ist eine Voraussetzung für große Herden. Die Zeit der ebenerdigen Melkstände ist zugunsten der Melkstände mit vertieftem Melkflur für den Melker vorbei. Für große Herden über 60 Kühe ist der Fischgrätenmelkstand der einzige, der pro Mann eine Arbeit mit 4–5 Melkzeugen auf erstrebenswerter geringster Fläche zuläßt. H. Senger. 2516.

3-64/04-0182 Scott, G. W. Some advances in milking shed installations and techniques. **(Einige Neuerungen in der Einrichtung von Melkhäusern**

und in der Melktechnik.) J. Agric. Western Australia [5] 4 (1963) Nr. 4. S. 249–251. 254–256. – 6 Abb.

Vf. gibt einen kurzen Überblick über die Entwicklung der Milchgewinnung in den letzten 30 Jahren. Neuere Verbesserungen sind der Milchflußanzeiger, der Vakuumregulator, der Magnetpulsator bzw. auch andere Pulsatoren mit weichem Sog-Druck-Wechsel, die Verwendung von rostfreiem Stahl und Plastik. Von Bedeutung sind die in Ruakura entwickelten Prüfapparate, mit denen in bestehenden Anlagen das effektive Zusammenwirken der einzelnen Elemente beim Maschinenmelken festgestellt werden kann. Die Reinigung der Leitungen wurde durch das Zirkulationsspülsystem und die Erfindung des „sauer werdenden Jodophor" wesentlich erleichtert, wodurch die wöchentl. einmalige Spülung mit einem sauren Mittel zur Entfernung des Milchsteinansatzes entfällt. H. Senger. 2516.

3-64/04-0183 Röben, K. **Neuzeitliches Maschinenmelken während der Weidezeit.** Tierzüchter **15** (1963) Nr. 8. S. 286–291. – 20 Abb.

Vf. gibt einen Bildbericht über neue Einrichtungen für das Maschinenmelken der Kühe auf der Weide bzw. zur Weidezeit. Ein Bild zeigt die Anlage einer Melkvorrichtung an der Außenwand des Kuhstalls mit leichter Demontagemöglichkeit zum Winter. Es folgen Abb. eines fahrbaren Weidemelkstandes mit Spezialtraktor zum Kannentransport und von fahrbaren, überdachten Durchlaufmelkständen mit 2, 4 und 6 Plätzen. Für größere Herden werden Weidemelkschuppen gezeigt, einmal mit doppelreihiger Anbindemöglichkeit von je 16 Kühen und absperrbaren Freßgittern und Vakuuminnenkühler, dann eine allseits offene Ausführung mit 2 × 6 Tandemmelkständen. Bes. betont wird ein gründliches Anlernen des Bedienungspersonals durch geschulte Fachkräfte der Herstellerwerke. H. Senger. 2516.

3-64/04-0184 Vale, Marion E. und McLean, Valerie. Efficiency of milking machine installations. **(Die Funktionstüchtigkeit von Melkanlagen.)** J. Brit. Dairy Farmers' Assoc. **67** (1963) S. 40–51. – 8 Abb., 2 Tab., 4 Lit.

96% aller Kühe werden in England und Wales maschinell gemolken, so daß eine regelmäßige Überwachung der Melkanlagen von großer wirtschaftlicher Bedeutung ist, um Euterschäden und deren Folgen zu vermeiden. Die einzelnen] Funktionselemente der Melkmaschine und die bisher aufgetretenen Fehler werden nach ihrer Häufigkeit kurz erläutert. Von 100 geprüften Anlagen wiesen allein 90% einen und mehr Fehler auf. Unzureichende Vakuumpumpen hatten 40%, zu große Undichtigkeiten in der Pipeline 30%, ein unzureichend arbeitendes Vakuumventil 58%, eine ungenügende Vakuum-Reserve 75%, zu hohen Vakuum-Verschleiß in der Anlage 14%, einen fehlerhaften Pulswechsel 14%, eine falsche Pulsgeschwindigkeit 36% und Pulsatoren mit mehr als 10% Schwankungsbreite 20%. Auf Grund der Häufigkeit dieser Fehler fordern Vff., daß durch die Herstellerfirmen entspr. dem dargelegten Muster in Zukunft jährl. eine Überprüfung ihrer eingebauten Anlagen erfolgt. Dem Farmer macht sich jeder Aufwand für die Haltung ihrer Melkanlage in bester Arbeitsverfassung immer bezahlt, weil nur dann ein schnelles und vollkommenes Melken sichergestellt ist als Grundbedingung einer hohen Milchproduktion und gleichbleibender Eutergesundheit. H. Senger. 2516.

3-64/04-0185 Schönherr, Wolfgang. **Veterinärmedizinische Grundsätze einer optimalen Milcherzeugung.** Wiss. Z. Friedrich-Schiller-Univ. Jena/Thür., math.-naturwiss. R. **12** (1963) Nr. 1. S. 61–64.

Es ist möglich, durch eine entspr. Anleitung des Melkpersonals die Milcherzeugung beträchtlich zu steigern und gleichzeitig die Milchqualität zu verbessern. Eine arbeitstechnisch und hygienisch optimale Milcherzeugung steht und fällt mit der fachlichen Qualifikation und der Arbeitsmoral des Personals.

Deswegen ist es in erster Linie notwendig, die fachliche Ausbildung und Anleitung des Melkpersonals zu intensivieren. Dadurch werden auch viele Mängel und Unklarheiten, die sich vor allem beim Einsatz der Melkmaschine ergeben haben, beseitigt. Weiterhin ist die Betonung der allg. hygienischen Voraussetzungen beim Melken und bes. beim Maschinenmelken notwendig. Der Melkstand ist ebenso als Lebensmittelproduktionsstätte anzusehen wie Fleischereien und Molkereien. Für die Reinigung und Desinfektion der Melkanlagen und milchwirtschaftlichen Geräte müssen hygienisch einwandfreies Wasser und geeignete Reinigungs- und Desinfektionsmittel zur Verfügung stehen. Es wird ausführlich auf die in der DDR vorhandenen Reinigungs- und Desinfektionsmittel und ihre Anwendung eingegangen.
H. Hauke. 2516.

3-64/04-0186 Thomas, S. B. Bacteriological aspects of circulation cleaning of pipeline milking plants. **(Die Zirkulationsspülung von Pipeline-Melkanlagen in bakteriologischer Hinsicht.)** J. Soc. Dairy Technol. **16** (1963) Nr. 3. S. 126 bis 132. — 5 Abb., 2 Tab., 15 Lit.
Der Erfolg der Zirkulationsspülung bez. des Reinigungseffektes beruht auf folgenden Faktoren: 1. Länge der Spüldauer, 2. Temperatur der Spüllösung, 3. Wirbelung im Wasser, 4. Zusammensetzung und Konzentration des Mittels, 5. Zusammensetzung und Stärke des Ansatzes an den inneren Wandungen, 6. Beschaffenheit der inneren Oberflächen der Leitungen, 7. Zusammensetzung des Spülwassers. Die dargelegten Untersuchungsergebnisse wurden in 4jährigen Prüfungen in 20–64 Farmen ermittelt. Es wurde die Häufigkeit des Auftretens vorherrschender Bakterien im Spülwasser und in Milchproben bestimmt und tabellarisch veranschaulicht. Die Diagramme zeigen die Bakteriengehalte nach 72stündiger Bebrütung bei 30 °C. Die untersuchten Proben stammen vom Spülwasser der Gesamtanlage, von dem aus den Melkzeugen und von dem der Druckauslöser bei einer Eingangstemperatur von 180 °F, kalter Vorspülung mit Q. A. C. und folgender heißer Hypochloritlösung von 165–170 °F, einer Eingangstemperatur von 140–160 °F und einer solchen von 120–140 °F. Bei 140 °F dominieren die überlebenden Streptokokken. Die Ergebnisse der Untersuchungen weisen nach, daß die Zirkulationsspülung im praktischen Betrieb im Vergleich mit den alten Reinigungs- und Desinfektionsmethoden durchaus befriedigend abschneidet, und zwar sowohl in bakteriol. Hinsicht als auch vom Standpunkt der Arbeitsersparnis und Kostensenkung. H. Senger. 2516.

3-64/04-0187 Steiner, Herbert. **Ein Beitrag zur Milchkühlung am Bauernhof.** Österr. Milchwirtsch. **18** (1963) Nr. 6. S. 97–101. 2516.

3-64/04-0188 Hoffmann, O. **Stufenkontrolle auch bei Rohmilch.** Österr. Milchwirtsch. **18** (1963) Nr. 2. S. 21–22.
Es wird empfohlen, zur Verbesserung der hygienischen Qualität der Anlieferungsmilch in den landwirtsch. Betrieben bakteriol. Stufenkontrollen durchzuführen, mit deren Hilfe bestimmte Schwerpunkte ermittelt werden sollen. Vf. ist der Meinung, daß unsere Kenntnisse über die Beeinflussung der Milchqualität durch bestimmte Kraftfuttermittel noch nicht ausreichen. Es wird gefordert, die Qualität der an Milchkühe verfütterten Silage und die damit erzeugte Milch laufend zu kontrollieren. H. Hauke. 2516.

3-64/04-0189 Lück, Hans und Pavlik, Alfons. **Einfluß der UV-Bestrahlung auf die freien, nicht eiweißgebundenen Aminosäuren der Milch.** Z. Lebensmittel-Unters. u. -Forsch. **119** (1962) Nr. 1. S. 30–38. 2516.

3-64/04-0190 Rackow, H. G. und Poppe, H. H. **Bedeutung und Beurteilung von Galtstreptokokken in Vorzugsmilch.** Arch. Lebensmittelhyg. **14** (1963) Nr. 6. S. 133–136.

Auf Grund von Beobachtungen und Erfahrungen weisen Vff. auf die zwingende Notwendigkeit einer Reform der Vorzugsmilchgesetzgebung und darüber hinaus der Milchgesetzgebung überhaupt hin, wobei die bisherige Sonderstellung der Galtstreptokokkeninfektionen i. allg. wie auch im Hinblick auf die roh in den Verkehr gelangende Vorzugsmilch im bes. berücksichtigt werden muß. Folgende Änderungen bzw. Maßnahmen werden vorgeschlagen: 1. Fortfall der Sonderstellung der Galtstreptokokkeninfektionen in den §§ 3 und 4 der 1. AVO und des Runderlasses von 1937 betr. Definition des Begriffes „mikroskopisch nachweisbarer Eiter". Dadurch fielen sämtliche Galtstreptokokkeninfektionen – auch die in der „antibiotischen Aera" so häufig gewordenen, nur kulturell nachweisbaren oder subklinischen Fälle – unter die „entzündlichen Erkrankungen der Haut des Euters oder des Euters selbst". 2. Schaffung einer Möglichkeit, bei stärker mit Galt verseuchten Betrieben, bei denen die Inverkehrgabe einer infektionsfreien Milch nicht mehr gewährleistet ist, die Abgabe als Rohmilch ausschließlich im Hinblick auf die roh in den Verkehr gelangende Vorzugsmilch auszusetzen bzw. zu verbieten. 3. Mindestens 2malige monatl. Bestandsuntersuchungen von Einzelproben in galtinfizierten Beständen. Chr. Dietz. 2516.

3-64/04-0191 Janzen, J. J.; Clemson, S. C., Dep. of Dairy Sci. Milk flavor as affected by a milk-metering device. **(Milchgeschmack durch Einwirkung einer Milchmeßvorrichtung.)** J. Dairy Sci. **46** (1963) Nr. 6. S. 567–569.
Mit einer in der Melkabsauganlage eingebauten Meßvorrichtung werden in Clemson tägl. von jeder Kuh die ermolkenen Milchmengen gemessen. Die Meßvorrichtung läßt Luft in die Anlage eintreten, durch die das Schäumen der Milch nicht zu verhindern ist. Schaumige Milch aber fördert die Lipolyse und den darauf folgenden ranzigen Geschmack der Milch. Vorliegende Untersuchung befaßt sich daher mit dem Problem der Geschmacksbeeinflussung der Milch. Organoleptische Beurteilungen der Milch mit Vergleichsproben, die nicht die Meßvorrichtung durchlaufen hatten, ergaben deutlich wahrnehmbare Unterschiede. Die Geschmacksbeeinträchtigung wird ausschließlich der in der Rohrmelkanlage vorhandenen Luft zugeschrieben. Weitere Untersuchungen zur Feststellung, in welcher Weise der Fehler auftritt und wie er sich am besten beheben läßt, werden vom Vf. vorgeschlagen.
W. Gimmler. 2516.

3-64/04-0192 Uhle, H. J. **Kostenvergleich zwischen den einzelnen Milcherfassungssystemen und die zukünftige Entwicklung der Milcherfassung in Deutschland.** Milchwissenschaft **18** (1963) Nr. 7. S. 352–360. 2518.

3-64/04-0193 Johns, C. K. Sanitary milk production in Scandinavia and Britain. **(Hygienische Milchproduktion in Skandinavien und England.)** J. Milk Food Technol. **26** (1963) Nr. 6. S. 188–192.
Vf. vergleicht die hygienischen Bedingungen der Milchproduktion in Kanada mit denen in den skandinavischen Ländern und England. Er kommt zu der Feststellung, daß die von ihm in Skandinavien und England besuchten landwirtsch. Betriebe einen günstigeren und freundlicheren Eindruck machten als die Betriebe in Nordamerika. In diesen Ländern fallen bes. die hellen freundlichen Kuhställe, die gut gepflasterten Höfe, die sorgfältig eingerichteten Milchhäuser und die Sauberkeit der Kühe auf. Bes. Beachtung fand eine Farm in Simontorp in Schweden, die über lange Zeiträume hinweg Milch mit einem Keimgehalt unter 1000 Keime/ml produziert. I. allg. besteht in England und den skandinavischen Ländern die Tendenz, die Herden zu vergrößern. So betrug 1942 die durchschnittl. Herdengröße in England und Wales 15 Milchtiere, 1960 – 21 Kühe. In den milchwirtschaftlich gut entwickelten Bezirken Schottlands beträgt die durchschnittl. Herdengröße 60 Tiere. Etwa 80% der Farmen in Dänemark halten über 100 Kühe pro Betrieb. Der Keimgehalt der in Rohrmelkanlagen gewonnenen Milch ist höher als der mit Kannen-

melkanlagen ermolkenen Milch. In England wird vorwiegend die chem. Desinfektion der Melkanlagen mit chlorhaltigen Desinfekionsmitteln durchgeführt, als Ergänzung dazu wird aber auch noch eine gelegentliche Dampfsterilisation empfohlen. In Finnland und Norwegen wird hauptsächlich für die Desinfektion der Gummiteile der Melkanlagen heißes Wasser oder Dampf verwendet. In England wurden die Gummiteile regelmäßig in einer 5%igen Alkalilösung entfettet. Rückschauend wird festgestellt, daß in Nordamerika mehr Wert auf die bakteriol. Milchqualität gelegt wird, während in England und den skandinavischen Ländern bes. die hygienischen Bedingungen beim Melken, insbesondere die Gebäude und Melkutensilien, Beachtung finden.
H. Hauke. 2518.

3-64/04-0194 Chalmers, C. H. Dairy hygiene in Scotland a review of progress. **(Ein Überblick über die Fortschritte in der Milchhygiene in Schottland.)** J. Soc. Dairy Technol. **16** (1963) Nr. 3. S. 156–159.
Die Fragen der Milchhygiene in Schottland werden in einem Eingehen auf die gesetzlichen Bestimmungen, die Stallverhältnisse, die Arten der Milchgewinnung, der Reinigung und Sterilisation der Ausrüstungen, der Einrichtung eines Milchberatungsdienstes und der Maßnahmen zur Bekämpfung der wichtigsten Rinderkrankheiten, wie Tbc, Brucellose, Salmonelleninfektion der Milch und der Mastitis, behandelt. Als bestes Sterilisationsmittel wird Natriumhypochlorit empfohlen, wobei darauf zu achten ist, daß die Spüllösung 170 °F haben und wenigstens 30 Min. auf alle Oberflächen der Anlage einwirken muß. Um auch die Sporen von *B. cereus* abzutöten, muß die Lösung 180 °F heiß sein. Als Basis für die Milchqualitätsbezahlung wird wöchentl. die Resazurinprobe durchgeführt. Ein wichtiger Fortschritt sei der Phosphatasetest von Kay & Graham zur Prüfung einer genügenden Pasteurisation.
H. Senger. 2518.

3-64/04-0195 Ronghe, Manohar M. **Die Milchwirtschaft im alten und neuen Indien.** Milchwissenschaft **18** (1963) Nr. 4. S. 177–184.
Nach einer historischen Übersicht über die Ernährungs- und spez. milchwirtschaftlichen Verhältnisse wird bes. die Lösung des Ernährungsproblems der ständig wachsenden Zahl der Menschen behandelt. Die Zusammenballung von Menschen in den Städten führte zur Einrichtung von Abmelkbetrieben mit 40–600 Kühen. Aus der Milch werden eingedickte, saure und Butterei-Erzeugnisse hergestellt. Für die Rinderhaltung erschwerend ist die Frage der Futterversorgung und das an sich noch bestehende Verbot der Rinderschlachtung, das aber nicht die Büffel betrifft. Große Zuchtstationen befassen sich heute mit der Züchtung leistungsfähiger Rassen. Mit der Gründung des „Indian Journal of Dairy Science" 1948 begann eine eingehende Entwicklung der Milchwissenschaft. Um die Eiweißernährung der Bevölkerung zu verbessern, plant man eine verstärkte Erzeugung und auch Einfuhr von Trockenmilch.
H. Senger. 2518.

3-64/04-0196 Moore, John R. und Clodius, Robert L. Market structure and competition in the dairy industry. **(Marktstruktur und Wettbewerb der Milchwirtschaft.)** Univ. Wisconsin, agric. Exp. Stat., Res. Bull. **1962** Nr. 233. S. 1–48.
Berichtet wird über Untersuchungen, die zur Ermittlung der Marktstruktur der milchverarbeitenden Industrie in den USA, spez. im Staat Wisconsin, durchgeführt wurden. In 4 Abschnitten werden Zahl, Größe und Leistung der Produktions- und Verarbeitungsanlagen sowie der Vertriebseinrichtungen behandelt. Weitere Kap. erläutern die Veränderungen der Marktorganisation seit dem letzten Weltkrieg und die Fusionen der Milchbe- und -verarbeitungsbetriebe, die Marktstruktur und das Verhalten des Handels im Wettbewerb auf örtlichen Märkten bei Trinkmilch und ihren Begleitprodukten. Der Wettbewerb des Handels auf den einzelnen Märkten für Milchprodukte wird in

bes. Kap. beschrieben. Vff. behandeln hier spez. die Preispolitik des Kleinhandels der Kettenläden und der ungebundenen Läden für die verschiedenen Milchprodukte. Die ermittelten Handelsspannen variieren mit der Größe und dem Typ des Ladens und sind gewöhnlich in größeren Betrieben niedriger, weil diese bis zu den Selbstbedienungsläden immer weniger Service bieten. Ein umfangreiches Kap. ist schließlich der Sorten- und Markenwahl des Handels gewidmet. W. Gimmler. 2518.

3-64/04-0197 Anonym. Milk production, processing and marketing in Trinidad. **(Milcherzeugung, Verarbeitung und Vermarktung in Trinidad.)** J. agric. Soc. Trinidad & Tobago **62** (1962) Nr. 4. S. 473–476. 2518.

3-64/04-0198 Zaehringer, M. V., Rickard, C. A. und Lehrer jun., W. P.; Idaho, Univ.; Moscow, Agric. Exp. Stat. Deposition of tocopherol in pork tissue and stability during frozen storage. **(Ablagerung von Tocopherol im Schweinefleischgewebe und seine Stabilität während unterschiedlicher Kühlaufbewahrungsdauer.)** J. Animal Sci. **22** (1963) Nr. 3. S. 592–597. – 1 Abb., 3 Tab., 21 Lit.

Dieser Versuch wurde mit 16 Schweinen im 2 × 2 × 4 Faktorensystem durchgeführt. Alle Tiere erhielten eine Standardration mit 16% Eiweißanteil bis 100 lb. Lgw. und anschließend mit 14% Eiweißanteil bis zum Schlachten bei ⌀ 177 lb. Die Tocopherolergänzung (Vit. E) erfolgte in 4 Abstufungen, und zwar 0–21,5–43,0–64,5 mg/Tag. Dazu erhielt die Hälfte der Versuchsgruppen keine Antibioticazusätze, während die übrigen 10 mg/lb. Futter beigemischt bekamen. Die Rationsergänzungen durch a) Tocopherol oder b) Antibiotica oder c) beide Wirkstoffe in Kombination hatten keinen signifikanten Einfluß auf die Fleischeigenschaften. Von den Schweinen aller Ergänzungsgruppen wurden dann Kotelettschnitte von der Lende der linken Hälften in Kühlschränken bei 0 °F = 0, 3, 6, 9, 12, 15 und 18 Mon. aufbewahrt und weiter untersucht. Eine hohe, signifikant positive Korrelation von $r = 0{,}86$ wurde zwischen der Futterergänzungshöhe an Tocopherol und der in der frischen Lende nachgewiesenen Tocopherol-Konzentration nachgewiesen. Mit zunehmender Dauer der Kühlaufbewahrung nahm die Konzentration an Tocopherol in der Lende signifikant ab. Diese Abnahme war signifikant größer im Fleisch von den Tieren, die Tocopherol-Ergänzung im Futter erhielten, als bei jenen ohne Zusätze. Die Länge der Kühlaufbewahrung veränderte jedoch die Schmackhaftigkeit des Fleisches. Mit zunehmender Kühldauer des Fleisches nahm die durch Sachverständige vergebene Punktzahl für alle Schmackhaftigkeitsfaktoren ab. Demgegenüber wurden keine signifikanten Differenzen bez. Schmackhaftigkeit des Fleisches gefunden, die durch Tocopherol- oder Antibiotica-Ergänzung bedingt waren. Die Punktzahlen für den Geschmack des Fleisches von männl. Tieren waren signifikant höher als die von weibl. Tieren. Schließlich gab es keine gesicherten Korrelationen zwischen den von Sachverständigen vergebenen Punktzahlen und dem TBA-Test. Die geschlechtsbedingte Auswirkung von großen Mengen einer Tocopherol-Ergänzung muß erst noch an einem größeren Material geprüft werden. O. Siegl. 2522.

3-64/04-0199 Struck, Max. **Trichinenfunde.** Arch. Lebensmittelhyg. **13** (1962) Nr. 5. S. 114–115. – 1 Abb.

Negativ verlaufene Tierversuche mit trichinösem importierten Fleisch bestärkten die Meinungen darüber, daß durch die Länge der Lagerung unter Kühl- und Gefrierraumbedingungen die Invasionsfähigkeit der Parasiten verlorenginge. Ein Sonderfall mit durch Tierversuch nachgewiesener Invasionstüchtigkeit der Trichinen in amer. Rückenspeck gibt jedoch Anlaß genug zur vorsichtigen Beurteilung der Ansichten über Gefrierbehandlung des Fleisches an Stelle von Trichinenschau. Die Untauglichkeitserklärung und unschädliche Beseitigung jeglichen trichinösen Fleisches findet die volle Zustimmung des Vf. Auf Fehldiagnosen und ihre Aufklärung wird hingewiesen. R. Tönnies. 2522.

3-64/04-0200 Magnusson, Göran und Orstadius, Kerstin; Stockholm, Königl. Veterin. Inst. Relation between the plasma level of glutamicoxaloacetic transaminase and the morphological status of skeletal muscle in pigs. **(Beziehungen zwischen dem Gehalt des Plasmas an Glutamin-Oxalessigsäure-Transaminase und dem morphologischen Status der Skelettmuskulatur von Ferkeln.)** Acta veterin. scand. **4** (1963) Nr. 2. S. 113–127. — 3 Abb., 3 Tab., 9 Lit.

Die Untersuchungen wurden bei 36 Ferkeln im Gewicht von 20–25 kg durchgeführt. Die Tiere wurden mit einer Muskeldystrophie erzeugenden Diät gefüttert und nach 1–5 Wochen geschlachtet. Biopsie-Proben wurden aus dem M. long. dorsi von der Größe 2 × 1 × 0,5 cm entnommen. In ausführlichen Tab. sind die Daten für jedes Tier aufgeführt. Der Gehalt an Glutamin-Oxalessigsäure-Transaminase (GOT) und die histol. Befunde der Biopsie stimmen kaum überein, besser die Befunde der Obduktion mit den Enzym-Gehalten. E. Otto. 2524.

3-64/04-0201 Brungardt, V. H. und Bray, R. W.; Madison, Univ. of Wisconsin. Estimate of retail yield of the four major cuts in the beef carcass. **(Schätzung des Ladenverkaufs-Ertrages der vier wichtigsten Teilstücke von Rinder-Schlachtkörpern.)** J. Animal Sci. **22** (1963) Nr. 1. S. 177–182. — 1 Abb., 5 Tab., 8 Lit.

Zweck der Untersuchung war die Feststellung der Beziehungen zwischen verschiedenen Messungen am Schlachtkörper und Großhandelsstücken zum Ertrag von zurechtgemachten Kleinhandelsstücken der Keule, Lende, Fehl- und Spannrippe. Von 99 linken Seiten von Ochsen der 3 Gewichtsklassen 260 bis 288 lb., 300–325 lb. und 332–360 lb. wurde an 6 Stellen die Fettauflagerung gemessen und an 5 Stellen Länge, Umfang und Tiefe. Das 3-Rippenstück wurde in Fleisch, Fett und Knochen zerlegt sowie der Fettgehalt bestimmt. Der Ertrag der 4 Großhandelsstücke variiert nur schwach zwischen den Gewichtsgruppen, die zurechtgemachten Großhandels- und Kleinhandelsstücke dagegen stark. Alle Fettmessungen hatten hohe Beziehungen ($r = 0,70$) zu dem prozentualen Anteil des Kleinhandelsertrages. Die Fläche des M. long. dorsi (12. Rippe) korreliert mit $r = 0,45$. E. Otto. 2524.

3-64/04-0202 Wismer-Pedersen, J.; Roskilde, Dän. Fleischforsch.-Inst. **Neuere Fortschritte in der Interpretation der Qualität von Schweinefleisch.** Fleischwirtschaft **15** (1963) Nr. 5. S. 409–410. 413–415. — 1 Abb., 4 Tab., 34 Lit.

Die Zunahme von wäßrigem Schweinefleisch in der Fleisch- und Wurstwarenindustrie führt auch zu schlechteren Produkten. Die Wasserbindung steht in enger Beziehung zu der Behandlung der Tiere vor dem Schlachten. Sie wird am meisten beeinflußt von dem Actin und Myosin der Fibrillen. Fibrillen von Fleisch mit niedrigen pH-Werten haben einen höheren Proteingehalt und ein niedrigeres Safthaltevermögen, sie sind „wäßrig". Histol. Untersuchungen zeigten, daß die charakteristische Querstreifung bei normalen Muskeln gleichmäßig und deutlich ist, während beim wäßrigen Fleisch viele schwer-anfärbbare dunkle Proteinbande unregelmäßig quer in den Fasern liegen. Es wurde begonnen, die Fleischproben und isolierten Fibrillen elektronenmikroskopisch zu untersuchen. E. Otto. 2524.

3-64/04-0203 Korschgen, Bernice M., Maharg, Leta G., Mangel, Margaret und Baldwin, Ruth E. Desiccated pancreas as a meat tenderizer. **(Getrocknetes Pankreas zur Erhöhung der Zartheit von Fleisch.)** Univ. Missouri, Coll. Agric., agric. Exp. Stat., Res. Bull. **1962** Nr. 816. S. 1–8. — 4 Tab., 8 Lit.

Die Pankreaspräparate wurden in Dosen von (1) 0,825 mg oder (2) 1,65 mg/g Fleisch in Steaks eingebracht. Degustationsproben zeigten bei Pankreas-

behandlung des Fleisches höhere Prüfwerte für Saftigkeit und Geschmack ($p < 0,05$). Die shear-Werte des Fleisches erwiesen sich, wie auch die subjektiven Bestimmungen, als nicht unterschiedlich. Wurde der pH-Wert des Fleisches durch $NaHCO_3$ verändert, ergaben sich bei Pankreasdosierung (1) allg. höhere Prüfwerte als bei (2). Die in dieser Untersuchung benutzten Präparate waren sehr teuer, so daß nach neuen Methoden gesucht wird.
W. Rudolph. 2524.

3-64/04-0204 Lochmann, E.-H. und Kramer, H. **Untersuchungen über die Unterschiede zwischen sogenanntem „Fleisch wie gewachsen" und „gut entsehntem Fleisch" bezüglich des Gehaltes an Bindegewebe.** Arch. Lebensmittelhyg. **13** (1962) Nr. 5. S. 110–114. — 1 Abb., 4 Tab., 7 Lit.
Anknüpfend an frühere Untersuchungen über den Bindegewebsgehalt der Rindermuskulatur versuchen Vff. möglichst exakte Ergebnisse über den Bindegewebsanteil unter Berücksichtigung der Tierkörperregion und der Handelsklasse des Schlachttieres zu erhalten. 19 Tierkörperteile wurden in Gegenüberstellung einer „gut entsehnten" und einer Tierkörperhälfte „wie gewachsen" durch tryptische Verdauung auf den Bindegewebsanteil geprüft. Die Ergebnisse wurden in Beziehung gebracht zur Fleischwarenherstellung und zur Beurteilungsmöglichkeit der Fleischwarenqualitäten. Auf die Notwendigkeit weiterer Untersuchungsreihen wird hingewiesen. An Hand 1 Tab., die gegenüberstellend die prozentualen Bindegewebsanteile der verschiedenen Regionen wiedergibt, wird eine Einordnung der einzelnen Fleischteile in die Gruppen I–III leicht ermöglicht. R. Tönnies. 2524.

3-64/04-0205 Hall, J. L., Harrison, Dorothy L., Anderson, Lois L., Parry, Hazel und Mackintosh, D. L.; Manhattan, Kansas State, Univ. Quality of meat from swine fed aureomycin or terramycin. **(Fleischqualität von Schweinen, die mit dem Futter Aureomycin oder Terramycin erhielten.)** J. Animal Sci. **22** (1963) Nr. 3. S. 571–574. — 4 Tab., 7 Lit.
In 4 zu verschiedenen Jahreszeiten durchgeführten Versuchsreihen erhielten die individuell gefütterten Tiere zu ihrer Getreidefuttermischung folgende Antibioticagaben: a) ohne Zusatz, b) 10 mg Aureomycinhydrochlorid, c) 10 mg Terramycinhydrochlorid je lb. des Futtergemisches. Alle Versuchstiere konnten ad libitum Futter aufnehmen und wurden bei einem Gewicht von 225 lb. geschlachtet. Die Methode der Qualitätsuntersuchung am Schlachtkörper wird ausführlich erörtert. Nachfolgend sind die Resultate in obiger Reihenfolge aufgeführt. Analysenergebnisse des Kotelettauges: Gesamt-N: 3,67% — 3,65% — 3,67%; Feuchtigkeitsgehalt: 72,08% — 71,90% — 72,50%; Fettgehalt: 3,37% — 3,66% — 3,30%; pH-Wert: 5,34 — 5,33 — 5,31; Fett in Leber: 1,9% — 2,1% — 2,0%; JZ des Blattfettes: 54,6 — 53,7 — 54,5; JZ des Rückenfettes: 58,9 — 57,9 — 59,6. Eine annähernde Signifikanz der Differenzen ergab sich bez. Gesamt-N- und Feuchtigkeitsgehalt, alle anderen Werte ließen keine Tendenz erkennen. Auf Kochverluste und Schmackhaftigkeit der frischen sowie der gekühlten Bratenstücke hatte die Aureomycin- und Terramycin-Beifütterung keinen signifikanten Einfluß. Die Varianzanalyse zeigte zwar vereinzelt signifikante Mengendifferenzen für Geschmack, Saftigkeit, Aroma und Kochverlust nach unterschiedlichen Behandlungszeiten, jedoch neigen die Autoren dazu, diese Differenzen nicht der Ration, sondern der individuellen Tiervariation zuzuschreiben. Bei allen Versuchstieren nahmen der Geschmack des Fettes und Fleisches sowie der Aromagehalt während der Kühlaufbewahrung signifikant ab, dagegen war die Tendenz bez. Preßflüssigkeit, Saftigkeit und Kochverlust in den 4 Versuchsreihen nicht einheitlich. Die histol. Prüfung ergab nur geringe Abweichungen. O. Siegl. 2524.

3-64/04-0206 Dahlgaard Christensen, Konrad; Kopenhagen, Landwirtsch. Versuchs-Lab. **Die Jodzahl des Rückenspeckes im Verhältnis zu der Qualität des Futterfettes, dem Alter der Schweine und dem Fettungsgrad bei Schweinen**

Dänischer Landrasse. Z. Tierphysiol., Tierernähr. Futtermittelkunde 18 (1963) Nr. 2. S. 61–68. – 4 Abb., 4 Tab., 21 Lit. Zus. in Engl.
Vf. versucht, die Zusammenhänge zwischen den Konsistenzeigenschaften des Futterfettes und des Rückenspeckes durch das Verhältnis zwischen dem tägl. Jodzahlproduktgehalt (JZP) im Futter und der JZ des Rückenspeckes zu beleuchten. Es ergab sich keine direkt proportionale Abhängigkeit der JZ des Rückenspeckes von der tägl. Beigabe an ungesättigten Fettsäuren, da das Speicherungsvermögen der Fettgewebe für die einzelnen Säuren unterschiedlich ist. Die Konsistenz des Rückenspeckes ist weiter abhängig von Alter und Fettungsgrad der Tiere. Die JZ des Rückenspeckes erhöht sich z. B. um ca. 0,1–0,5 Einheiten für je 5 Tage zunehmenden Schlachtalters. Demgegenüber verringert sich die JZ um ca. 0,1 Einheiten, wenn das Seitenspeckmaß um 1 mm höher wird. Auf der Grundlage einer Reihe von Getreidemastversuchen – kombiniert mit qualitativ unterschiedlichen Proteingaben – konnte folgender geradliniger Zusammenhang zwischen der JZ des Rückenspeckes (Y) und der durchschnittl. tägl. Beigabe an JZP-Einheiten (X) festgestellt werden: $Y = 0{,}29\ X + 46{,}66$. O. Siegl. 2524.

3-64/04-0207 Paul, Pauline C. Tenderness and chemical composition of beef. I. Variations among animals treated alike. **(Zartheit und chemische Zusammensetzung von Rindfleisch. 1. Mitt. Unterschiede zwischen ähnlich behandelten Tieren.)** Food Technol. **16** (1962) Nr. 11. S. 115–117. – 4 Tab., 8 Lit.
4 unterschiedlich behandelte Gruppen zu je 8 Tieren wurden hinsichtlich der chem. Zusammensetzung des Fleisches, des Kochverlustes und der Zartheit von Bratenfleisch miteinander verglichen. Die Proben wurden dem M. semitendinosus entnommen, und zwar vom rohen Fleisch, von Fleisch bei 60 °C und bei 77 °C gebraten. Die Unterschiede zwischen gleich behandelten Tieren waren signifikant. Im rohen Fleisch waren die Unterschiede größer als im gebratenen Fleisch. Saftgehalt und Gesamt-N waren die stabilsten Faktoren. D. Stolzenburg. 2524.

3-64/04-0208 Paul, Pauline C. Tenderness and chemical composition of beef. II. Variations due to animal treatment and to extent of heating. **(Zartheit und chemische Zusammensetzung von Rindfleisch. 2. Mitt. Unterschiede entsprechend der Tierbehandlung und der Erhitzung.)** Food Technol. **16** (1962) Nr. 11. S. 117–119. – 2 Tab., 9 Lit.
Stilboestrol im Futter erhöhte das Gewicht des Semitendinosus, den Querschnitt der Muskelfasern, den N-Gehalt des Filets. Der Bratvorgang bewirkte ein Absinken dieser Komponenten, während eine signifikante Veränderung der anderen chem. Werte und der Zartheit des Fleisches nicht eintrat. D. Stolzenburg. 2524.

3-64/04-0209 Kizlaitis, L., Steinfeld, M. J. und Siedler, A. J. Nutrient content of variety meats. I. Vitamin A, vitamin C, iron, and proximate composition. **(Nährstoffgehalt bei verschiedenen Fleischteilen. 1. Mitt. Vitamin A, Vitamin C, Eisen und verwandte Verbindungen.)** J. Food Sci. **27** (1962) Nr. 5. S. 459–462. – 4 Tab., 10 Lit.
Der Vit.-A- und -C-Gehalt sowie der Fe-Gehalt von rohen Fleischteilen wurden bei Rind, Kalb, Lamm und Schwein bestimmt. Der Vit.-A-Gehalt der Leber wich beträchtlich von den in der Literatur angeführten Werten ab; wahrscheinlich ein Beweis für die Fütterungsabhängigkeit von Vit. A. Rind-, Kalb- und Schweineleber variierten beträchtlich im Vit.-A-Gehalt bei den einzelnen Tieren ein und desselben Fleischtyps. Der Vit.-C-Gehalt war am höchsten in der Kälber- und Rinder-Thymusdrüse. D. Stolzenburg. 2524.

3-64/04-0210 Pudelkewicz, Cecelia, Gordon, Helen W. und Kahlenberg, O. J.; Columbia, Univ. of Missouri, School of Home Econ. The effect

of two different rations and two management practices on certain nutrients in poultry meat. **(Der Einfluß zweier Rationen und zweier Haltungsformen auf einige Nährstoffe im Geflügelfleisch.)** Poultry Sci. **42** (1963) Nr. 4. S. 843–845. – 2 Tab., 12 Lit.
Fleisch von 9 Wochen alten Broilern, die mit einer halbsynthetischen (A) oder einer praxisüblichen Futtermischung (B) gefüttert (vgl. Poultry Sci. **40** [1961] Nr. 3. S. 634.) und auf Drahtrosten oder Tiefstreu gehalten wurden, wurde im Nährwert verglichen. Die hauptsächlich auftretenden Differenzen im Nährwert schienen mehr vom Futter als von der Haltung her beeinflußt zu sein. Fleisch von Tieren, die Ration A erhielten, hatte vergleichsweise i. allg. einen höheren Fett-, Vit.-B_1- und -B_2-Gehalt. Die anderen Gruppen neigten zu höherem Lysingehalt des Brustfleisches und der Leber. Bei den mit Mischung B gefütterten und auf Tiefstreu gehaltenen Tieren war der Vit.-B_2-Gehalt in der Leber höher, im Fleisch jedoch niedriger als bei den auf Drahtrost gehaltenen. W. Rudolph. 2524.

3-64/04-0211 Scholtyssek, S. **Der Wettbewerb des Schlachtgeflügels auf der DLG-Schlachtviehschau in Hamburg.** Dtsch. Geflügelwirtsch. **15** (1963) Nr. 39. S. 537–539. – 4 Abb., 1 Tab. 2526.

3-64/04-0212 Murray, Marion W. The effect of oiling and heat treating eggs on their subsequent albumen quality. **(Der Einfluß des Ölens und der Hitzebehandlung der Eier auf ihre spätere Albuminqualität.)** Brit. Poultry Sci. **4** (1963) Nr. 2. S. 201–207. 2535.

3-64/04-0213 Boersma, H. Y. De conservering van consumptieeieren en eiprodukten. **(Die Konservierung von Konsumeiern und Eiprodukten.)** Landbouwkund. Tijdschr. **75** (1963) Nr. 12. S. 717–725. – 4 Abb., 9 Lit. 2535.

3-64/04-0214 Hard, Margaret M., Spencer, John V., Locke, Ruth S. und George, Mary H. A comparison of different methods of preserving shell eggs. 1. Effect on flavor. **(Ein Vergleich verschiedener Methoden zur Konservierung von Eiern. 1. Mitt. Die Wirkung auf den Geschmack.)** Poultry Sci. **42** (1963) Nr. 4. S. 815–824. – 1 Abb., 9 Tab., 11 Lit.
Die Versorgung mit Frischeiern erfordert Maßnahmen zur Erhaltung der Qualität bis zur Vermarktung. Es wurde der Einfluß verschiedener Konservierungsmethoden bei 3 unterschiedlichen Temperaturen in 3 Jahreszeiten auf den Geschmack untersucht. Beim Geschmackstest wurden alle Eier weich gekocht und mit 24-Std.-Eiern verglichen. Unbehandelte Kontrolleier und thermostabilisierte Eier (Eierkorb 15 Min. in 130 °F heißes Wasser getaucht) waren bei 32 °F bis zu 24 Wochen und bei 55 °F bis zu 14–24 Wochen akzeptabel. Bei der Aufbewahrung bei 72 °F erwies sich das Eintauchen der Eier in ein Ölbad mit und ohne CO_2-Atmosphäre bzw. in Silikonfett wirkungsvoller. Die Eier waren bis zu 12 Wochen akzeptabel, wobei Silikonfett am besten den Geschmack erhielt. H. Pingel. 2535.

3-64/04-0215 Fuhrmann, F. W. **Der Verbrauch von Eiern und Geflügelfleisch in den Privathaushaltungen der Bundesrepublik.** Dtsch. Geflügelwirtsch. **15** (1963) Nr. 19. S. 245–249.
Der Verbrauch von Eiern und Geflügelfleisch ist nach verschiedenen Gesichtspunkten (Käuferanteil, Einkaufsmengen, Ausgaben, Ortsgrößen, Haushaltsgrößen, Beruf des Haushaltsvorstandes und Nettoeinkommen, Einkaufshäufigkeit und Herkunft des Produktes) untersucht worden. Es zeigte sich, daß mit steigender Haushaltsgröße und Nettoeinkommen der Verbrauch an Eiern zunimmt, während beim Fleischverbrauch keine deutlichen Unterschiede festzustellen waren. Untersuchungen über die Verwendung der Produkte ergaben, daß 24% der gekauften Eier gekocht, 13% als Spiegelei und 10% als Rührei verbraucht werden, während bei Fleisch die bratfertige Zubereitung offensichtlich die größte Rolle spielt. W. Bonitz. 2535.

3-64/04-0216 Selmer-Anderssen, Christian. En analyse av etterspørsel og tilbud av egg i perioden 1952–61. **(Eine Analyse der Nachfrage und des Angebotes bei Eiern in der Zeit von 1952 bis 1961.)** Meld. Norges Landbrukshøgskole **42** (1963) Nr. 6. S. 1–39. – 5 Abb., 13 Tab., 35 Lit. Zus. in Engl.
Die Untersuchungen über den Eierverbrauch und die Eierpreise wurden an Hand der Angaben von zwei norwegischen Eierhandelsorganisationen durchgeführt. Mit 8 kg Eimasse je Kopf der Bevölkerung im Jahre 1959/60 hat Norwegen im Vergleich zu anderen Staaten einen niedrigen Eierverbrauch. Die Schwankungen im Verbrauch innerhalb der Jahre sind groß. Die Untersuchungen über die Nachfrage und das Angebot wurden an Hand ökonometrischer Modelle durchgeführt. Bei einer Preissteigerung um 10% ergibt sich für 1952–61 eine um 9,4% verringerte Nachfrage. Die Preiselastizität zeigt jedoch in enger abgegrenzten Zeiträumen erhebliche Schwankungen. Die Verbrauchselastizität bei Eiern steigt mit der Größe der Familien. In der Brutzeit läßt sich ein enger Zusammenhang zwischen Eierpreisen und Zahl der zur Brut verwendeten Eier feststellen. J. K. Hinrichsen. 2535.

3-64/04-0217 *Akopjan, E. S.* **Bestimmung der sanitären Qualität der Milch.** Aus: Veterinarija, Moskva **40** (1963) Nr. 3. (Übers. aus d. Russ., Maschinenschr. vervielfält.) – TO 731.
3-64/04-0218 *Zagaevskij, I. S.* **Die Hygiene der Milchgewinnung in Farmen, die mit Paratyphus verseucht sind.** Aus: Veterinarija, Moskva **40** (1963) Nr. 3. (Übers. aus d. Russ., Maschinenschr. vervielfält.) – TO 732.
3-64/04-0219 *Casalis, Jacques, Mann, Ernest John* and *Schulz, Max Erich.* **Dairy dictionary.** Nürnberg: Carl. 1963. (XIII, 618 S.) 8°. (1963 A 1062)
3-64/04-0220 *Lakov, A.* und *Černev, P.* **Životnovodstvo i mlekarstvo.** (Tierzucht und Milchwirtschaft.) 3. Aufl. Sofija: Zemizdat. 1962. (282 S.) 8°. (1963 A 896)
3-64/04-0221 *Mazáč, Jaroslav, Černá, E.* und *Svoboda, Miroslav.* **Dojicí automaty (obsluha a údržba).** (Melkautomaten – Bedienung und Wartung.) Praha: Státní zeměd. naklad. 1963. (162 S.) 8°. (1963 A 1294)
3-64/04-0222 *Menzel, Johanna.* **Untersuchungen über die Kosten der Erzeugung von Vorzugsmilch.** Diss. Landwirtsch. Fak. Hohenheim. 1961. (94 S.) 8°. (Diss. 9239)
3-64/04-0223 **Milch und Milcherzeugnisse. Mikrobiologische Prüfung. Bl. 1.** Leipzig: Fachbuchverl. 1962. 4°. 1. Vorbereitung der Proben und Geräte. Verbindlich ab 1. 12. 1962. 1962. 5 S. 2. Bestimmung der Keimzahl auf Chinablau-Laktose-Fleischextraktagar. Verbindlich ab 1. 12. 1962. 1962. 4 S. 3. Bestimmung der Keimzahl mit Fleischextraktagar. Verbindlich ab 1. 10. 1963. 1963. 3 S. 4. Bestimmung der Keimzahl auf Kaseinagar. Verbindlich ab 1. 10. 1963. 1963. 4 S. (SR 2255, 11922, 1 –)

I. INHALTSSTOFFE TIERISCHER ERZEUGNISSE

3-64/04-0224 Belitz, H.-D.; Berlin, TU, Inst. für Lebensmittelchem. und Lebensmitteltechnol. **Proteine des Eidotters.** Z. Lebensmittel-Unters. u. Forsch. **119** (1963) Nr. 3. S. 201–210. – 5 Abb., 2 Tab., 39 Lit.
Vf. gibt einen Überblick über die in den letzten Jahren veröffentlichten Arbeiten, die sich mit den Proteinkomponenten des Eidotters befassen. Danach lassen sich die bisher aus dem Eidotter isolierten Proteinfaktoren in 3 Gruppen gliedern, eine Lipoproteinfraktion, eine Phosvitinfraktion und eine Livetinfraktion. Im Eidotter liegen offenbar 3 Lipoproteine vor, die sich im Lipoidgehalt und im Proteinphosphorgehalt unterscheiden. Das aus Eidotter isolierte Phosvitin ist nicht einheitlich, es liegt offenbar ein Gemisch verschiedener sehr phosphorreicher Proteine und kleinerer Mengen an phosphorfreien Beimengungen vor. Die aus dem Eidotter isolierte Livetinfraktion scheint aus 3 Hauptkomponenten zu bestehen, die als Livetin 1, 2, 3 bzw. als α-, β- und γ-Livetin bezeichnet werden. U. Hofmann. 2560.

K. TIERPSYCHOLOGIE

3-64/04-0225 Mazanowski, A. Psychologia drobiu. **(Die Psychologie des Geflügels.)** Drobiarstwo **11** (1963) Nr. 2. S. 17–18.
Die Beobachtung des Geflügels liefert eine Reihe von Hinweisen, die zur Schaffung optimaler Bedingungen für kränkliches Geflügel beitragen können.

Es wurde beobachtet, daß das Geflügel auf eine Reihe äußerer Faktoren mittels seiner Sinnesorgane reagiert. U. a. wurde festgestellt, daß man das Geflügel lehren kann, auf Licht- oder Klangreize in bestimmter Weise zu reagieren. Die Hühner haben ein sehr gutes Gehör. Das Fehlen von Ohrmuscheln machen sie durch die Geschmeidigkeit und Beweglichkeit des Halses wett, und sie lokalisieren auf diese Weise die Laute. Darüber hinaus besitzt das Geflügel einen gut ausgebildeten Gleichgewichtssinn, Geruchssinn und gute Sehkraft. Gerade die Sehkraft spielt im Leben des Geflügels eine dominierende Rolle. Von untergeordneter Bedeutung ist der Geschmackssinn, bes. bei dem Geflügel, das das Futter ganz verschluckt. Das Geflügel besitzt keinen angeborenen Sinn, die freßbaren Dinge von den nichtfreßbaren zu unterscheiden; die Tiere erwerben ihn erst durch die Erfahrung. Dies ist bei dem Umgang mit Küken in den ersten Lebenstagen von großer Bedeutung; denn es tritt die Befürchtung auf, daß die Küken Stückchen der Streu aufnehmen. Deshalb sollten die Küken in dieser Zeit besser auf trockenem Sand oder auf Metallgeweben (Maschendraht) gehalten werden.

PRL/CBR, übersetzt v. H. Huth. 2610.

L. MASSNAHMEN ZUR FÖRDERUNG DER TIERZUCHT

3-64/04-0226 Zerboni, von. **Das staatliche Beratungswesen in Bayern auf dem Gebiet der Kleintierzucht.** Dtsch. Geflügelwirtsch. **15** (1963) Nr. 25. S. 344–346. – 2 Abb.
Beschrieben wird die Entwicklung des staatl. Beratungswesens in Bayern auf dem Gebiet der Kleintierzucht seit Gründung der drei Zucht- und Lehranstalten in den Jahren 1905–18. Vor dem 2. Weltkrieg galt es, bes. durch Vorträge und Einzelberatung die Masse der Betriebe an einer gewinnbringenden Hühnerhaltung zu interessieren. Ein wichtiges Beratungsziel war die Umstellung von Naturbrut auf Kunstbrut, Kükenkauf aus Leistungszuchten und Einführung des 2jährigen Umtriebes. Heute steht die fachliche Förderung der Betriebe im Vordergrund, welche die Hühnerhaltung zum bes. Produktionszweig entwickelt haben. Der Berater muß über ein großes Fachwissen verfügen, denn es gilt, Auskünfte über Stallbau, Stallsysteme, Lüftung, Automation, Fütterungs- und Gesundheitslehre usw. zu geben. Die in Bayern eingesetzten 30 Kleintierzuchtberater bearbeiten auf Tierzuchtamtsebene durchschnittl. 6–7 Landkreise. Die Kleintierzuchtberater sind angehalten, jährl. mindestens in 2 Betrieben Wirtschaftlichkeitsberechnungen vorzunehmen. Bei allen Viehhaltungs- und Melkkursen wird ein 2- bis 4stündiger Unterricht auch über Geflügelhaltung erteilt. K. Lǫhle. 2667.

3-64/04-0227 Schubert, H.; Oldenburg, Kuratorium für Rindergesundheitsdienst. **Neuzeitlicher Rindergesundheitsdienst erfordert enge Zusammenarbeit zwischen Tierarzt und Tierzüchter.** Zuchthyg., Fortpflanzungsstör. Besam. Haustiere **7** (1963) Nr. 3/4. S. 131–145.
Die Bemühungen der Ende des vergangenen Jh. gegründeten Züchtervereinigungen führten zu einer bemerkenswerten Aufwärtsentwicklung in züchterischer Hinsicht sowie in Produktion und Absatz. Mehr und mehr gewann dabei die Erkenntnis Raum, daß die Gesundheit die Grundlage aller Leistungen ist. An Hand eingehender Darst. werden am Oldenburger Beispiel Probleme und Wege der Einführung und Bewährung des Rindergesundheitsdienstes besprochen, die einzelnen Verfahren und Etappen der Bekämpfungsmaßnahmen, z.B. für Tbc, Abortus Bang und MKS, dargelegt und die dadurch erzielten Erfolge herausgestellt. Durch das Kuratorium für den Oldenburger Rindergesundheitsdienst wurde außerdem die verstärkte Parasitenbekämpfung in Angriff genommen, ferner gehören Maßnahmen zur besseren Weidehygiene, zur Dasselbekämpfung und in jüngster Zeit der Anschluß aller Milchvieh haltenden Betriebe an den Eutergesundheitsdienst ein weiteres vordring-

liches Problem. Bereits am 1. 1. 1962 wurden dadurch 80% der in Frage kommenden Betriebe erfaßt. Als bes. aufschlußreich kann die Tatsache angesehen werden, daß vergleichsweise zu Handmelkbetrieben in Melkmaschinenbetrieben ca. 4mal soviel Kühe an Galt erkrankt waren. Die bisher weit verbreitete Annahme, daß hochleistungsfähige Euter galtanfälliger seien, hat sich an Hand eines Materials von 600 Kühen nicht bestätigt. Diese Feststellungen lassen den Wunsch nach klärenden Untersuchungen für andere strittige Probleme aufkommen, z. B. Beziehungen zwischen steigender Milchleistung und Fruchtbarkeit. Wünsche an die wiss. Forschung bleiben z. Z. noch bei der Bekämpfung von MKS und Parasiten offen. Weitere Aufgaben zeichnen sich ab in der Bekämpfung von Paratuberkulose, Salmonellose und Leukose. Die umfangreichen Maßnahmen des umfassenden Oldenburger Rindergesundheitsdienstes setzen eine gute Zusammenarbeit zwischen Tierarzt und Züchter, zwischen Forschung und Staat voraus, um die eingeleiteten Maßnahmen nicht zuletzt durch zweckmäßige finanzielle Beihilfen nach besten Kräften zu fördern. E. Kieslinger. 2670.

3-64/04-0228 Scheiner, A.; Hannover, Landwirtschaftskammer, Tiergesundheitsamt. **Über die Möglichkeiten und Grenzen eines Eutergesundheitsdienstes.** Arch. Lebensmittelhyg. **14** (1963) Nr. 2. S. 25–28.
Vf. schildert einleitend die Entwicklung des Eutergesundheits- und Milcherzeugerberaterdienstes sowie des Galtbekämpfungsverfahrens im Tiergesundheitsamt Hannover und gibt anschließend einen Überblick über Organisation und Arbeitsweise der verschiedenen jetzt laufenden Milchhygienedienste. Es wird betont, daß es bislang keine Einheitlichkeit in ihrer Durchführung und in der Erkennung und Bekämpfung der Mastitiden gibt und dadurch sehr viel Leerlauf vorhanden ist. Aus diesem Grunde wird der Einführung der Brabanter Mastitis-Reaktion (BMR) nach Jaartsveld große Bedeutung beigemessen, die in Verbindung mit der ABR einen schnellen und umfassenden Überblick über alle Bestände mit Sekretionsstörungen gestattet. Die BMR stellt die Grundlage eines gezielten Milchhygienedienstes dar.
W. Kötsche. 2670.

3-64/04-0229 Beerwerth, W. **Die Eignung der bakteriologischen Untersuchung von Kannenmilchproben als Grundlage eines Eutergesundheitsdienstes.** Arch. Lebensmittelhyg. **14** (1963) Nr. 6. S. 123–124.
Das Bestreben, die Eutergesundheitskontrolle auf alle trinkmilcherzeugenden Betriebe auszudehnen, wird erschwert durch die hohen Kosten, die mit der Entnahme und bakteriol. Untersuchung von Einzelmilchproben bei der großen Zahl der zu untersuchenden Tiere entstehen. Darum muß im Mittelpunkt einer gründlichen Erfassung von Euterfehlern die bakteriol. Untersuchung von Kannenmilchproben stehen. — 1962 wurden im Zuge der Kannenmilchuntersuchungen auf Brucella-Antikörper 79745 Kannenmilchproben entnommen und mittels TKT-Nährbodens nach dem von Seelemann und Obiger empfohlenen Verfahren untersucht. Verdächtige Kolonien wurden isoliert und im CAMP-Test überprüft. So war es möglich, tägl. ca. 1500 Kannenmilchproben zu untersuchen. Allerdings werden auf diese Weise keine Staphylokokkenerkrankungen erfaßt, die jedoch im Raume Münster nur sehr selten auftreten. Nachprüfungen, inwieweit es sich bei den CAMP-positiven Streptokokken wirklich um Galterreger handelt, ergaben 81,8% Stämme der Gr. B, 8,2% der Gr. E, aber auch solche der Gr. G, D, L und P. Darum wäre es besser, bei positiver CAMP-Reaktion von CAMP-positiven Streptokokken als von Galtstreptokokken zu sprechen. — Einzelproben, die auf Grund der kulturellen Kannenmilchuntersuchung aus 619 Betrieben gezogen wurden, bestätigten bei 512 Betrieben (82,9%) den Verdacht auf Euterinfektion. Bestimmungen des Zellgehalts, der durch den Schalm-Mastitis-Test an Bedeutung gewann, ergaben nur bei 43% der infizierten Tiere einen erhöhten

Zellgehalt, wohingegen von bakteriol. unverdächtigen Proben 10,1% ebenfalls einen erhöhten Zellgehalt aufwiesen. Auf Grund dieser Tatsache erachtet Vf. die Zellgehaltsbestimmung nicht als Grundlage der bakteriol. Untersuchung, sondern lediglich zur Ergänzung für die Feststellung von Euterinfektionen geeignet. Chr. Dietz. 2670.

3-64/04-0230 Schimmelpfennig; Oldenburg, Rinderzuchtverband. **Organisation und Zielsetzung unseres Eutergesundheitsdienstes.** Tierzüchter **14** (1963) Nr. 23. S. 839–841. – 1 Abb.
In 23 Molkereieinzugsbereichen Oldenburgs wurde bei orientierenden Mastitisuntersuchungen ein Befall von ca. 3,4% festgestellt, wobei pro betroffenen Bestand durchschnittl. 2 Kühe entfallen. Die Mastitiserkrankungen sind in den letzten Jahren im Zunehmen begriffen, wobei u. a. der zunehmende Einsatz der Melkmaschine (z. Z. 38 verschiedene Typen, außerdem werden auftretende Mängel in der Praxis nicht immer rechtzeitig abgestellt werden) und die Verschlechterung der manuellen Melkarbeit eine Rolle spielen dürften. Da die Ausbreitung des „Gelben Galtes“ nur dem Zusammenspiel von Erreger und schädigenden Umwelteinflüssen zuzuschreiben ist, hat sich eine wirksame Bekämpfung bes. auf vorbildliche Melkhygiene in Verbindung mit tierärztlicher Behandlung zu erstrecken. Eingehende Untersuchungen über den Erkrankungsgrad in Maschinen- und Handmelkbetrieben laufen z. Z., dsgl. wird die Frage untersucht, ob Hoch- bzw. Minderleistungskühe anfälliger sind. Um trotz des rel. geringen Befalls vorbeugend wirksam zu werden, wurde ein Eutergesundheitsdienst eingerichtet, dessen Aufgabe es außerdem sein muß, die Qualität der Anlieferungsmilch zu verbessern. Aufbau und Organisationsform dieses Eutergesundheitsdienstes werden eingehend beschrieben und als Nahziel eine Minderung des Mastitisbefalles auf unter 2% angegeben, eine Forderung, die in einigen Molkereieinzugsbereichen bereits durch systematische Arbeit verwirklicht werden konnte. E. Kieslinger. 2670.

3-64/04-0231 Dorn, P. **Aus der Arbeit des Kleintiergesundheitsdienstes Bayern.** Dtsch. Geflügelwirtsch. **15** (1963) Nr. 25. S. 346–348. – 10 Abb.
Zu Beginn seiner nunmehr 26jährigen Tätigkeit war der Gesundheitsdienst als Selbstschutzorganisation zur gesundheitlichen Betreuung der Zuchtbetriebe geschaffen worden. Die Aufgaben des Kleintiergesundheitsdienstes lagen in der Vergangenheit bes. auf dem Gebiete der Pullorumbekämpfung und der Diagnose von Geflügelkrankheiten. So waren es 1949 ca. 100 000 Tiere, in letzter Zeit 500000–600000 Tiere, die in jeder Saison auf Pullorum untersucht wurden. Der Umfang der Tätigkeit auf diagnostischem Gebiet spiegelt sich in der Zahl der Sektionen wider. Während 1958 insgesamt 6359 Sektionen durchgeführt wurden, waren es 1962 ca. 12 850. Krankheiten, die sofort zu diagnostizieren sind, wurden seltener (Tbc, Coccidiose), dagegen spielen Haltungsschäden als Folge großer Tierbestände eine wesentliche Rolle (Krankheiten der Atmungsorgane, Pest, Bronchitis, Mycoplasmosen usw.). Laboruntersuchungen vielfältigster Art machen sich erforderlich, von bes. Wichtigkeit sind histol., virologische und serologische Prüfungen. Ein zunehmendes Betätigungsfeld des Kleintiergesundheitsdienstes ist die spez. Beratung der Zuchtbetriebe in Fragen der Aufzuchthygiene und Seuchenprophylaxe.
K. Löhle. 2670.

SPEZIELLE GROSSTIERZUCHT

A. ALLGEMEINES

3-64/04-0232 Heyn, G. **Erfahrungsaustausch deutscher und sowjetischer Tierzüchter.** Tierzucht **17** (1963) Nr. 2. S. 68–72. – 10 Abb. 3001.

3-64/04-0233 Diener, H. O. **Die bayerische Tierzucht.** Dtsch. Geflügelwirtsch. **15** (1963) Nr. 25. S. 340–342.

Bayern ist der gesamten Wirtschaftsstruktur nach stark agrarbetont; einen bes. Schwerpunkt bildet dabei die Tierzucht. Allein 76% der gesamten Einnahmen kamen im Jahre 1962 aus der tierischen Produktion. Seit Kriegsende gab es zahlenmäßige Verlagerungen innerhalb der einzelnen Tiergattungen. Die Pferde-, Schaf- und Ziegenbestände wurden stark abgebaut, während Rinder-, Schweine- und Geflügelbestände vermehrt worden sind. Im Artikel ist die Situation in den verschiedenen Zweigen der Großtier- und der Ziegenzucht im einzelnen dargestellt. Es werden zahlreiche neue Wege und Arbeitsmethoden beschrieben. Von bes. Bedeutung ist die KB; weiterhin sind u. a. hollerithmäßige Auswertungen der Leistungsergebnisse, Blutgruppenforschung und staatliche Mastleistungsprüfungen beim Rind, Schwein und Schaf zu nennen. K. Löhle. 3001.

3-64/04-0234 *Sorin, I. G.* **Die Organisation des Zuchtwesens in der Ukraine.** 16 S. (Übers. aus d. Russ., Maschinenschr. vervielfält.) – TO 655.
3-64/04-0235 *Kopecky, Josef.* **Živočišná výroba.** (Tierische Produktion.) Praha: Státní zemědělské naklad. 1963. (941 S.) 8°. (1963 A 819)
3-64/04-0236 *Zorn, Wilhelm.* **Neue Wege der deutschen Tierzucht.** Vortr. gelegentlich d. Tagung d. Tierärztlichen Gesellschaft zur Förderung d. Tierzucht in München am 31. 7. 1954. München. 1954. (11 S.) 8°. (1963 A 811)
3-64/04-0237 **Biologičeskie osnovy povyšenija mjasnych kačestv sel'skochozjajstvennych životnych (Materialy konferencii).** (Biologische Grundlagen der Verbesserung der Fleischeigenschaften der landwirtschaftlichen Nutztiere. Konferenzmaterial.) Kiev: Izd. Ukr. akad. sel'skoch. nauk. 1962. (164 S.) 8°. (1963 A 1190)

B. PFERDE

3-64/04-0238 Mazak, Vrarislav. **Asiatische Wildesel im Prager Zoologischen Garten nebst Bemerkungen zur Systematik der Untergattung Hemionus.** Z. Säugetierkunde **28** (1963) Nr. 5. S. 278–293. – 11 Abb., 2 Tab., 26 Lit. 3070.

3-64/04-0239 Peter, W. **Leistungsprüfung der Junghengste im Staatlichen Hengstdepot Moritzburg.** Tierzucht **17** (1963) Nr. 4. S. 174–176. – 2 Abb. 3215.

3-64/04-0240 Dušek, Jaromír und Dušek, Josef. Význam tělesné stavby koní z hlediska pracovního výkonu v zemědělství. **(Bedeutung des Körperbaus bei Pferden vom Gesichtspunkt der Arbeitsleistung in der Landwirtschaft.)** Živočišná Výroba **8(36)** (1963) Nr. 5. S. 303–314. – 1 Tab., 32 Lit. Zus. in Russ., Franz., Dtsch.
Aus den Ergebnissen von Untersuchungen des Körperbaus bei 45 Pferden und dessen Bedeutung für Zugarbeiten in der Landwirtschaft geht hervor, daß der Körperbau einen die Funktion des Organismus erleichternden oder erschwerenden Faktor bei der Arbeitsleistung des Pferdes darstellt. Die Arbeitsleistung ist aber hauptsächlich durch physiol. Eigenschaften (Arbeitscharakter und Arbeitswilligkeit des Pferdes) bestimmt. Die Beurteilung isolierter korrelativer Beziehungen bei den untersuchten Vergleichspaaren von Pferden führt nicht immer zu richtigen Schlüssen; konkreter ist die Verfolgung kollektiver Beziehungen (partielle Korrelation) der Körpermerkmale und der Leistung. Zusammenfassend leiten Vff. aus ihren Untersuchungen die Erkenntnis ab, daß die Untersuchung des Körperbaus (als Teilgesichtspunkt) der komplexen Erforschung zootechnisch-physiol. Charakters untergeordnet werden muß, da sonst die erlangten Ergebnisse an Bedeutung verlieren. ČSSR/ÚVTI. 3225.

3-64/04-0241 Dobrev, D. Vŭrchu rezultatite ot konnite sŭstezanija u nas. **(Über die Ergebnisse von Pferderennen in Bulgarien.)** Naučni trudove. Visš selskostopanski institut „Georgi Dimitrov" – Kostinbrod, Sofija **13** (1963) S. 243–258. – 5 Tab., 32 Lit. 3360.

3-64/04-0242 *Müseler, Wilhelm.* **Reitlehre.** 36. durchges. u. verbess. Aufl. Berlin; Hamburg: Verlag Paul Parey. 1963. (188 S. m. 94 Abb.) 16 × 24 cm. DM 16,40. Im vorliegenden Buch, bearbeitet von K. A. von Ziegner, wird eine außerordentliche Fülle von Material geboten, wirkungsvoll und instruktiv ergänzt durch Zeichnungen und Fotos. Der Inhalt ist dabei klar gegliedert in: Ausbildung des Reiters; Ausbildung des Pferdes; Lektionen; Übungen zur Fortbildung von Reiter und Pferd; Hilfsmittel. Jedes Kapitel wiederum ist übersichtlich aufgeteilt, allen wichtigen Fragen ist ein entspr. Abschnitt zugemessen. Das Sachregister am Schluß des Werkes vermittelt das schnelle Auf- bzw. Wiederfinden gesuchter Spezialfragen.

H. D. Hennig.

3-64/04-0243 *Barmincev, Jurij Nikolaevič.* **Mjasnoe i moločnoe konevodstvo.** (Fleisch- und Milchpferdezucht.) Moskva: Izd. sel'skochoz. lit., žurnalov i plakatov. 1963. (223 S.) 8°. (1963 A 1260)

C. RINDER

3-64/04-0244 Anonym. Welsh Black cattle. **(Das Schwarze Waliser Rind.)** J. Brit. Dairy Farmers' Assoc. **67** (1963) S. 10–13. – 2 Abb.

Die Arbeit gibt eine kurze geschichtliche Darstellung über die Welsh Black. Dieses Rind zeichnet äußerste Genügsamkeit, beste Widerstandskraft, Härte und Langlebigkeit (15–20 Jahre) bei bester Schlachtqualität aus. Die jährl. Milchleistung beträgt 500–1000 gal. mit 4% und mehr Fett. Bullkälber unter 18 Mon. haben eine durchschnittl. tägl. Lgw.-Zunahme von 2,40 lb. mit Spitzenleistungen bis 3,66 lb. Außerhalb des Nord- und Südwaliser Berglandes wird die Rasse bes. noch auf den Falklandinseln seit Anfang dieses Jh. gehalten. Die Tiere trotzen dort am besten dem kalten, nassen und windigen Klima. H. Senger. 3480.

3-64/04-0245 Kamiński, Stanisław. Bydło czerwone śląskie. **(Das Schlesische Rotvieh.)** Zeszyty naukowe wyższej Szkoły rolniczej Wrocławiu, Zootechn. **10** (1963) Nr. 45. S. 73–86. – 1 Abb., 6 Tab., 16 Lit. Zus. in Russ., Engl. 3480.

3-64/04-0246 Šul'ženko, I. F.; Ukrain. Landwirtsch. Akad. Seraja ukrainskaja poroda skota pod ugrozoj likvidacii. **(Das Graue Ukrainische Rind unter der Gefahr des Aussterbens.)** Životnovodstvo, Moskva **25** (1963) Nr. 4. S. 56–57. – 1 Tab.

An Hand von statistischem Material wird festgestellt, daß der Bestand des Grauen Ukrainischen Rindes im Laufe der letzten 80 Jahre ständig abnimmt. Er betrug im Jahre 1900 75,3% des gesamten Viehbestandes der Ukraine und verringerte sich bis 1960 auf 2% des ukrainischen Rinderbestandes. In dem genannten Zeitraum wurde die Rinderzucht der Ukraine von der Leistungsrichtung Arbeit, der das Graue Ukrainische Rind angehört, auf die Leistungsrichtung Milch umgestellt, für die viele neue Rinderrassen geschaffen wurden. Das Graue Ukrainische Rind ist ein ausgezeichnetes Ausgangsmaterial für die Züchtung neuer Rassen sowohl der Milch- als auch der Fleisch-Milchrichtung. Für die Schaffung einer einheimischen frühreifen Fleischrinderrasse wurde die Kreuzung des Grauen Ukrainischen Rindes mit Shorthorn begonnen. Dabei ist die Möglichkeit nicht ausgeschlossen, durch eine gezielte Vervollkommnung dieser Rasse eine frühreife Fleischrasse zu schaffen. Die Erhaltung dieser Rasse ist daher notwendig. K. Witt. 3480.

3-64/04-0247 Monoenkov, M. I. O želatel'nom tipe skota jaroslavskoj porody. **(Über den erwünschten Typ der Jaroslawler Rinderrasse.)** Životnovodstvo, Moskva **25** (1963) Nr. 8. S. 74–77. – 3 Tab. 3480.

3-64/04-0248 Birjukova, E. S. Naměcaemye puti soveršenstvovanija belogolovoj ukrainskoj porody. **(Vorgesehene Wege zur Verbesserung der Weißköpfigen Ukrainischen Rasse.)** Naučn. tr. Kievsk. opytn. st. životnovodstva 8 (1962) S. 24–30. – Aus: Referativnyj žurnal Moskva. Životnovodstvo, veterinarija **1963** Nr. 6.58.36. S. 6–7.

Die wichtigste Methode zur Verbesserung des Weißköpfigen Ukrainischen Rindes (WUR) war bis zum Jahre 1952 die Züchtung innerhalb der Rasse. Gegenwärtig bedient man sich zur schnelleren Verbesserung des Viehbestandes der Kreuzung mit Bullen der Simmentaler Rasse (SR) und der Schwarz-

bunten Estnischen Rasse. Der Nutzeffekt der Einkreuzung, Verdrängungs- und Reproduktionskreuzung wird untersucht. Die F_1-Kreuzungstiere aus SR und WUR übertreffen das WUR hinsichtlich des Lgw. (in %): bei der Geburt um 11,4, im Alter von 6 Mon. um 10,3; im Alter von 12 Mon. um 9,7; mit 2 Jahren um 7,3 und im Alter von mehr als 2 Jahren um 12,3. Die F_1-Kühe übertreffen die der SR in der Milch- und Fettleistung. Die Kreuzungstiere zeichnen sich auch durch eine bessere Futterverwertung aus: Je 1 kg 4%iger Milch benötigen sie 0,97 FE und 108 g verd. E., während ihre reinrassigen Altersgenossinnen entspr. 1,09 und 124 verbrauchen. Die Kreuzungstiere zeichnen sich durch eine höhere Fleischausbeute als die Tiere der SR aus. Bei Kreuzung des WUR mit der Schwarzbunten Estnischen Rasse übertrifft das Kreuzungsjungvieh die reinrassigen Altersgenossen im Lgw.
übersetzt v. G. Boetticher. 3480.

3-64/04-0249 Sarsembin, K.; Alma-Ata, Kasach. Forsch.-Inst. für Tierzucht. Skot Pribaltiki v Kazachstane. **(Baltische Rinder in Kasachstan.)** Moločnoe i mjasnoe skotovodstvo, Moskva 8 (1963) Nr. 4. S. 34–39. – 7 Abb., 5 Tab.

Zur Erhöhung der Kuhbestände und damit der Milchproduktion in Kasachstan wurden Rinder aus den baltischen Ländern eingeführt. Die eingeführten Kälber wuchsen schnell und entwickelten sich gut. Aus den Kälbern wurden gute Kühe, die sich gut akklimatisiert hatten. Die Körperformen entwickelten sich normal, und das der schwarzbunten Rasse eigene Exterieur wurde völlig bewahrt. Die Kühe hatten eine gute Milchleistung, zeigten gute Befruchtungsergebnisse und verbrauchten weniger Futter für die Erzeugung von Milch als die in Kasachstan einheimischen Alataukühe. Auf Grund der angestellten Untersuchungen und der Ergebnisse ist es völlig gerechtfertigt und zweckmäßig, Reservekälber aus den baltischen Ländern zur Schaffung von Milchviehherden in Kasachstan einzuführen. K. Witt. 3480.

3-64/04-0250 Scholz, F. und Müller, W. **Ergebnisse der Milchleistungsprüfungen im Jahre 1961.** Ergebn. Milchleistungsprüf. Nr. **30** (1961, hrsg. 1962) S. 1–105.

Im Berichtsjahr (1. Okt.–30. Sept.) wurden 2 082 785 (= 35,8% des gesamten Kuhbestandes) von den Milchleistungsprüfungen erfaßt. Die Durchschnittsleistung aller geprüften Herdbuch- und Nichtherdbuchkühe betrug 4034 kg Milch mit 3,87% Fett und 156 kg Fett. 32,1% des Kuhbestandes und der deckfähigen Rinder wurden besamt. Der Rassenanteil der Herdbuchtiere betrug: Schwarzbunt 55,4%, Fleckvieh 19,9%, Rotbunt 0,7%, Braunvieh 3,1%, Angler 2,0%, Gelbvieh 1,7%, Rotvieh 0,7%, Wäldervieh 0,6%, Pinzgauer 0,2%. 110 Kühe der Rassen Schwarzbunte, Rotbunte und Angler erreichten mehr als 400 kg Milchfett oder mehr als 10 000 kg Milch, bei den Rassen Fleckvieh, Braunvieh, Gelbvieh und Rotvieh erreichten 115 Kühe mehr als 330 kg Milchfett. – In Zusammenstellungen werden die Durchschnittsleistungen der Rinderrassen und der Züchtervereinigungen, die Aufgliederung nach dem prozentischen Fettgehalt, die Spitzenleistungen, die RL-Eintragungen u. a. angeführt. H. Kleiber. 3520.

3-64/04-0251 Scholz, F. und Müller, W. **Ergebnisse der Milchleistungsprüfungen im Jahre 1962.** Ergebn. Milchleistungsprüf. Nr. **32** (1962, hrsg. 1963) S. 1–108.

2 082 696 Kühe (= 35,4% des Kuhbestandes) standen im Berichtsjahr unter Milchkontrolle, davon waren 57% Nichtherdbuchtiere. Die Durchschnittsleistung aller geprüften Tiere betrug 4071 kg Milch mit 3,89% Fett und 158 kg Milchfett. Der Rassenanteil der Herdbuchkühe betrug: Schwarzbunte 54,1%, Fleckvieh 20,2%, Rotbunt 16,9%, Braunvieh 3,4%, Angler 1,9%, Gelbvieh 1,4%, Rotvieh 1,2%, Wäldervieh 0,6%, Pinzgauer 0,2%. Bei den Rassen

Schwarzbunte, Rotbunte und Angler erreichten 156 Kühe mehr als 400 kg Fett oder mehr als 10000 kg Milch. Über 330 kg Fett erbrachten 107 Kühe der Rassen Fleckvieh, Braunvieh, Gelbvieh, Rotvieh und Vorderwäldervieh. 33,7% des Kuhbestandes und der deckfähigen Rinder wurden besamt. – In Zusammenstellungen werden die Entwicklung der Milchleistungsprüfungen in den einzelnen Landeskontrollverbänden, die Durchschnittsleistungen der Rassen und der Züchtervereinigungen, die Spitzenleistungen, die RL-Eintragungen u. a. angeführt. H. Kleiber. 3520.

3-64/04-0252 Searle, S. R. Herd-by-cow interaction effects in dairy production records. **(Herden-Kühe-Wechselwirkungen bei Milchleistungen.)** Animal Product. **5** (1963) Nr. 2. S. 157–164.
Die Wiederholbarkeit der Milchleistungsmerkmale wird gewöhnlich innerhalb der Herden aus den Leistungen von Kühen in aufeinanderfolgenden Jahren geschätzt. Diese Schätzwerte werden durch Wechselwirkungen Herden × Kühe beeinflußt, deren Varianzkomponente sowohl in den Zähler als auch in den Nenner der Schätzfunktion eingeht. An Praxismaterial sollte die Größe dieser Wechselwirkungen durch die Korrelation zwischen Leistungen gleicher Tiere in verschiedenen Herden geschätzt werden. Es ergaben sich für 261 Holsteinkühe, die nacheinander in 2 Herden standen, Wiederholbarkeiten von 0,35 (Milch-kg); 0,25 (Fettmenge), 0,70 (Fettgehalt). Die entspr. Zahlen für Wiederholbarkeiten innerhalb gleicher Herden waren nach früheren Untersuchungen des Vf. 0,60; 0,60 bzw. 0,80. Es konnte gezeigt werden, daß die Varianzkomponente Herden × Kühe bei der Fettmenge 35% und beim Fettgehalt 9% der gesamten Varianz innerhalb der Herde ausmacht.
D. Rasch. 3520.

3-64/04-0253 Svječin, Ju. K. Do ocinki budovy tila velykoï rogatoï chudoby. **(Zur Beurteilung des Exterieurs der Rinder.)** Socialistyčne tvarynnyctvo, Kyïv **35** (1963) Nr. 1. S. 41–42. – 1 Tab. 3542.

3-64/04-0254 Ritter, H. Ch. und Schirmer, J.; Grub, Bayer. Landesamt Tierzucht. **Die Wiederholbarkeit der bei Melkbarkeitsprüfungen gewonnenen Meßergebnisse.** Tierzüchter **14** (1963) Nr. 19. S. 696–697. – 1 Tab.
Es wurden Melkbarkeitsuntersuchungen angestellt, um die Wiederholbarkeit der Messungsergebnisse zu überprüfen. Eine Gruppe von Kühen wurde 14 Tage lang zu jeder Melkzeit untersucht und das Ergebnis der turnusmäßigen Melkbarkeitsprüfung gegenübergestellt. Für die Milchmenge wurde eine Wiederholbarkeit von 0,90, für die gesamte Melkzeit von 0,64, für das größte Minutengemelk von 0,93, für das durchschnittl. Minutengemelk von 0,87 und für den Anteil in den Vordervierteln am Gesamtgemelk (IVH) von 0,95 festgestellt. Die Viertelverteilung ist bis in die letzten Laktationsmonate sehr konstant. Auch von der 1. zur 2. bzw. von der 2. zur 3. Laktation zeigte sich bei der Viertelverteilung gute Übereinstimmung. Die Korrelationen betrugen $r = 0{,}897$ bzw. $r = 0{,}95$. Auch für das größte ($r = 0{,}94$) und für das durchschnittl. Minutengemelk ($r = 0{,}96$) bestehen von der 2. zur 3. Laktation enge Beziehungen. Die eigenen Ergebnisse werden denen der Literatur gegenübergestellt. Die Melkbarkeitsprüfung ist ebenso praxisreif wie die Ermittlung der tägl. Milchmenge. H. Fiedler. 3546.

3-64/04-0255 Sych, E.; Berlin-Dahlem, Inst. für Tierzucht und Haustiergenetik. **Zum Einfluß der Melkmaschine auf die Melkbarkeitsnote.** Züchtungskunde **35** (1963) Nr. 5. S. 205–213. – 5 Abb., 3 Tab., 15 Lit.
An 25 Kühen wurde untersucht, ob der Kurzzeitmelker eine verkürzte Melkzeit gegenüber der Standardmelkmaschine besitzt. Es wurde ein um 16% größeres Melkvermögen beim Kurzzeitmelker festgestellt. Die Melkdauer ist kürzer, und demzufolge sind auch höhere Minutengemelke zu verzeichnen. Schwer melkbare Kühe erhalten aber bei Verwendung des Kurz-

zeitmelkers bessere Melkbarkeitsnoten. Deshalb sollte zur Melkbarkeitsprüfung nur die Standardmaschine benutzt werden, anderenfalls wäre der Bewertungsschlüssel für den Kurzzeitmelker zu ändern. Ein Bewertungsschlüssel dafür wurde erarbeitet. Außerdem wurde die Wiederholbarkeit berechnet. Das größte Minutengemelk weist danach die größte Genauigkeit auf, so daß vorgeschlagen wird, bei der Melkbarkeitsprüfung das durchschnittl. und das größte Minutengemelk zu erfassen. H. Fiedler. 3546.

3-64/04-0256 Anonym. **Die Bewertung der Milchleistungsabstammung der Zuchtstiere.** Mitt. schweiz. Fleckviehzuchtverb. **1963** Nr. 2. S. 3–15. — 3 Abb. Zus. in Franz.
Gelegentlich der diesjährigen schweizerischen Zuchtviehmärkte kommt auf Antrag der Herdbuchkommission erstmalig für das gesamte Fleckviehzuchtgebiet eine einheitliche Bewertung der Milchleistungsabstammung versuchsweise zur Anwendung. Erfahrungen schweizerischer Zuchtstiermärkte haben bisher gezeigt, daß in erster Linie die Form und nicht die Leistung preisbestimmend war. Daher wurden Kontrollergebnisse oft nicht in den Abstammungsnachweis übertragen. Die schwierige Bewertung der Mutterleistungen infolge unterschiedlicher Standorte in den verschiedenen Zonen (Flachland — Alpung) mag diese Praxis unterstützt haben. Für alle ab 1. 9. 1963 geborenen Bullenkälber ist die neue Klassifizierung verbindlich, die bei möglichster Einfachheit den neuesten züchterischen Erkenntnissen gerecht werden muß. Die neue Methode der Leistungsbewertung zur Zucht vorgesehener Jungbullen wird eingehend spezifiziert und für die 4 verschiedenen Zonen an Hand der dafür verbindlichen Werte dargelegt. E. Kieslinger. 3550.

3-64/04-0257 Kwasieborski, J. Porównanie wyników wyceny buhajów metodami klasyczną i angielską. **(Vergleich der Ergebnisse der Bullenbewertung nach der klassischen und der englischen Methode.)** Przegląd Hodowlany **31** (1963) Nr. 2/3. S. 6–8. — 4 Tab. 3550.

3-64/04-0258 Holke, E.; Jena, Friedrich-Schiller-Univ., Inst. für Tierzucht. **Die Nachkommenprüfung von Besamungsbullen auf Mast- und Schlachtleistung.** Tierzucht **17** (1963) Nr. 2. S. 63–66. — 6 Tab., 7 Lit.
Die Bedeutung der Nachkommenprüfung von Besamungsbullen auf Mast- und Schlachtleistung zur Verbesserung unserer im Zweinutzungstyp stehenden Rinderrassen wird dargelegt. Im Rahmen der Arbeit werden die Ergebnisse des ersten Durchgangs von Prüfungsgruppen von DSR-Besamungsbullen in der Vatertierprüfstation Wichmar besprochen. Die Prüfung selbst erfolgte nach den Richtlinien der DAL. Zwischen den einzelnen Gruppen waren keine statistisch gesicherten Unterschiede zu ermitteln, da einmal die Tierzahlen zu gering und zum anderen die Differenzen innerhalb der Gruppen größer als zwischen den Gruppen waren. Die von den einzelnen Nachkommengruppen erzielten Ergebnisse werden im einzelnen besprochen. E. Kieslinger. 3550.

3-64/04-0259 Lipper. **Nachkommenschaftsprüfung auf Fleischleistung in der Höhenrinderzucht.** Clausberg, Inst. Tierzucht u. Tierhalt. Dtsch. Akad. Landwirtsch.-Wiss. Berlin Plan-Nr.: 1701 16/01 i-2-06/0. Abschlußber. (5/9. 1963).
Zur Prüfung des Mastleistungsvermögens beim Höhenvieh und methodischer Fragen der Mastleistungsprüfung wurden von 2 Besamungsbullen je 110 Söhne bei standardisierter Mast und Wirtschaftsmast gemästet und ausgeschlachtet. Zwischen 70–400 kg wurden 1244 g Tageszunahme bei standardisierter und 851 g bzw. 940 g bei Wirtschaftsmast erreicht. Da unter praktischen Produktionsbedingungen nur 70–75% des Mastleistungsvermögens ausgeschöpft werden können, sollten z. Z. die übrigen Leistungsmerkmale bei der Selektion vor die Mastleistung gestellt werden. Die Prüfung einzelner Nachkommengruppen wird empfohlen. Unterschiede zwischen einzelnen

Nachkommenschaften können im Durchschnitt als gesichert angesehen werden, wenn die Differenz mindestens 100 g bei den tägl. Zunahmen, 50 g verd. Rohprotein und 200 g StE je kg Zunahme beträgt. Für die Auswertung sollte der Mastabschnitt 130 oder 150 kg bis 350 oder 400 kg herangezogen werden. 3550.

3-64/04-0260 Mydlarčík, S. Co ukázala zkouška dědičnosti masné užitkovosti býků. **(Ergebnisse eines Versuches zur Prüfung der Fleischleistungs-Vererbung bei Bullen in der ČSSR.)** Náš Chov **1963** Nr. 6. S. 191–193. – 2 Abb., 4 Tab.
Die Versuchsergebnisse zeigten, daß die Nachkommenschaft verschiedener Bullen eine sehr unterschiedliche Mastfähigkeit aufwies. Die Söhne des Bullen „Milý" z. B. erreichten durchschnittl. tägl. Lgw.-Zunahmen von 1,90 kg, die Söhne des „Brok" dagegen nur 1,61 kg. Mit Hinsicht auf ein günstigeres Fleisch-Knochenverhältnis betrug die durchschnittl. tägl. Produktion von Fleisch bei den ersteren 1,67 kg, bei den letzteren 1,35 kg, d. i. ein Unterschied von fast 25%. Die festgestellten Unterschiede in den Zunahmen und der Fleischqualität bestätigen die Bedeutung der Fleischleistungsprüfung bei den männl. Nachkommen von Zuchtbullen als Unterlage für die Selektion.
ČSSR/ÚVTI. 3550.

3-64/04-0261 Hickmann, C. G. Productions studies in experimental farms dairy herds. II. Usefulness of 180-day yield for culling. **(Leistungsuntersuchungen an Milchviehherden aus Versuchsfarmen. 2. Mitt. Die Eignung der 180-Tage-Leistung als Selektionsmaßstab.)** Canad. J. Genetics Cytol. **2** (1960) Nr. 2. S. 189–198. – 1. Mitt. vgl. Canad. J. Animal Sci. **37** [1957] Nr. 2. S. 123. 3555.

3-64/04-0262 Hladký, Jaroslav. Příspěvek k průzkumu tělesných rozměrů a některých závilostí r mléčnou produkcí u krav v horské a podhorské oblasti. **(Beitrag zur Erforschung der Körpermaße und einiger Beziehungen derselben zur Milchproduktion bei Kühen im Gebirgs- und Vorgebirgsgebiet.)** Živočišná Výroba **8(36)** (1963) Nr. 5. S. 285–294. – 2 Abb., 3 Tab. Zus. in Russ., Dtsch.
Untersuchungen an einer Population von Kühen des Rotfleckviehs im leichteren Typ ergaben, daß die Tiere die höchsten Werte der Körpermaße überwiegend im Alter von 6 Jahren erreichen (Gebiet des Isergebirges und des westlichen Teils des Riesengebirges). Bei der Generation jüngerer Kühe wirkt sich ein intensiveres Größenwachstum aus. Dasselbe betrifft auch den Umfang der Fessel. Diese Tatsache läßt sich durch bessere Fütterung und Aufzucht bzw. Benutzung besserer Bullen erklären. Die Brustform weist eine sehr gute rel. Tiefe auf, während die Brustbreite unbefriedigend ist. Auch die Beckenform erheischt eine wesentliche Verbesserung. Die beschriebenen Ergebnisse der Untersuchungen bieten eine sachliche Grundlage zur weiteren Veredelung der Rinderzucht in der angeführten Gegend mit Hinsicht auf den erwünschten leichteren Typ des Rotfleckviehs.
ČSSR/ÚVTI. 3560.

3-64/04-0263 Podoba, E. G. und Birjuk, I. I. Formirovanie nekotorych konstitucional'nych osobennostej lebedinskogo skota, svjazannych s moločnoj produktivnost'ju. **(Die Herausbildung einiger Besonderheiten in der Konstitution der Lebediner Rasse, die mit der Milchleistung verbunden sind.)** Tr. Chaŕkovsk. s.-ch. in-ta **34(81)** (1961) S. 39–44. – Aus: Referativnyj žurnal. Biologija, Moskva **1962** Nr. 13. L 115. S. 16.
Die Entwicklung des Jungviehs und deren Einfluß auf die Konstitution und die Leistung der Tiere wurden an Tieren bei mäßiger (Gr. I) und reichlicher (Gr. II) Fütterung untersucht. In Gr. I erwiesen sich von 34 Kühen 16 als hochproduktiv, 7 als durchschnittl. produktiv und 11 als Kühe mit niedriger

Leistung (die durchschnittl. Tiere hatten eine Leistung von 4500–5300 kg Milch im Jahr), in II von 43 Kühen entspr. 5; 23 und 15. Für die Hochleistungskühe in der Gr. I war die Wachstumsgeschwindigkeit bis zum Alter von 3 Mon. charakteristisch, für die Kühe mit niedriger Leistung das Zurückbleiben im Wachstum. Die Assimilationsfähigkeit der Tiere, die in der Laktationsperiode beobachtet wurde, bleibt das ganze Leben über erhalten, dadurch ist nach Meinung der Autoren das Auftreten von Hochleistungstieren und Tieren mit niedriger Leistung zu erklären. In der Gr. II gab es 3mal weniger Hochleistungstiere als in Gr. I, das ist dadurch zu erklären, daß sich bei Überfütterung in der Laktationsperiode ein bestimmter Charakter des Stoffwechsels herausbildet, der für Milchvieh unerwünscht ist. Mangelhafte Fütterung in dieser Periode führt zu denselben Ergebnissen. Für die Entwicklung der Hochleistungskühe ist der Umstand charakteristisch, daß im Alter von 3–5 Mon. die abs. Gewichtszunahmen bei ihnen stark abfallen, bei den durchschnittl. Tieren und den Tieren mit niedriger Leistung dagegen ansteigen. Im Alter von ca. 18 Mon. verschwindet der Unterschied im Gewicht zwischen den Tieren der verschiedenen Gruppen fast. Die Hochleistungstiere der Gr. I sind ebenmäßiger und gedrungener gebaut, sie sind nicht hochbeinig, d. h., bei ihnen überwiegen die Breiten-, Tiefen- und Umfangsmaße, was mit der Geschwindigkeit des Wachstums im Alter bis zu 3 Mon. verbunden ist. Die Tiere aus Gr. II sind gegenüber denen aus Gr. I im Exterieur weniger massiv.

übersetzt v. Ch. Eshkowa. 3560.

3-64/04-0264 Gravert, H. O.; Kiel, Christian-Albrechts-Univ., Inst. für Tierzucht und Tierhalt. **Untersuchungen über die Erblichkeit von Fleischeigenschaften beim Rind. 2. Mitt. Eiweißgehalt, pH-Wert, Farbe, Muskelfaserstärke, Zartheit.** Z. Tierzücht. Züchtungsbiol. 78 (1963) Nr. 2. S. 139–178. – 3 Abb., 14 Tab., 253 Lit. 1. Mitt. vgl. 3-64/03-0268.

Von 227 Jungbullen (350 kg schwer) aus 24 Nachkommengruppen wurden der Eiweißgehalt, der pH-Wert, die Farbe, die Muskelfaserstärke und die Zartheit des Fleisches am M. long. dorsi in Höhe der 9. Rippe untersucht und die Erblichkeit geschätzt. Der durchschnittl. Eiweißgehalt betrug 21,02% und die Erblichkeit 52%. Der pH-Wert wurde mit einer Einstichelektrode 1 Tag und 7 Tage nach dem Schlachten gemessen. Die Werte betrugen 5,66 bzw. 5,62 und korrelierten mit $r = +0{,}78$. Zur Feststellung der Farbe wurde der Myoglobingehalt bestimmt. Für den Zentrifugensaft wurde $h^2 = 31\%$ berechnet. Die Muskelfaserstärke betrug 34,5 μm bei einer Erblichkeit von 29%. Für die Zartheitsprüfung wurden die Fleischwürfel gegrillt, die Zähigkeit mit einem Höppler-Konsistometer gemessen und der Oxyprolingehalt bestimmt. Die Erblichkeit konnte nicht geschätzt werden. E. Otto. 3578.

3-64/04-0265 Lauwers, H.; Gent, Klin. voor Grote Huisdieren; Klin. voor Verloskunde en Voortplanting. Studie over de tweeling bij de grote huisdieren. **(Studie über Zwillinge bei großen Haustieren.)** Vlaams diergeneeskund. Tijdschr. **32** (1963) Nr. 5. S. 143–146. – 1 Tab., 9 Lit. Zus. in Engl., Franz., Dtsch.

An Hand der vorhandenen Literatur wird festgestellt, daß es nicht ganz leicht ist, ein- und zweieiige Zwillinge zu unterscheiden. Vorläufig gibt es noch keine Methode, um Zwillingsträchtigkeit bei Rindern und Pferden zu verhüten. Die Methode von Gordon und Williams PMS ist bis jetzt die einzige, mit der mehr Zwillinge bei Fleischrassen erzielt werden. Die Erfolge sind ermutigend. E. Tempel. 3585.

3-64/04-0266 Gibson, D. und Watson, J. H.; Edinburgh, Animal Breeding Res. Organization; Bangor, Northern Wales, Dep. of Agric. A comparison of growth rate in twin cattle of eight breeds and crosses. **(Ein Vergleich der Gewichtszunahmen bei Rinderzwillingen aus acht genotypischen Gruppen.)** Animal Product. **5** (1963) Nr. 2. S. 175–181. – 3 Tab., 12 Lit.

An 129 Paaren weibl. Zwillinge, die sich auf die genotypischen Gruppen Shorthorn (S) (29 P.), Friesian (F) (33), Ayrshire (A) (32), S × F (10), S × A (7), Hereford (H) × F (4), H × A (5), H × S (9) verteilen, wurden die tägl. Zunahmen in 6 Zeitabschnitten bis zur 96. Lebenswoche ermittelt. Bis zur 36. Lebenswoche erfolgte Stallfütterung. Danach erhielt ein Teil der Tiere Weidegang. Die Färsen dieser Gruppe nahmen im Zeitraum von 36–96 Wochen ∅ 62 lb. mehr an Gewicht als die Stallhaltungstiere zu. Die durchschnittl. tägl. Zunahmen aller geprüften Tiere erreichten in den Versuchsabschnitten folgende Werte: 2–12 Wochen = 1,11 lb., 12–24 W. = 1,22 lb., 24–36 W. = = 1,43 lb., 36–52 W. = 1,48 lb., 52–72 W. = 1,09 lb., 72–96 W. = 1,12 lb. Insgesamt nahmen in 96 Wochen die Tiere der einzelnen genotypischen Gruppen pro Tag zu: F × S = 1,38 lb., F = 1,32 lb., F × H = 1,25 lb., S = 1,22 lb., S × H = 1,19 lb., A × H = 1,19 lb., S × A = 1,17 lb., A = 1,10 lb. Die Friesian und ihre Kreuzungen standen an der Spitze, die Ayrshire am Ende der Reihe hinsichtlich der Zunahmen. Weiterhin wurde die Varianz der tägl. Zunahmen innerhalb eineiiger (MZ) und zweieiiger (DZ) Zwillingspaare ermittelt und das Verhältnis DZ/MZ errechnet: 2–12 W. = 0,69, 12–24 W. = 2,15, 24–36 W. = 0,84, 36–52 W. = 1,44, 52–72 = 2,23, 72–96 W. = 1,57. Die Varianz innerhalb der MZ-Paare ist nur auf Umwelteinflüsse zurückzuführen. Aus dem Varianzverhältnis ist abzuleiten, daß in der Periode von 12–24 und 52–72 Wochen die tägl. Zunahme durch genetische Einflüsse weitgehend bedingt wird. In den übrigen Perioden ist der erbliche Einfluß geringer. Aus dem durchgeführten Vergleich der eigenen Ergebnisse mit Ermittlungen des Nat. Agric. Advisory Service of England and Wales an Bullen geht hervor, daß die Friesian-Tiere und ihre Kreuzungen ebenfalls die besten tägl. Zunahmen bis zu 130 W. erbrachten (F = 1,39 lb., F × H = 1,34 lb., S = 1,19 lb., S × H = 1,30 lb. und A × H = 1,13 lb.).

G. Koriath. 3585.

3-64/04-0267 Schindler, A.; Jena, Friedrich-Schiller-Univ., Inst. für Agrarökon. **Einige Bemerkungen über Durchschnittsalter, Nutzungsdauer und Merzungsquote bei Rindern.** Tierzucht **17** (1963) Nr. 7. S. 305–308. — 4 Tab.

Im Ergebnis der Untersuchungen wird festgestellt, daß die Nutzungsdauer der Milchkühe in keinem direkten Zusammenhang mit dem Durchschnittsalter des vorhandenen Kuhbestandes steht. Desgleichen läßt sich die jährl. Merzungsquote an Milchkühen nur bei einfacher Reproduktion des Gesamtkuhbestandes und der einzelnen Nutzungsjahre von der Nutzungsdauer der gemerzten Kühe ableiten. Bestimmend für die durchschnittl. Nutzungsdauer der Kühe ist die Altersstruktur der gemerzten Kühe. Sie wird hauptsächlich durch die Altersgruppe mit dem größten Anteil an gemerzten Kühen bestimmt. Unmittelbare Zusammenhänge zwischen Durchschnittsalter der Kuhbestände und jährl. Merzungsquote sind nicht gegeben. Abschließend werden diejenigen Faktoren genannt, welche die Merzungsquote bestimmen: Bedarf an Schlachtkühen, die gesteckten volkswirtschaftlichen Ziele bez. Bestandsentwicklung, der Umfang geeigneter weibl. Nachzucht, Seuchen- und Krankheitsbekämpfung sowie Futtersituation und Leistungsfähigkeit des Bestandes.

E. Kieslinger. 3604.

3-64/04-0268 Watson, J. H.; Bangor, Univ. Coll. of North Wales, Dep. of Agric. Inbreeding arising through artificial insemination and natural service in Welsh Black cattle. **(Zunehmende Inzucht durch KB und natürlichen Deckakt beim Schwarzen Waliser Rind.)** Animal Product. **5** (1963) Nr. 2. S. 209 bis 214. — 6 Tab., 9 Lit.

Die Lokalrasse Welsh Black verfügt über ca. 17 000 Kühe und Färsen und vermehrt sich hauptsächlich über die KB. 40% der Herdbuchbullen und -färsen entstammen der KB, bei den Nichtherdbuchtieren ist der Anteil höher. Die

Untersuchungen ermittelten den Inzuchtgrad zahlreicher, aus dem natürlichen Deckakt und aus der KB stammender Tiere. Bei 128 Bullen wurde der Inzuchtgrad für Tiere aus der KB mit 2,80%, für Tiere aus natürlichem Deckakt mit 2,32% ermittelt. Bei 166 Färsen waren es 0,82 bzw. 1,17 %. Untersuchungen in bestimmten Herden zeigten ähnliche Verhältnisse. Bei kleinen Rassen ist daher durch die Anwendung der KB keine schnellere Zunahme des Inzuchtgrades als beim natürlichen Deckakt zu befürchten. Inzuchtschäden von kommerzieller Bedeutung wurden nicht festgestellt. K. Damm. 3606.

3-64/04-0269 Donald, H. P. Perinatal deaths among calves in a crossbred dairy herd. **(Perinatale Todesfälle bei Kälbern in einer Milchviehkreuzungsherde.)** Animal Product. **5** (1963) Nr. 1. S. 87–95. — 6 Tab., 16 Lit.

Für diese Untersuchung über Kälberverluste bestand zweierlei Veranlassung: Einmal sollte die Frage geklärt werden, ob bei Kreuzungsprodukten die Überlebensrate an sich höher ist und ob bei den Kreuzungskälbern auf Grund der Größenunterschiede zwischen den Kälbern der reinblütigen Ausgangsrassen und den Kreuzungsprodukten ein Anstieg in der Verlustrate zu beobachten sei. Es wurden Friesen, Jersey und Ayrshire untersucht. Das Material erstreckte sich auf 2049 Abkalbungen einschließlich 28 Zwillinge. Bei reinblütigen Färsen kamen 14% Totgeburten (meist Friesen und Jersey) und 6,4% tote Kreuzungskälber vor ($P < 0{,}05$). Bei älteren Kühen lagen die korrespondierenden Werte bei 2,4 und 3,6% ($P > 0{,}05$). Die Verluste waren bei Kreuzungsmüttern geringer. Kreuzungsfärsen (Zweirassenkreuzungen) überschritten mit 6,5% Totgeburten die Verlustrate älterer Kreuzungstiere, die nur 1,9% betrug. Bei Dreirassenkreuzungen waren die Verluste (8,2 und 1,2%) ähnlich hoch. Eine mittlere Größe der Kuh beim 2. oder späteren Abkalben ging mit der niedrigsten Mortalitätsziffer einher. Bei Friesen und Herefordbullen waren die Kälber schwerer als bei Ayrshire- und Jerseybullen. Das trifft jedoch in erster Linie für Färsenmütter und nicht in gleichem Umfange für ältere Kühe zu. Von 52 Schwergeburten endeten 31 mit dem Tode des Kalbes. Lageanomalien kamen in 32 Fällen, überwiegend als Hinterendlagen, vor. Bei den Friesen- und Herefordbullen war der Anteil der Schwergeburten höher als bei den Ayrshire- und Jerseybullen.
H. Busse. 3606.

3-64/04-0270 Raina, R. K. Diagnosis of early pregnancy in cows. **(Die Frühdiagnose der Trächtigkeit bei Kühen.)** Indian veterin. J. **39** (1962) Nr. 9. S. 507–508.

Die im Cervikalschleim von Rindern feststellbaren farnähnlichen Gebilde sind nicht nur für die Ermittlung brünstiger Rinder, sondern auch zur Frühdiagnose der Trächtigkeit geeignet. Bei den Kühen der Ladakhi-Rasse sind die Brunstsymptome i. allg. schwach ausgebildet, bei rectaler Palpation der Ovarien trifft man auch bei eindeutigem Vorliegen der Brunst oft keinen reifen Graafschen Follikel an. Die Cervikalschleimproben werden mittels eines dafür konstruierten Instrumentes (Metallstange mit Drahtschlinge) gewonnen. Nach Prüfung des Verfahrens bei 12 Rindern wird festgestellt, daß es zur Ermittlung der stillen Brunst und der Frühträchtigkeit bei Kühen geeignet ist. H. Busse. 3612.

3-64/04-0271 Nestel, B. L. und Creek, M. J. The diagnosis of nonpregnancy in beef cattle in Jamaica. **(Die Feststellung der Nichtträchtigkeit bei Fleischrindern auf Jamaica.)** Veterin. Rec. **75** (1963) Nr. 16. S. 412–414. 415. — 3 Tab., 6 Lit.

Bei der 2–8 Mon. nach dem Bedecken durchgeführten rectalen Untersuchung von 2826 Kühen erwiesen sich 22% als nicht tragend. Von diesen Tieren wurden 47% der Schlachtung zugeführt. Durch die frühzeitige Feststellung der Nichtträchtigkeit war die Schlachtung noch vor Beginn der Trockenzeit möglich. Dadurch konnten die Überwinterungskosten eingespart werden, und außerdem bestanden zu dieser Jahreszeit gute Absatzmöglichkeiten. Die sich daraus ergebenden Einnahmen betrugen je untersuchtes Tier 22 s. und könnten durch Schlachtung eines größeren Anteils der nichttragenden Kühe auf 33 s. erhöht werden. Die Tierarztkosten für eine rectale Untersuchung beliefen sich auf ∅ 2 s. 7 d. Eine Festsetzung derselben auf 5 s.–7 s. pro Untersuchung erscheint angemessen. J. Jürgens. 3612.

3-64/04-0272 Gerov, K., Konstantinov, P., Čuškov, P., Džambazov, G. und Nedjalkov, K. Iszledvanija vŭrchu fiziologičeskata nezrjalost pri novorodenite životni. I. Zavisimost meždu sŭstojanieto na teletata pri raždaneto i sezona na otelvaneto. **(Untersuchungen über die physiologische Unreife neugeborener Tiere. 1. Mitt. Abhängigkeit des Zustandes der Kälber bei der Geburt von der Jahreszeit des Abkalbens.)** Izvestija na Naučnoizsledovatelskija institut po biologija i patologija na razmnožavaneto na selskostopanskite životni, Sofija 2 (1962) S. 188–202. — 7 Abb., 4 Tab., 22 Lit. Zus. in Russ., Engl.

Vff. haben Untersuchungen über die Trächtigkeitsdauer und ihren Einfluß auf den physiol. Zustand der neugeborenen Tiere angestellt. Untersucht wurden 2184 trächtige Kühe unterschiedlicher Rassen, wobei die Fütterung während der verschiedenen Jahreszeiten verfolgt wurde. Die Untersuchungen haben ergeben, daß die unzureichende und nährstoffarme Fütterung im Winter die Trächtigkeitsdauer im Vergleich zu der im Sommer um ∅ 4–5 Tage verlängert. Zwischen der Trächtigkeitsdauer und dem Lgw. der neugeborenen Kälber war eine schwache lineare Abhängigkeit feststellbar. Bei unzureichender und an Eiweiß, Vit. und Mineralstoffen armer Fütterung der trächtigen Kühe den Winter über werden Kälber von schwacher Vitalität und geminderter physiol. Widerstandsfähigkeit geboren. So z. B. erkrankten von den während des Winters geborenen 551 Kälbern 24,3% vorwiegend an Verdauungsstörungen (konstitutioneller Dyspepsie), und 7,9% davon gingen ein. Bei den im Sommer geborenen 373 Kälbern belief sich der Prozentsatz der erkrankten auf 4,3 und der der verendeten Kälber auf 2,9. Von den in den Monaten Aug., Sept. und Okt. geborenen Kälbern gab es kein einziges erkranktes oder an Verdauungsstörungen verendetes Kalb. An physiol. unreifen Kälbern haben Vff. einige biochem. klinische Untersuchungen angestellt. Es wurde nachgewiesen, daß die Cholinesteraseaktivität im Blutserum der physiol. unreifen Kälber um 0,114 cm^3 n/200 Natronlauge erhöht wurde, während sie bei den physiol. reifen Kälbern $0{,}436 \pm 0{,}027$ betrug. Die basische Phosphatase im Blutserum der physiol. unreifen Kälber war im Vergleich zu der bei Kälbern aus gut ernährten Muttertieren um $3{,}59 \pm 1{,}43$ Einheiten nach Budanski höher. Das Gesamteiweiß und die Fibrinogenmenge im Serum waren durchschnittl. um 1,10 g% bzw. 0,11 g% geringer als die bei physiol. reifen Kälbern festgestellten Mengen. Elektrophoretische Untersuchungen der Eiweißfraktionen im Blutserum haben eine unwesentliche Zunahme der β-Globulinfraktion gezeigt. Die EKG-Untersuchungen bei den erkrankten Kälbern zeigten eine fortschreitende Erhöhung der Spannung der R- und T-Zacken, die in den ersten 4–6 Std. der Erkrankung einsetzt und unmittelbar vor dem Todeseintritt die höchsten Werte erreicht.

G. Radew. 3614.

3-64/04-0273 Juščenko, N. Iskusstvennoe osemenenie korov pro besprivjaznom soderžanii. **(Die künstliche Besamung von Kühen bei Laufstallhaltung.)** Sel'skoe chozjajstvo Podmoskovja, Moskva 11 (1962) Nr. 6. S. 28–29. — 2 Abb. 3618.

3-64/04-0274 Gałka, E. Oszczędność mleka pełnego w wychowie cieląt. **(Das Einsparen von Vollmilch bei der Kälberaufzucht.)** Przegląd mleczarski 11 (1963) Nr. 3. S. 14–15. — 1 Tab. 3634.

3-64/04-0275 Nedjalkov, K. Vlijanieto na goljami količestva silaž vŭrchu zaplodjaemostta na kravite v njakoi naši stopanstva. **(Einfluß großer Gärfutterrationen auf die Befruchtungsfähigkeit der Kühe in einigen Wirtschaften Bulgariens.)** Izvestija na Naučnoizsledovatelskija institut po biologija i patologija na razmnožavaneto na selskostopanskite životni, Sofija **2** (1962) S. 179 bis 185. — 4 Tab., 4 Lit. Zus. in Russ., Engl.

Vf. hat festgestellt, daß die 1. Brunst bei mit großen Gärfuttermengen (40 kg tägl.) und 1–2 kg Heu gefütterten trächtigen Kühen im Mittel zwischen dem 35. und 70. Tage nach dem Abkalben auftrat. Bei manchen Tieren ist die 1. Brunst bis zum 90. Tage post partum aufgetreten. Im Vergleich zu den Kontrollkühen hat sich der Prozentsatz der bei der 1. Brunst besamten unbefruchteten Kühe um 40 erhöht und der Besamungsindex verdoppelt, d. h. 2,4 Besamungen bei den Versuchs- gegenüber 1,2 Besamungen bei den Kontrollgruppen. Die an den Versuchs- und Kontrollkühen durchgeführten biochem. Blutuntersuchungen haben ergeben, daß die großen Gärfuttermengen zu einer erheblichen Abnahme (30%) der Alkalireserven im Blut der Versuchskühe geführt haben. Vf. empfiehlt, die Kühe während der Trächtigkeitsperiode, wenn auch mit großen Gärfuttermengen dann immer in Kombination mit 5–6 kg Heu und anderem Futter zu füttern.

G. Radew. 3638.

3-64/04-0276 Panova, S. V.; Charkow, Forsch.-Inst. für Tierzucht des Waldsteppen- und Polessje-Gebietes der Ukrain. SSR. Mikroėlementy pidvyščujut' moločnu produktyvnist' koriv. **(Spurenelemente erhöhen die Milchleistung der Kühe.)** Visnyk śil'śkogospodarśkoï nauky, Kyïv **5** (1962) Nr. 5. S. 114–117. — 1 Abb., 6 Tab. Orig.: ukrain., Ausz.: russ.

Der Vf. beschreibt 2 Serien von Versuchen (Winter und Sommer), um den Einfluß von Mangan- und Cobaltsalzen auf die Leistung von Milchkühen und den Versorgungsgrad mit diesen Spurenelementen unter den Verhältnissen der ukrainischen Waldsteppe festzustellen. Die Fütterung von $CoCl_2$ verbessert die Zusammensetzung der Milch. Der Gehalt an Fett, Eiweiß und Vit. wächst. Beim Sommerversuch stieg der Fettgehalt der Milch um 9%, beim Winterversuch um 6,6%, der Eiweißgehalt entspr. um 4,8% und 9,2% im Vergleich zur Vorbereitungsperiode. $CoCl_2$ wirkte signifikant positiv auf die Milchleistung. Die Wirkung der Spurenelemente ist 2–3 Wochen nach Beginn der Fütterung am deutlichsten bemerkbar. K. Neumann. 3638.

3-64/04-0277 Roussel, J. D., Patrick, T. E., Kellgren, H. C., Randel, P. F. und Rusoff, F. F.; Baton Rouge, Louisiana Agric. Stat. Influence of high level vitamin A supplement on semen characteristics and blood composition of breeding bulls. **(Der Einfluß einer hohen zusätzlichen Vitamin-A-Versorgung auf die Spermaeigenschaften und die Blutzusammensetzung von Zuchtbullen.)** J. Dairy Sci. **46** (1963) Nr. 6. S. 583–585. — 2 Tab., 16 Lit.

8 ausgewachsene Milchviehbullen verschiedener Rassen (Jersey, Holstein, Guernsey) mit gleichmäßiger Spermaqualität erhielten ab Jan. 1962 als Grundfutter 0,5 lb./100 lb. Lgw. eines Konzentrats mit 14% Eiweiß und 1 lb./100 lb. Lgw. eines 10 Mon. gelagerten Rauhfutters aus 30 Teilen Alfalfa- und 70 Teilen Präriegrasheu. Die Hälfte der Tiere bekam nach einer 13wöchigen Vorperiode über 16 Wochen zusätzlich 45000 IE/Tag stabilisiertes Vit. A verabreicht. 2mal wöchentl. wurde ein Ejakulat gewonnen und nach der Methodik von Roussel (M. S. thesis, Louisiana State Univ. 1960) beurteilt. In den 3mal wöchentl. entnommenen Blutproben wurden Hb, Hämatokrit, Plasmacarotinoide, Vit. A und PBJ bestimmt. Durch die Vit.-A-Behandlung wurden Spermavol. und -konzentration hoch signifikant erhöht und die Methylenblau-Reduktionszeit sowie der Anteil abnormaler Spermien signifikant gesenkt. Die Hb- und Hämatokritwerte lagen bei der Versuchsgruppe hoch

gesichert, der Vit.-A-Gehalt des Blutplasmas signifikant höher als bei den Kontrollen, während sich die Carotinoid-, ebenso wie die PBJ-Werte, erwartungsgemäß nicht wesentlich unterschieden. F. Döcke. 3644.

3-64/04-0278 Weniger, J. H. und Engelke, F. **Die wirtschaftliche Erzeugung von Kälbern verschiedener Endgewichte.** Tierzüchter **15** (1963) Nr. 5. S. 171–173.
72 Kälber eines Bullen wurden bis zu 6 verschiedenen Endgewichten von 80–180 kg nach der Tränkemast und Mast mit Tränke und Kraftfutter aufgestellt. In der Periode von 50 kg Lgw. bis zum Mastabschluß wurden an die Tränkemastgruppen 207,4–1165,8 kg Magermilch neben Vollmilch (71–260 kg) und Mischfutter mit Anteilen von 60% Magermilchpulver (14,7–98,3 kg) verfüttert. Die Kraftfutterkälber verzehrten bis zum Mastendgewicht von 100–180 kg 5–122,1 kg Kraftfutter neben Vollmilch (43,6–37,2 kg), Magermilch (394,0–990,4 kg), Mischfutter (27,6–50,8 kg) und Heu (1,17–7,66 kg). Die Gruppen der Kraftfuttermast erreichten höhere durchschnittl. Tageszunahmen (1018–1068 g gegenüber 913–999 g bei Tränkemast). Hinsichtlich des Schlachtwertes ergaben sich nur geringfügige Differenzen. Vff. ziehen den Schluß, daß es unter Einsatz von Kraftfutter möglich ist, schwerere Kälber von guter Qualität zu erzeugen. Die Mast über ein Lgw. von 160 kg hinaus wird nicht empfohlen. H. Tschirschwitz. 3652.

3-64/04-0279 Krippl, J. **Rentable Kälbermast mit Milchaustauschern.** Tierzüchter **14** (1962) Nr. 24. S. 884–885. – 5 Tab. 3652.

3-64/04-0280 Ilus, A. Ė. Povyšenie žirnomoločnosti černo-pestrogo ėstonskogo skota pri čistoporodnom razvedenii. **(Steigerung des Fettgehaltes der Milch des Schwarzbunten Estnischen Viehs bei Reinzucht.)** V sb.: Povyšenie žirnomoločnosti korov pri čistoporodn. razvedenii, Vologda **1962** S. 86–107. – Aus: Referativnyj žurnal Moskva. Životnovodstvo, veterinarija **1963** Nr. 6.58.30. S. 5.
Die Schwarzbunte Estnische Rinderrasse ist in 12 Kreisen Nordestlands verbreitet und umfaßt ca. 27% des Rinderbestandes. Das Lgw. der Kühe beträgt bei guter Fütterung und Haltung 500–600 kg, das der Bullen ca. 700–1000 kg. In den Jahren 1913/14 betrug die durchschnittl. Milchleistung (M) 2657 kg bei einem Fettgehalt (FG) von 3,17%. In 42 Jahren sind M und FG bedeutend gestiegen. Zur weiteren Erhöhung des FG der Milch ist züchterische Arbeit mit den vorhandenen Linien und Familien erforderlich. Bei den wertvollsten Begründern der Linien schwankte die M der Töchter zwischen 3522 und 7316 kg und der FG zwischen 3,71 und 4,19%. Auf Grund einer Analyse des Herdbuchmaterials wurden in der Rasse >90 Familien festgestellt. 715 Kühe, die im Herdbuch eingetragen sind, haben einen FG von über 4,3%. Bei richtigen Methoden der Auslese und Zuchtwahl der Elternpaare steigen gleichzeitig M und FG. Unter dem Schwarzbunten Vieh wurden verschiedene biol. Typen festgestellt, bei denen der FG sich bei Steigerung der Milchleistung unterschiedlich verhält. In vielen Fällen folgt der FG nur bis zu einem gewissen Grade einer Erhöhung der M. Auf Grund einer Analyse der Leistungen von 1248 ins Herdbuch eingetragener Kühe der Schwarzbunten Estnischen Rasse wurde festgestellt, daß zum Typ I, bei dem gleichzeitig M und FG stiegen, 51,3% der Kühe gehörten, während zum Typ II, bei dem eine Steigerung der M von einer Senkung des FG begleitet war, 33,6% gehörten, zum Typ III, bei dem sich bei einer Steigerung der M der FG nicht veränderte, 15,1% gehörten. Die Zugehörigkeit von Kühen zu einem bestimmten Typ ist als erbliches Merkmal anzusehen. übersetzt v. G. Boetticher. 3662.

3-64/04-0281 Akmal'chanov, Š. Sootnošenie žira i belka v moloke korov Uzbekistana. **(Das Fett-Eiweiß-Verhältnis in der Milch von Kühen aus Usbekistan.)** Sb. rabot molodych učenych n.-i. in-tov i vuzov M-va s. ch.

UzSSR **1962** Nr. 1. S. 483–485. – Aus: Referativnyj žurnal Moskva. Životnovodstvo, veterinarija **1963** Nr. 6. 58.130. S. 18.
Im Laufe eines Jahres wurden die chem. Zusammensetzung und die Eigenschaften der Verkaufsmilch untersucht, die dem Milchkombinat Taschkent angeliefert wurde. Der Fettgehalt der Milch schwankt stärker als der Eiweißgehalt. Der Eiweißgehalt ist im Jan. (3,68%) höher als im Sept. (2,97%), der Caseingehalt ist im Dez. (2,87%) höher als im Okt. (2,29%). Milchzucker ist in der Milch (in %) im Mai 5,33 und im Dez. 4,05 enthalten.
übersetzt v. G. Boetticher. 3662.

3-64/04-0282 Kamiński, Stanisław und Leszek, Skrzetuski. Związek pomiedzy wiekiem przy pierwszym wycieleniu i długością użytkowania mlecznego, a ogólną wydajnością mleka u krów nizinnych czarnobiałych na Dolnym Śląsku. **(Die Beziehung zwischen dem Lebensalter beim ersten Kalben und der Nutzungsdauer und Lebensleistung der Kühe des Schwarzbunten Niederungsviehs in Niederschlesien.)** Zeszyty naukowe wyższej Szkoły rolniczej Wroclawiu **9** (1962) Nr. 41. S. 41–48. – 1 Abb., 2 Tab., 7 Lit. Zus. in Russ., Engl. 3662.

3-64/04-0283 Dietzmann, U. **Lebensleistung der Großtierpatienten nach ihrer Entlassung aus der Klinik.** Mh. Veterinärmed. **18** (1963) Nr. 18. S. 702 bis 708. – 22 Tab. 3662.

3-64/04-0284 White, N. und Holmes, W.; Ashford, Kent, Univ. of London, Wye Coll. A comparison of two methods of beef production with Sussex-Ayrshire crosses. **(Ein Vergleich zweier Methoden der Rindermast mit Sussex × Ayrshire-Kreuzungstieren.)** Animal Product. **5** (1963) Nr. 2. S. 195–200. – 1 Abb., 4 Tab., 10 Lit.
Im Apr. 1961 wurden 12 Herbstkälber, Kreuzungen von Sussex × Ayrshire, die frühzeitig abgesetzt waren und im Stall aufgezogen wurden, in 2 Gruppen zu je 3 Bullen und 3 Färsen eingeteilt und nach 2 Methoden gemästet. Die Gr. 1 wurde während des Sommers auf ungedüngtem Grünland ohne Zufutter geweidet und dann in Ausläufen mit Erbsenkrautsilage, Heu und Gerstenschrot gefüttert. Die Gr. 2 wurde einzeln aufgestallt und erhielt konzentriertes Kraftfutter sowie Heu. Die Tiere der Gr. 1 wogen nach 616 Lebenstagen 531 lb., die der Gr. 2 496 lb. nach 528 Lebenstagen. Gr. 1 zeigte eine bessere Schlachtqualität, ebenfalls fällt der Vergleich der direkten Kosten eindeutig zugunsten der Gr. 1 aus. K. Damm. 3664.

3-64/04-0285 Schön, L. **Zum Schlachtwert von Ochsen, Färsen und Jungbullen unter den gegenwärtigen Marktanforderungen.** Tierzüchter **15** (1963) Nr. 1. S. 15–16.
Der Anteil der Ochsen, Färsen und Bullen an der Rindfleischproduktion Westdeutschlands ist von 1952–61 von 48,4 auf 61,6% gestiegen, wobei der Anteil der Ochsen um $^2/_3$ abgenommen hat, während der Anteil der Jungbullen sich verdoppelt und der Anteil der Färsen um 7% zugenommen hat. Die Ursache für die Verschiebung zu den jüngeren Tieren wird in den abgeschlossenen Sanierungsmaßnahmen gesehen, wodurch ein Teil der weibl. Rinder statt zur Bestandserneuerung zur Fleischproduktion gelangt. Ochsen und Färsen sind zum üblichen Zeitpunkt der Schlachtung fast doppelt so alt wie Jungbullen, wobei Ochsen etwas über und Färsen unter dem Gewicht der Jungbullen liegen. Das höhere Alter der Ochsen und Färsen zum Zeitpunkt der Schlachtung bedingt eine stärkere Fettausbildung, die bei Ochsen noch durch die Kastration verstärkt wird. Aus diesem Grunde werden von Jungbullen die höheren Schlachtviehpreise erzielt. Es wird deshalb empfohlen, von der Ochsen- zur Jungbullenmast überzugehen. Färsen sind entweder bereits als Jungrinder der Schlachtung zuzuführen oder nach einer Kalbung als Kuh möglichst in der Handelsklasse A zur Schlachtung zu bringen.
K. Pilz. 3664.

3-64/04-0286 Anonym. Grassland management for beef production in the East of Scotland. **(Die Bewirtschaftung von Rindermast-Weiden in Ost-Schottland.)** Edinburgh School Agric., Edinburgh East Scotland Coll. Agric., techn. Bull. **1963** Nr. 48. S. 1–7. – 1 Tab.

Es werden Empfehlungen für die Einrichtung und rationelle Bewirtschaftung von Ackerweiden (Gras-Klee-Leys) bei Auftrieb von Mastvieh in Ost-Schottland gegeben. Neben Ausführungen über geeignete Ansaatgemische und Saatmethoden nehmen Düngungshinweise sowie Probleme der Weidenutzung einen breiten Raum ein. Es wird empfohlen, die kleereichen Neuanlagen bei mäßiger N-Düngung (50–100 kg/ha) nur in der Haupt-Weideperiode zu beanspruchen. Für die Früh- und Spätweide sollten ältere Narben oder spez. für diesen Zweck angesäte *Lolium-italicum*-Narben herangezogen werden. In diesen Fällen ist stark mit N zu düngen (260–314 kg N/ha). Der Futterüberschuß sollte konserviert werden, wobei Narben im 1. Nutzungsjahr im Interesse der Erhaltung des Kleeanteils nicht zu mähen, sondern nur zu beweiden sind. Vor Mischbesatz mit Schafen wird gewarnt. Für die optimale Nutzung der Ackerweiden werden bei Mastvieh die Koppel- oder die Umtriebsweide (E-Zaun) mit 3- bis 4tägiger Freßzeit und mäßiger Besatzstärke angesehen.

E. Kreuz. 3675.

3-64/04-0287 Fritschi, E. **Die neue Gesetzgebung über die Rindertuberkulosebekämpfung.** Schweiz. Arch. Tierheilkunde **105** (1963) Nr. 3. S. 123 bis 128.

Der Viehbestand der Schweiz gilt seit 1959 offiziell als Tbc-frei. Um den Schutz der Tbc-freien Tiere zu gewährleisten, mußten die eidgenössischen Vorschriften zur Bekämpfung der Rindertuberkulose neu gefaßt werden. Mit Wirkung vom 1. März 1963 traten 4 neue Gesetze bzw. Verordnungen in Kraft.

P.-G. Schoop. 3680.

3-64/04-0288 Freerksen, E. und Lauterbach, D. **Zur Abklärung zweifelhafter Tuberkulinreaktionen.** Dtsch. tierärztl. Wschr. **69** (1962) Nr. 5. S. 135–137. Zus. in Engl.

Vff. nehmen kritisch Stellung zu einer Arbeit von Zenke, U. (vgl. Dtsch. tierärztl. Wschr. **68** [1961] Nr. 24. S. 706.) 3680.

3-64/04-0289 Bothwell, P. W., McDiarmid, A., Bartram, H. G., Mackenzie-Wintle, H. A. und Williamson, A. R. H. Brucellosis control and eradication: notes and proposals of the Oxford Working Group. **(Brucellosebekämpfung: Darlegungen und Vorschläge der Oxforder Arbeitsgruppe.)** Veterin. Rec. **74** (1962) Nr. 41. S. 1091–1101. – 3 Tab., 26 Lit.

Gegenwärtig stellt das Rind den Hauptbrucellenträger dar, obgleich auch bei Schafen, Pferden, Rotwild und Ratten Brucelloseinfektionen beobachtet wurden. Die Brucelloseverseuchung der Rinder ist gebietsweise sehr unterschiedlich. Man rechnet mit wenigstens 10% infizierter Anlieferungsmilch. Die Brucellosebekämpfung darf sich jedoch nicht nur auf die Milchviehherden beschränken, sondern muß auch die Fleischrinder einschließen. Ungefähr 50% der Jungrinder wurden mit Buck 19 vacciniert. Die jährl. durch die Brucellose verursachten Verluste an tierischen Lebensmitteln werden auf 16 Mill. £ geschätzt, während der durch die Brucelloseinfektion einer Kuh entstandene wirtschaftliche Schaden mit 25 £ veranschlagt wird. England, Wales und Schottland sind nahezu die letzten Länder in Europa, in denen die Brucellose nicht anzeigepflichtig ist. Die Meldepflicht für die Brucellose des Menschen und Tieres wird dringend empfohlen. Die bestehenden gesetzlichen Bestimmungen beziehen sich hauptsächlich auf die Milchüberwachung, während die Bekämpfung der Brucellose der Tiere ungenügend gesetzlich geregelt ist. Das Hauptproblem ist der völlige Mangel an gesetzlichen Bestimmungen für die Durchführung von Maßnahmen nach der Feststellung brucelloseinfizierter Bestände. Auf der Grundlage eines umfassenden Ge-

setzes zur Bekämpfung der Brucellose sollten wirksame Maßnahmen gemeinsam von Gesundheitswesen, Veterinärwesen und Landwirtschaft getroffen, Sanierungsgebiete und ein nationales Bekämpfungsprogramm geschaffen werden. Eine Reihe von konkreten Vorschlägen, die Milch-Pasteurisierung, Untersuchungsmethoden, Kennzeichnung und Isolierung infizierter Tiere, Anzeigepflicht, Entschädigung, Handelsbestimmungen und Vaccination mit Buck 19 betreffend, sowie eine Zusammenfassung der bestehenden gesetzlichen Bestimmungen über Brucellose beschließen die ausführliche Übersicht.
E. Kunter. 3680.

3-64/04-0290 Seelemann, M., Heeschen, W. und Krüger, K.-E. **Das Problem der Rinderleukose. 1. Teil.** Mh. Tierheilkunde **14** (1962) Nr. 11. Rindertuberkulose, Brucellose Leukose **11** S. 128–134. — 6 Tab.
Nicht nur aus tierzüchterischen, sondern auch aus milchhygienischen Gründen ist eine Bekämpfung der in Schleswig-Holstein in den vergangenen 35 bis 40 Jahren auffallend häufig gewordenen Rinderleukose notwendig. So wird im Schlachthof Kiel auf 550 Rinderschlachtungen eine Leukose festgestellt. Das Ausmaß der Bestandsverseuchung, das den Besitzern gewöhnlich in seiner Tragweite nicht klar ist, wird an Hand einiger tabellarischer Beispiele von hämatologischen Ergebnissen nach dem Götze-Schlüssel dargelegt.
G. Becker. 3680.

3-64/04-0291 Seelemann, M., Heeschen, W. und Krüger, K.-E. **Das Problem der Rinderleukose. 2. Teil.** Mh. Tierheilkunde **14** (1962) Nr. 12. Rindertuberkulose, Brucellose Leukose **11** S. 135–154. — 7 Abb., 1 Tab., 49 Lit. 1. Teil vgl. vorst. Ref.
Die Technik der Blutuntersuchungen wird im einzelnen beschrieben. Es wird auf die Übertragungsgefahr beim Zukauf von Tieren aus sog. Leukosebeständen hingewiesen, sogar eine Übertragung durch z. Z. noch hämatologisch negative Tiere kann nicht ausgeschlossen werden. Unter Hinweis auf die Leukosebekämpfungsmaßnahmen in Dänemark werden für die BRD radikale Maßnahmen wie die Totalausmerzung der stark und mittelgradig (10–20% positive und verdächtige Tiere) verseuchten Bestände einschließlich der Jungtiere und Verkaufssperre für alle verseuchten Bestände empfohlen. Weiterhin soll durch allg. Blutuntersuchungen eine Vervollständigung der Statistik und Feststellung sog. leukosefreier Bestände erreicht werden. Als leukosefrei ist ein Bestand erst dann anzusehen, wenn alle über 2 Jahre alten Tiere 2mal im Abstand von 3–6 Mon. hämatologisch negativ befunden wurden und in den vergangenen 12 Mon. keine Neueinstellungen erfolgten.
G. Becker. 3680.

3-64/04-0292 Heinig, A. **Betrachtungen zur gegenwärtigen Situation der Maul- und Klauenseuche (MKS) in der DDR.** Mh. Veterinärmed. 18 (1963) Nr. 8. S. 283–285.
Seit 25 Jahren steht zur Bekämpfung der Maul- und Klauenseuche die Riemser MKS-Vaccine zur Verfügung. Die Erfahrungen lehren, daß nur durch regelmäßige prophylaktische Impfungen das MKS-Problem gelöst werden kann. In der DDR ist diese Impfung durch das Gesetz vom 6. 9. 1950 vorgeschrieben. Der Rinderstapel steht gegen die in Mitteleuropa am häufigsten auftretenden Typen 0 und A unter Impfschutz. Bis zum Sommer 1962 ist die DDR von MKS-Epizootien größeren Ausmaßes verschont geblieben. Aus techn. Gründen konnte nur ein kleiner Teil der Rinderbestände auch gegen Typ C vacciniert werden (trivalent). Früher trat der Typ C rel. seltener auf, wurde aber wiederholt in die DDR eingeschleppt und konnte durch Ringimpfungen leicht getilgt werden. — Nächst den Rindern sind die Schweine für das MKS-Virus sehr empfänglich. So überwiegt infolge Immunität der Rinder die Erkrankung der Schweine. Die MKS ist so zu einem Problem geworden, das trotz intensiver Forschungen in der Welt bisher noch nicht gelöst wurde. Es

steht zur Zeit noch kein Impfstoff zur Verfügung, der Schweine sicher zu immunisieren vermag. Allerdings ist die MKS-Vaccine, sinnvoll eingesetzt, bei gleichzeitiger Durchführung der bekannten veterinärhygienischen Maßnahmen ein wertvolles Hilfsmittel zur Bekämpfung der MKS der Schweine. Die gegenwärtig ungünstige Seuchenlage basiert zum größten Teil auf Nichtbeachtung der veterinärhygienischen Maßnahmen. P.-G. Schoop. 3680.

3-64/04-0293 Bergman, E. N., Ithaca, N. Y. State Veterin. Coll., Dep. of Physiol. Research on ketosis of cattle and sheep. **(Untersuchungen über Ketosis bei Rind und Schaf.)** Farm Res. 28 (1962) Nr. 4. S. 2–3. – 1 Abb.
Die Ketosis (Acetonämie) tritt bei Kühen in der Regel während der ersten 2 Monate nach dem Kalben, bei Schafen, bes. bei Muttern mit Mehrlingsfrüchten, im letzten Trächtigkeitsmonat auf. Die Verluste sind bei Schafen wesentlich höher als bei Kühen, obwohl auch bei diesen durch Appetitmangel und Gewichtsverlust und daher niedrigen Milchleistungen, große wirtschaftliche Schäden zu verzeichnen sind. Die genauen Krankheitsursachen sind nicht bekannt. Mit der Krankheit geht immer ein starkes Blutzuckerdefizit einher. Der gleichzeitig hohe Gehalt an Ketonen, in toxischen Mengen, führt zu den äußeren Erscheinungen: Lahmheit, Blindheit, Appetitlosigkeit. Stoffwechseluntersuchungen ergaben, daß mindestens 10% des tierischen Energiebedarfs aus dem Abbau von Glukose gedeckt werden müssen. Der Glukosebedarf trächtiger und frischmelkender Tiere ist wesentlich höher als normal; Rinder und Schafe absorbieren kaum Glukose aus der Nahrung, sondern müssen diese im eigenen Stoffwechsel produzieren. Wird in zu hohem Maße Fett als Energielieferant verwertet, steigt der Ketongehalt im Blut. Hormonelle Störungen werden als weitere Ursachen der Krankheit vermutet. Eine hinsichtlich Menge und Güte ausgeglichene Ration und gute Freßlust der Tiere können vorbeugend wirken. K. Damm. 3680.

3-64/04-0294 Hiepe, Th. **Der gegenwärtige Stand der Dassellarvenbekämpfung.** Dtsch. Landwirtsch. 14 (1963) Nr. 2. S. 90–92. – 1 Abb.
Der Dassellarvenbefall ist unter den Rinderbeständen der nördlichen Bezirke der DDR weit verbreitet. In der DDR wird das Trichlorphon, Wolfen, als amtlich zugelassenes Dassellarvenbekämpfungsmittel auf den Markt gebracht. Es kommt als 2%ige wäßrige Lösung bei der Frühjahrsbehandlung zum Einsatz. Um eine Beulenbildung zu verhindern, wird in den Herbstmonaten das von dem VEB Farbenfabrik Wolfen hergestellte Kombinationspräparat „Bubulin" mit Erfolg eingesetzt. Es ist in der Zeit vom 15. 10.–15. 12. 2× im Abstand von 4–6 Wochen in einer Dosis von 25 mg/kg Körpergewicht i. m. zu injizieren. Alle gefährdeten Jungrinder eines Schadensgebietes sind in die Behandlung einzubeziehen. – Vf. macht einen präzisen Vorschlag für die im Herbst und Frühjahr durchzuführenden Bekämpfungsmaßnahmen.
H. Busse. 3680.

3-64/04-0295 Seelemann, M. **Mastitis-Probleme.** Mh. Tierheilkunde 14 (1962) Nr. 8. S. 233–244.; Nr. 9. S. 287–302. – 1 Abb., 5 Tab., 20 Lit.
Aus einer großen langjährigen Erfahrung heraus gibt Vf. einen gestrafften Überblick über die allg. Problematik der Mastitiden, insbesondere die Untersuchungsmethoden, die mikroskopische Prüfung des Sedimentes und die Diagnostik der sog. unspezifischen Sekretionsstörungen. Große Bedeutung wird der Standardisierung der Untersuchungsmethoden und Beurteilung der Befunde beigemessen. Abschließend werden die Bekämpfungsmaßnahmen abgehandelt, wobei Vf. die prophylaktische, hygienische und kurative Überwachung aller Bestände, die Standardisierung der Untersuchungsmethoden, das Vorgehen bei der Sanierung und der Milchkontrolle, Fragen der Merzung, der Zusammenarbeit, Beihilfen usw. auf der Grundlage einer straffen gesetzlichen Organisation des Mastitisbekämpfungsverfahrens als dringend notwendig erachtet. W. Kötsche. 3680.

3-64/04-0296 Brodauf, H. **Schaffung eutergesunder Bestände als Grundlage einer wirksamen Betreuung der Vorzugsmilchbestände.** Arch. Lebensmittelhyg. **13** (1962) Nr. 5. S. 118–121.
Die tierärztliche Tätigkeit bei der Überwachung der Vorzugsmilchbestände sollte nicht nur rein amtlichen, sondern darüber hinaus im Sinne des Eutergesundheitsdienstes beratenden Charakter annehmen. An Hand zahlreicher Staphylokokkenfunde in der Milch von Kühen aus Vorzugsmilchbeständen im badischen Raum wird die Notwendigkeit dieser Forderung unterstrichen. Das heute gültige Milchgesetz bietet keine Handhabe, eine staphylokokkenstreuende Kuh ohne Mastitissymptome für die Vorzugsmilchlieferung zu sperren. Wirklich ungestörte Betriebe sind in der Minderzahl. Vf. hat alle seit 1958 bei den monatl. Vorzugsmilchkontrollen ermittelten Staphylokokkenfunde karteimäßig erfaßt. Daraus ergaben sich neue Kenntnisse über diese Keime, die für die Schaffung eutergesunder Bestände als Grundlage dienen sollen. Zur Schaffung eutergesunder Bestände wird eine Trennung des Bestandes in 2 Abteilungen gefordert (stabile und labile Abt.) entspr. den bakteriol. ermittelten Staphylokokkenbefunden. Die Schaffung einer gesetzlichen Handhabe, Kühe mit Staphylokokkeninfektionen generell von der Vorzugsmilchlieferung auszuschließen, wird vorgeschlagen. H. Heimbürge. 3680.

3-64/04-0297 Obée, Herrmann. **70 Jahre Allgäuer Herdbuch-Gesellschaft.** Mitt. dtsch. Landwirtsch.-Ges. **78** (1963) Nr. 42. S. 1328–1330. 3690.

3-64/04-0298 *Kadijska, E., Petkov, P.* und *Dimitrov, S.* **Kulsko govedo.** (Das Kulaer Rind.) Sofija: Zemizdat. 1963. (160 S. m. 49 Abb., 139 Tab. u. 65 Lit.) Eine monographische Beschreibung des Kulaer Rindes, das durch spontane Kreuzung des lokalen Grauviehs mit Simmentalern gezüchtet wurde. Es werden Angaben über die ökologischen und wirtschaftlichen Bedingungen des Züchtungsgebietes sowie über die Herkunft des Kulaer Rindes angeführt. Auf Grund von Massenexterieurmessungen wird das Exterieur dieses Rindes eingehend beschrieben. Über die wirtschaftlich wichtigen Eigenschaften der Rasse – Milchleistung, Milchfettgehalt, Fleischeigenschaften und Masteignung, Arbeitsfähigkeit u. a. – wird berichtet. Es werden Wachstum und Entwicklung des Kulaer Rindes verfolgt und ferner Angaben über die Organisation der Zucht sowie über den wirtschaftlichen Wert der Rasse gemacht.
NRB/ZSNTI, übersetzt v. Ch. Eshkowa.

3-64/04-0299 **Hinweise zur Erhöhung der Milchleistung der Kühe.** Staatl. Verl. für landwirtsch. Lit., Journale und Plakate. 1961. (71 S.) (Übers. aus d. Russ., Maschinenschr. vervielfält.) – TO 644.

3-64/04-0300 *Hönl, Walter.* **Tränkwasseruntersuchungen unter Berücksichtigung des Einflusses der Wassertemperatur auf die Milchleistung bei Kühen im Praxisbereich der Staatl. Tierarztpraxis Burg.** Diss. Vet.-med. Fak. Leipzig. 1963. (96 S.) 4°. (Diss. 9302)

3-64/04-0301 **Rozdojování březích jalovic a krav.** (Ausmelken trächtiger Färsen und Kühe. Einschließlich Fütterung und Haltung.) Praha: Ústav vědeckotechn. informací. 1963. (20 S.) 8° = Metodiky pro zavádění výsledku výzkumu do praxe Nr. 2. (SR 2716, 1963/2)

3-64/04-0302 *Šmalcelj, Ivan* und *Rako, Ante.* **Govedarstvo.** (Rinderzucht.) Zagreb: Poljoprivedni naklad. zavod. 1955. (800 S.) 8°. (1963 A 1152)

3-64/04-0303 *Sperling, Franz.* **Untersuchungen über genetische und phänotypische Parameter für Milchmenge und Fettgehalt in einer Braunviehpopulation.** Diss. Hohenheim, Landwirtsch. Fak. 1962. (56 S.) 8°. (Diss. 9253)

3-64/04-0304 *Szent Iványi, Tamás.* **A szarvasmarhagümökór elleni védekezés.** (Schutzmaßnahmen gegen die Tbc in der Rinderzucht. Themendokumentation.) Budapest: Országos mezögazd. könyvtár. 1958. (75 S.) 4°. (1963 B 108)

3-64/04-0305 *Wiesner, E.* **Die Haltung, Pflege und Fütterung sowie die Aufgaben in der Rinderzucht bei der Entwicklung großer Rinderherden in unserer sozialistischen Landwirtschaft.** Neubrandenburg: Vortragsdisposition. Hrsg.: Bezirksvorstand der Gesellschaft zur Verbreitung wissenschaftlicher Kenntnisse, Sektion Agrarwissenschaft. Bez. Neubrandenburg. (9 S.) 21 × 30 cm.

3-64/04-0306 **Ordnung der Rinderhaltung.** Ausgearb. v. d. Forschungsgemeinschaft d. Forschungsrates d. DDR „Tierhaltung u. Stallwirtschaft" – Arbeitsgruppe Rinder. Leipzig-Markkleeberg: Landwirtschaftsausstellung. 1963. (64 S.) 8° = Markkleeberger Schriftenreihe. (1963 A 802)

D. SCHWEINE

3-64/04-0307 Schumm, H. R., Frederich, W. und Kaiser, H. **Stand unserer Schweinezucht und -haltung zum Welthöchststand und Schlußfolgerungen für die Praxis.** Wiss.-techn. Fortschr. Landwirtsch. **4** (1963) Nr. 4. S. 172–176. — 4 Abb.

Der gegenwärtig erreichte Stand der Schweinezucht und -mast in der DDR wird dargelegt und mit dem Welthöchststand verglichen. Im einzelnen sind folgende Angaben von der DDR erwähnt: Jährl. Gesamtfleischverzehr je Einwohner 58 kg (1961), davon 60% Schweinefleischanteil, Gesamtproduktion an Lebendvieh Schlachtschwein je ha LN 130 kg, davon 107 kg staatliches Aufkommen. Pro Kopf der Bevölkerung werden 49 kg Schwein erzeugt. Ungenügend sind noch die durchschnittl. tägl. Zunahme von 285 g je Tier und die Futterverwertung von 6,3. Pro Tier des Durchschnittsbestandes werden 104 kg Schwein produziert oder je Sau und Jahr 950 kg. Der Bestandsumschlag beträgt z. Z. ca. 91% und ist auf 110% zu steigern. Je dt Schlachtschwein werden ca. 18–20 AKh benötigt, in besten Betrieben weniger als 2 AKh. In Betrieben mit höchster Arbeitsproduktivität beträgt das Arbeitsmaß ca. 1000 Schweine/AK. Pro Wurf werden durchschnittl. in der Herdbuchzucht 10,5–11,0 lebend geborene Ferkel erreicht. Im Zuchtziel werden angestrebt: 20 aufgezogene Ferkel je Sau und Jahr, 3,3 kg Trockenfutter je kg Zuwachs in der Mastperiode, 35–40 cm² Kotelettfläche, 100 cm Länge von Kotelett und Kamm, 9,0–9,5 kg Schinkenmasse (davon nicht mehr als 2,4 kg Auflagefett), 4 cm dicker Speck, 7–8 kg Speck je Hälfte bei 110 kg Mastendgewicht. Außerdem werden wichtige Probleme der Züchtung und Selektion, des Aufbaues leistungsfähiger Sauenbestände durch züchterische Verbindung von Herdbuch-, Vermehrungs- und Produktionsbetrieb, der Organisation des praktischen Zuchtbetriebes, der Ferkelproduktion sowie der Entwicklung von industriemäßigen Produktionsmethoden behandelt. R. Kürbs. 3710.

3-64/04-0308 Csire, L. und Berek, G. Cornwall sertések hasznositási tipusának alakulása eltérö intenzitásu táplálás hatására. **(Gestaltung des Nutzungstyps von Cornwallschweinen durch verschieden intensive Fütterung.)** Kiserletügyi Közlemények, Növénytermesztés [Mitt. landwirtsch. Versuchsstellen Ungarns, Pflanzenbau] **56/B** (1963) Nr. 2. S. 69–90. — Aus: Ung. Agrar-Rdsch. **1963** Nr. 4.

Die Erzüchtung von fleischergiebigeren und fettärmeren Schweinetypen erfordert die Untersuchung der durch die Fütterung verursachten Veränderungen des Nutzungstyps. Aus diesem Grunde unternahmen die Vff. an 60 von 14 Sauen und 6 Ebern stammenden Cornwallferkeln verschiedenen Geschlechtes einen Versuch. Die in 2 Gruppen geteilten Schweine wurden 2 Generationen hindurch verschieden intensiv gefüttert. In der I. Generation betrug der Unterschied im Eiweißgehalt der Futterrationen beider Gruppen 12,16%, in der II. Generation erhöhte sich der Unterschied auf 18,8%. In der I. Generation reagierten die Schweine auf die mangelhafte Ernährung sehr empfindlich; 39,7% des mit Eiweiß ungenügend versorgten Bestandes mußten wegen auffallend schlechten Wachstums während des Versuches ausgemerzt werden. In dieser Gruppe erreichten die Zunahmen nur 16,85 bis 52,69% des Gewichtszuwachses der mit Eiweiß ausreichend versorgten Gruppen. Die mit Eiweiß mangelhaft versorgten Schweine benötigten zur Erzeugung von 1 kg Zunahme 16,42–25,15% mehr StW und 3,01–5,94% mehr verd. E. In der II. Generation ergaben sich hinsichtlich der Mastergebnisse zwischen den ebenfalls verschieden gefütterten Gruppen nur noch geringe Unterschiede. Bei der tägl. durchschnittl. Gewichtszunahme belief sich der Unterschied zugunsten der mit Eiweiß besser versorgten Tiere auf 6,48%. Hinsichtlich der Futterverwertung war der Unterschied der gleiche. Dies läßt sich damit erklären, daß die schlechteren Futterverwerter schon in der

I. Generation ausgemerzt wurden. Die mit Eiweiß schlecht versorgten Schweine erzeugten in der I. Generation 5,50%, in der II. 8,06% weniger Fleisch mit Knochen als die Kontrollen. Daraus ist ersichtlich, daß die ungenügende Ernährung auf die Körperbeschaffenheit der Tiere eine ungünstige Wirkung hatte. 3740.

3-64/04-0309 Plank, R. N. und Berg, R. T.; Edmonton, Univ. of Alberta. Inheritance and plane of nutrition in swine. I. Effects of season, plane of nutrition, sex and sire on feedlot performance and carcass characteristics. **(Vererbung und Futterintensität beim Schwein. 1. Mitt. Einfluß der Jahreszeit, der Futterintensität, des Geschlechts und des Vaters auf Merkmale der Mastleistung und des Schlachtwertes.)** Canad. J. Animal Sci. **43** (1963) Nr. 1. S. 72–85. – 1 Abb., 4 Tab., 20 Lit.

In 4 Einzel- bzw. Vierergruppenfütterungsversuchen mit 124 Schweinen prüften Vff. den Einfluß verschiedener Futterintensitäten auf Mast- und Schlachtleistungsmerkmale bei verschiedenen Rassen. 75%ige Fütterung (hinsichtlich Energiegehalt) wurde unter Beachtung der Jahreszeit und des Geschlechts mit Sattfütterung verglichen. Im Winter gemästete Schweine wuchsen langsamer, hatten geringere Futterverwertung, einen höheren Schlachtverlust und kürzere Schlachtkörper als Sommerschweine. Mit Intensivierung der Fütterung erhöhte sich die tägl. Zunahme, die Futterverwertung verbesserte sich, Schlachtverlust und Speckdicke stiegen an, während sich die Muskelfläche und die Gesamtleistungsnote verminderten. Die Sauen übertrafen bei gleich begrenzter Fütterung die Börge, wogegen letztere die Sauen bei ähnlicher Futterintensität übertrafen, indem sie mehr fraßen. Weibl. Schlachtkörper waren den männl. überlegen, wobei sich die Differenz bei gleich begrenzter Fütterung vergrößerte. – Wechselbeziehungen zwischen Genotyp und Futterintensität waren für den tägl. Futterverzehr, die tägl. Zunahme, die Länge und die Gesamtnote signifikant. Bei gleich begrenzter Fütterung hatten frohwüchsige Schweine überlegene Schlachtkörper, während bei liberaler Fütterung hohe Zunahmen in der Hauptsache vom erhöhten Futterverzehr abhängig waren und eine geringere Futterverwertung sowie fettere Schlachtkörper bewirkten. A. Schaaf. 3820.

3-64/04-0310 Stössel, Barbara. **Die Beziehungen des Geburts-, Vier- und Achtwochengewichtes zu den Mast- und Schlachtleistungen in Zwätzen.** Dipl.-Arb. Landw. Fak. Jena **1963** 37 S. – 29 Lit. [Maschinenschr.] 4°.

Zwischen den Zunahmen je Lebenstag der mastleistungsgeprüften Tiere bis 90 kg und dem Geburts-, Vier- und Achtwochengewicht wurden positive Korrelationen errechnet ($r = +0{,}187$; $r = +0{,}470$; $r = +0{,}555$). Mit steigendem Ferkelgewicht zeigte sich im Mittel auch eine Verbesserung der Futterverwertung bei der Mast. Einen Einfluß auf das Schlachtergebnis zeigte nur das Absatzgewicht. Es korrelierte mit der Schlachtlänge positiv ($r = +0{,}343$), der Rückenspeckdicke negativ ($r = -0{,}43$) und mit dem Schinkengewicht positiv ($r = +0{,}231$). Eine geringe Verbesserung mit steigendem Ferkelgewicht konnte bez. des Fleischanteils im Schinken und des Fett-Fleisch-Verhältnisses festgestellt werden. Die Kotelettfläche zeigte keine Beziehungen zum Ferkelgewicht. 3820.

3-64/04-0311 Zeidler, Eberhard. **Die Beziehungen des Geburts-, Vier- und Achtwochengewichtes zu den Mast- und Schlachtleistungen bei Schweinen, untersucht an den Nachkommen verschiedener Sauenfamilien im VE Lehr- und Versuchsgut Jena-Zwätzen.** Dipl.-Arb. Landw. Fak. Jena **1963** 56 S. – 40 Lit.

Die Nachkommen der einzelnen Sauenfamilien zeigten ein unterschiedliches mittleres Geburts-, Vier- und Achtwochengewicht. Zwischen den Gewichten in den einzelnen Altersklassen sowie zwischen den Ferkelgewichten und der

Mastleistung bestanden positive Korrelationen. Die Größe der Korrelationskoeffizienten war bei den einzelnen Sauenfamilien unterschiedlich. Zum Schlachtergebnis zeigten sich keine oder nur schwache Beziehungen. 3820.

3-64/04-0312 Juszczak, Jerzy und Poznański, Wiesław. Zależność pomiędzy ciężarem prosiąt w chwili odsadzenia, a ich późniejszym wzrostem oraz związek tych cech z okresem urodzenia i wychowu młodzieży. **(Die Beziehung zwischen dem Absatzgewicht der Ferkel und dem späteren Wachstum sowie der Zusammenhang dieser Merkmale mit dem Zeitabschnitt des Wurfes und der Aufzucht der Jungtiere.)** Zeszyty naukowe wyższej Szkoły rolniczej Wrocławiu, Zootechn. **9** (1962) Nr. 41. S. 129–139. — 4 Abb., 2 Tab. Zus. in Russ., Engl.

Der Versuch bestand in einer Analyse des Lgw. von 481 Jungebern und 324 Jungsauen, die in Zuchtanstalten der Wojewodschaft Poznań zu verschiedenen Jahreszeiten (den Zeitabschnitt vom 1.Nov.–15.Jan. ausgenommen) geworfen worden waren. Die Ferkel wurden beim Absetzen und später monatl. bis zur Vollendung des 176. Lebenstages gewogen. Das Absatzgewicht schwankte von 12–26 kg (⌀ 17,5 kg). Zwischen dem Absatzgewicht und dem Gewicht am 176. Lebenstag wurde eine hochsignifikante Korrelation festgestellt, die für Jungeber 0,2848 ± 0,042, für Jungsauen 0,4370 ± 0,045, insgesamt 0,3255 ± 0,032 betrug. Die für diese Werte aufgestellten Regressionsgleichungen lauteten für Jungeber: $y = 54{,}205 + 1{,}032x$, für Jungsauen: $y = 36{,}277 + 1{,}597x$. Die Korrelation zwischen der Höhe der Zunahme und dem Geburtsgewicht war nicht signifikant. Ein Einfluß der Jahreszeit, in der die einzelnen Würfe erfolgt waren, auf das Absatzgewicht der Ferkel wurde nicht festgestellt. Die höchsten Tagesgewichtszunahmen in der Zeit vom Absetzen bis zur Vollendung des 6. Lebensmonats wiesen Ferkel auf, die im Zeitabschnitt zwischen dem 15. Jan. und dem 15. Mai geworfen worden waren. PRL/CBR. 3820.

3-64/04-0313 Scheper, J.; Kulmbach, Bundesanst. für Fleischforsch. **Über die Bedeutung des täglichen Gesamt-, Fleisch- und Fettzuwachses für das Fleisch/Fett-Verhältnis beim Schwein. II. Wechselseitige Beziehungen und Beeinflussung der Merkmale.** Züchtungskunde **35** (1963) Nr. 3. S. 114 bis 127. — 3 Abb., 10 Tab. 1. Mitt. vgl. LZ. Abt. III **8** (1963) Nr. 12. S. 2519.

An 494 Schweinen aus Mastprüfungsanstalten wurden wechselseitige Beziehungen zwischen dem Fleisch- bzw. Fettzuwachs und dem Fleisch-Fett-Verhältnis errechnet. Desgleichen wurde ein Zusammenhang zwischen dem Fleisch- und dem Fettzuwachs festgestellt. Der Fleischzuwachs ist in erster Linie von einem erblich bedingten Muskelbildungsvermögen abhängig, der Fettzuwachs hängt in starkem Maße von der Intensität der Mast ab. — Zwischen den Rassen bestehen signifikante Unterschiede im Muskelbildungsvermögen. Für das Fleisch-Fett-Verhältnis ist ohne Bedeutung, ob die tägl. Gesamtzunahmen von Geburt bis Mastende durch eine intensive Jugendentwicklung mit geringer Entwicklung in der Mastperiode oder durch geringe Tageszunahmen in der Vormastperiode und hohe Zunahmen in der Mastperiode zustande kommen. Werner Schlegel. 3825.

3-64/04-0314 Lewis jun., P. K., Heck, M. C. und Brown, C. J.; Fayetteville, Arkansas Univ. Effect of stress from electrical stimulation and sugar on the chemical composition of swine carcasses. **(Der Einfluß von Stress mittels elektrischer Reizung und Zuckerbeifütterung auf die chemische Zusammensetzung der Schlachtkörper bei Schweinen.)** J. Animal Sci. **20** (1961) Nr. 4. S. 727–733. — 1 Abb., 4 Tab., 30 Lit.

Die Untersuchungen wurden an 40 Schweinen in 4 Gruppen im Gewicht zwischen 188–236 lb. (⌀ 203 bzw. 204 lb.) durchgeführt. Für die Dauer von 48 Std. vor dem Schlachten erhielten die Gr. III und IV 10% braunen Zucker im Tränkwasser verabreicht, während den Gr. I und II normales Tränkwasser zur Verfügung stand. 5 Std. vor dem Schlachten erhielten alle Schweine kein Futter mehr, dafür bekamen die Schweine der Gr. II und IV im Turnus von 10 Min. 3 elektrische Stöße, während die Tiere der Gr. I und III bis zur Schlachtung keiner Beeinflussung unterworfen wurden. Die Zugabe von 10% braunem Zucker zum Tränkwasser in den 48 Std. erhöhte den Wasserverbrauch dieser Tiere von 12 lb. bei Gr. I auf 34 lb. bei Gr. III, während sich in der gleichenReihenfolge der Futterverzehr von 9 auf 5 lb. je Schwein/Tag verminderte. Schlacht- und Kühlverlust sowie das Gewicht von Leber, Schinken und Schulter waren keinen signifikanten Veränderungen unterlegen. Die Versuchsgruppen II und IV ließen eine signifikant niedrigere Punktzahl bez. Farbe des Schinkens erkennen. Ebenfalls bei den Versuchstieren der Gr. II und IV wurden 30 Min. nach dem Schlachten beim Quadriceps femoris, 48 Std. nach dem Schlachten bei Long. dorsi, Psoas major undQuadriceps femoris signifikant höhere pH-Werte registriert. Die Verabreichung von Zucker im Tränkwasser beeinflußte nicht signifikant den pH-Wert dieser Muskeln. Die elektrische Stoßbehandlung hatte in allen 3 Muskeln eine signifikante Verminderung des Tr.-Subst.-Verlustes und in den Muskeln Psoas major und Quadriceps femoris auch signifikant niedrigere Feuchtigkeitsverluste zur Folge. Die Anreicherung des Tränkwassers mit Zucker (Gr.III und IV) erhöhte signifikant Feuchtigkeit und Aschegehalt der Leber sowie den Glykogengehalt des Psoas major und verminderte signifikant den Proteingehalt der Leber. Die Behandlung der Tiere mit elektrischen Stromstößen ließ keinen Einfluß auf die chem. Zusammensetzung der Muskel, jedoch eine signifikante Reduzierung der Milchsäure im Psoas major und Quadriceps femoris erkennen. O. Siegl. 3825.

3-64/04-0315 Cuthbertson, A. und Pomeroy, R. W. Quantitative anatomical studies of the composition of the pig at 50, 68 and 92 kg carcass weight. I. Experimental material and methods. **(Quantitative anatomische Studien über die Zusammensetzung der Schweine bei 50, 68 und 92 kg Schlachtgewicht. 1. Mitt. Versuchsmaterial und Methoden.)** J. agric. Sci. **59** (1962) Nr. 2. S. 207–214.
Die Untersuchungen wurden an der nationalen Schweinenachzuchtprüfungsstation mit Large-White-Schweinen durchgeführt. Das Anfangsgewicht betrug pro Tier 23 kg. Geschlachtet wurden die Schweine mit 68, 91 und 118 kg Lgw., so daß Schlachtgewichte von 50, 68 und 92 kg erhalten wurden. Die Haltung und Fütterung erfolgte nach den Standardbedingungen der Nachzuchtprüfungsstation. Futternormen und Fütterungstechnik sind erwähnt. Von jedem Prüfungstier wurde die rechte Schlachthälfte nach einem beschriebenen Verfahren zerteilt. Vorher wurden Schlachtlänge, Speckdicke, Seitentiefe, Lendenlänge, Hinterbeinlänge sowie Fläche des M. long. dorsi gemessen. Die Meßpunkte werden an Hand von 2 Zeichnungen exakt erläutert. Die Zerlegung der Schlachthälfte erfolgte in die einzelnen Knochen und Muskeln, in subcutanes und intermuskuläres Fett, in Haut, Sehnen, Drüsen und Blutgefäße. Auf Fotografien sind die einzelnen Muskeln bei Seitenansicht der Schlachthälfte von außen und innen sowie die des Hinterbeines mit dazugehörigen lateinischen Namen vermerkt. Außerdem sind die Namen der Muskeln der Teilstücke in Übersichten angeführt. R. Kürbs. 3825.

3-64/04-0316 Cuthbertson, A. und Pomeroy, R. W. Quantitative anatomical studies of the composition of the pig at 50, 68 and 92 kg carcass weight. II. Cross composition and skeletal composition. **(Quantitative anatomische Studien über die Zusammensetzung der Schweine bei 50, 68 und 92 kg Schlachtgewicht. 2. Mitt. Gesamt- und Skelettzusammensetzung.)** J. agric. Sci. **59** (1962) Nr. 2. S. 215–223. — 8 Abb., 10 Tab., 7 Lit.
Die abs. und rel. Gewichte des Skelettes, der Muskeln, des Fettes sowie der übrigen Teile (Haut, Sehnen, Drüsen, Blutgefäße) der Hälften von 50, 68

und 92 kg schweren Schlachtkörpern werden dargelegt. Die prozentuale Zusammensetzung der Hälften war in der angeführten Reihenfolge (Skelett, Muskeln, Fett, restliche Teile) bei 50 kg Schlachtgewicht = 10,38; 50,34; 30,95; 8,33; bei 68 kg Schlachtgewicht = 9,46; 47,81; 35,03; 7,70 und bei 92 kg Schlachtgewicht = 8,29; 43,53; 41,37; 6,81. – Die Zusammensetzung des Gesamtknochengewichtes wird an Hand der Gewichte der einzelnen Knochen näher behandelt. R. Kürbs. 3825.

3-64/04-0317 Hofmann, F., Peter, W. und Wedel, D.-W.; Jena, Friedrich-Schiller-Univ., Inst. für Tierzucht. **Speckdickenmessung mit Ultraschall zur Selektion weiblicher Zuchtschweine.** Tierzucht **17** (1963) Nr. 8. S. 354 bis 356. – 4 Tab., 12 Lit.
Ziel der Auslese sind hohe Lebenstagszunahmen mit geringer Speckdicke und hohem Fleischanteil. Unter den verschiedenen Verfahren der Speckdickenmessung am lebenden Tier hat sich das Ultraschallgerät allg. durchgesetzt. Mit diesem Gerät wurde an 327 weibl. Tieren der Herde des VE Lehr- und Versuchsgutes Jena-Zwätzen im Gewichtsabschnitt von 30–120 kg die Speckdicke an 3 dorsalen und 2 seitlichen Meßstellen ermittelt. Es sollten die Beziehungen zwischen Speckdicke und ansteigendem Lgw. festgestellt werden. Die Korrelation zwischen Speckdicke und Lgw. der Tiere betrug $r = 0{,}8523$. Mit Zunahme des Lgw. um 1 kg erhöhte sich die Speckdicke um 0,019 cm. In einer Tabelle sind die angestrebten Lebenstagszunahmen und Speckdicken in einzelnen Gewichtsabschnitten aufgeführt. Die nicht signifikanten Korrelationen zwischen Körperlänge und Speckdicke am lebenden Tier lagen zwischen $r = 0{,}004$ und 0,308, jedoch ohne Tendenz in den Gewichtsabschnitten von 40–110 kg. Demgegenüber betragen die mit nur einer Ausnahme gesicherten Korrelationen zwischen Speckdicke und Brustumfang $r = +0{,}276$ bis $+0{,}598$. Mit zunehmendem Brustumfang steigt die Speckdicke an, wobei die Tendenzen unter 80 kg Gewicht stärker ausgeprägt sind. Die Beziehungen der Vorderbeinlänge zur Speckdicke sind nur gering. O. Siegl. 3825.

3-64/04-0318 Wedel, Dietrich-Wilhelm. **Zusammenstellung und statistische Auswertung der Speckdickenmessung mit Ultraschall bei weiblichen Schweinen in den Masseklassen von 30-120 kg und Ermittlung der Beziehungen zu verschiedenen Körpermaßen.** Dipl.-Arb. Landw. Fak. Jena **1963** 37 S. – 3 Abb., Tab., 38 Lit.
An 327 weibl. Zuchtläufern und Jungsauen wurden auf Grund der an lebenden Tieren gemessenen Speckdicke unter Verwendung der Regressionsrechnung Anforderungen für die Selektion nach Fleischwüchsigkeit und hoher Lebenstagszunahme aufgestellt. Außerdem wurde die korrelative Abhängigkeit zwischen der Speckdicke und den Körpermaßen Brustumfang, Körperlänge und Vorderbeinlänge ermittelt. 3825.

3-64/04-0319 Albertsen, K. Aetiologi og patogenese ved muskeldegeneration hos svin. **(Ätiologie und Pathogenese der Muskeldegeneration beim Schwein.)** Nord. Veterinärmed. **14** (1962) Nr. 11. S. 702–723. – 28 Lit.
Auf Grund eigener Beobachtungen vertritt Vf. die Auffassung, daß die Ursache der Muskeldegeneration bei Schlachtschweinen hauptsächlich in der nervösen Spannung, bes. am Schlachttage zu suchen sei. Die Spannung kann sich in Schock mit vermehrter Adrenalin-Ausscheidung auslösen, die eine starke Vermehrung der Milchsäure in der Skelettmuskulatur und Temperatursteigerung bedingt. Die Adrenalinwirkung kann so stark sein, daß Kreislaufinsuffizienz und Herzkollaps entstehen. Die charakteristischen Veränderungen im Muskelgewebe treten in Verbindung mit dem Tod und hauptsächlich nach demselben ein. Gegenmaßnahmen werden erwähnt.
E. Lehnert. 3825.

3-64/04-0320 Calder, Alex. Greater emphasis on quality needed. **(Größerer Nachdruck hinsichtlich Qualität erforderlich.)** Rhodesia agric. J. **59** (1962) Nr. 6. S. 313–315. – 2 Abb.

Gegenwärtig kommt es bes. darauf an, mageres Schweinefleisch zu erzeugen. Der Fettgehalt des Schlachtkörpers muß dabei auf ein Mindestmaß gesenkt werden. Durch Anwendung wissenschaftlicher Methoden bei der Selektion der Zuchtschweine lassen sich in dieser Beziehung die größten Fortschritte erzielen. Unbedingt sind die Resultate der Nachkommenprüfungen schnell auszuwerten, damit die „Zucht" zum Schrittmacher der Produktion wird. Eber, die hervorragende Mast- und Schlachtleistungen in der Prüfungsstation aufwiesen, sollen diese Eigenschaften auf eine große Nachkommenschaft übertragen. Neben dem Einfluß der Züchtung spielt auch die Futterzusammensetzung und Fütterungstechnik eine große Rolle für die Produktion der gewünschten Schweinequalität. Bes. ist zukünftig mehr Wert auf die Speck- bzw. Fettfestigkeit zu legen. Die ad-libitum-Fütterung sollte nur bei langen „fleischreichen" Schweinen angewandt werden. Gesichtspunkte, welche für die Porker- und Bacon-Produktion in Betracht zu ziehen sind, werden ausführlich behandelt. In diesem Zusammenhang wird auf das anzustrebende Mastendgewicht, bes. bei Porkern, eingegangen. R. Kürbs. 3825.

3-64/04-0321 Downey, L. A. Bacon pig carcass competition (Victoria/Australia). **(Bacon-Wettbewerb 1963 in Victoria/Australien.)** J. Agric. [Melbourne] **61** (1963) Nr. 7. S. 298–300. – 3 Abb., 1 Tab. Vgl. LZ. Abt. III **8** (1963) Nr. 6. S. 1197. 3825.

3-64/04-0322 Gruhn, Ruth; Göttingen, Univ., Inst. für Tierzucht und Haustiergenetik. **Kombination verschiedener Methoden der Zuchtwertschätzung in der Schweinezucht.** Schweinezucht u. Schweinemast **11** (1963) Nr. 3. S. 53–54. – 4 Abb.

Es geht in der Züchtung darum, die verschiedenen Methoden der Zuchtwertschätzung sinnvoll zu kombinieren, um den Aussagewert zu erhöhen. In diesem Zusammenhang wird auf den Zuchtplan nach Skjervold (Norwegen) eingegangen, der durch die Anwendung der KB realisierbar ist. Danach besamen Jungeber eine begrenzte Anzahl von Sauen aus Gebrauchsherden. Von 12 Würfen eines Ebers wird jeweils eine Zweiergruppe geprüft. Von allen geprüften Tieren werden 2–4 Eber als Väter für die nächste Generation ausgewählt und auf die Besamungsstation gestellt. Diese werden an Elite-Sauen angepaart. Von jedem dieser Würfe kommt jeweils der beste Jungeber zur Prüfung der Eigenleistung. Von den gleichen Würfen gehen gleichzeitig 4 Vollgeschwister in die Geschwisterprüfung. Eigenleistung und Geschwisterleistung entscheiden über die Jungeber, die dann zur KB weiter verwendet werden. Werner Schlegel. 3827.

3-64/04-0323 **Verbesserung der Mast- und Schlachtleistung beim Deutschen Weißen Edelschwein durch züchterische Maßnahmen.** Rottenau, Inst. Geflügelzucht Dtsch. Akad. Landwirtsch.-Wiss. Berlin Plan-Nr.: 1701 16/03i-2-01/1. 132 S. Abschlußber. (17/10. 1963). – Abb., Tab., Sonderdrucke.

Durch Selektion von Zuchttieren mit überdurchschnittlicher Veranlagung für die Mast- und Schlachtleistungseigenschaften auf Grund der Leistungsergebnisse der MLP und der Betriebsmastprüfung und planmäßige Paarung derselben nach dem Prinzip der Linienzucht wurden die Mast- und Schlachtleistungsergebnisse der Rottenauer Edelschweinherde systematisch verbessert. Die Ergebnisse des Forschungsauftrages zeigen der Landeszucht, wie durch die konsequente und zielstrebige Berücksichtigung der Mast- und Schlachtleistungsergebnisse bei der Zucht die Grundlagen für eine rationelle Erzeugung von fleischreichen Ladenschweinen mit einheitlicher Schlachtqualität geschaffen werden. 3830.

3-64/04-0324 Häseler, F.; Rottenau, Inst. für Geflügelzucht. **Die Verbesserung der Fleischwüchsigkeit unter Berücksichtigung der Mast- und Schlachtleistungsergebnisse bei der Selektion.** Tierzucht **17** (1963) Nr. 7. S. 314–317. – 8 Tab.
Im Rahmen der Fleischschweinzüchtung wurden in der DE-Stammherde des o. a. Inst. alle Eber und Stammsauen in einer Betriebsmastkontrolle auf Mast- und Schlachtleistung geprüft. Die Kontrolle wurde in gleicher Weise wie die staatliche MLP durchgeführt. Dabei zeigte sich, daß die Eber im Durchschnitt ihrer geprüften Nachkommen in der Regel gute Schlachtleistungen nachwiesen, mit bestimmten Sauen angepaart jedoch weit über dem Durchschnitt liegende Leistungen brachten, was zu der Bemühung Veranlassung gab, diese wertvollen Anlagen zu festigen, zu verbreiten und zu erhalten. Deshalb wurde auf den leistungsfähigsten Eber Linienzucht betrieben. Über den eingeschlagenen Weg und erreichten Erfolg wird berichtet. Des weiteren werden die Möglichkeiten für eine möglichst umfassende und genaue Einschätzung des Erbwertes eines Jungebers an Hand der Leistungen seiner Vorfahren besprochen und Wege aufgezeigt, seinen Zuchtwert aus den Nachkommen schnell zu ermitteln. G. Möbius. 3830.

3-64/04-0325 Dörner, E. **Untersuchungen über den Einfluß der Entwicklungsintensität auf die Schlachtleistung beim Schwein.** Tierzucht **17** (1963) Nr. 7. S. 312–314. – 4 Tab.
Zur Vergleichbarkeit der Ergebnisse der 11 MLP in der DDR ist eine weitgehende Vereinheitlichung der Prüfungsmethodik erforderlich. Es wird an 592 Edelschweinen aus 148 Prüfungsgruppen der Einfluß der Entwicklungsintensität auf die Schlachtleistungen untersucht. Dabei wurden die Untersuchungen getrennt nach Geschlechtern und getrennt nach den in den MLP üblichen 3 Gewichtsabschnitten vorgenommen. Im Abschnitt von 40–50 kg konnte kein Einfluß der tägl. Zunahme auf die Größe der Kotelettfläche bei 110 kg nachgewiesen werden. Im Abschnitt von 50–80 kg konnten Beziehungen zwischen den genannten Merkmalen ermittelt werden, die sich bei den weibl. Tieren sichern ließen. Im Abschnitt 80–110 kg bestand eine hochgesicherte Korrelation von $r = -0{,}5724$ zwischen Tageszunahme und Kotelettflächengröße. Entspr. Regressionen für die Abnahme der Kotelettfläche mit zunehmender tägl. Zunahme wurden berechnet. Die große Streuung der tägl. Zunahmen in den staatl. MLP berechtigt zu der Forderung, diese Beziehungen bei der züchterischen Auswertung der Ergebnisse zu berücksichtigen. Ganz ähnliche, aber positive Beziehungen wurden in den einzelnen Gewichtsabschnitten zwischen der tägl. Zunahme und der Speckdicke gefunden. Damit erhebt sich die Frage, ob die Prüfungsmethodik auf hohe Zunahmen oder größtmögliche Kotelettflächen ausgerichtet werden soll. G. Möbius. 3835.

3-64/04-0326 Nikolić, Miodrag und Srećković, Aleksandar. Rezultati uporednih ispitivanja u tovu za bekon velikog jorkšira i meleza prve generacije holandski i švedski landras × veliki jorkšir. **(Vergleichende Versuche mit Large White und der F_1-Kreuzung Holländische und Schwedische Landrasse × Large White in der Baconproduktion.)** Stočarstvo [Zagreb] **15** (1961) Nr. 9/10. S. 489–498. – 6 Tab., 12 Lit. Zus. in Engl.
Large-White-Zuchten geben ziemlich schlechte Baconschweine. Die Verbesserung der Schlachtqualitäten sollte durch die Gebrauchskreuzung mit Ebern der Holländischen bzw. Schwedischen Landrasse erfolgen. Diese Möglichkeit wurde im Wiederholungsversuch untersucht (2 × 3 Gruppen zu je 14 Mastferkeln von 17,1–18,6 kg bis 89,2–91,2 kg Lgw., und zwar Gr. I Large White, II Schwedische Landrasse × Large White und III Holländische Landrasse × Large White). Ergebnisse: Gesamtnährstoffe je kg Zuwachs: I 2,69 bzw. 2,94 kg, II 2,58 bzw. 2,81 kg, III 2,43 bzw. 2,61 kg; tägl. Zuwachs:

477/462 g, II 508/480 g, III 537/512 g; durchschnittl. Rückenspeckdicke; I 3,52/3,50 cm, II 32,7/31,4 cm, III 33,4/32,5 cm; Hälftenlänge: I 79,0/77,9 cm, II 79,2/79,3 cm, III 79,4/79,7 cm; Schlachtqualitäten: Baconqualität Klasse I (%) in Gr. I 21,4 bzw. 28,6; Gr. II 64,3 bzw. 85,7; Gr. III 42,8 bzw. 42,8; Klasse II in Gr. I 50,0 bzw. 50,0; in Gr. II 28,6 bzw. 14,3; in Gr. III 42,8 bzw. 57,2; Klasse III in Gr. I 28,6 bzw. 21,4; in Gr. II 7,1 bzw. 0,0; in Gr. III 14,4 bzw. 0,0. – Der Einfluß der Schwedenkreuzung erwies sich als bes. positiv, jedoch schnitten auch die Gruppen von Holländer-Ebern besser ab als die reinen Large White. I. Šmalcelj. 3906.

3-64/04-0327 Volkopjalov, B. P. und T'êng, Jo-fen. Nekotorye osobennosti projavlenija geterozisa pri skreščivanii matok krupnoj beloj porody s chrjakom švedskij landras. **(Einige Besonderheiten einer Heterosiserscheinung bei der Kreuzung von Sauen der Großen Weißen Rasse mit Ebern der Schwedischen Landrasse.)** Zap. Leningr. s.-ch. in-ta **83** (1962) S. 75–78. – Zus. in Engl. Aus: Referativnyj žurnal Moskva. Životnovodstvo, veterinarija **1963** Nr. 8.58.50. S. 8.
Zwei analoge Gruppen von Sauen der Großen Weißen Rasse wurden ausgewählt (6 Tiere in jeder Gruppe). Die Sauen der Kontrollgruppe wurden von einem Eber der gleichen Rasse gedeckt; die Sauen der Versuchsgruppe von einem Eber der Schwedischen Landrasse. In der Versuchsgruppe wurden ⌀ 11 (6–14) Ferkel geboren, in der Kontrollgruppe 10 (8–13), das Gewicht eines Ferkels betrug entspr. 1,141 (0,950–1,306) kg und 1,106 (0,985–1,222) kg. Die Nachzuchten aller Sauen wurden in 3 Gruppen aufgeteilt: mit einem Gewicht unter 0,9, von 0,9–1,3 und über 1,3 kg. Die Zahl der Ferkel in den Gruppen hatte sich z. Z. des Absetzens ausgeglichen, was die Bedeutung der Heterosis herabsetzte, die in einer höheren durchschnittl. Fruchtbarkeit und in einem höheren Geburtsgewicht der Ferkel zum Ausdruck kam.
übersetzt v. G. Boetticher. 3906.

3-64/04-0328 Plocek, František. Vliv intenzity plodnosti na užitkovost a dlouhověkost prasnic. **(Einfluß der Fruchtbarkeitsintensität auf die Leistungsfähigkeit und Langlebigkeit.)** Živočišná Výroba **8(36)** (1963) Nr. 4. S.201–212. – 2 Abb., 6 Tab., 22 Lit. Zus. in Russ., Dtsch.
Die Ergebnisse von Untersuchungen der Fruchtbarkeitsintensität bei 591 Sauen, beurteilt nach dem Wurfabstand, d. h. der Länge der Zeit zwischen 2 aufeinanderfolgenden Würfen, und nach der Anzahl der Ferkel je Wurf, zeigten, daß beim Tschechischen Weißen Edelschwein die durchschnittl. Ferkelzahl je Wurf 11,18 Stck. erreichte. Der durchschnittl. Wurfabstand betrug 193,4, die längste Zeit 202,46 Tage (nach dem 1. Wurf). Zwischen dem durchschnittl. Wurfabstand und der Größe des folgenden Wurfes wurde die bedeutungslose Korrelation von $r = +0{,}0388$ festgestellt. Die Unterschiede in der durchschnittl. Ferkelzahl/Wurf nach einem kurzen Wurfabstand im Vergleich zu der im vorangehenden und nachfolgenden Wurf sind nicht signifikant. Die Länge des Wurfabstandes hat keinen Einfluß auf die Anzahl der totgeborenen Ferkel bzw. die Anzahl der nach der Geburt verendeten Ferkel, wenn man Würfe nach einer Zwischenzeit von 120–140 Tagen und über 260 Tagen ausschaltet. Mit der Wurfgröße und der Reihenfolge des Wurfes steigt etwas der Prozentsatz der totgeborenen Ferkel. Die Milchleistung der Sauen, bewertet nach der Wurfreihenfolge, wird durch die Länge des Wurfabstandes nicht beeinflußt. ČSSR/ÚVTI. 3910.

3-64/04-0329 Stössel, Peter. **Untersuchungen über das Geburtsgewicht beim Schwein anhand eines vierjährigen Materials der Stammzuchtanlage Zwätzen.** Dipl.-Arb. Landw. Fak. Jena **1963** 33 S. – 39 Lit.
In Zusammenarbeit mit Stößel, B. und Zeidler wurden alle Leistungsmerkmale aus den Leistungsberichten auf Kerbkarten übertragen. In Auswertung der Kerbkarten wurden 3 Einzelthemen bearbeitet. 3227 untersuchte

Ferkel wiesen ein mittleres Geburtsgewicht von 1,274 (0,3–2,5) kg auf. Einfluß auf das Geburtsgewicht zeigten das Geschlecht, die Eltern (Eber und Sauen), die Wurfgröße und die Jahreszeit. Ein Einfluß des Gewichtes der Sauen bei der Bedeckung, der Wurfnummer und der Trächtigkeitsdauer auf das Geburtsgewicht konnte nicht festgestellt werden. Deutliche Beziehungen zeigten das Geburtsgewicht zum Vierwochengewicht ($r = +0{,}475$) und das Achtwochengewicht der Ferkel ($r = +0{,}397$). Mit steigendem Geburtsgewicht erhöhen sich die Lebenschancen der Ferkel. 3914.

3-64/04-0330 Wode, Erwin. **Das richtige Absetzalter für Ferkel.** Schweinezucht u. Schweinemast **11** (1963) Nr. 1. S. 1–2. – 3 Tab.

Unter praxisüblichen Haltungsbedingungen wurde geprüft, wie sich bei 154 Würfen eine unterschiedliche Säugezeit zwischen 4 und 7 Wochen ausweist. Aus den Ergebnissen kann geschlossen werden, daß ein Absetzen mit 4 Wochen nicht empfohlen werden kann. Die erreichten Zunahmen in der 1. Woche nach dem Absetzen liegen bei diesen Tieren 50% unter dem Durchschnitt aller anderen Gruppen. Dagegen sprechen die Ergebnisse für ein Absetzen im Alter von 5 oder 6 Wochen. Die unterschiedlichen Absetztermine wirkten sich nicht auf die Größe und das Gewicht der nachfolgenden Würfe aus. Auch haben die unterschiedlichen Termine keinen Einfluß auf den Eintritt der nachfolgenden Rausche. – Im Durchschnitt steht beim Frühabsetzen dem Mehraufwand an Starterfutter die Einsparung der doppelten Menge Sauenkraftfutter gegenüber. Bei einem Preisverhältnis von Starterfutter zu Sauenkraftfutter von 2:1 ergibt sich Kostengleichgewicht.

Werner Schlegel. 3936.

3-64/04-0331 Schlegel, W. und Wolf, R.; Tautenhain, Bez. Gera, Inst. für Landwirtsch. **Möglichkeiten zur Verbesserung der Ferkelaufzucht durch Trockenfutterautomaten.** Tierzucht **17** (1963) Nr. 8. Fütterungsberatung **4** Nr. 4. S. 31–33. – 3 Abb., 6 Tab.

Vff. berichten über positive Ergebnisse beim Einsatz von Trockenfutterautomaten für die Ferkelbeifütterung, durch den die mehrmalige tägl. Trogbeschickung, das Anrühren des sonst üblichen Futterbreies und das mehrmalige Säubern der Tröge im Laufe eines Tages wegfallen. Außerdem ist dadurch eine bessere Gewähr gegeben, daß den Tieren zum Zeitpunkt ihrer größten Entwicklungsintensität ständig Futter zur Verfügung steht. Eine Trockenfütterung bewährt sich gut, weil im Sommer kein Futter säuern kann und dadurch Ferkeldurchfälle und Ferkelverluste vermieden werden. Die Ferkel müssen nebenbei aus glasierten Tonschalen Wasser aufnehmen können.

Werner Schlegel. 3936.

3-64/04-0332 Haerkötter, G. **Bessere Fütterungstechnik bei Schweinemast.** Dtsch. landwirtsch. Presse **86** (1963) Nr. 28. S. 280–281. 3954.

3-64/04-0333 Beck, P. C. Stress factors in pig raising. **(Stress-Faktoren in der Schweineaufzucht.)** J. Agric. Western Australia [4] **3** (1962) Nr. 9. S. 721–725. – 6 Abb.

Die grundlegenden Stress-Faktoren Erkältung, Verletzung, mangelhafte Gesundheitspflege, Kälte, Stallüberbelegung, gründliches Reinigen, Quälen, Kastration, Absetzen, übermäßige medizinische Behandlung, Mangel an Freß- und Tränkplatz, Unzulänglichkeiten in der Ernährung, innere und äußere Parasiten, Krankheit, Appetitlosigkeit und Überhitzung werden erläutert. Bes. empfänglich für Stress-Einflüsse sind Ferkel von der Geburt bis 50 lb. Lgw. Meist wirkt nicht nur ein Stress-Faktor. R. Kürbs. 3976.

3-64/04-0334 Leesch, H.-L.; Greifswald, VEG Tierzucht. **Was ist bei der Anlage einer Schweineweide zu beachten?** Tierzucht **17** (1963) Nr. 8. Fütterungsberatung **4** Nr. 4. S. 33–35. – 3 Abb.

Die Vorteile der Schweineweide werden vom Vf. geschildert. Empfehlenswert ist eine Saatmischung je ha von 15 kg Wiesenschwingel, 10 kg Wiesenrispe, 5 kg Deutsches Weidelgras, 4 kg Wiesenlieschgras und 5 kg Weißklee. Für ein ausgewachsenes Schwein rechnet man 3–5 a Fläche. Die Entfernung dorthin soll nicht weiter als 500 m sein, aber entfernt genug, daß die Tiere Kot und Harn unterwegs absetzen können. Bei der Anlage dürfen eine Schutzhütte, eine ablaßbare Suhle und eine Tränke nicht vergessen werden. Für die Umzäunung sorgt ein Elektrozaun, dessen Drähte in 0,25 und 0,50 m Höhe gezogen werden. Metallpfähle mit versetzbaren Isolatoren haben sich bes. bewährt. Vf. zeigt auf, daß sich die Einrichtung der Weide in der von ihm betreuten Herde leistungssteigernd ausgewirkt hat.

Werner Schlegel. 3980.

3-64/04-0335 Brühann, W.; Hannover. **Über Maßnahmen zur Bekämpfung der Maul- und Klauenseuche der Schweine.** Dtsch. tierärztl. Wschr. **70** (1963) Nr. 9. S. 229–235. – 1 Abb., 16 Lit.

Vf. berichtet über Erfahrungen bei der Bekämpfung der MKS der Schweine im Regierungsbezirk Hannover während der MKS-Epizootie 1961/62 in Westdeutschland. – Mangelnde Anzeigefreudigkeit der Besitzer bei Schweine-MKS, ungenügende Desinfektionsmaßnahmen, Verleih von Säcken, in denen Futtermittel tierischer Herkunft transportiert wurden, geringer Impfschutz durch Anwendung der beim Rinde üblichen Aluminiumhydroxyd-Adsorbatvaccine, Vielfalt und Unübersichtlichkeit der Vorschriften sowie bestehende Rechtsunsicherheit beeinträchtigen den Bekämpfungserfolg. – Es wird u. a. vorgeschlagen, sofortige Anzeige von MKS-Erstausbrüchen in Schweinebeständen zu prämiieren und Schlußreinigung und -desinfektion kostenlos durch bes. Desinfektionspersonal mit geeigneten Geräten durchführen zu lassen.

D. Weyhe. 3985.

3-64/04-0336 Switzer, William B. **Ferkelkrankheiten (Diseases of Baby Pigs).** Dtsch. tierärztl. Wschr. **70** (1963) Nr. 8. S. 216–219. – Zus. in Engl.

In vorliegender Arbeit werden neueste Kenntnisse über die Erkrankung der Nasenhöhle, der Lunge und des Verdauungskanals bei Ferkeln besprochen. Die häufigste Veränderung der Nasenhöhle ist die Atrophie der Nasenmuskeln, als Rhinitis atrophicans bezeichnet, die zumeist durch bakterielle Infektionen hervorgerufen wird. 2 Erreger werden hierbei unterschieden. Jede Erregerart ist imstande, eine deutlich von der anderen verschiedene Krankheit beim Schwein hervorzurufen. Zur Diagnostik dieser Erkrankungen wird an verschiedenen Methoden gearbeitet. Weiterhin werden die Pneumonien des Schweines behandelt. Sie haben nur dann hohe Verluste zur Folge, wenn sie mit sekundären Belastungen gekoppelt sind. Gute Erfolge konnten beispielsweise durch Behandlung mit Antibiotica oder Sulfonamiden bzw. der Verabreichung von Sulfathiazol im Trinkwasser erzielt werden. Zum Schluß werden noch einige Ausführungen über die Erkrankungen des Verdauungskanals gemacht. Durch ein gut durchdachtes Bauprogramm und Verabreichung von frischer Erde kann dem weitestgehend vorgebeugt werden.

W. Richter. 3985.

3-64/04-0337 Larsen, Svend; Skive, Dänemark, Andelsslagteri og Offentlige Slagtehus. Deformerende choncha-atrofi („Rhinitis atroficans“, s. „R. a. infectiosa“) hos ungsvin som følge af fejlagtigt ernaeringsmiljø hos modersoen. **(Deformierende Nasenmuschelatrophie [„Rhinitis atrophicans infectiosa“] bei Jungschweinen als Folge fehlerhafter Ernährung der Muttersauen.)** Nord. Veterinärmed. **14** (1962) Nr. 12. S. 770–779. – 1 Abb., 5 Lit.

Auf Grund eigener Beobachtungen und Untersuchungen kommt Vf. zu folgender Schlußfolgerung: Die Entstehung der Schnüffelkrankheit ist fehlerhafter Ernährung der Muttersau während der Trächtigkeit zuzuschreiben, weshalb dieses Leiden angeboren ist. Der Fehler beruht auf der Verfütterung zu reicher Mengen an Kohlenhydraten und zu geringer Quantitäten von tierischem Eiweiß. Die Krankheit erlischt, sobald die Mutter während der Trächtigkeit genügend tierisches Eiweiß erhält. Weder Vitamin- noch Mineralstoffmangel kommen als Ursache in Betracht. E. Lehnert. 3985.

3-64/04-0338 Underdahl, N. R., Welch, L. C. und Young, G. A. Evaluation of problems related to introduction of secondary specific-pathogen-free (SPF) boars into SPF and non-SPF herds. **(Betrachtungen zu den Problemen bei der Einstellung von Zuchtebern aus Zuchten, die anerkannt frei von spezifischen Erkrankungen waren, in gleichfalls seuchenfreie oder in nicht seuchenfreie Zuchten.)** J. Amer. veterin. med. Assoc. **142** (1963) Nr. 6. S. 634–638. — 6 Tab., 3 Lit.
Viele der Erkrankungen, wie Schweinepest, Rotlauf und bestimmte Pneumonien, werden durch die Umsetzung von Zuchtebern weiter verschleppt. Die Häufigkeit der Krankheitsfälle kann durch die Verwendung von Ebern aus anerkannt infektionskrankheitsfreien Schweinebeständen in gesunden und infizierten Zuchten erheblich verringert werden. Auf Grund der Untersuchungen war für die SPF (seuchenfreien)-Eber die Anpassung in gesunden Beständen problematischer als in infizierten. 54% der seuchenfreien Eber machten Schwierigkeiten in der Zuchtbenutzung, die zumeist auf ihrem vorzeitigen Zuchteinsatz beruhten. Wurden die Tiere nämlich älter, befriedigten sie auch als Zuchteber. Das durch keine Infektionsbelastungen getrübte Wachstum der jungen Vatertiere verführte den Eberhalter nämlich, das Stadium der Zuchtreife nach der Körpergröße und nicht nach dem tatsächlichen Alter zu beurteilen. Manchmal erweckte es den Eindruck, als ob in infizierten Beständen eine zu strenge Isolierung vom übrigen Schweinebestand vor der Zuchtbenutzung für die spätere Widerstandsfähigkeit des Ebers gegenüber spezifischen Infektionen bei gleichzeitiger harter Zuchtbenutzung sich als nachteilig erwiesen hätte. Die betreffenden Vatertiere erkrankten dann um so schwerer. Die Erkrankung führte bald zum Verluste der Deckbereitschaft. Für die Umsetzung der Eber gilt als Prinzip, sie erst bei ausreichender Zuchtreife nach Behandlung mit Antibiotica und Schweinepestserum unter einwandfreie Haltungsbedingungen zu verbringen. H. Busse. 3985.

3-64/04-0339 Schumm, H. R.; Dummerstorf, Inst. für Tierzuchtforsch. der Dtsch. Akad. der Landwirtsch.-Wiss. zu Berlin. **Tier-, Lehr- und Leistungsschau der für den Auftrieb von Schweinekollektionen vorgesehenen Betriebe auf der 11. Landwirtschaftsausstellung in Leipzig-Markkleeberg.** Tierzucht **17** (1963) Nr. 8. S. 343–347.
Diese Schau war ein Wettbewerb der besten VEG und LPG auf der Grundlage von Betriebsvergleichen und Produktionsleistungen einzelner Viehwirtschaftszweige. Es wurde also neben der Qualität der Zuchttiere auch das ökonomische Ergebnis dieser Betriebe bewertet. 8 VEG der Südbezirke erzielten im Durchschnitt folgende Produktionsleistungen (in Klammern die Werte des 1. Preisträgers, VEG Rodewisch, Bez. Karl-Marx-Stadt, ⌀ Ackerwertzahl 27): Kostensatz 92 (96), zukauffreie Bruttoproduktion 33,7 (32,0) GE/ha, Leistung der AP (= Arbeitsproduktivität) 13,9 (13,6) TDM/AK, Milch je ha LN 1275 (1466) kg, Rind-, Schaf-, Schweine- und Geflügelfleisch je ha LN 383,4 (330) kg, Milchleistung je Kuh/Jahr 3833 (3911) kg, aufgezogene Ferkel je Sau/Jahr 16,2 (16,4). Die Leistungen von 5 VEG der Nordbezirke lagen wie folgt (1. Preisträger VEG Görlsdorf, Bez. Cottbus, in Klammern): Kostensatz 89, AP 14,4 (15,8) TDM/AK, Milch je ha LN 1132 (1083) kg, Rind-, Schaf-, Schweine- und Geflügelfleisch je ha LN 289,4 kg, Milchleistung je Kuh/Jahr 3523 (3873) kg, aufgezogene Ferkel je Sau/Jahr 14,8 (13,1). 8 LPG Typ III aus den Südbezirken wiesen bei mittleren Betriebsgrößen von 519 ha folgende Ergebnisse auf (in Klammern die Durchschnittswerte von 6 LPG der Nordbezirke mit einer Betriebsgröße von ⌀ 422 ha): Nettoproduktion

35,2 (34,9) GE/ha, AP 12,2 (12,8) TDM/AK, Milch je ha LN 1245 (1045) kg, Rind-, Schaf-, Schweine- und Geflügelfleisch 297,6 (185,7) kg/ha LN, Milchleistung je Kuh/Jahr 2735 (3017) kg, aufgezogene Ferkel je Sau/Jahr 16,3 (14,6). Die Durchschnittsleistungen von 7 LPG Typ I der Südbezirke (in Klammern von 6 LPG der Nordbezirke) sind abschließend wiedergegeben: Milch je ha LN 1361 (1180) kg, Rind-, Schaf-, Schweine- und Geflügelfleisch 273,3 (217,7) kg/ha LN, Milchleistung je Kuh/Jahr 3079 (2795) kg, aufgezogene Ferkel je Sau/Jahr 16,3. O. Siegl. 3995.

3-64/04-0340 *Behrens, Heinrich* und *Richter, Karl.* **Schweinekrankheiten und ihre Bekämpfung.** 2., neubearbeitete Auflage. Frankfurt am Main: DLG-Verlag. 1963. (128 S. m. 67 Abb.) 14,5 × 21 cm. DM 6,80. Im Kapitel I, Krankheiten, werden in alphabetischer Reihenfolge 45 Gesundheitsstörungen beschrieben. Die dabei gewählte Gliederung der einzelnen Abschnitte (Darstellung von Ursache, Krankheitsbild, Feststellung und Behandlung, Tierseuchengesetzliche Maßnahmen, Vorbeugung usw.) macht den Text übersichtlich und leicht aufnehmbar. Im Kapitel II werden kurz die wichtigsten Gesichtspunkte der Fütterung von Zucht- und Mastschweinen gebracht, im Kapitel III Fragen der Haltung unter bes. Berücksichtigung der Tierhygiene behandelt. Ein Sachverzeichnis beschließt das Bändchen, in dem bewußt von Literaturnachweisen abgesehen wurde, da sich die Ausführungen vor allem an den Schweinehalter in der Praxis wenden. H. D. Hennig.

3-64/04-0341 *Belić, Jovan, Ognjanović, Aleksander* und *Šterk, Vladimir.* **Savremeno svinjarstvo.** (Die zeitgemäße Schweinezucht.) Beograd: Zadružna Knjiga. 1961. (X + 583 S. m. 287 Abb. u. 205 Lit.) 22 × 16 cm. Dinar 3800. Es handelt sich um ein modernes Handbuch mit bes. Bearbeitung der Bacon- und Fleischschweineproduktion unter den Verhältnissen der panonischen Getreide- und Maisgebiete. In der Einleitung werden die Schweineproduktionsverhältnisse der jüngsten Geschichte dargestellt (Wien und Prag als Hauptexportmärkte der jugoslawischen schweren, fetten Mangalica und ähnlichen Schweinetypen) mit Rücksicht auf die Strukturwandlungen der letzten 15 Jahre (Umstellung der Produktion von den Fett- auf Fleischrassen, Eröffnung neuer Exportmärkte: London, Italien, etwas BRD), die sich auch durch eine Umstellung vom Export lebender Schweine (ca. 200 000–230 000 im Durchschnitt der Jahre 1935–39) auf den von Fleisch und Bacon sowie Konservenprodukten (35 000–40 000 t im Durchschnitt von 1954–60) auszeichnen. Das Wertvollste im Buch ist die Beschreibung der einheimischen jugoslawischen Schweinerassen, bes. der Mangalica (aus dem serbischen Schumadinkaschwein in Ungarn herausgezüchtet und später zur Verdrängung der extensiveren einheimischen Fettschweine in jugoslawischen Gebieten aus Ungarn herangezogen) und des Pfeifferschweins (des schwarzen slawonischen Schweins in Kroatien, das durch die Kombinationskreuzung aus Schwalbenmangalica und Berkshire- sowie Poland-China-Schwein entwickelt wurde und schon über 50 Jahre als selbständige Rasse reproduziert wird). Zu Vergleichszwecken werden auch die Angaben über die frühere Entwicklung der Fleischschweinezuchten in Kroatien und Slowenien interessant sein. Die neuen jugoslawischen Bestrebungen mit dem Ziel, die Produktion fast vollständig auf das Fleischschwein umzustellen, laufen über die ca. 15 000 importierten Tiere der modernen Fleischschweinerassen (Large White, Holländisches Landschwein, Schwedische Landrasse, Cornwall, Deutsches Veredeltes Landschwein u. a.), die in den VEG vermehrt und weiter gezüchtet werden. Auf die Möglichkeiten der Entwicklung entspr. Futterrationen und der Lösung der Frage der Eiweißfütterung in Verbindung mit Antibioticaverwendung wird auf der Grundlage z. T. eigener Versuche der Vff. eingegangen. I. Šmalcelj.

3-64/04-0342 *Govorka, Ja.* und *Gejmos, G. A.* **Erfahrungen in der massenweisen Mast von Schweinen bei minimalem Arbeitsaufwand.** Aus: Životnovodstvo, Moskva **1963** Nr. 1. (Übers. aus d. Russ., Maschinenschr. vervielfält.) – TO 673.

3-64/04-0343 *Proś, Jerzy, Juszczak, Jerzy* und *Nowakowski, Jan.* **Einige Probleme der Automatenfütterung in der Schweinemast.** Aus: Przegląd Hodowlany [Warszawa] **30** (1962) Nr. 11. (Übers. aus d. Poln., Maschinenschr. vervielfält.) – TO 661.

3-64/04-0344 **Ukrainskaja stepnaja belaja poroda svinej.** (Die Ukrainische Weiße Steppenrasse der Schweine.) Kiev: Gos. izd. sel'skochoz. lit. Ukr. SSR. 1962. (252 S.) 8°. (1963 A 563)

E. SCHAFE

3-64/04-0345 Bemmel, A. C. V. van. **Niederländische Heideschafe.** Z. Säugetierkunde **28** (1963) Nr. 4. S. 248–255.
Die Niederländischen Heideschafe sind typische alte Landrassen. Ursprünglich gab es 3 verschiedene Rassen. Aus der nördlichen Provinz stammt das Drentsche Hornschaf, während im Zentrum der Provinz Gelderland das Veluwsche Heideschaf gehalten wird. Als Mischrasse dieser beiden kommt das Schoonebeker Schaf vor, und südlich des Rheins ist das Kempener Heideschaf zu Hause. In den heute noch bestehenden Herden sind diese Rassen mehr oder weniger rein vorhanden; oft findet man sämtliche Rassen in einer

Herde vertreten. Sie würden durch das Fortschreiten der intensiven Landwirtschaft gänzlich verdrängt werden, wenn nicht einige Vereinigungen die Initiative ergriffen hätten, die Heideflächen wieder mit Heideschafen zu beleben. Von den Naturschutzvereinen sind Flächen als Heidereservate bestimmt worden, die die Heide als Vegetation, als Landschafts- und Kulturform erhalten sollen. Die Beweidung durch Schafherden trägt stark dazu bei, die Heide lange Zeit hindurch in der gewünschten Form zu halten.

U. Rutenbeck. 4080.

3-64/04-0346 Stepanov, D. G., Aslanjan, M. M., Karpova, N. A. und Kononenko, G. Z. Organizacija proverki po potomstvu baranov-proizvoditelej askanijskoj porody v rannem vozraste. **(Organisation der Nachkommenschaftsprüfung von Zuchtböcken der Askanija-Rasse in frühem Alter.)** Naučnye trudy. Ukrainskij naučno-issledovatel'skij institut životnovodstva stepnych rajonov im. M. F. Ivanova (Askanija-Nova), Kiev **10** (1962) S. 73–87. — Aus: Referativnyj žurnal Moskva. Životnovodstvo, veterinarija **1963** Nr. 6.58.152. S. 21.

Die Verwendung 7–7,5 Mon. alter Böcke zur Nachkommenschaftsprüfung zeigte bei Entnahme von höchstens 2 Ejakulaten tägl. im Laufe von 3–9 Tagen keinen wesentlichen Einfluß auf ihr Wachstum, ihre Entwicklung und die Wollproduktion im Alter der ersten Schur (15 Mon.). Von 22 Jungböcken im Alter von 6–7 Mon. wurde bei 54,5% eine normale Spermatogenese festgestellt und bei 9,1% eine schwache, während sie bei 36,4% der Tiere noch nicht eingetreten war. Das Sperma der 7–7,5 Mon. alten Böcke zeichnete sich durch folgende Kennzahlen aus: Volumen des Ejakulates 0,77 ml, Spermienkonzentration 1,89 Md. im ml, Gesamtzahl der Spermien 1,49 Md., Aktivität 1, Resistenz 20700 überlebende bei 0 °C, 73,5 Std.

übersetzt v. G. Boetticher. 4117.

3-64/04-0347 Jełowicki, Stanisław, Kardymowicz, Maria und Szeliga, Wiesław. Krzyżówka przemysłowa cakiel × karakuł. **(Gebrauchskreuzung von Zackel- × Karakul-Schafen.)** Roczniki Nauk rolniczych, Ser. B **80** (1962) Nr. 3. S. 267–290. — 11 Abb., 10 Tab., 16 Lit. Zus. in Russ., Engl.

Die Versuche umfaßten 127 Lämmer, Kreuzungsprodukte weißwolliger Zackel-Mutterschafe mit vollblütigen, aus Halle importierten Karakulböcken. Die gewonnenen 127 Lammfelle wurden wie folgt klassifiziert: Typ I–46%, Typ II–28,3%, Typ III–2,4%, Typ IV–13,4%, Typ V–6,3%. Typ I ähnelte stark den Karakul, Typ II besaß stark ausgeprägte Kräuselung gröberer Art mit längerem Haar und intensivem Glanz. Typ III wies keine Kräuselung auf. Zu Typ IV und V wurden Lammfelle mit mißgebildetem und zerzaustem, glanzlosem Haar gezählt. Der Prozentsatz der Lämmer von einheitlich schwarzer Farbe betrug 74,8, die restlichen 25,2% wiesen lediglich einen weißen Stirnfleck oder ein weißes Schwanzende auf, was aber selbst bei Musterkarakul geduldet wird. Bei der Aufzucht dieser Lämmer ergab sich eine um 52% höhere Milchleistung gegenüber den Mutterschafen der Kontrollgruppe, die nach dem Absetzen der Lämmer noch ca. 3 Mon. lang gemolken wurden.

H. Uścilko. 4164.

3-64/04-0348 Edgar, D. G. und Bilkey, D. A.; Hamilton, Ruakara Animal Res. Stat. The influence of rams on the onset of the breeding season in ewes. **(Der Einfluß von Schafböcken auf den Beginn der Zuchtsaison beim Schaf.)** Proc. New Zealand Soc. Animal Product. **23** (1963) S. 79–87. — 4 Abb., 7 Lit.

300 weibl., 5 Jahre alte Romney-Schafe wurden in 3 Herden (A, B und C) geteilt. Fertile Böcke wurden der Herde A am 10. Febr., der Herde B am 20. Febr. und der Herde C am 2. März beigegeben. Der Beginn der Zuchtsaison lag daraufhin bei A am 6. 3., bei B am 11.3. und bei C am 16.3. Die Fruchtbarkeit war in allen Herden die gleiche. Durch die Böcke wurden also

die Zuchtsaison und entspr. die Lammzeit vorverlegt. In einem weiteren Versuch mit 900 Jährlingsschafen wurden in die Herde A am 10. 2. und in die Herde B am 2. 3. je 8 fertile Böcke eingesetzt. Zur Herde C wurden am 10. 2. 3 vasektomierte Böcke gelassen, die am 12. 3. durch 8 fertile Böcke ersetzt wurden. Die Zuchtsaison begann in A am 10. 3. und in B am 21. 3., in C dagegen erst am 25. 3., wobei in allen 3 Herden die meisten oestrischen Tiere 22 Tage nach dem Einsetzen der Böcke festgestellt wurden. Die vasektomierten Böcke hatten also den Beginn der Zuchtsaison nicht beschleunigt. Wurde in Herden von 100 5jährigen Schafen je 1 Bock gelassen, trat die Zuchtsaison am frühesten (6. 3.) ein, wenn dies am 1. 2. geschah. Vasektomierte Böcke hatten auch hier einen geringeren oder keinen Einfluß.

F. Döcke. **4166.**

3-64/04-0349 Roy, A., Datta, I. C., Sahani, K. L., Singh, B. und Sen Gupta, B. P.; Mathura, Uttar Pradesh, Coll. of Veterin. Sci. Studies on certain aspects of sheep and goat husbandry. **(Untersuchungen zu verschiedenen Aspekten der Schaf- und Ziegenhaltung.)** Indian J. veterin. Sci. Animal Husbandry **32** (1962) Nr. 4. S. 269–275. – 5 Tab., 18 Lit.
Bei erwachsenen Schafen wurde kurz nach der Zeit der hohen sommerlichen Außentemperaturen eine Konzeptionsrate von 40%, während der Regenzeit eine solche von 85% beobachtet. Jungschafe wurden in 2. Brunst während der Herbstperiode zu 100% trächtig. Embryonaler Fruchttod wird zu 12,5% angenommen. Bei Ziegen erzielten Besamungen unmittelbar nach den heißen Sommermonaten 40% Trächtigkeit. Zykluslänge bei Schafen = 17,1, Trächtigkeitsdauer = 150,1 Tage, Geschlechtsverhältnis = 59,5 %, Ablammrate 106. Bei Ziegen lauten die entspr. Zahlen: 20,6, 146,5, 49 und 150. Das Sperma wurde 10fach mit Glycin-Eidotter-Verdünner verdünnt und 24 Std. aufbewahrt (5 °C); Besamungsdosis = 0,2 ml. J. Bergfeldt. **4168.**

3-64/04-0350 Sidwell, George M., Everson, Dale O. und Terrill, Clair E. Fertility, prolificacy and lamb livability of some pure breeds and their crosses. **(Die Fruchtbarkeit, das Ablammergebnis und die Lebensfähigkeit der Lämmer bei einigen Rassen und ihren Kreuzungen.)** J. Animal Sci. **21** (1962) Nr. 4. S. 875–879. – 3 Tab., 6 Lit.
Es wurden Hampshire, Shropshire, Southdown und Merinoschafe sowie ihre Kreuzungen mit der Columbia-Southdale-Zuchtrichtung auf ihre Fruchtbarkeitsmerkmale untersucht. Der Versuchszeitraum umfaßt 8 Jahre (1952–59). 3620 geborene, 2646 abgesetzte Lämmer von 2962 Mutterschafen wurden in die Untersuchungen einbezogen. Zwischen den Jahren, dem Alter der Mütter, der Art der Geburt, den Rassen und Kreuzungen wurden für alle untersuchten Merkmale signifikante Unterschiede festgestellt. Nur bez. des Prozentsatzes der lebendgeborenen Lämmer und der Zahl der insgesamtgeborenen Lämmer bestand zwischen den Jahren kein solcher Unterschied. Der höchste Prozentsatz abgesetzter Lämmer wurde bei den 4 Jahre alten Muttern beobachtet. Der Anteil der Lebendgeburten und der Anteil der abgesetzten Lämmer war bei den Einlingen größer als bei Zwillingen. Reinblütige Hampshire, Merino und Columbia-Southdale übertrafen die Shropshire und Southdown im Prozentsatz der je 100 gepaarte Mutterschafe abgesetzten Lämmer. Hampshire und Columbia-Scuthdale standen in der Fruchtbarkeit und der Lebensfähigkeit der Lämmer an der Spitze der untersuchten Rassen. Die Fruchtbarkeit, das Ablammergebnis, die Lebensfähigkeit der Lämmer und die gesamte Fortpflanzungsleistung waren bei den Kreuzungen besser als bei den Reinzuchtpaarungen. Mit zunehmender Zahl der zur Kreuzung herangezogenen Rassen war eine ansteigende Tendenz in der Fortpflanzung zu beobachten. Bei den Zweirassenkreuzungen lagen die Ergebnisse etwa in der Höhe der Rasse des Muttertieres. Für keines der Merkmale waren sie gegenüber den Reinzuchtpaarungen signifikant erhöht. Bei Drei- und Vierrassenkreuzungen war kein

ausgesprochener rasse- oder kombinationsbedingter Einfluß festzustellen. Bez. des Prozentsatzes der abgesetzten Lämmer betrug die Steigerung gegenüber den Vergleichsdurchschnitten der reinrassigen Vorfahren bei Zwei-, Drei- und Vierrassenkreuzungen jeweils 2,1, 14,9 und 27,1%. H. Busse. 4168.

3-64/04-0351 Young, S. S. Y., Turner, Helen Newton und Dolling, C. H. S.; Glebe, New South Wales, C.S.I.R.O.; Cunnamulla, Queensland, C.S.I.R.O. Nat. Field Stat. "Gilruth Plains". Selection for fertility in Australian Merino sheep. **(Selektion auf Fruchtbarkeit beim australischen Merinoschaf.)** Austral. J. agric. Res. **14** (1963) Nr. 4. S. 460–478. – 8 Tab., 29 Lit.
In einer Peppin-Merinoherde wurden die phänotypischen und genetischen Parameter der Fruchtbarkeit an Hand der Zahl geborener und abgesetzter Lämmer bestimmt. Die Wiederholbarkeit der Fruchtbarkeitsmerkmale lag über alle Altersstufen niedrig, doch ergab sie für 3jährige Schafe höhere Werte als für 2- oder 4jährige. Da sich aus dem Unterschied zwischen 1 und 2 geborenen Lämmern eine höhere Regression zur nachfolgenden Fruchtbarkeit als aus dem zwischen 0 und 1 Lamm ergab, führt die Selektion auf Zwillingsgeburten schneller zu einer Fruchtbarkeitsverbesserung als die Merzung güster Schafe. Die Heritabilität der Zahl geborener Lämmer war für 3jährige Muttern am höchsten und betrug 0,3. Phänotypisch und genetisch besteht eine positive Beziehung zwischen Fruchtbarkeit und Lgw. sowie Stapellänge. Eine negative phänotypische Korrelation wurde zur Hautfaltenbildung und eine negative genetische Korrelation zum Wollfaser-Dmr., zur Menge reiner entfetteter Wolle und zur Faltenbildung gefunden. Dagegen bestand weder eine phänotypische noch eine genetische Beziehung zwischen den Fruchtbarkeitsmerkmalen und dem Gewicht der rohen oder gereinigten Wolle. Eine Methode zur Heritabilitätsschätzung wird beschrieben.
F. Döcke. 4168.

3-64/04-0352 Hulet, C. V. und Ercanbrack, S. K. A fertility index for rams. **(Ein Fruchtbarkeitsindex für Schafböcke.)** J. Animal Sci. **21** (1962) Nr. 3. S. 489–493.
Um ein einigermaßen objektives Beurteilungsschema für die Fruchtbarkeit der Schafböcke zu bekommen, wird versucht, Korrelationen zwischen den Samencharakteristika und Befruchtungsergebnissen zu finden. Als Versuchstiere werden 39 Rambouillet-Targhee- bzw. Columbiaböcke in 2 Deckzeiten verwendet. Von jeder Samenprobe werden folgende Eigenschaften geprüft: Volumen, Beweglichkeit in 6 Abstufungen, Prozentsatz beweglicher Spermien, pH-Wert, Dichte, Prozentsatz lebender normaler Spermien, abnormale Spermien (Kopfdeformationen, Veränderungen am Halsstück, Deformationen des Mittelstückes sowie des Endstückes), die Gesamtanzahl der Spermien im Ejakulat und die Gesamtzahl der beweglichen Spermien im Ejakulat. Bei der Errechnung eines Index zeigt sich, daß allein der Prozentsatz lebender, normaler Zellen große Beziehungen zum Befruchtungshundertsatz der einzelnen Böcke aufweist.
K. Rothe. 4168.

3-64/04-0353 Salamon, S. und Marrant, A. J.; Sydney, New South Wales, Univ. of Sydney; Trangie, New South Wales, Agric. Exp. Stat. A comparison of two methods of artificial breeding in sheep. **(Ein Vergleich von zwei Besamungsmethoden beim Schaf.)** Austral. J. exp. Agric. Animal Husbandry **3** (1963) Nr. 8. S. 72–77. – 4 Tab., 17 Lit.
Bei der Brunstfeststellung, der Spermagewinnung und bei der Insemination von 384 Schafen wurden die in Europa (I) und die in Australien (II) üblichen Methoden miteinander verglichen. Folgende Ergebnisse wurden erzielt: Der ständige Aufenthalt von vasektomierten Suchböcken in der Herde (II) war für die Brunstfeststellung signifikant ($P < 0{,}01$) günstiger als die jeden Morgen erfolgende zeitlich begrenzte Zulassung der Suchböcke zur Herde (I). Während Ejakulatsvolumen und Spermienbeweglichkeit nach der Samengewinnung

mittels künstlicher Vagina (I) und mittels Elektroejakulation (II) etwa gleich waren, betrug die Spermienkonzentration bei I etwa das Doppelte von der nach Elektroejakulation ermittelten. Das Ablammergebnis betrug nach der Besamung mit Hilfe eines Duckbill-Speculums ohne künstliches Licht (I) 73,4%, bei Verwendung eines Glasspeculums mit künstlicher Lichtquelle (II) 48,2% ($P < 0,001$). Von den nach der I-Methode ermittelten 143 brünstigen Schafen bockten 59 noch am 2. und 2 von diesen noch am 3. Tag. Bei diesen 2- bzw. 3mal besamten Schafen betrug das Ablammergebnis 69,5% gegenüber 76,2% nach einmaliger Besamung ($P < 0,05$). In der anderen Herde (ständiges Zusammensein mit den Suchböcken) lammten nach einmaliger Besamung 48,2% der Tiere. F. Döcke. 4174.

3-64/04-0354 Gaál, M. Adatok a kosnevelés módszerének vizsgálatához. **(Beitrag zur Untersuchung von Bockaufzuchtverfahren.)** Állattenyésztés [Tierzucht] **12** (1963) Nr. 1. S. 57–62. – Aus: Ung. Agrar-Rdsch. **1963** Nr. 4.
An 2 Gruppen von je 65 Ungarischen Kammwollmerino-Bocklämmern untersuchte Vf. die Wirkung intensiver Fütterung auf Entwicklung und Wollertrag der Tiere sowie auf die Wirtschaftlichkeit der Bockhaltung. In der Versuchsgruppe erhielten die Böcke zur Ergänzung des Weideganges und des Winterfutters 12 Mon. lang tägl. 0,9 kg Kraftfuttergemisch, in der Kontrollgruppe 0,6 wirtschaftseigenes gemischtes Kraftfutter. Den Leistungsanforderungen entsprachen 10,77% Tiere der Versuchsgruppe und 20,00% der Kontrollgruppe nicht. Im 2. Jahr wurden die 2 Gruppen vereinigt und auf gleiche Weise gehalten. Hinsichtlich des Mittelwertes der zweitjährigen Schurerträge, der Körpermaße nach der 2. Schur sowie des Lgw. beim Verkauf konnte zwischen den beiden Gruppen kein wesentlicher Unterschied festgestellt werden. Beim Verkauf wurden in der Versuchsgruppe 62, in der Kontrollgruppe 59 Tiere als erstklassig befunden; in Klasse II wurden 3 bzw. 6 Tiere eingestuft. Die intensive Fütterung der Widder im 1. Lebensjahr erwies sich auch auf Grund von Wirtschaftlichkeitsberechnungen als erfolgreich. 4196.

3-64/04-0355 Castillo Gigante, Juan del. Estudio de la oveja de la comarca de Grazalema en la provincia de Cádiz. IV. Parte. Producción de lana. **(Untersuchungen über das Grazalema-Schaf in der Provinz Cadiz. 4. Mitt. Die Wolleistung.)** Arch. Zootecnia **11** (1962) Nr. 41. S. 29–69. 4222.

3-64/04-0356 Śliwa, Zdzisław und Kaczmarek, Feliks; Poznań, Wyższa Szkoła Rolnicza, Katedra Szczegółowej Hodowli Zwierząt. Ocena niektórych cech użytkowych wełny jagnięcej owiec rasy merynos polski. **(Die Bewertung gewisser Nutzungseigenschaften der Wolle von Lämmern der polnischen Merinorasse.)** Roczniki Nauk rolniczych, Ser. B **80** (1962) Nr. 3. S. 255–265. – 2 Abb., 4 Tab., 10 Lit. Zus. in Russ., Engl.
Die Untersuchung umfaßte Wollproben von 155 weibl. und 78 männl. Lämmern und bezog sich auf nachstehende Merkmale: Schurergebnis an Schmutzwolle, Rendement, Länge und Feinheitsgrad des Wollhaares. Es wurde eine hohe Schmutzwolleistung und ein hohes Rendement festgestellt unter Einhaltung des Grundsortiments von inländischen Merinowollen. Die abs. Wolleistung aus der 1. und 2. Lammschur betrug im Durchschnitt bei weibl. Lämmern 2,88 kg und bei männl. 4 kg. H. Uściłko. 4222.

3-64/04-0357 Nečinennaja, T. V. Sravnitel'nye dannye o roste šersti u askanijskich matok pri raznych srokach okota. **(Vergleichende Angaben über das Wollwachstum auf Askanijamutterschafen bei verschiedenen Lammzeiten.)** Naučnye trudy. Ukrainskij naučno-issledovatel'skij institut životnovodstva stepnych rajonov im. M. F. Ivanova (Askanija-Nova), Kiev **10** (1962) S. 88–97. – Aus: Referativnyj žurnal Moskva. Životnovodstvo, veterinarija **1963** Nr. 6.58.165. S. 22.
Bei den feinwolligen Askanija-Mutterschafen aller Lammungstermine wurden Perioden eines intensiven und eines verzögerten Längenwachstums der Wolle

beobachtet, die den Veränderungen der Futterbedingungen entsprachen. Im 1. Säugemonat war der Faserdurchmesser der Wolle bei den Muttertieren in der Periode der Februarlammung um 34,8% und bei März- und Aprillammung entspr. um 26,9 und 28,1% geringer als bei der Oktoberlammung. Bei den Schafen mit Februarlammung wurde das Dünnerwerden der Fasern in einer Entfernung von 15–30 mm von der Basis des Stapels beobachtet, bei den Tieren mit Märzlammung in einem Abstand von 15 mm. Die Wollfestigkeit ging bei den Schafen aller Lammungstermine entspr. dem Dünnerwerden der Fasern zurück. Nach Ansicht des Vf. lag die Veränderung der Stärke und Festigkeit der Wolle im März und April an der ungenügenden Fütterung der Tiere während der Trächtigkeits- und Säugeperiode.

übersetzt v. G. Boetticher. 4222.

3-64/04-0358 Stepanov, D. G. und Kablov, G. A. Gustota volos i follikulov v kože askanijskich ovec i ich pomesej s drugimi tonkorunnymi porodami. **(Die Dichte der Haare und Follikel in der Haut der Askanija-Schafe und ihrer Kreuzungen mit anderen feinwolligen Schafen.)** Naučnye trudy. Ukrainskij naučno-issledovatel'skij institut životnovodstva stepnych rajonov im. M. F. Ivanova (Askanija-Nova), Kiev **10** (1962) S. 98–106. — Aus: Referativnyj žurnal Moskva. Životnovodstvo, veterinarija **1963** Nr. 6.58.148. S. 20.

Es wurden histol. Untersuchungen zum Problem der Wolldichte mit Hilfe der Biopsie durchgeführt. Bei ausgewachsenen Askanija-Schafen des faltigen, normalen und wenig faltigen Typs betrug die Dichte der Wollhaare und Follikel entspr. 80,3; 84,4; 76,9 je 1 mm² Haut. Die Askanija hatten eine dichtere Wolle als Tiere der Precos-Rasse, des Kaukasischen Feinwollschafes, der Altai-, der Grosnyer sowie der Stawropoler Rasse. Von den untersuchten 5 Rassen hatten die Böcke der Stawropoler und Askanija-Rasse die dichteste Wolle, während die Böcke der Precos-Rasse am ungünstigsten abschnitten. Eine Beziehung zwischen dem Lgw. und der Haardichte bei der Geburt wurde nicht festgestellt. Die Askanija-Schafe vererbten die Wolldichte bei Reinzucht und Kreuzung mit Böcken der einheimischen feinwolligen Rassen gut.

übersetzt v. G. Boetticher. 4222.

3-64/04-0359 Betembaeva, M. M. Svjaź meždu žiropotnost'ju šersti i ee fiziko-mechaničeskimi svojstvami. **(Der Zusammenhang zwischen dem Fettschweißgehalt der Wolle und deren physikalisch-mechanischen Eigenschaften.)** Dokl. naučn. učreždenij M-va s. ch. KazSSR **1962** Nr. 2. S. 41–44. — Aus: Referativnyj žurnal Moskva. Životnovodstvo, veterinarija **1963** Nr. 8.58. 174. S. 25.

Die größte Menge Wollfett (26,6–31,6%) war in der Wolle der Grosnyer und Salsker Schafe sowie in der der Sowjetischen Merinos (kaukasischen Typs) und die geringste (18,2%) in der Wolle der Kasachischen Feinwollschafe enthalten. Die Festigkeit der Wolle ist jedoch bei den Kasachischen Feinwollschafen höher als bei den Grosnyer, Sowjetischen Merino-, Altai- und Kaukasischen Schafen. Man hat festgestellt, daß sich die Wollausbeute mit Vergrößerung der Wollfettmenge verringert. Die Ausbeute an Wolle beträgt bei den Kaukasischen feinwolligen Mutterschafen 43,9, bei den Sowjetischen Merinos 33,2 und bei den Salsker Schafen 34,0%. Bei Schafen ein und derselben Rasse, die unter verschiedenen natürlichen Bedingungen gehalten werden, war die Wolle hinsichtlich des Fettgehaltes, der Menge mechanischer Beimengungen und des Rendements verschieden. Eine übergroße Menge an Fettschweiß senkte die Reinwollausbeute, übte aber kaum einen qualitätssteigernden Einfluß auf die Fasern im Vergleich zu einem mittleren Gehalt an Wollfett aus. übersetzt v. G. Boetticher. 4222.

3-64/04-0360 Pogodin, V. N. Vlijanie podbora i kormlenija sujagnych matok na kačestvo smuška u priploda. **(Einfluß der Zuchtwahl und Fütterung der tragenden Mutterschafe auf die Qualität der Fellchen der Nachzucht.)**

Vestn. s.-ch. nauki **1962** Nr. 10. S. 65–71. – Zus. in Kasach. Aus: Referativnyj žurnal Moskva. Životnovodstvo, veterinarija **1963** Nr. 6.58.141. S. 19.
Mutterschafe II. Klasse mit mittelgroßen und großen Locken, die mit dem Sperma erstklassiger Böcke mit kleinen, mittleren und großen Locken künstlich besamt worden waren, wurden unter verschiedenen Fütterungsbedingungen während unterschiedlicher Trächtigkeitsstadien gehalten. Bei gleichartiger Zuchtwahl der Elternpaare (Mutterschafe und Böcke mit mittelgroßen Locken) erreichte die Ausbeute an Fellchen der I. Sorten 92,5%. Die schlechtesten Ergebnisse wurden bei der Paarung von Mutterschafen mit mittleren bzw. großen Locken und kleingelockten Böcken erzielt. Von den Mutterschafen, die während der Dauer von 65 Tagen der 2. Trächtigkeitshälfte und vom 80.–120. Tage ein Beifutter erhalten hatten, wurden 88,5% Fellchen der I. Sorten erzielt. Bei verstärkter Fütterung der Mutterschafe während der letzten 20–30 Trächtigkeitstage wurde die Fläche des Fellchens größer, während sich die Qualität verschlechterte. Nach Ansicht des Vf. trägt die Ausnutzung bestimmter Paarungskombinationen sowie die Fütterung der Mutterschafe in verschiedenen Stadien der Trächtigkeit zur Leistungssteigerung der Karakul-Mutterschafe bei. übersetzt v. G. Boetticher. 4222.

3-64/04-0361 Žiljakova, V. S. Kačestvo černogo karakulja pri vyvedenii ovec sur putem raznorodnogo po okraske sparivanija. **(Die Qualität des schwarzen Karakulfelles bei der Züchtung von Sur-Schafen durch eine in der Färbung verschiedene Paarung.)** Vestn. s.-ch. nauki **1962** Nr. 5. S. 67–72. – Aus: Referativnyj žurnal Moskva. Životnovodstvo, veterinarija **1963** Nr. 8. 58.31. S. 5.
Bei der Züchtung von Sur-Schafen durch Kreuzung schwarzer Mutterschafe mit Sur-Böcken in der 1. Generation erhält man 5% Sur- und 95% schwarze Lämmer, in der 2. Generation entspr. 30 und 70%. Daher ist es bei einer solchen Arbeit sehr wichtig, eine hohe Fellqualität nicht nur von den Sur-, sondern auch von den schwarzen Schafen zu erhalten. Im Jahre 1960 wurden auf dem Sowjetgut für Züchtung Sjutkent Sur-Böcke des erwünschten und unerwünschten Typs und schwarze mittelgroß gelockte Böcke I. Klasse von kräftigem Woll-Konstitutionstyp mit schwarzen mittelgroß gelockten Mutterschafen I. und II. Klasse gekreuzt. Zu den Sur-Böcken erwünschten Typs gehörten die Tiere mit schroffem Übergang vom dunklen Grunde der Haare zu den aufgehellten Spitzen, mit normal ausgeprägter Färbung der Sur-Schafe, darunter auch am Deckhaar des Kopfes und der Beine. Bei den Sur-Böcken des unerwünschten Typs ist der Übergang zur aufgehellten Spitze des Haares verschwommen und die Sur-Färbung nicht deutlich ausgeprägt. Die größte Ausbeute (49,8%) von Fellchen erwünschter Sorten und die größte Zahl der zur Zucht zurückgestellten Jungböcke wurden bei der Kreuzung von Sur-Böcken des erwünschten Typs mit schwarzen Muttern der Klasse I erhalten. Vf. erklärt diese Ergebnisse durch Heterosis, die bei der Paarung von Tieren verschiedener Färbung auftritt, und empfiehlt, so weit wie möglich Sur-Böcke erwünschten Typs in allen Gruppen von schwarzen Mutterschafen zu verwenden, die Sur-Böcke unerwünschten Typs dagegen zur Gewinnung von Fellchen zu schlachten. übersetzt v. G. Boetticher. 4222.

3-64/04-0362 Valiev, U. V. Nekotorye osobennosti karakulja u gibridov (raznych pokolenij) archara s karakul'skimi ovcami. **(Einige Besonderheiten des Karakulfelles bei Hybriden verschiedener Generationen aus Archar und Karakulschaf.)** Sb. rabot molodych učenych n.-i. in-tov i vuzov M-va s. ch. UzSSR **1962** Nr. 1. S. 501–506. – Aus: Referativnyj žurnal Moskva. Životnovodstvo, veterinarija **1963** Nr. 8.58.33. S. 6.
Bei Reinzucht der grauen Karakulschafe gehen bis zu 30% der Nachzucht ein; bei Kreuzung schwarzer Karakulmutterschafe mit grauen Böcken erhöht sich die Lebensfähigkeit der grauen Nachkommenschaft, wenn man jedoch

diese Nachkommenschaft „in sich" weiterzieht, treten erneut nicht lebensfähige Albinoide auf. Eine bedeutende Steigerung der Vitalität wird bei der Kreuzung der grauen Mutterschafe mit dem Archar beobachtet. Die F_1-Hybriden unterscheiden sich in ihrem Exterieur stark von den Karakullämmern: Ihr Kopf ist leichter, die Beine sind lang und dünn mit sehr festen Klauen, der Schwanz ist schmal, mager und verschieden lang. Die F_2-Hybriden (Rückkreuzung mit Karakulschafen) ähneln im Exterieur den F_1-Tieren, aber in ihrem Temperament, ihrer Beweglichkeit und Reaktionsgeschwindigkeit unterscheiden sie sich nur wenig von den Archar-Schafen, in der Eigenart des Felles sind sie reinrassigen Karakullämmern sehr ähnlich. Die F_3 unterscheidet sich im Exterieur, darunter auch in der Struktur des Schwanzes, kaum von den reinrassigen Karakulschafen, die Tiere haben aber ein lebhafteres Temperament, und ihr Fell weist eine gleichmäßigere Färbung und keine falsch geformten Locken auf. Ein Vorzug der Hybriden ist auch die sehr dünne, dichte Haut. Von den Fellchen der F_2-Karakulhybriden wurden als reinrassig grau 57,9% angenommen, von den Fellchen der F_3 86,5%. Von den letztgenannten waren 77,0% I. Sorte, fast ebenso viele wie von den reinrassigen grauen Fellchen (78,6%). Die Hybridisierung trägt zur Verringerung der fehlerhaften Formen von Locken bei und begünstigt die Gleichförmigkeit der Färbung der grauen Karakulschafe, bes. derjenigen mit dunkelgrauer und stahlfarbener Tönung. übersetzt v. G. Boetticher. 4222.

3-64/04-0363 Czarnecki, J. T. und Cunliffe, D. W.; Highett, Australia, C.S.I.R.O. Drying of sheep for shearing. **(Das Trocknen von Schafen für die Schur.)** J. agric. Engng. Res. 8 (1963) Nr. 2. S. 156–161. — 4 Abb., 1 Tab., 1 Lit.

Schafe können nur bei einem Feuchtigkeitsgehalt der Wolle von 15–20% zufriedenstellend geschoren werden. Oftmals gilt es daher, durchnäßte Schafe vor der Schur in möglichst kurzer Zeit auf diesen Feuchtigkeitsgehalt heruntertrocknen. In Laboruntersuchungen wurde deshalb an lebenden Tieren der Zusammenhang zwischen Feuchtigkeitsgehalt der Wolle und der Zeitdauer des Trocknens untersucht. Das Ergebnis wird in einer mathematischen Gleichung dargestellt. Die Durchführung der Versuche wird besprochen, und die Folgerungen aus den Resultaten hinsichtlich Trocknungstemperatur, Luftführung und -geschwindigkeit werden in einem spez. Trocknungsstall gezeigt. In einem solchen Gebäude können völlig durchnäßte Tiere innerhalb von 12 Std. getrocknet werden. W. Bohrisch. 4238.

3-64/04-0364 Hunter, R. F. Hill sheep and their pasture; a study of sheep-grazing in South-East Scotland. **(Die Schafe des Hügellandes und ihre Weiden: Eine Untersuchung in Südost-Schottland.)** J. Ecol. **50** (1962) Nr. 3. S. 651–680. 4274.

3-64/04-0365 Eastoe, R. D., Evans, F. W. und Collins, C. E. Lamb raising on the North Coast. **(Die Lämmeraufzucht an der Nordküste.)** Agric. Gaz. New South Wales **73** (1962) Nr. 8. S. 396–398. — 2 Abb.

Die klimatischen Bedingungen dieses Landstriches stehen einer erfolgreichen Lämmeraufzucht entgegen. Hohe Niederschlagsmengen wechseln mit trockenen Wintern und schweren Regengüssen in den Sommern ab. In den Trockenperioden muß beigefüttert werden. In der Zeit eines schnellen Weidewachstums kann die Narbe nur durch teure Weideverfahren und den zusätzlichen Besatz mit Rindern in einer für Schafe erreichbaren Höhe gehalten werden. Bei dem vom Jan. 1959–März 1962 dauernden Weideversuch wurden Kreuzungsmutterschafe (Dorset Horn × Merino, Dorset Horn × [Dorset Horn × Merino], South Down × Merino und Leicester × Merino) als Versuchstiere verwendet. Der Schafbesatz lag zwischen 2,9 und 1,3 Mutterschafen je acre. Die Besatzveränderungen wurden durch Verluste und Verkauf von Muttertieren verursacht. Es gab eine Hauptlammzeit im Frühjahr und eine zusätzliche Lammung im Herbst. Während der gesamten Versuchsdauer (3 Jahre) verendeten $^1/_3$ der Mutterschafe, vor allem an Wurmparasiten. In 3 Frühjahrs- und 2 Herbstlammungen wurden 267 Lämmer geboren, von denen 15% vor der Kennzeichnung verendeten. Nur 49% der Lämmer erreichten mit 4 Lebensmonaten ein marktgängiges Stadium. Das durchschnittliche Schlachtgewicht betrug 25 (16–35) lb. Obwohl die Muttertiere im Fleischtyp standen und die Lammproduktion die Haupteinnahmequelle hätte sein müssen, kamen 33% des Rohertrages aus der Wolle. Bei einem Landpreis von fast £ 50 je acre stellt die Aufzucht von Lämmern auf Grund des vorliegenden Versuchsergebnisses keinen rentablen Betriebszweig dar. H. Busse. 4274.

3-64/04-0366 Collett, J. N. und Harrison, D. L. Lindane residues in sheep following dipping. **(Lindan-Rückstände an Schafen nach dem Baden.)** New Zealand J. agric. Res. **6** (1963) Nr. 1/2. S. 39–42. 4276.

3-64/04-0367 Hickey, F. Sheep mortality in New Zealand. **(Die Schafverluste in Neuseeland.)** New Zealand Agriculturist **15** (1963) Nr. 4. S. 1–3. 4280.

3-64/04-0368 *Dugarov, Dondok Daševič.* **Kompleksnye brigady v ovcevodstve.** (Komplexbrigaden in der Schafzucht.) Moskva: Sel'chozizdat. 1962. (53 S.) 8°. (DA 1629)
3-64/04-0369 *Gundert, Helmut.* **Die betriebswirtschaftlichen Verhältnisse auf Karakulfarmen in den südlichen Distrikten von Südwestafrika.** Diss. Landwirtsch. Fak. Hohenheim. 1962. (128 S.) 8°. (Diss. 9247)
3-64/04-0370 *Vasilev, N. A.* **Otčet sovetskoj sel'skochozjajstvennoj delegacii, vyezžavšej v Novuju Zelandiju dlja naučenija opyta po ėlektromechaničeskoj strižke ovec.** (Bericht einer sowjetischen Landwirtschafts-Delegation, die in Neuseeland Erfahrungen auf dem Gebiet der elektrischen Schafschur studiert hat.) Moskva: Minist. sel'skogo chozjajstva SSSR. 1963. (27 S.) 4°. (G 20)
3-64/04-0371 **Ovcevodstvo bez pastbišč.** (Schafzucht ohne Weiden.) Moskva: Izd. „Znanie". 1963. (30 S.) 8° = Stenogramma lekcii Serija 5 Nr. 9. (SR 168, 1963/9)

SPEZIELLE KLEINTIERZUCHT

B. ZIEGEN

3-64/04-0372 Schultze-Westrum, Thomas. **Die Wildziegen der ägäischen Inseln.** Säugetierkundl. Mitt. **11** (1963) Nr. 4. S. 145–182. — 33 Abb., 25 Lit. 4506.

3-64/04-0373 Ricordeau, M.; Jouy-en-Josas, Seine-et-Oise, Stat. de Génétique Animale C.N.R.Z. Possibilités de sélection dans l'espèce caprine. **(Möglichkeiten der Selektion bei der Ziege.)** Bull. techn. Inform. Ing. Serv. agric. [Paris] **1963** Nr. 179. S. 189–204. — 16 Abb., 4 Tab., 39 Lit.
In 4 Bezirken wurden 1961/62 Leistungsprüfungen durchgeführt. 85–90% der Geburten fallen in die Mon. Jan.–März. Dabei besteht zwischen Saanenziegen einerseits und Alpen- und Poitou-Ziegen andererseits kein Unterschied. Die Saanenziegen brachten ∅ 1,6 Lämmer, von denen ca. 35% weibl. waren. Die bunten Ziegen brachten 1,8 Lämmer, davon ca. 42% weibl. Die KB ist weit verbreitet. Bei den Saanenziegen hatten 2% eine Leistung über 1000 kg Milch, bei den bunten Ziegen 8%. Die Dauer der Laktation ist mit ∅ 260 bis 280 Tagen zu kurz. Die Persistenz der Laktation steigt mit der Laktationsnummer. Der Fettgehalt der Milch liegt bei beiden Rassengruppen um 3,3%. Zwischen Fett- und Eiweißgehalt wurde eine Regression von + 0,19 festgestellt. Der Eiweißgehalt lag zwischen 2,75 und 3,55% bei Milchproben mit einem Fettgehalt von 3,1–5,1%. Der Caseinanteil am Eiweiß ist mit 70–74% niedriger als im Eiweiß der Kuhmilch. Ziegen, die schon mit 1 Jahr erstmalig ablammten, hatten in ihrer zweiten Laktation mehr Milch als Ziegen, die im gleichen Alter erstmalig ablammten. Bei 10–15% der Ziegen wurde eine positive Brucellose-Reaktion festgestellt. Wege zu einer wirksamen Zuchtauslese sind: Leistungskontrolle, Verwendung von Böcken aus besten Leistungsziegen und Nachkommenprüfungen von Böcken. Praktisch ergeben

sich 3 Möglichkeiten der Prüfungen: Prüfung in Betrieben, die der KB angeschlossen sind (wenigstens 40 Nachkommen je Bock), Prüfung in großen Herden und Prüfung in bes. Prüfstationen. Neben der Erfassung der Leistungen können Feststellungen gemacht werden über das Wachstum, die Futterverwertung, die Brunsterscheinungen, die Fruchtbarkeit, Geburtsgewichte und die Eignung der Milch für die Käserei. J. K. Hinrichsen. 4545.

C. GEFLÜGEL

3-64/04-0374 Strecker, O. **Die agrarpolitische und marktwirtschaftliche Situation der modernen Geflügelwirtschaft.** Dtsch. tierärztl. Wschr. **70** (1963) Nr. 2. S. 33–38.

Die moderne Geflügelwirtschaft ist durch eine schnelle Entwicklung, durch die Forderung nach Vergrößerung des Produktionsvolumens im einzelnen Betrieb und höchstmöglicher Rentabilität gekennzeichnet. Dabei löst sich die Geflügelwirtschaft aus dem Gefüge der Hauswirtschaften. Ein bestimmender Grund für die vorhandene Situation ist weiterhin die fortschreitende Arbeitsteilung mit vor- und nachgelagerten Stufen (Produktionsmittellieferanten und Abnehmer). Während der Erfolg des Mastbetriebes im wesentlichen von einer optimalen Stall- und AK-Ausnutzung abhängt, haben bei der Legehennenhaltung Schlupftermin und Umtriebsform Einfluß auf die Preis-Kosten-Relation. Als zentrales agrarpolitisches Anliegen der Geflügelwirtschaft wird die Forderung nach Gleichgewicht der staatl. Preispolitik der Bodenprodukte (Futtermittel) und Veredlungsprodukte aufgezeigt. Durch das agrarpolitische Instrumentarium der EWG soll versucht werden, die Harmonisierung der staatl. Einflußnahme auf den verschiedenen Agrarmärkten zu erreichen. Der Absatzerfolg der inländischen Geflügelprodukte wird jedoch nur durch gemeinsame Selbsthilfe zu sichern sein; dabei werden sich neue Formen der Absatzorganisation durchsetzen, deren Kennzeichen die von einem Marktpartner der Landwirtschaft ausgehende zentrale Willensbildung für eine Gruppe landwirtsch. Betriebe sind. W. Bonitz. 4601.

3-64/04-0375 Weidenmüller, H. **Der Einfluß der modernen Geflügelwirtschaft auf die Geflügelkrankheiten.** Dtsch. Geflügelwirtsch. **15** (1963) Nr. 38. S. 532–533. 4601.

Hühner

3-64/04-0376 Hanneberg, B. und Maier, E. **Die Geflügelwirtschaft in Bayern.** Dtsch. Geflügelwirtsch. **15** (1963) Nr. 25. S. 342–344. — 4 Abb., 4 Tab.

In Bayern wurden 1962 insgesamt 12,83 Mill. Legehennen gehalten, das sind 20,8% des Bundesbestandes. Von 3122 Hühnerhaltungen der Größenklassen ab 250 Hennen sind 91,8% landwirtsch. Betriebe, nur 8,2% besitzen gewerblichen Charakter. Beachtenswert ist die Tatsache, daß in 86,2% dieser Betriebe 250–1000 Hennen gehalten werden. Betriebe mit aufgestockten Beständen bedienen sich heute durchweg im Stallbau sowie auf dem Gebiet der Fütterung neuester wiss. Erkenntnisse. Die Auslaufhaltung (auch für Junghennen) ist in Großbetrieben nur noch vereinzelt anzutreffen. Die Rebhuhnfarbigen Italiener sind an der Kükenerzeugung zu 40%, die Weißen Leghorn zu 34% beteiligt, danach kommen die Hybriden (20%) sowie Hampshire und sonstige Rassen. Im Vordergrund steht in Bayern die Eiererzeugung, in den letzten Jahren hat sich auch die Junggeflügelmast stark ausgeweitet. Die Kükenerzeugung liegt z. Z. jährl. bei ca. 16 Mill. Stck., sie erfuhr seit dem Jahre 1954 eine Verdoppelung. Die bayr. Herdbuchzuchten erzeugen jährl. 15000 Herdbuchhähne, die sowohl als Eintagsküken an die Vermehrungsbetriebe abgegeben als auch als gekörte Herdbuchtiere verkauft werden.
K. Löhle. 4608.

3-64/04-0377 Skořepa, Vl., Wiedermann, G. und Macek, Z. Veľkozávod na výrobu drůbežího masa v Xaverově. **(Geflügelfleischgroßerzeugung in Xaverov.)** Výstavba socialist. Vesnice **1963** Nr. 3. S. 48–52. – 6 Abb., 1 Tab.

Der Geflügelzucht-Großbetrieb in Xaverov besitzt neben der Aufzuchtanlage als Hauptobjekt einen Mastbetrieb, der aus zehn 3stöckigen Bauten mit einer Kapazität von 448000 Broilern besteht. Die Brutanlagen liefern tägl. 5600 Küken an die Mastabteilung. Die Mast dauert insgesamt 80 Tage. Die Hallen sind auf eine Optimaltemperatur von 15–16 °C und eine rel. Luftfeuchtigkeit von 70–75% klimatisiert. Die Klimatisierung ist durch Notöffnungen gegen Havarien gesichert. Während der ersten 24 Tage leuchten tägl. 14 Std. rote Lampen, dann wechseln die Farben des Lichtes: 1 Std. rot und 4 Std. blau. Die Fütterung mit granuliertem Futtergemisch ist automatisiert. Die aus 40% Torfstreu, 30% Holzspänen und 30% Häckselstreu bestehende Tiefstreu wird nach allen 5 Durchgängen gewechselt. Auf 1 m² entfallen 15 Eintagsküken. 1 AK betreut 39200 Broiler in 7 Hallen. Insgesamt arbeiten 20 AK und 4 Schichtarbeiter in 2 Schichten zu je 7 Std. Die Hallen sind in Eisenbetonskelettbauweise errichtet. Die Querunterzüge auf 3,30 m hohen Tragsäulen tragen montierte Deckenpaneele für eine Belastung von 300 kp/m². Das aus Eisenbetonfertigteilen hergestellte Satteldach hat eine Neigung von 10°. Der Fußboden besteht aus einem Betonestrich, der Innenverputz wird aus Zement mit Latexanstrich hergestellt. Das Schlachthaus hat eine Kapazität von 1000 Stck./Std. Das halbautomatisch gerupfte Geflügel wird nach dem Schlachten und Brühen ausgenommen, auf 4 °C gekühlt und dann verpackt. Einschließlich des Mast-, Brut- und Hilfsbetriebes beschäftigt das Unternehmen 142 Arbeiter und 20 Angestellte. Laut Kalkulation entfallen auf 1 kg Schlachtgewicht 14,50 Kčs Selbstkosten. Die Investitionskosten von 86 Mill. Kčs sollen in weniger als 3 Jahren getilgt werden. ČSSR/ÚVTI. 4608.

3-64/04-0378 Garren, Henry W. und Hill, Charles, H. The Leghorn. **(Die Leghorn.)** Res. and Farming **21** (1963) Nr. 3/4. S. 10. 4622.

3-64/04-0379 Mende, G. **Untersuchungen über die Ursachen der Deformation des Brustbeinkammes (Christa Sterni) bei Zucht- und Masthühnern.** Arch. Geflügelzucht Kleintierkunde **12** (1963) Nr. 2. S. 88–120. – 7 Abb., 10 Tab.

Die in der Lit. dargelegten Meinungen über die Ursachen der Brustbeinverkrümmungen bei Hühnern sind zahlreich und vielfach widersprechend. Um einen Beitrag zur Klärung dieser Probleme zu bringen, stellte Vf. in 12 Zuchtbetrieben Untersuchungen an. Es konnte nachgewiesen werden, daß pH-Werte und Phosphorsäuregehalt der Ausläufe die Entwicklung des Brustbeines beeinflussen. Als bes. günstig hat sich ein pH-Wert von 6,5–7,5 und ein Phosphorsäureanteil von 40 mg/100 g Boden bewährt. Auch der Pflanzenbestand sowie sein Nähr- und Mineralstoffgehalt übten einen bestimmten Einfluß auf die Gesamtentwicklung der Tiere und somit des Brustbeines aus. Ein hoher S- und Cl-Anteil im Trinkwasser verursachte einen negativen Einfluß auf die Mineralisierung des Brustbeines. Die positive Wirkung des Vit. D auf die Verknöcherung des Brustbeines ist nur dann voll wirksam, wenn Vit. A und E in ausreichenden Mengen vorhanden sind. Eine Gabe von 10 mg Vit. E/kg Futter hat die Ausbildung des Brustbeinkammes am günstigsten beeinflußt. Abschließend wird der Hinweis gebracht, daß die Disposition zur Brustbeinkammdeformation vererbbar ist, wobei der Vererbung der Mineralstoffausnutzung die größte Bedeutung zukommt. K. Löhle. 4655.

3-64/04-0380 Siegel, P. B.; Blacksburg, Virginia Polytechn. Inst. Selection for body weight at eight weeks of age. 2. Correlated responses of feathering, body weights, and reproductive characteristics. **(Selektion von Hühnern**

nach dem 8-Wochen-Gewicht. 2. Mitt. Korrelierte Reaktionen der Befiederung, des Körpergewichtes und von Fortpflanzungsmerkmalen.) Poultry Sci. 42 (1963) Nr. 4. S. 896–905. – 6 Tab., 26 Lit. 1. Mitt. vgl. LZ. Abt. III 8 (1963) Nr. 3. S. 530.

Eine Linie Weiße Plymouth Rock wurde 4 Generationen in beiden Richtungen nach dem 8-Wochen-Gewicht (W) selektiert. Die Divergenz zwischen den beiden resultierenden Linien hatte auch Veränderungen im 4-, 24- und 38-Wochen-Gewicht zur Folge. Tiere aus der Linie mit hohem W legten signifikant früher als solche mit niedrigem W. Genetische Korrelationen zwischen W und Alter bei Legereife waren negativ, aber kleiner als die Umweltkorrelationen. Die prozentuale Legeleistung je Hennentag stand in umgekehrter Beziehung zum Selektionsmerkmal. In der 4. Generation betrugen die stark signifikanten Differenzen zwischen den Linien fast 2 Wochen im Alter beim 1. Ei und 10% in der Legeleistung. Bereits nach einer Generation legte die schwerere Linie signifikant schwerere Eier mit signifikant größeren Haugh-Einheiten als die leichtere Linie. Diese Differenzen vergrößerten sich in den folgenden Generationen. Das Spermavolumen war positiv korreliert mit W, die Beweglichkeit der Spermien negativ, die Spermakonzentration dagegen war von W unabhängig. A. Schaaf. 4655.

3-64/04-0381 Smetana, P. und Hunt, F. A. E. Fifth Western Australian Random Sample Egg Laying Test. **(Die 5. Westaustralische Stichproben-Legeleistungsprüfung — Abschlußbericht.)** J. Agric. Western Australia [5] 4 (1963) Nr. 4. S. 265–272. – 1 Abb., 8 Tab.

Von 25 Herkünften zu je 60 sortierten Eintagsküken waren 17 Gruppen Weiße Leghorn × Australorp, 3 Weiße Leghorn, 1 Australorp, 2 Australorp × Weiße Leghorn und 2 Zick-Zack-Kreuzungen. Als Standard dienten Weiße Leghorn aus einer unverbesserten Herde. Aus jeder Gruppe wurden nach Reduzierung auf 48 bei Prüfungsbeginn (8 Wochen) 36 Junghennen gemeinsam auf der Weide und 12 separat intensiv aufgezogen. Im Alter von 150 Tagen wurde jede Gruppe in 4 Tiefstreuabteile (8 × 6 ft.) aufgestallt. Die Fütterung erfolgte mit einem vitaminierten Trockenfuttergemisch und gehäckseltem Grünfutter. Die Sterblichkeit im Verlauf des 450-Tage-Testes betrug 24,2% der 8 Wochen alten Tiere, davon 39% durch Geflügelparalyse, 11,4% durch Leukose. Die durchschnittl. Legeleistung je aufgestallte Henne (in 50 Wochen) war 170,5 Eier, je Hennentag 190,3 Eier. 6 Gruppen legten mehr als 200 Eier, die Spitzengruppe 212,9 Eier. A. Schaaf. 4656.

3-64/04-0382 Cock, A. G. und Morton, J. R.; Edinburgh, A.R.C., Poultry Res. Centre; Cambridge, Univ., School of Agric. Maternal and sex-linked effects on size and conformation in domestic fowl. **(Maternale und geschlechtsgebundene Effekte auf Größe und Gestalt beim Haushuhn.)** Heredity 18 (1963) Nr. 3. S. 337–350. – 8 Tab., 40 Lit.

An Hand von reziproken Kreuzungen zwischen 2 ingezüchteten Linien Weißer Leghorn, C und I, mit 23 bzw. 22 aufeinanderfolgenden Generationen Vollgeschwisterpaarung demonstrieren Vff. das Vorhandensein geschlechtsgebundener und maternaler Effekte auf die Körpergröße ausgewachsener Tiere. Die kleinere I-Linie hat das „größere" X-Chromosom, das das Körpergewicht gegenüber dem der C-Linie um ca. 3% erhöht. Dagegen bewirkt der Maternaleffekt der C-Linie eine Erhöhung des Körpergewichtes um ca. 6% im Vergleich zur I-Linie. Der Maternaleffekt äußert sich vorwiegend in der Größe, während der geschlechtsgebundene Effekt die Beziehung Schenkellänge : Körpergewicht beeinflußt. Der beobachtete Maternaleffekt ist im Vergleich zu den Differenzen im Eigewicht groß und bleibt im Gegensatz zu Beobachtungen an Säugern mit dem Alter im Prozentsatz nahezu konstant. Vff. halten es daher für unwahrscheinlich, daß der Maternaleffekt nur über die Eigröße wirksam wird, sondern sehen qualitative Unterschiede in der Natur der Umwelt, die das Ei bewirkt, als den wahrscheinlicheren Wirkungsmechanismus an.

A. Schaaf. 4660.

3-64/04-0383 Zieba, J. Wpływ koguta na cechy potomstwa. **(Der Einfluß des Hahnes auf die Merkmale der Nachkommenschaft.)** Drobiarstwo **11** (1963) Nr. 2. S. 13–15. — 3 Tab.

In vielen Fällen hat der Hahn auf die in der Nachkommenschaft auftretenden Merkmale einen größeren Einfluß als die Henne. Merkmale, welche die Nachkommenschaft, bes. die Töchter, an den Vater angleichen, heißen geschlechtsgebundene Merkmale. Hierzu gehören Farbe der Läufe und der Befiederung, Schnelligkeit der Befiederung, geschlechtliche Frühreife, Brutlust und Körpergewicht. Die Kenntnis davon, wie diese Merkmale auf die Nachkommenschaft übergehen, sind für die Wahl der Rassen und Zuchtlinien zwecks Kreuzung von grundsätzlicher Bedeutung. Versuche und Forschungen haben gezeigt, daß ein großer Einfluß des Hahnes auf die Übertragung solcher Merkmale auf die Nachkommenschaft wie rasche Befiederung, frühe Geschlechtsreife, Beinfarbe, Körpergewicht und verringerte Brutlust besteht. Falls daher ein verstärktes Auftreten solcher Merkmale in der Herde erwünscht ist, muß eine entspr. Wahl der Hähne erfolgen, wobei auch die Selektion der Hennen nicht vernachlässigt werden darf. Als Mütter zukünftiger Hähne haben sie auf ihren Zuchtwert einen erheblichen Einfluß.

PRL/CBR, übersetzt v. R. Hüffer. 4660.

3-64/04-0384 Siegel, P. B. und Dudley, D. S.; Blacksburg, Virginia Polytechn. Inst. Comb type, behavior and body weight in chickens. **(Kreuzungstyp, Verhaltensweise und Körpergewicht bei Junghähnen.)** Poultry Sci. **42** (1963) Nr. 2. S. 516–522. — 4 Tab.

Die Körpergewichte von 2 verschiedenen Kreuzungstypen wurden gegenübergestellt und ihr Verhalten in Herden, in denen die Typen einzeln und gemischt gehalten wurden, studiert. Dabei wurde den männl. Tieren bes. Beachtung geschenkt, da hier die Ergebnisse bedeutend unterschiedlicher waren als bei weibl. Tieren. Man fand bei gemischter Haltung die Überlegenheit des einen Typs, wobei bei dem unterlegenen Typ mehr Kampfhähne beobachtet wurden als bei dem überlegenen. Jedoch beeinflußte die Überlegenheit des einen Typs nicht das Verhältnis von Kreuzungstyp zum Körpergewicht, da optimale Futterbedingungen gegeben waren. Vff. halten weitere Untersuchungen für notwendig. B. Rempel. 4667.

3-64/04-0385 Eilfort, Karl. **Hinweise für eine erfolgreiche Kükenaufzucht.** Dtsch. Geflügelwirtsch. **15** (1963) Nr. 4. S. 41–43. — 3 Abb.

Unter den Anforderungen an den Kükenaufzuchtstall ist die optimale Temperatur von 15–20 °C bis zur 4. Woche und danach von 10–20 °C zu nennen. Der Besatz soll bis zur 8. Woche 10 Hennenküken/m² betragen und verringert sich danach auf 5–6 Tiere/m². Sonst muß der Stall leicht zu reinigen sein. Für die 1. Aufzuchtperiode ist auf die richtige Anordnung der Wärmestrahler zu achten, was am Verhalten der Küken zu kontrollieren ist. In der Fütterung wird auf Kükenalleinmehl orientiert, jedoch der kombinierten Fütterung auch ein Platz eingeräumt. Während des 2. Entwicklungsabschnittes muß das Reifen der Tiere in Abhängigkeit vom Schlupfmonat durch Licht und Fütterung entspr. gesteuert werden; so z. B. für frühe Schlüpfe zeitig mit der Junghennenfütterung und spät mit der Legehennenfütterung (15–20% Legeleistung) bei begrenzten Lichtverhältnissen beginnen. W. Bonitz. 4667.

3-64/04-0386 Wyrwich, D. Wychów kurcząt do wieku 4 tygodni. **(Die Aufzucht der Küken bis zum Alter von 4 Wochen.)** Drobiarstwo **11** (1963) Nr. 2. S. 8–10.

Behandelt werden die Aufzucht auf Tiefstreu, auf mit Sand oder Streu versehenen Holzfußböden sowie die kombinierte Haltung (bis 10 Tage in Batterien und später auf Fußböden). Für die Aufzucht auf großen Farmen hat sich das erste Verfahren wegen des geringsten Arbeitsaufwandes und der höchsten Besatzdichte je 1 m² am besten bewährt. Die zur Aufzucht der Küken bestimmten Räume müssen so beheizt werden, daß die Temperatur nicht unter 18 °C sinkt. Sie sind gründlich zu lüften. Bis zur 4. Lebenswoche benötigen die Küken noch zusätzl. Wärme über Koks- oder Gasöfen bzw. Infrarotlampen. Die Temperatur unter der künstlichen Glucke muß in der 1. Lebenswoche 28–30 °C betragen; bis zur 4. Lebenswoche wird sie allmählich auf 22–24 °C gesenkt. Das verabreichte Futter muß frisch und verdaulich sein. Bis zur vierten Lebenswoche entwickeln sich die Küken sehr intensiv und vergrößern ihr Körpergewicht um das 5fache, sie benötigen daher ein sehr eiweißhaltiges Futter (bes. Eiweiß tierischer Herkunft), ferner Vitamine (junge Grünpflanzen und Tran) sowie Mineralstoffe (mineralisches Mischfutter). Das Futter wird abwechselnd in Form von trockenem und nassem Mischfutter verabfolgt. An warmen und sonnigen Tagen müssen die Küken als beste Vitaminquelle einen grünen Auslauf haben. Auch gegen die atypische Geflügelpest sollten die Tiere schutzgeimpft werden.

PRL/CBR, übersetzt v. R. Hüffer. 4667.

3-64/04-0387 Richter, W.; Jena, Friedrich-Schiller-Univ., Inst. für Tierzucht. **Schlupfergebnisse und Schlupfzeiten bei alten und frischen Bruteiern.** Garten u. Kleintierzucht, Ausg. B 2 (1963) Nr. 9. S. 4. – 3 Tab.

14 Tage alte Eier wiesen bei Untersuchungen in der HPA Altenberga/Kahla ein um 30–40% niedrigeres Schlupfergebnis auf als 1–3 Tage alte Eier. Hinsichtlich des Schlupfzeitpunktes wurde festgestellt, daß nach 492 Brutstunden aus den frischen Bruteiern bereits 56,8% der Küken geschlüpft waren, während es bei den alten Bruteiern zum gleichen Zeitpunkt erst 45,8% waren. Der Nachschlupf betrug 20,8%, bei den frischen Eiern nur 9,8%. Von 2006 geschlüpften Küken entstammten 207 Küken = 10,7% aus dem Nachschlupf. Die 10-Wochen-Gewichte dieser Tiere waren nur wenig niedriger, die Verluste jedoch trotz Vorselektion um 5% höher. U. Hofmann. 4667.

3-64/04-0388 Haenel, H.; Potsdam-Rehbrücke, Inst. für Ernähr. der Dtsch. Akad. der Wiss. zu Berlin. **Fragen der Resistenzsteigerung in der modernen Geflügelhaltung.** Ernährungsforschung 8 (1963) Nr. 1. S. 54–62. – 28 Lit.

Für eine wirtschaftliche Geflügelaufzucht und -haltung muß neben optimalen Fütterungs- und Haltungsbedingungen in erhöhtem Maße die Steigerung der Resistenz der Tiere gegenüber Infektionskrankheiten und subklinischen mikrobiellen Störungen beachtet werden. Bei der Resistenzbildung und -beeinflussung ist zwischen endogenen (rassebedingte Konstitution, körpereigene Antibiotica, Lysozym, Properdin, Neuraminsäure, Tropine, Alexine, Leukine, Cytolysine, Opsonine, Inhibine) und exogenen Faktoren (Faktoren des Seuchenschutzes und der Stallhygiene, Antibiotica, Hormone, Tranquillantien, org. Arsenverbindungen, Coccidiostatica, Vit. C und K sowie oberflächenaktive Stoffe) zu unterscheiden. Um für die Haltung konstitutionsstarker, trotz Hochleistung unempfindlicher und gesunder Tiere endogene und exogene Faktoren auf geeignete Weise miteinander kombinieren zu können, ergibt sich die dringende Aufgabe, ihre Wirkungsweise aufzuklären.

B. Gaßmann. 4668.

3-64/04-0389 Baljosov, D. **Gebrauchskreuzung von New Hampshire-, Rhodeländer- und Sussexhühnern mit Leghornhähnen.** Arch. Geflügelzucht Kleintierkunde **12** (1963) Nr. 2. S. 69–81.

4 Gruppen zu je 20 Junghennen der Rassen New Hampshire, Rhodeländer, Sussex und Leghorn (Kontrolle) wurden mit Leghorn-Hähnen verpaart und die Mast- und Schlachtleistung der männl. sowie Entwicklung und Leistung der weibl. Nachzucht ausgewertet. Dabei ergaben sich um ca. 200 g höhere Lebendgewichte der Kreuzungstiere in 3 Mon. als bei reinrassigen Leghorn.

Bessere Ergebnisse erzielten die Kreuzungstiere auch bei Schlachtgewicht, Schlachtverlust, Fleisch-Knochenverhältnis und Futterverwertung. Die Lege- und Brutleistung der Kreuzungshennen war teilweise höher oder gleich der der reinrassigen Leghorn. Die Kreuzungshennen hatten ein höheres Lgw. und eine zur Hälfte geringere Verlustquote als die Leghorn. W. Bonik. 4669.

3-64/04-0390 Crawford, R. D. und Merritt, E. S.; Charlottetown, Ontario, Canada Dep. of Agric. The relationship between rose comb and reproduction in the domestic fowl. **(Die Beziehungen zwischen Rosenkamm und der Fruchtbarkeit beim Huhn.)** Canad. J. Genetics Cytol. **5** (1963) Nr. 1. S. 89–95. – 5 Tab., 6 Lit.

In der Literatur finden sich mehrfach Angaben, daß die rosenkämmigen Wyandottes in der Fruchtbarkeit hinter anderen Rassen zurückbleiben. Versuche, die 3 Jahre lang an 2 Orten mit Tieren aus einem Fleischhuhnstamm durchgeführt wurden, die auf die 4 Kammformen Rosen-, Steh-, Erbsen- und Walnußkamm ausgewählt waren, bestätigen dies erneut. Die Befruchtung war bei den Hähnen am geringsten, die in bezug auf den Faktor Rosenkamm homozygot waren (64,9%:82,6% im äußersten Falle). Die heterozygoten Hähne unterschieden sich nicht von den Hähnen mit anderer Kammbildung bzw. nur geringfügig. Die rosenkämmigen Hennen, ob homo- oder heterozygot, blieben in der Leistung hinter denen mit anderen Kammformen nicht zurück. Inwieweit sich die geringere Fruchtbarkeit auf die Anzahl unbefruchtet gebliebener Eier beschränkt oder auf die frühe Sterblichkeit der Embryonen übergreift, wurde nicht ermittelt. C. Engelmann. 4672.

3-64/04-0391 Ließ, J. und Grove, D.; Hannover, Tierärztl. Hochschule, Richard-Götze-Inst.; Inst. für Haustierbesam. und -androl. **Über eine postpuberal aufgetretene Fortpflanzungsstörung beim Haushuhn.** Tierärztl. Umschau **18** (1963) Nr. 8. S. 443–445. – 2 Abb., 1 Tab., 2 Lit. Zus. in Engl.

An einem Beispiel wird auf die Wichtigkeit der mikroskopischen Untersuchung der Samen in der Praxis der Hühnerbesamung hingewiesen. Von einem Hahn (Samenspender) wurden 66 Samenproben spermatologisch untersucht. In 32 Proben wurden Samenzellen nachgewiesen, während in 34 weder Samen noch ihre Vorstufen festgestellt werden konnten. Auf Grund der makroskopischen Untersuchung konnte jedoch eine mittlere bis geringe Spermiendichte angenommen werden. Die vermutete Impotenz des Hahnes wurde durch einen Paarungsversuch mit gut legenden Hennen bestätigt. Sämtliche Eier waren unbefruchtet. Anschließend wurden histol. Untersuchungen der Hoden durchgeführt. Es wird angenommen, daß es zu Abflußstörungen der samenleitenden Wege, vielleicht leukotischer Natur, gekommen ist.

M. Richter. 4672.

3-64/04-0392 Wodzinowski, J. Żywienie niosek w okresie wylęgowym. **(Die Ernährung der Legehennen während der Brutzeit.)** Drobiarstwo **11** (1963) Nr. 2. S. 5–6.

In der Brutperiode darf man sich nicht auf die mengenmäßige Erfassung der Futterbestandteile beschränken; denn auch ihre Qualität ist von Bedeutung. So müssen z. B. die Eiweißstoffe des Futters biol. hochwertig sein, bzw. sie sollen alle essentiellen Aminosäuren enthalten. Überhöhte Gaben der Futterbestandteile wirken sich negativ auf den Organismus und auf die Schlupffähigkeit aus. Daneben ist bes. auf Frische und Gesundheit des den Legehennen verabfolgten Futters zu achten. Die wichtigsten Vitamine sind Vit. A, D, E und B_{12} und P, Ca und Mn als Mineralsalze. Das Verhältnis von Ca zu P soll 2,25:0,75 betragen. Der Mn-Bedarf ist so hoch, daß er i. allg. durch natürliches Futter nicht gedeckt werden kann. Deshalb wird als Zusatz ein spez. Präparat oder die Standardmischung MM verabfolgt.

PRL/CBR, übersetzt v. R. Hüffer. 4688.

3-64/04-0393 Smetana, P.; Wembley, Poultry Res. Stat. Broiler research. I. Meat strains for broiler production. **(Broilerforschung. 1. Mitt. Mastrassen für die Broiler-Produktion.)** J. Agric. Western Australia [4] 4 (1963) Nr. 7. S. 421–424. – 2 Abb., 4 Tab.

Es wurde ein vergleichender Mastversuch mit Küken aus 3 Broilerzuchten und Hahnenküken aus Leghorn × Australorp durchgeführt. In Hinsicht auf die verschiedenen Kükenpreise und Mastleistungen erwiesen sich die Kreuzungsküken in diesem Versuch als die wirtschaftlicheren. Jedoch werden die allg. gegebenen Vorteile der Verwendung von Broilerküken aus Mastrassen hervorgehoben. Nach Meinung des Vf. bestehen sie in folgendem: Kontinuierliche Kükenproduktion gegenüber den nur in der Saison vorhandenen Kreuzungshahnenküken, ausgeglichene Leistungen und besserer Schlachtwert sowie hohe Wachstumsintensität. W. Rudolph. 4690.

3-64/04-0394 Nawroth, Chr. **Broiler — die billigsten Fleischlieferanten.** Garten u. Kleintierzucht, Ausg. B 2 (1963) Nr. 8. S. 8–9. – 7 Abb.

Durch die Herauszüchtung geeigneter Mastrassen sowie durch den Aufbau entspr. Mastbetriebe soll die Inlanderzeugung erhöht werden. Die wiss. Leitung des Aufbaus der Vermehrungszuchten und der Broilerproduktion in der DDR liegt in den Händen des Inst. für Geflügelzucht Rottenau. Die Züchtungsarbeiten werden hier mit den Rassen Cornish, White Rock und New Hampshire durchgeführt. Innerhalb des Inst. wurden 3 Arbeitsgruppen gebildet, und zwar Zucht, Brut und Aufzucht sowie Mast- und Schlachtprüfung (einschl. Versuchslabor). U. Hofmann. 4690.

3-64/04-0395 Čížek, Karel und Mašek, Jiří. Faktory působící na vlastní náklady vajec v nové velkovýrobní technologii. **(Faktoren, die in der neuen Großproduktionstechnologie die Selbstkosten bei Eiern beeinflussen.)** Zemědělská Ekonom. 9 (1963) Nr. 3. S. 133–146. – 1 Abb., 10 Tab. Zus. in Russ., Dtsch.

Eine Vergleichstabelle (Selbstkosten je 100 Fütterungstage und 100 Eier für Tiefstreu- und Käfigaufzucht) zeigt, daß die neue Technologie um 17 Heller pro Ei rentabler ist als in den Auslaufhaltungen. Die Futtermittelkosten haben an den Selbstkosten den größten Anteil. Man ist bestrebt, diesen Anteil herabzusetzen (Sicherstellung der Futtermittel, richtige Zusammenstellung usw.), denn die Senkung der Futterkosten um 10% bedeutet 0,05 Kčs pro Ei. Der zweithöchste Anteil sind die Löhne. Die Rationalisierung muß hier den Weg zur Steigerung der Arbeitsproduktivität einschlagen. Auch der Anteil der Herdenerneuerung hat große Bedeutung. Es muß die modernste Methode der Kükenaufzucht gewählt werden (der Kostenunterschied je Ei beträgt beim Junghennenpreis von 30 bzw. 40 Kčs 0,07 Kčs). Bei der Realisierung verschiedener Maßnahmen muß man den Einfluß einzelner Eingriffe auf die Steigerung des ökonomischen Nutzeffektes der Eierproduktion in Betracht ziehen. ČSSR/ÚVTI. 4700.

3-64/04-0396 Rauch, W. **Über den Legerhythmus von Käfighennen.** Arch. Geflügelkunde 27 (1963) Nr. 2. S. 156–170.

An 20 einjährigen Leghorn-Hennen wurde mittels einer beschriebenen Registrierapparatur der Legerhythmus der Hennen untersucht. Dabei ergab sich die größte Legeintensität von 9^{00}–15^{00} und eine Legehäufigkeit von 6^{00}–18^{00} von 89%. Eier gleicher Ordnungszahl werden um so früher gelegt, je größer die Anzahl der Eier in der Serie ist (Serienlänge). Die durchschnittl. Intervallzeit zwischen 2 aufeinanderfolgenden Eiern einer Serie ist von der Serienlänge abhängig. Sie nimmt mit wachsender Serienlänge ab. Zwischen Legeleistung und Serienlänge besteht ein Zusammenhang, jedoch wird eine Selektion nach der durchschnittl. Serienlänge als nicht genügend wirkungsvoll angesehen. W. Bonitz. 4700.

3-64/04-0397 Wilcox, F. H. und Shaffner, C. S.; College Park, Univ. of Maryland. Performance of lines selected for high and low serum cholesterol. **(Die Leistung von nach hohem und niedrigem Serum-Cholesteringehalt selektierten Linien.)** Poultry Sci. 42 (1963) Nr. 4. S. 1033–1035. – 1 Tab., 3 Lit.
Nach dem Cholesteringehalt im 6-Wochen-Alter wurden je eine Linie mit hohem und niedrigem Cholesteringehalt geschaffen und von 1958–61 verglichen. Eindeutige Unterschiede zwischen diesen beiden Linien ergaben sich für das 6-Wochen-Gewicht und für die Haugh-Einheiten. Die Linie mit hohem Cholesteringehalt hatte das niedrigere 6-Wochen-Gewicht (424 g gegenüber 442 g) und die höheren Haugh-Einheiten (73 gegenüber 69). Bez. Sterblichkeit, Befruchtung, Schlupffähigkeit, Eigewicht, spez. Gew. des Eies und Körpergewicht gab es keine Unterschiede. H. Pingel. 4700.

3-64/04-0398 Tower, B. A., Dixon, J. M. und Johnson, W. A.; Baton Rouge, Louisiana State Univ. Dubbing and cropping day-old Leghorn pullets. **(Entfernung der Kamm- und Kehllappenansätze bei Leghorn-Hennenküken.)** Poultry Sci. 42 (1963) Nr. 4. S. 1032–1033. – 2 Tab., 7 Lit.
Mit 728 Leghorn-Hennen wurde der Einfluß der Entfernung der Kamm- und Kehllappenansätze beim Eintagsküken auf die Mortalität und Legeleistung adulter Tiere geprüft. Die Ergebnisse der Untersuchung zeigen im Gegensatz zu einigen anderen bekannten Versuchen, daß Kamm- und Kehllappenentfernung Mortalität und Legeleistung nicht erhöhen. In kälteren Klimaten wird die Entfernung der Kopfanhänge für nützlich erachtet, für wärmere Gegenden zeigen sich jedoch keine bes. Vorteile. W. Rudolph. 4700.

3-64/04-0399 Jensen, Arne; Trondheim, Norway, Inst. of Seaweed Res. The effect of seaweed carotenoids on egg yolk coloration. **(Die Wirkung von Seetangcarotinoiden auf die Eidotterfärbung.)** Poultry Sci. 42 (1963) Nr. 4. S. 912–916. – 6 Tab., 8 Lit.
Der Zusatz von 10 oder 15% Seetangmehl (*Ascophyllum nodosum*) zur Grundration mit 27% Mais ergab bei Verfütterung an Legehennen eine Intensivierung der Dotterfarbe. Allerdings beruhte dies nicht auf Erhöhung der Pigmentkonzentration, sondern auf einer Veränderung der Zusammensetzung der Carotinoide. Beim Zusatz von 10% *Fucus vericulosis* und 15% *F. serratus* zu einer Grundration mit Milocorn an Stelle von Mais, die sehr blasse Eidotter ergab, wurde der Carotingehalt in den Eidottern um das 10- bzw. 7,5fache erhöht. Das Violaxanthin und Fucoxanthin aus dem Seetang erscheint nicht im Eidotter, sondern wird umgewandelt und führt zum Ansteigen der Furanoid-Verbindungen. H. Pingel. 4700.

3-64/04-0400 Høie, Johs., Sannan, Fridtjov und Raastad, Nils. Forsøk med kyllinger og verpehøner på bur og binge. **(Versuche mit Küken und Legehennen im Käfig und am Boden.)** Meld. Norges Landbrukshøgskole 42 (1963) Nr. 8. S. 1–26. – 17 Tab., 11 Lit. Zus. in Engl.
In der Zeit von 1947–61 wurden 5 Aufzuchtversuche mit insgesamt 2482 Küken und 4 Versuche mit insgesamt 435 Legehennen durchgeführt. Neben Weißen Leghorn (WL) standen Rote Rhodeländer (RR) und in geringer Zahl Kreuzungstiere im Versuch. Bei Haltung in Käfigen während einer Zeit von 3, 7 oder 10 Wochen wuchsen die Küken etwas schneller als bei Bodenaufzucht auf Tiefstreu. Nach dem Übergang zur Bodenhaltung gingen die Zunahmen vorübergehend etwas zurück, und zwar um so mehr, je länger die Küken in Käfigen gehalten wurden. Bei den schon mit 3 Wochen auf Bodenhaltung umgestellten Küken war die Sterblichkeit geringer als bei Bodenhaltung. Bei Küken, die 10 Wochen in Käfigen gehalten wurden, war die Anfälligkeit gegen Coccidiose erhöht, wenn sie auf Bodenhaltung umgestellt wurden oder später in grasbewachsene Ausläufe kamen. Bei RR waren die Abgänge zahlreicher als bei WL. Bei trockener Luft haben die im Käfig gehaltenen Küken

ein trockenes und struppiges Gefieder. Dies kann dadurch verhindert werden, daß die Tiere von der 4. oder 5. Woche an wöchentl. geduscht wurden. Auf das Alter und das Gewicht bei Legebeginn wirkte sich die verschiedenartige Haltung während der Aufzucht nicht aus. In der Legeleistung während des ersten Legejahres waren die in den ersten 10 Lebenswochen in Käfigen gehaltenen Tiere den anderen unterlegen. In den Versuchen mit Legehennen hatten die in Käfigen gehaltenen Tiere eine etwas höhere Legeleistung als die am Boden gehaltenen Hennen, während in der Eigröße keine Unterschiede bestanden. Die Sterblichkeit war bei Käfighaltung höher als bei Bodenhaltung. Der Vergleich der Legeleistung nach Verfütterung von Rationen mit 13,5, 16,0 und 18,5% Eiweiß zeigte die höchste Legeleistung bei der Ration mit 16% Eiweiß. Die auf die Eimasse bezogene Futterverwertung war dagegen bei 13,5% Eiweiß am günstigsten. J. K. Hinrichsen. 4707.

3-64/04-0401 Andrews, L. D. und McPherson, B. N.; Fayetteville, Arkansas Univ. Comparison of different types of materials for broiler litter. **(Vergleich verschiedener Materialien bezüglich ihrer Eignung als Einstreu für Broiler.)** Poultry Sci. **42** (1963) Nr. 1. S. 249–254. – 4 Tab., 11 Lit.

Folgende Einstreumaterialien wurden auf ihren Gehalt an Feuchtigkeit, N, P_2O_5 und K_2O untersucht: Zermahlene Zuckerrohrstengel, getrocknete Eichenspäne, zermahlenes Flachsstroh, Lehm, Haferstroh, Reisspelzen und ein Stroh-Reisspelzen-Gemisch. In 10 × 12 ft. großen Abteilen wurden 180 Broilerküken oder 250 Leghornküken gehalten. Die Abteile wurden absichtlich überbelegt, um so die Beschaffenheit der Einstreu besser studieren zu können. Der Versuch lief vom Einsetzen der Küken bis zur 8. Lebenswoche. Die Einstreu war 2 in. stark. An jedem letzten Wochentag wurde die Beschaffenheit der Einstreu visuell beurteilt. Zur Bestimmung des Feuchtigkeitsgehaltes wurden wöchentl. an 4 verschiedenen Stellen der Abteile Proben entnommen und zu einer Durchschnittsprobe vereint. In der Durchschnittsprobe der 8. Woche wurde außerdem der Anteil an N, P_2O_5 und K_2O bestimmt. Stroh hatte in den 8 Wochen den höchsten und Lehm den niedrigsten Feuchtigkeitsgehalt. Das Reisspelzen-Stroh-Gemisch lag an 2. Stelle. Die übrigen Materialien zeigten im Wassergehalt nur geringfügige Unterschiede. Hinsichtlich des N, P_2O_5 und K_2O-Gehaltes gibt es zwischen den verschiedenen Einstreumaterialien signifikante Unterschiede. Im Stroh war der Anteil an diesen Pflanzennährstoffen am höchsten und im Lehm am niedrigsten. Die Wasserhaltefähigkeit der verschiedenen Materialien scheint einen positiven Einfluß auf den Anteil der Pflanzennährstoffe zu haben. Die von den Broilerküken belaufene Einstreu hatte einen signifikant höheren Nährstoffanteil als die Einstreu der Leghorn-Gruppen. Die Plattenbildung war bei den einzelnen Materialien unterschiedlich. Lehm zeigte keine und zermahlene Zuckerrohrstengel nur geringe Plattenbildung. Eichenspäne, gemahlenes Flachsstroh und Reisspelzen hatten eine Plattenbildung von 50–74% der Grundfläche. Bei Stroh und Stroh-Reisspelzen-Gemisch erreichte die Plattenbildung 75 bis 100%. In den Broilerküken-Abteilen neigten die verschiedenen Einstreumaterialien etwas mehr zur Plattenbildung, obwohl diese Abteile nicht so stark belegt waren wie die Leghorn-Abteile. F. Häseler. 4707.

3-64/04-0402 Smith, J. P. C. Deep litter for poultry. **(Tiefstreu für Geflügel.)** Agric. Gaz. New South Wales **74** (1963) Nr. 4. S. 236–240. – 3 Abb. 4707.

3-64/04-0403 Siegmann, O. **Die Haltungsbedingungen des Geflügels als pathogenetischer Faktor.** Dtsch. tierärztl. Wschr. **70** (1963) Nr. 2. S. 44–47. – Zus. in Engl.

Die Haltung vieler Tiere auf engem Raum ist bei den einzelnen Krankheiten von unterschiedlicher Bedeutung. Während Seuchen mit hoher Kontagiosität,

z. B. die Pest, im wesentlichen von der prophylaktischen Vaccination und der Fernhaltung einer Virusinfektion abhängen, sind Krankheiten mit indirekter Erregerübertragung, z. B. die Coccidiose, weitgehend von Bestandesgröße und Haltungsart sowie bes. von der Besatzdichte abhängig. Die Mycoplasmose sowie der Geflügelschnupfen haben eindeutig haltungsbedingte Hilfsursachen, während ihre Erreger nur fakultativ pathogen sind. Es kommt nur dann zur Erkrankung, wenn durch ungünstige Haltungsbedingungen, zu denen auch die Ernährung gehört, der Organismus belastet wird. Nach systematischen Untersuchungen des Vf. zeigte sich in den letzten Jahren, daß nur ein Drittel aller Verluste direkt auf Krankheitserreger zurückzuführen ist. Es ließ sich feststellen, daß gesicherte Zusammenhänge zwischen Erkrankungen des Legeapparates und einer gestörten Darmfunktion bestehen, wobei letztere wiederum häufig auf einen Mangel in der Fütterung zurückzuführen ist. Dem Huhn wird in der modernen Geflügelwirtschaft der geringste Lebensraum zugemessen, und eine eigene Futterwahl wird ihm unmöglich gemacht. Beides hat, abgesehen von den genannten Gefahren, den Vorteil, daß eine gute Kontrolle der Gesundheit und der hygienischen Belange durchgeführt werden kann. So ist es durchaus möglich, daß bei einwandfreier Haltung und gleichzeitig gesundem Zuchtmaterial die Krankheitsanfälligkeit gemindert wird. Die Tätigkeit des Tierarztes in der Geflügelpraxis ist daher vorwiegend angewandte Hygiene im weitesten Sinne. E. Wojaczek-Steffke. 4710.

3-64/04-0404 Hilbrich, P. **Probleme der Diagnostik in der Geflügelherde.** Dtsch. tierärztl. Wschr. **70** (1963) Nr. 2. S. 50–52. — 5 Abb.
Im Unterschied zu den Großtieren sind beim Geflügel äußere pathognomische Krankheitsmerkmale nur selten. Die Störungen des Allgemeinbefindens sind bei den meisten Krankheiten ziemlich ähnlich. Mit Sicherheit lassen sich am lebenden Tier Ektoparasiten, Eileitervorfälle, Favus, Federfressen, Kannibalismus, Osteopetrosis, Verletzungen, Erfrierungen, Perosis, Niacin-, Pantothensäure- und Biotinmangel sowie Rachitis nachweisen. Dagegen haben Atembeschwerden, Nasenausfluß, Konjunktivitis, diphtheroide Beläge, zerebrale Symptome, Gehstörungen, Augenveränderungen, Zyanosen, blutiger Kot, Kloakenverklebungen, verschmutztes Gefieder und dünnschalige Eier verschiedene innere Ursachen. Es kann daher, wenn der Zerlegungsbefund nicht eindeutig ist, auf bakteriologische, parasitologische, virologische, serologische, histologische und klinisch-chem. Untersuchungen nicht verzichtet werden. E. Wojaczek-Steffke. 4710.

3-64/04-0405 Dorn, P. **Legehennenkrankheiten und ihre Bekämpfung Teil II.** Dtsch. Geflügelwirtsch. **15** (1963) Nr. 7. S. 79–82. — 14 Abb. Teil I vgl. LZ. Abt. III 8 (1963) Nr. 12. S. 2538.
Erkrankungen der Legeorgane, bes. des Eileiters, sind wohl die häufigsten Todesursachen der Legehennen. Frühzeitige Eileiterstörungen können durch sinnvolle, eiweißarme Junghennenfütterung wirkungsvoll verhindert werden. Durch die Leukose können bes. in den ersten Legemonaten seuchenähnliche Verluste auftreten. Die züchterische Auswertung leukosefester Linien ist zu intensivieren. Hygienische Maßnahmen, wie Brutschrankdesinfektion, von Legehennen getrennte Kükenaufzucht und Stalldesinfektionen vor Neubelegungen, sind zu beachten. Hohe Eiweißanteile im Futter sowie Küken- und Junghennenkrankheiten schwächen die Widerstandskraft und begünstigen den Ausbruch der Leukose. Die Tbc zählt in den Geflügelzuchten und modern geführten Ablegebetrieben zu den seltenen Krankheiten. Die Verluste durch die Blaukammkrankheit übersteigen bei absinkender Legeleistung allg. nicht 10%. Der Kamm erkrankter Hennen ist auffallend blau gefärbt, es tritt starker Durchfall auf. Die Ursache dieser Erkrankung ist nicht geklärt. Gegen Kannibalismus der Jung- und Legehennen ist das Oberschnabelkürzen eine radikale, aber sichere Hilfe. U. Hofmann. 4710.

3-64/04-0406 Enigk, K.; Hannover, Tierärztl. Hochschule, Inst. für Parasitol. und Veterinärmed. Zool. **Die Bekämpfung wirtschaftlich wichtiger Parasiten des Huhnes.** Dtsch. tierärztl. Wschr. **70** (1963) Nr. 6. S. 154–158. – 6 Lit. Zus. in Engl. .

Es wird eine Übersicht über die Bedeutung und Bekämpfung wirtschaftlich wichtiger Parasiten des Huhnes gegeben. Eine erfolgreiche Bekämpfung der Parasiten des Huhnes ist mit derzeitig vorhandenen pharmazeutischen Präparaten möglich. Zur Behandlung des Capillaria-Befalls eignet sich 2-(methoxyäthyl)-pyridin (Dekelmin), das in 0,25%iger Konzentration während eines Tages als Trinkwasser (je Huhn 300 ml) verabfolgt wird. Da Dekelmin leicht verdunstet, ist es zweckmäßig, Tränkglocken zu verwenden. Der Spulwurmbefall wird am besten durch 0,2%ige Piperazinzitrat-Trinkwasserlösungen während 3–4 Tagen behandelt. Zur Behandlung des Heterakisbefalls bleibt Phenothiazin in einer Dosierung von 0,8–1,0 g/kg Futter nach wie vor das Mittel der Wahl. Neben Bariumantimonyltartrat und Pyrethrumpulver . rwies sich 2-(4-thiazolyl-benzimidazol), das unter dem Namen Thiabendazole bekannt wurde, als wirksam gegen *Syngamus tracheae*. Das Präparat wird mit dem Futter 3 Wochen lang in 0,065%iger oder über eine Woche in 0,29%iger Konzentration verabfolgt. Der Dermanyssus-Befall wird nach Entfernen der Einstreu durch einmaliges Versprühen einer 1%igen Asuntolsuspension auf Fußböden und Wände (150 ml/m²) bekämpft. Das 2malige Baden im Abstand von 8–10 Tagen in 0,15%iger Neguvonlösung oder 0,5%-igem Alldolanwaschmittel ist am wirksamsten zur Tilgung des Befalls mit *Ornithonyssus sylviarum*. Kotkästen im Hühnerstall sind Fliegenbrutstätten. Neben der Verwendung von Kontaktinsekticiden in hohen Konzentrationen (4 g Diazonon/m²) ist es zur Bekämpfung der Fliegenplage vorteilhafter, wenn die Kotmasse regelmäßig mit Kalkstickstoff (1–3 kg/10 m²) bestreut wird. Im letzten Teil der Arbeit wird auf die Problematik der Coccidiose-Bekämpfung hingewiesen. Die durch ständige Verabfolgung von Coccidiostatica in subtherapeutischen Dosen entstandene Arzneimittelresistenz macht die Anwendung weiterer Coccidiostatica, z. B. Amprolium (125 g/t) und Zoalene (80 g/t), erforderlich. Daneben sind jedoch noch weitere prophylaktische Maßnahmen, insbesondere Desinfektionsmaßnahmen, notwendig.

D. Ebner. 4710.

3-64/04-0407 Devos, A.; Gent, Lab. van Bacteriol. en Hyg. der Huisdieren. Overzicht van enekele behandelingen betreffende de ademhalingsziekten bij pluimvee. **(Übersicht über einige Behandlungsmethoden bei den Erkrankungen der Atmungsorgane des Geflügels.)** Vlaams diergeneeskund. Tijdschr. **32** (1963) Nr. 5. S. 147–154. – 8 Lit. Zus. in Engl., Franz., Dtsch. 4710.

3-64/04-0408 Hart, L.; Glenfield, Veterin. Res. Stat. Spirochaetosis in fowls: studies on immunity. **(Die Spirochätose des Geflügels: Immunitätsstudien.)** Austral. veterin. J. **39** (1963) Nr. 5. S. 187–191. – 3 Tab., 7 Lit. 4710.

3-64/04-0409 Tudor, David C.; New Brunswick, N.J., Rutger's Pathol. Sect. Summary of diseases observed in White Leghorn hens in the New Jersey egg laying contests. **(Zusammenfassung der im Legeleistungstest New Jersey beobachteten Krankheiten an Weißen-Leghorn-Hennen.)** Poultry Sci. **42** (1963) Nr. 4. S. 833–838. – 3 Tab., 2 Lit.

Von 1934–51 wurden in der Legeleistungsprüfung 2- und mehrjährige Hennen geprüft. Mit 20,7% war die Sterblichkeit bei 2jährigen am geringsten und mit 80% bei 8jährigen Hennen am höchsten. Eine bedeutende Rolle spielte die Leukoseerkrankung. Die Sterblichkeit in den einzelnen Jahren schwankte zwischen 8 und 28%. H. Pingel. 4710.

Enten

3-64/04-0410 Dubey, J. P. und Pande, B. P.; Mathura, Uttar Pradesh Coll. of Veterin. Sci. and Animal Husbandry. A preliminary note on Eimeria battakhi, n.sp. (Protozoa: Eimeriidae) from domestic-duck (Anas platyrhynchos platyrhynchos domesticus). **(Vorläufiger Bericht über Eimeria battakhi, n.sp. [Protozoa: Eimeriidae] bei Hausenten [Anas platyrhynchos platyrhynchos domesticus].)** Current Sci. [Bangalore] **32** (1963) Nr. 7. S. 329–331. – 5 Abb.
Es wurde ein bisher nicht bekannter Erreger von Coccidiose bei Hausenten gefunden, der die Bezeichnung *Eimeria battakhi* erhielt. Die Oocysten sind kugel- bis eiförmig. Die Sporulation dauert 24 Std. Die Sporozoiten sind länglich (10–12 μm) und haben ein abgerundetes und ein spitzes Ende. Die ebenfalls bei Enten vorkommenden *Eimeria truncata* und *E. anatis* lassen sich an Hand der spez. Form der Oocysten beider Erreger von *E. battakhi* trennen.
W. Rudolph. 5030.

Truthühner

3-64/04-0411 Abplanalp, H., Ogasawara, F. X. und Asmundson, V. S. Influence of selection for body weight at different ages on growth of turkeys. **(Der Einfluß der Selektion nach Körpergewicht bei unterschiedlichem Alter auf das Wachstum der Puten.)** Brit. Poultry Sci. **4** (1963) Nr. 1. S. 71–82. – 3 Abb., 7 Tab., 16 Lit.
Eine Herde Breitbrüstige Bronzeputen wurde in 4 zufallsmäßig verpaarte Populationen aufgeteilt. Die eine diente als Stichprobe und Kontrolle, die zweite selektierte man auf hohes 8-Wochen-Gewicht, die dritte auf hohes 24-Wochen-Gewicht. In der 4. Population erfolgte die Selektion auf Grund eines Index mit dem Ziel, max. Zunahmen bis zum 8-Wochen-Gewicht zu erreichen, während das 24-Wochen-Gewicht der Population konstant gehalten wird. Das Ergebnis der über 7 Generationen fortgesetzten Selektion brachte eine gute Übereinstimmung mit den vorhergesagten Heritabilitäten und Korrelationen, die für die Ausgangspopulationen geschätzt wurden. So erhöhte sich das 8-Wochen-Gewicht am stärksten bei den Tieren der 8-Wochen-Linie, etwas weniger bei jenen der Index-Linie und am geringsten in der auf hohes 24-Wochen-Gewicht selektierten Linie. Dagegen nahm das Körpergewicht mit 24 Wochen am stärksten bei den Tieren der 24-Wochen-Linie zu, zeigte auch eine bedeutende Zunahme in der 8-Wochen-Linie und blieb, wie erwartet, konstant in der Index-Linie. Die Selektionsdifferentiale wurden in einigen Generationen als Folge der gesunkenen Reproduktionstauglichkeit der selektierten Eltern kleiner. Die rel. Wachstumsrate (gemessen als prozentuale Gewichtszunahme mit Bezug auf das 8-Wochen-Gewicht) nach dem 8-Wochen-Alter war in der 24-Wochen-Linie am größten, sank aber unter die Zuwachsrate der Kontroll-Linie in den beiden auf hohes 8-Wochen-Gewicht selektierten Linien. W. Greiner-Petter. 5080.

3-64/04-0412 Ogasawara, F. X., Abplanalp, H. und Asmundson, V. S.; Davis, Univ. of California. Effect of selection for body weight on reproduction in turkey hens. **(Die Wirkung der Selektion nach Körpergewicht auf die Reproduktion bei Truthennen.)** Poultry Sci. **42** (1963) Nr. 4. S. 838–842. – 1 Abb., 3 Tab., 14 Lit.
Innerhalb der Breitbrüstigen Bronzeputen waren die Linien 610 und 620 nach hohem 8- bzw. 24-Wochen-Gewicht und die Linie 630 nach einem Index (8-Wochen-Gewicht × 5 minus 24-Wochen-Gewicht) selektiert worden. Die Linie 600 enthielt zufällig ausgewählte Tiere. Hinsichtlich der Legeleistung brachte die Selektion keine Veränderungen. Bei natürlicher Verpaarung wurde die Befruchtung in den Linien 610 und 620 gesenkt, aber durch KB zusätzlich zur natürlichen Verpaarung 2mal im Abstand von 3 Tagen mit einem Intervall von 5 Wochen wieder ausgeglichen. Die Schlupffähigkeit wurde nicht beeinflußt. H. Pingel. 5080.

3-64/04-0413 Friars, G. W., Jerome, F. N., Weeden, L. T. und Ashton, G. C.; Guelph, Ontario Agric. Coll. Body weight and reproduction traits of two strains and reciprocal crosses of Broad Breastred Bronze turkeys. **(Körpergewicht und Reproduktionseigenschaften bei zwei Linien und deren reziproken Kreuzungen der Rasse Breitbrüstige Bronzepute.)** Poultry Sci. **42** (1963) Nr. **4**. S. 935–940. – 3 Tab., 18 Lit.
Die reziproken Kreuzungen zwischen 2 Linien der Rasse Breitbrüstige Bronzepute, von denen eine über 8 Generationen auf geringes Körpergewicht gezüchtet worden ist, ergaben in 3 Experimenten nicht immer einen Heterosiseffekt hinsichtlich des Wachstums. Hähne und Hennen der Linien A und B und deren reziproke Kreuzungen A × B und B × A wurden in allen möglichen Kombinationen verpaart. Hierbei brachten die Linienkreuzungshähne eine höhere Befruchtung. Die Linienkreuzungshennen waren hinsichtlich der Schlupffähigkeit und Legeleistung den reinen Linienhennen überlegen. Die Differenzen waren hochsignifikant. H. Pingel. 5090.

3-64/04-0414 Kníže, B. Umělá inseminace krůt. **(Die künstliche Besamung der Puten.)** Drůbežnictví [Praha] **11** (1963) Nr. 5. S. 76. – 1 Abb.
Die Befruchtung der Puteneier hängt von verschiedenen Faktoren ab (Zuchtbedingungen, Jahreszeit, Legeintensität, pro Truthahn entfallende Hennen, Alter usw.). Der Befruchtungserfolg kann durch die KB erhöht werden; dadurch wird die Aufzucht beschleunigt. Die Technik der KB wird näher beschrieben; sie ist ähnlich wie bei den übrigen Hühnerarten. Das Sperma wird durch Massage gewonnen und direkt in den Eileiter gebracht. Die Insemination einer Pute erfordert 0,025–0,05 cm^3 Sperma. ČSSR/ÚVTI. 5090.

3-64/04-0415 *Vogt, Hermann*, Hrsg. **Jahrbuch für die Geflügelwirtschaft 1964.** Stuttgart: Eugen Ulmer. 1963. (340 S. m. Abb. u. Tab.) 10,5 × 14,5 cm. DM 3,–. Die Faustzahlen wurden auch im Jahrbuch 1964 wieder geschlossen hinter das Kalendarium gestellt. An diesen Teil schließen sich wiederum aktuelle kurze Fachbeiträge an. Im einzelnen werden behandelt: Voraussetzungen zur Verbesserung des Absatzes von deutschen Eiern (K. Eilfort); Kükenaufzucht – leichtgemacht (C. Macht); Fütterungs- und Haltungsmethoden in der Junghennen-Aufzucht (R.-M. Wegner); auf planmäßigen Umtrieb kommt es an! (H. Querner); Grundsätzliches zum Wasser- und Wärmehaushalt im Hühnerstall (H. Reuter); Intensive Geflügelhaltung und Coccidiose (O. Siegmann); Maßnahmen zur Qualitätseier-Erzeugung (S. Scholtyssek); die Eiqualitätsmerkmale im Laufe des Legejahres (H.-G. Torges); Junghühnermast (R. Voss); Leistungsprüfungen für Jungmastgeflügel (H. Splittgerber); von welchen Futtermischungen machen wir heute Gebrauch, und wie sind sie anzuwenden? (K. Mantel); DLG-VDW-Rahmenbestimmung für Geflügelmischfutter; über den Umgang mit Futterwerttabellen (H. Haendler). Den Abschluß bilden auch in diesem Jahrbuch Tabellen mit wichtigem Zahlenmaterial, wie Nähr- und Mineralstofftabelle zur Geflügelfütterung, Vitamingehalt der Futtermittel u. a. Auch die Anschriften der Verbände der Wirtschaftsgeflügelzüchter, der DLG, des Bundesministeriums für Ernährung, Landwirtschaft und Forsten sowie Institute und Lehranstalten u.a. sind aufgeführt. F. Schenk.

3-64/04-0416 *Stanek, E.* u. a. **Příručka pro ošetřovatele drůbeže.** (Handbuch für Geflügelpfleger.) Praha: Státní zeměd. naklad. 1963. (266 S.) 8°. (1963 A 1336)
3-64/04-0417 *Wegner, Rose-Marie.* **Der Einfluß verschiedener Haltungs- und Fütterungsformen während der Junghennen-Aufzucht auf die Entwicklung und nachfolgende Leistung von Hennen im Legetypus.** Landw.-Habilschr. Bonn. 1961. 8°. (Diss. 9230)
3-64/04-0418 **Die Geflügelhaltung in den Niederlanden.** Haag: Minist. für Landwirtsch. und Fischerei. 1963. (6 S.) 4° = Veröffentlichung. D 140a. (SR 1213, 140a)

D. KANINCHEN

3-64/04-0419 Zusman, N. S. Novaja porodnaja gruppa krolikov. **(Eine neue Rassengruppe von Kaninchen.)** Krolikovodstvo i zverovodstvo, Moskva **6** (1963) Nr. 5. S. 4–7. – 3 Abb., 4 Tab.
Durch systematische Zuchtwahl, scharfe Selektion und richtige Fütterung wurden die Nutzungseigenschaften der aus Deutschland eingeführten Chinchilla-Kaninchen bedeutend verbessert, und durch intensive Zuchtarbeit wurde eine neue Rassengruppe geschaffen, die als „Sowjetische Chinchilla“ bezeichnet wurde. Die Tiere dieser Rassengruppe haben höhere Gewichte und größere Körpermaße, bessere Fellqualität und sind besser an die klimatischen

Bedingungen der SU angepaßt. Die Jungtiere weisen eine höhere Wachstums- und Entwicklungsintensität auf. Die Fruchtbarkeit der Tiere ist höher, und sie sind bessere Futterverwerter. An der weiteren Verbesserung der Rassengruppe wird noch gearbeitet. K. Witt. 5228.

3-64/04-0420 Rollins, W. C., Casady, R. B., Sittmann, K. und Sittmann, D. B.; Davis, Univ. of California. Genetic variance component analysis of litter size and weaning weight of New Zealand White rabbits. **(Analysen genetischer Varianzkomponenten von Wurfumfang und Entwöhnungsgewicht bei Weißen Neuseeländer Kaninchen.)** J. Animal Sci. 22 (1963) Nr. 3. S. 654–657. – 5 Tab.
Es wurden 1946–53 eine Gruppe von Kaninchen und eine weitere in den Jahren 1954–60 untersucht. Man stellte 1 Tab. theoretischer Verbindungen der Varianzkomponenten der Vater- und der Muttertiere auf und setzte diese Ergebnisse in Beziehung zu den angenommenen Varianzkomponenten, wobei lebendgeborene, aufgezogene Tiere und das Absatzgewicht berücksichtigt wurden. Wechselwirkungen zwischen Genotyp der Nachkömmlinge und der Mutterwirkung sind Quellen der Varianz, die Mutterwirkung stellt in jedem Fall 23–28% der Varianz. Das Zuchtprogramm fordert, das Absatzgewicht der Würfe zur Untersuchung von Linienkreuzungen und der Möglichkeiten der Stammeskreuzungen mit heranzuziehen. B. Rempel. 5260.

3-64/04-0421 Herman, W. Odświeżanie krwi w hodowli królików. **(Die Blutauffrischung in der Kaninchenzucht.)** Hodowca drobnego Inwentarza 11 (1963) Nr. 3. S. 7–8.
Die Blutauffrischung in kleinen Gehegen stößt wegen des Risikos der Gefährdung des Gesundheitszustandes des Tierbestands sowie der Einführung ungeeigneter Rammler von unbestimmter Abstammung auf große Schwierigkeiten. Die nachteiligen Wirkungen und Folgen dieser Vereinigung treten vorwiegend unter den Rassekaninchen bei der Alkovenaufzucht, die die ganze Herde verweichlicht, auf. Die Abhärtung der Jungtiere, die Selektion der Stammherde, eine entspr. Ernährung hält die Entartung auf. Gute Ergebnisse ergibt die Sicherung abweichender Aufzuchtbedingungen von Rammlern und Häsinnen. Es wird empfohlen, den Rammlern das übliche Futter und eiweißhaltige Kraftfuttermittel und den Häsinnen mehr Mohrrüben, Futterrüben, süßes Heu und Grünfutter zu geben. Blutauffrischung durch Auswechselung der Rammler ist dringend nötig. Neu gekaufte männl. Zuchttiere müssen einen geprüften Stammbaum haben und vor dem Zulassen zur Herde in einer 2- bis 3wöchigen Quarantäne verbleiben. Man darf diese züchterische Maßnahme nicht mißbrauchen. PRL/CBR, übersetzt v. H. Huth. 5262.

3-64/04-0422 Abdullaev, P. Ch.; Inst. für Tierzucht der Usbek. SSR. Sacharnaja svekla v racionach molodnjaka krolikov. **(Zuckerrüben in den Futterrationen der Jungkaninchen.)** Krolikovodstvo i zverovodstvo, Moskva 6 (1963) Nr. 4. S. 9–11. – 1 Abb., 2 Tab.
Fütterungsversuche mit Zuckerrüben an Jungkaninchen bestätigen, daß es möglich ist, bei Sicherung einer ausreichenden Eiweißmenge (Luzerneheu) ohne Schaden für Entwicklung und Qualität der Haardecke der Tiere in ihren Futterrationen bis 85% des Kraftfutters durch Zuckerrüben zu ersetzen. Dabei verringern sich die Selbstkosten der Aufzucht der Kaninchen wesentlich. K. Witt. 5265.

3-64/04-0423 Golovin, V. A. Krupnejšaja v Sovetskom Sojuze. **(Eine Großkaninchenfarm in der Sowjetunion.)** Krolikovodstvo i zverovodstvo, Moskva 6 (1963) Nr. 3. S. 26–30. – 6 Abb.
Es ist die Anlage einer Großkaninchenfarm beschrieben, die für 4000 weibl. Stammtiere mit Nachzucht vorgesehen ist. Durch diese Anlage soll eine hohe Fleischproduktion, die Rentabilität der Farm und ein hoher Mechanisierungsstand der Arbeitsprozesse erreicht werden. K. Witt. 5265.

E. PELZTIERE

3-64/04-0424 Gal, Mordechaj. **Die Pelztierzucht in Israel.** Dtsch. Pelztierzüchter **37** (1963) Nr. 8. S. 145–147. – 2 Abb.
In Israel wird die Nutriazucht seit 10 Jahren, die Nerzzucht seit 2 Jahren, die Chinchillazucht seit 1 Jahr betrieben. Wegen der schlechten Kontrollmöglichkeiten wird die Nutriazucht nicht mehr in Fischteichen, sondern in Gehegen vorgenommen. Ein Teil der errichteten Betriebe hat wegen wirtschaftlicher Mißerfolge die Zucht wieder eingestellt, andere haben jetzt eine befriedigende Produktion erreicht. Die Saison 1962/63 erbrachte eine Gesamtproduktion von 4000 Fellen aus 4 Zuchten. Die Nerzzucht wurde versuchsweise durch einen Nerzzüchter aus den USA aufgenommen und hat gute Erfolge erbracht, so daß Vorbereitungen zur Gründung weiterer Farmen durch ausländische Nerzzüchter im Gange sind. Aus den USA wurden 54 Chinchilla-Weibchen und 6 Böcke nach Israel gebracht, die einen Wurfdurchschnitt von 2,2 Jungtieren erbracht haben. Die klimatischen Bedingungen sind günstig. Es ist auch hier nach Abschluß der Versuche mit einem weiteren Ausbau der Zucht zu rechnen. Alle Pelztierzuchten werden durch einen staatl. tierärztlichen Dienst mit einem zentralen Untersuchungsinstitut in Bejt Dagan überwacht. H. Zimmermann. 5301.

3-64/04-0425 Eremeeva, K. M. Stroenie kožnogo i volosjanogo pokrova u norok. **(Bau der Haut- und Haardecke bei Nerzen.)** Krolikovodstvo i zverovodstvo, Moskva **6** (1963) Nr. 4. S. 19–20. – 2 Tab.
An Hand von Untersuchungen der Haut- und Haardecke von Nerzen verschiedener Färbungen wird festgestellt, daß die farbigen Nerze im Vergleich zu den Standardnerzen eine bedeutend feinere Lederhaut, kleinere Fettdrüsen, eine weniger dichte Verbindung der kollagenen Faserbündel und eine geringere Dichte der Haardecke haben. In der Zuchtarbeit, die auf die Verbesserung der Fellqualität der farbigen Nerze gerichtet ist, müssen diese Besonderheiten der Haut- und Haardecke berücksichtigt werden. K. Witt. 5302.

3-64/04-0426 Åhman, Gustaf. Vegetabiliskt foder till mink. **(Pflanzliches Futter bei Nerzen.)** Våra Pälsdjur **34** (1963) Nr. 10. S. 214–218. – 1 Abb., 3 Tab.
Nerze sind Fleischfresser, können aber in erheblichem Umfange pflanzliches Futter verwerten. Die Ansprüche an die Schmackhaftigkeit des Futters und seine Nährstoffkonzentration sind in den ersten 2,5 Lebensmonaten sehr hoch. Später ist auch der Einsatz energieärmeren Futters möglich. Der geringere Energiegehalt von Getreidefutter kann durch höhere Fettgaben ausgeglichen werden. Durch Kochen mit nachfolgendem Trocknen oder ohne dieses konnte die Schmackhaftigkeit von Getreide verbessert werden. Weizenkleie und gekochte Leinsaat haben diätetische Wirkungen. Bei geringerem Anteil tierischen Futters haben Ölkuchen bes. Wert. Bei einem niedrigen Anteil pflanzlichen Futters in der Ration ist dessen Herkunft von geringer Bedeutung. Dies ändert sich bei mehr als 7% Anteil an der Gesamtration. Außer Getreide kommen auch Kartoffeln als Nerzfutter in Frage sowie Soja- und Leinkuchenmehl. Über den Einsatz pflanzlicher Futterstoffe und ihre Einwirkung auf die Pelzqualität liegen Untersuchungsergebnisse aus Dänemark, Schweden und den USA vor. J. K. Hinrichsen. 5302.

3-64/04-0427 Qvist, Åké und Mäkelä, J. Konservering av strømming og slakteavfall med natriumbisulfit. **(Konservierung von Strömling [Clupea harengus membras] und von Schlachtabfall mit Natriumbisulfit.)** Norsk Pelsdyrbl. **37** (1963) Nr. 17. S. 292–294. – 3 Tab.
Aus Mangel an Kühlraum und wegen der hohen Kosten des Gefrierverfahrens bestand in Finnland immer Interesse für Konservierungsverfahren. Man machte deshalb Gebrauch von den in der UdSSR gesammelten Erfahrungen

mit Natriummetabisulfit ($Na_2S_2O_5$). Bei Fütterungsversuchen mit Strömling- und Schlachtabfällen, die mit $Na_2S_2O_5$ konserviert worden waren, wurden unterschiedliche Ergebnisse erzielt. Die trockenere Konsistenz der Schlachtabfälle ist möglicherweise die Ursache des schlechteren Ergebnisses bei der Verfütterung, wie sie in Zunahmen und Pelzqualität zum Ausdruck kommt. Konservierter Strömling dagegen brachte gute Zunahmen und eine gute Pelzqualität, die sogar der Vergleichsgruppe überlegen war. Eine Verbesserung der Futterwirkung konservierten Futters kann durch Verwendung größerer Mengen $Na_2S_2O_5$ oder durch Erhöhung des Wassergehaltes erzielt werden. Schädliche Wirkungen können durch Verringerung des Anteils konservierten Futters verhütet werden. J. K. Hinrichsen. 5302.

3-64/04-0428 Anonym. Nye navn og gensymboler for mink. **(Neue Namen und Gensymbole für Nerze.)** Norsk Pelsdyrbl. **37** (1963) Nr. 17. S. 283–291.
Im Rahmen eines in Helsingfors abgehaltenen Kongresses der Nordischen Landbauforscher im Juni 1963 wurde ein Vorschlag für eine einheitliche Bezeichnung der Mutationstypen beim Nerz vorgelegt und diskutiert. Die Bezeichnungen werden z. T. geändert und den Züchterorganisationen in den vier nordischen Staaten zur Annahme empfohlen. Das Namenverzeichnis unterscheidet bei den rezessiven Mutanten 2 weiße, 4 graue und 11 braune Typen sowie bei den dominanten Mutanten 5 Typen. Als Kombinationen dieser Mutanten werden 111 verschiedene Typen angegeben, die überwiegend die Farbgensätze zweier Mutationen aufweisen, z. T. aber auch 3 Sätze haben. J. K. Hinrichsen. 5302.

3-64/04-0429 Schöps, Paul. **Nutriazucht und freilebende Nutria in den USA. Bisamratten durch Nutria verdrängt.** Pelzgewerbe [N.F.] **14** (1963) Nr. 1. S. 30–31. – 2 Abb. 5310.

3-64/04-0430 Bargai, U. und Kathein, R. Pregnancy diagnosis in the nutria by radiography. **(Trächtigkeitsdiagnose beim Sumpfbiber durch Röntgenaufnahme.)** Refuah Veterinarith [Jerusalem] **20** (1963) Nr. 1. S. 56–55.
Die Tragezeit beträgt beim Sumpfbiber durchschnittl. 128 Tage. Im Alter von 55–60 Tagen ist der Fetus ca. 2 cm lang und kann von einer geübten Person durch Palpation festgestellt werden. Von 32–75 Tage tragenden Metzen wurden Röntgenaufnahmen in dorso-ventraler Position hergestellt, wobei eine Entfernung von 75 cm zwischen Röhre und Platte bestand. Während fetale Skeletteile nicht sichtbar waren, zeigte sich in der Abdominalregion eine einfache oder paarige zylindrische Struktur von granulierter, opaker Konsistenz, die bei nicht tragenden Metzen nicht vorhanden war. Weiterhin war bei den tragenden Tieren eine deutliche Markierung zwischen den zylindrischen Gebilden und der Bauchwand sichtbar. Vor der Einführung der Methode in die Praxis sind Untersuchungen vom ökonomischen Standpunkt und im Hinblick auf evtl. Schädigungen der Metze oder der Jungtiere notwendig. H. Zimmermann. 5310.

3-64/04-0431 Chronopulo, N. P., Žukov, M. N. und Konochov, S. A. Sposoby soderžanija molodnjaka nutrij. **(Haltungsmethoden von Nutria-Jungtieren.)** Krolikovodstvo i zverovodstvo, Moskva **6** (1963) Nr. 5. S. 16–17. – 1 Abb., 2 Tab.
Auf Größe und Qualität der Felle haben die verschiedenen Haltungssysteme einen unterschiedlichen, aber wesentlichen Einfluß. So hatten die Tiere, die in Betonkäfigen zu 4–8 Stck. gehalten wurden, die besten Felle. Die Betonkäfige waren mit einer Badegelegenheit ausgestattet. Die Tiere, die in großen Gehegen gehalten wurden (97 Stck. auf 200 m^2), hatten die schlechtesten Felle wie auch die Tiere, die in Drahtkäfigen zu 3–6 Stck. ohne Badegelegenheit gehalten wurden. Die Tierverluste auf Grund von Beißereien waren in den großen Gehegen am größten (27,8%), in den Betonkäfigen lagen sie bei 8,7%. K. Witt. 5310.

3-64/04-0432 Kler, R. V.; Balaschicha, Gebiet Moskau, Landwirtsch. Unions-Inst. für Fernstudium. Metody izučenija vnutriutrobnoj gibeli plodov u serebristo-černych lisic. **(Untersuchungsmethoden der embryonalen Sterblichkeit bei Silber-Schwarzfüchsen.)** Krolikovodstvo i zverovodstvo, Moskva **6** (1963) Nr. 6. S. 25–27. — 5 Tab.
Vf. behandelt 2 Methoden zur Bestimmung der potentiellen Fruchtbarkeit der Silber-Schwarzfüchse. Die eine ist die Berechnung der Menge an Gelbkörpern, die zweite die Berechnung der Placentaspuren. Die Menge der Gelbkörper entspricht bei den Silber-Schwarzfüchsen recht genau der möglichen Größe des Wurfes. Bei den durchgeführten Untersuchungen war die Zahl der Gelbkörper bei den weibl. Tieren verschiedenen Alters und unterschiedlicher Fruchtbarkeit fast gleich. Die Hauptursache der Verringerung der Wurfstärke liegt in der teilweisen embryonalen Sterblichkeit, die ca. bei 29% im Verhältnis zu der Gelbkörpermenge liegt. Die genannten Methoden gestatten bei genügend breiten und systematischen Untersuchungen eine objektive Kontrollierung der regelmäßigen Selektion der Tiere nach ihrer Fruchtbarkeit.
K. Witt. 5315.

3-64/04-0433 Johansson, Ivar. **Über den Bau und die Funktionen der Geschlechtsorgane bei den Chinchillas.** Dtsch. Pelztierzüchter **37** (1963) Nr. 8. S. 147–151. — 4 Abb., 7 Lit.
Das Chinchilla-Männchen besitzt 2 Hoden im Gewicht von ca. je 2,6 g. Es werden pro Ejakulation ca. 120 Mill. Spermien in einem aus ⌀ 0,04 cm^3 bestehenden Ejakulat abgegeben. In der Regel kann ein Bock wenigstens zwei Paarungen wöchentl. ohne Abnahme der Spermienmenge pro Ejakulation vornehmen. Beim Weibchen wiegen die Eierstöcke ca. 0,3 g, die beiden Gebärmutterhörner sind ca. 6 cm lang und münden jedes für sich in der 3–5 cm langen Scheide. Vollkommen getrennt endet die Harnröhre in einer gesonderten Papille. Im Alter von 6–8 Mon. sind Chinchillas geschlechtsreif und wiegen dann 350–400 g. Die Trächtigkeit dauert 111 Tage, die meisten Würfe fallen im Frühjahr und Sommer an. Der Geschlechtszyklus ist noch nicht gründlich untersucht, jedoch soll sich die Brunst in 28tägigen Intervallen wiederholen und 2–3 Tage andauern. Man rechnet mit einem Wurfergebnis von durchschnittl. 1,9 Jungtieren pro Weibchen. Die Zucht wird vorwiegend polygam betrieben, auch ist die KB erfolgreich vorgenommen worden, wobei sich ein Termin 15–20 Std. nach der Geburt am meisten bewährt hat. Ein neugeborenes Jungtier wiegt ca. 35–40 g. Die Sterblichkeit der geborenen Jungtiere ist nicht größer als bei anderen mehrgebärenden Haustieren. Daß die Fetensterblichkeit rel. hoch ist, dürfte auf Fütterungs- und Haltungsfehler zurückzuführen sein. H. Zimmermann. 5318.

3-64/04-0434 Nes, Norodd. The chromosomes of Chinchilla lanigera. **(Die Chromosomen von Chinchilla lanigera.)** Acta veterin. scand. **4** (1963) Nr. 2. S. 128–135. — 3 Abb., 1 Tab., 3 Lit.
In dieser Arbeit werden die Zahl der Chromosomen und ihre Morphologie bei ♂ und ♀ von *Chinchilla lanigera* mitgeteilt. Zellkulturen von Haut- und Hodengewebe dienten zur Untersuchung. — Der diploide Chromosomensatz beträgt $2n = 64$. Von den Autosomen ist das acrozentrische Chromosom Nr. 1 des Karyogramms das längste, Nr. 2 ist durch eine sekundäre Einschnürung gekennzeichnet. — Das submetazentrische X-Chromosom ist das längste aller Chromosomen von Chinchilla; es erlaubt durch die bes. auffällige Größe eine rasche Bestimmung von Zellen weibl. Tiere. Das kleinste Chromosom ist das acrozentrische Y-Chromosom. H. Freye. 5318.

3-64/04-0435 Anonym. **Zur Frage der Haltung von zum Pelzen bestimmter Chinchillas.** Dtsch. Pelztierzüchter **37** (1963) Nr. 10. S. 189–191.
Die Auswahl der zum Pelzen bestimmten Chinchillas erfolgt so, daß die bis zum 1. 8. jeden Jahres geborenen Jungtiere in einen Pelzungsschuppen ge-

bracht werden, um im Apr. des darauffolgenden Jahres gepelzt zu werden. Die nach dem 1. 8. geborenen und zum Pelzen bestimmten Jungen bleiben bis zum 1. 8. des nächsten Jahres in den Zuchtgehegen und bilden den Grundstock für die nächste Pelzernte. In den Pelzungsschuppen sollen die Tiere möglichst nicht mit den Händen berührt werden. Oft hat es den Anschein, als ob die Pelzungstiere ein besseres Fell aufweisen als die Zuchttiere, doch hat dies seine Ursache darin, daß die Zuchttiere zu dieser Zeit in wärmeren Räumen untergebracht sind. In den letzten 10 Tagen erhalten die zu pelzenden Chinchillas nur Rauhfutter. Erfahrungen eines anderen Zuchtbetriebes weisen darauf hin, daß die Chinchillas ohne Rücksicht auf die Jahreszeit ihre erste und beste Pelzreifung entwickeln, die im Alter von 10–11 Mon. eintritt. Hier werden die Pelzungstiere im Alter von 6–7 Mon. aus der Zuchtabteilung mit einer Temperatur von ca. 20 °C in einen Kühlraum umgesetzt, der auf einer Temperatur von 4–5 °C gehalten wird und keinerlei Fenster besitzt. Der Raum wird von morgens bis 21⁰⁰ elektrisch beleuchtet und besitzt eine automatische Tränkanlage. Die Überprüfung der Fellreife wird ab 10 Wochen nach dem Umsetzen vorgenommen, bis sich die Vollreife erkennen läßt. Durch den Kühlraum lassen sich Raum, Käfige, Arbeit und Futter einsparen, außerdem sinkt die Neigung zum Pelzfressen. H. Zimmermann. 5318.

3-64/04-0436 Heim, Gerda. **Die häufigsten Krankheiten der Chinchilla und ihre Behandlung.** Chinchilla-Zucht 6 (1963) Nr. 11. S. 143–150. 5318.

G. BIENEN

3-64/04-0437 Schwan, B. **Imkerei in Schweden.** Bienenpflege **1963** Nr. 9. S. 204–207. — 1 Abb.

Rund 95% der Bienenzucht konzentrieren sich auf die beiden südl. Provinzen Schwedens, Skane und Halland. Es wird in Oberbehandlungsbeuten mit 8–10 Rähmchen oder in Trogbeuten mit 18 Rähmchen und vertikalem Absperrgitter geimkert. Bienenhäuser kennt man kaum. Rähmchenmaße sind ein rechteckiges 366 × 222 mm und ein quadratisches 300 × 300 mm bekannt. Trachtpflanzen sind Weißklee, der im ganzen Land wild vorkommt, Winterraps, der neuerdings verstärkt angebaut wird, Obst, Beeren, Löwenzahn, Unkräuter etc. Honigtau von Laubbäumen spielt in warmen Sommern eine gewisse Rolle. Die Honigernte liegt im 10jährigen Mittel bei 13,5 kg je Volk. Im Norden sind die Honigerträge wegen der langen Sommertage und der vielen wilden Trachtpflanzen höher als im Süden, die Winterverluste aber erheblich größer. Der Honig wird nur im kristallisierten Zustand verkauft, neuerdings in farbigen Plastikgefäßen. Neben der heimischen dunklen Biene wird die Italienerin gehalten. Die Königinnen werden meist aus USA eingeführt. An Krankheiten verursacht die Nosema große Schäden. Zur Überwachung der Faulbrut wurde schon 1934 ein Gesetz erlassen. Sie ist meldepflichtig. Auf Grund der strengen Einfuhrbestimmungen ist die Milbe bisher in Schweden nicht bekannt. Bienenvergiftungen durch Pflanzenschutzmittel sind seit der 1953 erlassenen Schutzverordnung stark eingedämmt worden. G. Droege. 5406.

3-64/04-0438 Wendt, Hermann. **Imkerei in Ostafrika.** Westf. Bienenztg. **76** (1963) Nr. 9. S. 267–269.

In Ostafrika ist die Bienenhaltung noch äußerst primitiv. Es wird z. T. noch der Honig den wilden Bienen geraubt, daneben aber auch schon den Bienen in Klotzbeuten oder aus Rinde oder Rohr verfertigten Beuten eine Wohnung geboten. Nur die fortschrittlicheren Imker lassen die Bienen bei der Entnahme des Honigs leben und vertreiben sie mit Rauch von einer Bovistart, die anderen töten die Völker ab, um den Honig samt Brut und toten Bienen zu gewinnen, aus dem Met hergestellt wird. Obgleich die Bienen sehr stechlustig sind, gehen die Neger nackt, zuweilen fettbeschmiert an die Völker. Die Beuten werden aufgehängt oder in Wasser von Bächen und Sümpfen gestellt, um sie vor Ameisen und dem Honigdachs zu schützen. Die Regierung der jungen Staaten gibt sich große Mühe, den Imkern bessere Methoden der Honig- und Wachsgewinnung anzugewöhnen, weil beides wirtschaftlich von großem Wert wäre. G. Droege. 5406.

3-64/04-0439 Michener, Charles D. A further note on Apis mellifera in New Guinea. **(Ein weiterer Bericht über Apis mellifera in Neuguinea.)** Bee Wld. **44** (1963) Nr. 3. S. 114. – 1 Lit. 5406.

3-64/04-0440 Filipovič-Moskoljevič, V.; Beograd, Jugoslawien, Veterinärmed. Fak., Biol. Inst. **Die Dauer des hemmenden Einflusses der toten Bienenkönigin auf die Eierstockentwicklung der Arbeiterinnen.** Bienenwelt [Graz] **5** (1963) Nr. 10. S. 233.
Vier 1 Jahr vorher durch Erfrieren getötete Königinnen wurden jeweils aus 500 Bienen bestehenden Völkchen zugegeben. Die Eierstockentwicklung bei den Bienen wurde vom 1.–142. Lebenstage festgestellt. Die toten begatteten Königinnen behielten während der fast 5monatigen Versuchsdauer ihre Attraktivität gegenüber den Arbeiterinnen und hemmten bei einem Teil von ihnen die Eierstockentwicklung. H. Kettner. 5425.

3-64/04-0441 Levčenko, I. A. Proischoždenie figur „tancev" pčel. **(Das Entstehen der Tanzfiguren bei den Bienen.)** V sb.: Vopr. ėkologii, Moskva **7** (1962) S. 97. – Aus: Referativnyj žurnal Moskva. Životnovodstvo, veterinarija **1963** Nr. 2.58.241. S. 33.
Im Lab. für Entomol. der Univ. Kiew wurde ein Verfahren zur Registrierung und Untersuchung der Bienentänze mit Hilfe eines Kinogramms ausgearbeitet. Die meisten Bienen führen beim Aufsuchen des Futterkastens im Bienenhaus stereotype Bewegungen in Form von Figuren aus, die eine Ähnlichkeit mit einer halbmondförmigen Acht haben. Die Bienentänze erscheinen nicht als ein Ausdruck des im „Gedächtnis eingeprägten" Ausschwärmens. Die Figuren des im „Gedächtnis eingeprägten" Ausschwärmens sind nicht stereotyp und erscheinen nach einigen Ausflügen nicht mehr. Die als Signale geltenden Bewegungen der Bienen im Bienenhaus sind jedoch gleichartig und bestimmten Gesetzmäßigkeiten unterworfen. Mit der Entfernung der Trachtquelle vergrößert sich die Menge und verlängert sich die Zeit, die für einen „Tanzzyklus" aufgewendet wird. Die Verlauf-Richtung des Schwänzeltanzes hängt vom Stand der Sonne ab und ändert sich gesetzmäßig während des Tagesablaufes. Richtung und Entfernung sind rel. Größen und individuellen Schwankungen unterworfen. übersetzt v. N. Kuhlberg. 5425.

3-64/04-0442 Levčenko, I. A.; Inst. für Zool. der Akad. der Wiss. der Ukrain. SSR. O forme figur signal'nych dviženij. **(Uber die Form der Figuren bei signalisierenden Bewegungen.)** Pčelovodstvo, Moskva **40** (1963) Nr. 5. S. 39–42. – 5 Abb.
Nach der Rückkehr von einem Futterplatz führen die Bienen im Stock signalisierende Bewegungen (Tänze) auf. Die Figuren der Tänze sind nicht immer gleich, sie sind nach Meinung verschiedener Forscher abhängig von der Entfernung des Platzes und den Bienenrassen. Vf. führte Versuche mit ukrainischen und grusinischen Bienen durch. Die Grundlage der Versuchsmethotik bildeten kinographische Aufnahmen. Die Kinogramme der signalisierten Bewegungen nach der jeweiligen Entfernung und der Bienenrasse werden mitgeteilt. Daraus ist ersichtlich, daß die Grundform des Bienentanzes der Kreis ist. Erfolgt eine Veränderung der Tanzbewegung infolge der zur Futterstelle zurückgelegten Entfernung, so beschreibt die Biene Figuren, die eine Ähnlichkeit mit einer gebogenen Acht oder einer Sichel aufweisen. Entspr. der zurückgelegten Entfernung zum Futterplatz nimmt die Anzahl der Schwänzelungen mit dem Hinterleib der tanzenden Biene in der Zeiteinheit zu. H. Oschmann. 5425.

3-64/04-0443 Vidlička, J. K selekci včely medonosné. **(Zur Selektion der Honigbiene.)** Včelařství **16** (1963) Nr. 6. S. 88. – 1 Abb.
Die Bienenselektion auf genetischer Grundlage ist schwierig mit Hinsicht auf das Vorkommen der Parthenogenese. Der Drohn ist ein Haploid aus einem unbefruchteten Ei, was die genetischen Verhältnisse bei der Biene kompliziert. Eine Rückkreuzung auf den Vater ist z. B. nicht durchführbar, da der Drohn stets abstirbt. Auch jede andere Erblichkeitskontrolle würde eine Vielzahl gleichzeitig verfolgter Bienenvölker erfordern. In der Praxis handelt es sich aber um eine massenweise Auslese zur Heranzucht einer nicht „reinrassigen", aber leistungsfähigen Biene. Die Forderung nach Selektion der einheimischen, in nächster Umgebung lebenden Biene wird eingehend begründet, und zwar ohne fremde Bienenrassen, weil diese sich schlecht akklimatisieren. Ausgangsmaterial sind die einheimischen Kreuzungen, welche hervorragend akklimatisiert sind. Unter ihnen findet man Zuchten mit ausgezeichneten Eigenschaften und guten Honigerträgen. Nach Ansicht des Vf. ist der geeignetste Weg zur Selektion die gemeinsame Zucht, ggf. in der ganzen Gemeinde, wobei man mit einem der besten Bienenvölker beginnt.
ČSSR/ÚVTI. 5455.

3-64/04-0444 Griffin, L. A. M.; Christchurch, New Zealand, Dep. of Agric. Improved cages and management for queen bee bank system. **(Verbesserte Käfige und Handhabung für das Bienenköniginnen-Banksystem.)** New Zealand J. Agric. **106** (1963) Nr. 4. S. 287. 289. – 1 Abb.
Der Bau der Käfighürde und der Käfige für das Banksystem wird beschrieben (Konstruktionszeichnung). Bei diesem Verfahren kann man begattete Königinnen 10–12 Wochen in Vorrat halten ohne nennenswerte Verluste und Schäden bez. der späteren Legeleistung. Die Königinnen in der Käfighürde (ein Langstroth-Rahmen faßt bis 36 Käfige) stehen in einem weisellosen, ständig mit Brut verstärkten und gefütterten Volk. Aufbewahrung im Honigraum eines weiselrichtigen Volkes ist auch möglich, aber zu riskant. Die so aufbewahrten Königinnen können bei Bedarf wie sonst üblich zugesetzt werden.
M. Biedermann. 5460.

3-64/04-0445 Bilaš, G. D.; Rybnoe UdSSR, Bienenforsch.-Anst. **Zur Frage der Vererbungsstabilität.** Bienenwelt [Graz] **5** (1963) Nr. 10. S. 231–232.
Bei Kombinationskreuzungen zwischen der Zentralrussischen Biene und der Grauen Grusinischen Hochgebirgsbiene stellte sich heraus, daß Königinnenlarven in Weiselbechern an Zuchtlatten um 17,3% mehr Futter erhielten, wenn im Volk noch offene Brut vorhanden war. Diese Königinnen hatten ein um 13,1 mg höheres Gewicht und um 37,4 Eischläuche mehr als die nach den normalen Zuchtverfahren gezogenen Königinnen. Auch die Rüssellänge der von diesen Königinnen abstammenden Bienen war um ca. 0,2 mm länger als bei den Vergleichsbienen. Max. Annahme der Maden erhielt man, wenn der Zuchtrahmen 5–6 Std. nach der Entweiselung ins Pflegevolk gegeben wurde.
H. Kettner. 5472.

3-64/04-0446 Hadorn, H. und Zürcher, K. **Über Zuckerfütterungshonig.** Mitt. Gebiete Lebensmittelunters. Hyg. [Bern] **54** (1963) Nr. 4. S. 322–330. – 2 Tab., 22 Lit. Zus. in Franz., Engl. 5494.

3-64/04-0447 Hadorn, H. und Zürcher, K. **Formolzahl von Honig. Gleichzeitige Bestimmung von Formolzahl, pH, freier Säure und Lactongehalt in Honig.** Mitt. Gebiete Lebensmittelunters. Hyg. [Bern] **54** (1963) Nr. 4. S. 304–321. – 5 Abb., 3 Tab., 11 Lit. 5496.

3-64/04-0448 Koch. **40 Jahre Honigforschung.** Bienenpflege **1963** Nr. 10. S. 237–243. 5496.

3-64/04-0449 Tropper. **Bienenexport — ein Versuch.** Bienenvater [Wien] **84** (1963) Nr. 9. S. 264–266.

Die Grenzen Österreichs decken sich etwa mit dem geographischen Verbreitungsgebiet der Kärntner Biene, die wegen ihrer hervorragenden Eigenschaften auch in anderen Ländern sehr begehrt ist. Durch große Bienenverluste in Süddeutschland stieg die Nachfrage sprunghaft an, konnte aber bisher wegen der großen Transportschwierigkeiten nicht befriedigt werden. Bienenexporte sind für Österreich von großer wirtschaftlicher Bedeutung und für die Bezugsländer eine Existenzfrage. Es wurde erstmalig ein großer Bienenexport von 2000 nackten Völkern von der Steiermark nach Baden gewagt. Sie wurden als Kunstschwärme in Schwarmkästen 30 × 30 × 30 cm mit 2 seitlichen und einem Bodengitter transportiert, die mit $^1/_2$ kg Futterteig, der in Nylonstrümpfen am Boden lag, versehen waren. Sie wurden in einem gewöhnlichen Güterwagen als Eilfracht transportiert. Da man den Umweg über die Schweiz nehmen mußte, betrug die Transportzeit 60 Std. – Es kamen nur 60,7% der Völker in normaler Verfassung an, 12,2% waren zur Hälfte verbraust, 27,1% vollkommen vernichtet. Hauptschuld an den hohen Verlusten war die unsachgemäße Futterlage (unten statt oben) und die Begleitbienen bei der Königin. Die Transportwege müssen verkürzt werden, die Schwarmkästen oben ein Gitter und ein Futterfach haben. Die Königin muß unter Verschluß ohne Begleitbienen sein. Die Kunstschwärme müssen mindestens 2 Tage vor dem Versand gebildet werden, damit sie bereits in Kellerhaft kleine Herzwaben anlegen. Die Königinnen müssen vollreif sein. G. Droege. 5502.

3-64/04-0450 Rope, C. G.; Auckland, New Zealand, Dep. of Agric. The movable frame hive. **(Die Beute mit beweglichem Bau.)** New Zealand J. Agric. **106** (1963) Nr. 4. S. 315. 317. – 2 Abb.
Bei Naturbau halten die Bienen die offenen Durchgangswege konstant zwischen $^1/_4$ und $^3/_8$ in. In Mobilbeuten müssen die Abstände zu allen 6 Oberflächen eines Rähmchens bienengemäß sein. Spalten und Zwischenräume, die kleiner als $^1/_4$ in. sind, werden mit Propolis verkittet. In zu großen Lücken (größer als $^3/_8$ in.) wird Wildbau aufgeführt. Beides hindert beim Bearbeiten der Völker. – Für die Bruträume werden Hoffmanrähmchen empfohlen. M. Biedermann. 5520.

3-64/04-0451 Silný, P. Kočovné úle so spodným vetráním. **(Wander-Bienenstöcke mit Bodenlüftung.)** Včelár **37** (1963) Nr. 5. S. 100–101. – 3 Abb.
Die durch die mangelhafte Oberlüftung der Bienenstöcke verursachten Mindererträge an Honig betragen nach Angaben des Vf. 20–25%. Es wird deshalb empfohlen, zur Erzeugung von Bienenstöcken mit Bodenlüftung überzugehen. Die vorgeschlagenen Stöcke sind außer mit der Oberlüftung noch mit einem unteren Lüftungsrahmen mit Sieb versehen. Der isolierte Boden dieser Bienenstöcke ist um 3 cm kürzer als der Boden der bisher benutzten, was einen genügenden Luftaustausch während der Wanderweide ermöglicht. Die Öffnung wird über einen Schieber reguliert. Das Flugloch ist so konstruiert, daß zwischen dem Lüftungsrahmen und dem Boden des Bienenstockes eine Sololithplatte befestigt ist, welche auf beiden Seiten um 4 cm kürzer ist als die Breite des Stockes. Durch diese Öffnungen dringen die Bienen in den Lüftungsraum. Vor dem Transport der Bienen auf die Weide wird bei den Bienenstöcken einfach der Schieber herausgezogen und das Flugloch zugeklappt. Damit ist die ganze Vorbereitung auf die Wanderweide beendet. Der hauptsächlichste Vorteil der Bodenlüftung besteht darin, daß die Bienen selbst die Luftzufuhr regulieren. Je wärmer es ist, um so mehr Bienen verlassen den Brutraum und setzen sich unter dem Boden des Bienenstockes zu einem Knäuel zusammen. Es besteht keine Gefahr einer übermäßigen Abkühlung der Brut oder einer Verstopfung des Lüftungsraumes durch die Bienen, wie sie bei der Oberlüftung manchmal vorkommt.
ČSSR/ÚVTI. 5520.

3-64/04-0452 Meyerhoff, Grete und Blomberg. **Neue Futterdosen aus Plaste.** Garten u. Kleintierzucht, Ausg. C 2 (1963) Nr. 21. S. 4–5. – 13 Abb. 5520.

3-64/04-0453 Schölnast, Christian. **Wann honigt der Wald.** Bienenvater [Wien] 84 (1963) Nr. 7/8. S. 205–209.
Häufig vorkommende Fehlwanderungen veranlaßten Vf. zu eingehenden Beobachtungen. Die Lecanien (Quirlläuse) werden in warmer Tallage gut von Bienen besucht. – In Höhenlagen werden sie – auch bei reichlicher Honigtauproduktion – in manchen Jahren nicht beflogen. Die rotbraun bepuderten Fichtenlachniden (Fichtenläuse) werden in tiefen Lagen immer, in Höhenlagen selten besucht, obwohl sie hier regelmäßiger und häufiger vorkommen. Die schwarze Fichtenlachnide kommt anscheinend nur in Waldregionen über der Laubholzgrenze vor und wird von den Bienen immer besucht. Die auf der Tanne saugende grüngestreifte Lachnide (Buchneria) wird von Bienen gern besucht, doch wird der Honigtau verspritzt und trocknet rasch ein. Erst massenhaftes Auftreten bringt ergiebige Tracht. G. Pritsch. 5530.

3-64/04-0454 Fossel, A. **Weitere Beobachtungen über die Lärchentracht.** Bienenvater [Wien] 84 (1963) Nr. 7/8. S. 195–205. – 9 Lit.
Als Lieferanten des Lärchenhonigtaus kommen 3 Lachnidenarten in Betracht: 1. Die gefleckte, borstige *Cinaria laricis* Walk., 2. die graubraune *Cinaria laricicola* C.B. und 3. die große schlanke *Laricaria kochiana* C.B. *Cinaria laricis* wird beschrieben. Bevorzugte Saugstelle ist der benadelte Bereich der Lärchenzweige am 1- bis 3jährigen oder älteren Holz. Hier entstehen oft Kolonien bis zu mehreren tausend Tieren. Sonnenlicht wird nicht gemieden. Sie sind auf jungen und alten Bäumen in allen Bereichen des Baumes zu finden. Besuch durch Rote Waldameisen ist sehr rege. Das Massenauftreten ist stark von der Pflege durch die Rote Waldameise abhängig. Sie sind von Tallagen bis zur Baumgrenze verbreitet, mit einem Optimum in 1000–1400 m. Die Waagstockzunahmen aus der Lärchentracht setzen meist Anfang Juli ein und können bis in den Sept. andauern. In einigen Gegenden wird fast alljährlich Lärchenhonig geerntet. Der Honigtau wird durch die Tiere abgespritzt. – *Cinaria laricicola* ist ein bes. lebhaftes Tier. Bevorzugte Saugstelle ist vorjähriges, 1jähriges Holz. Im Wipfelbereich älterer Bäume ist der Besatz dichter als an den unteren Ästen. Ameisen beachten diese Lachnide kaum. *C. l.* meidet Höhenlagen über 1200 m. Bevorzugte Saugstellen von *Caricaria kochiana* sind die Lärchenwurzeln, Rindenrisse am Stammgrund und die Unterseite dicker Äste, nicht aber kleinere Bäume. Bei Sonneneinstrahlung wechseln die Tiere sofort ihren Standort. Warme, sonnige Tallagen bis zu 1000 m werden bevorzugt. Ameisen legen Wurzelkammern für diese Art an. An zusagenden Standorten ist sie alljährlich an den gleichen Lärchenbäumen zu finden. Bienenbeflug wurde bisher nicht beobachtet, zumal die vielen Ameisen den Honigtau wahrscheinlich vollständig verwerten. – Der Honigertrag aus der Lärchentracht liegt bei 4–10 kg und kann bis 20 kg erreichen. Da sich der Honig schwer schleudern läßt, wird die Gewinnung von Scheibenhonig empfohlen. Lärchenhonig hat ein mildes Aroma. G. Pritsch. 5530.

3-64/04-0455 Trifonov, Tr. und Meškov, St. Sravnitelni opiti za borba s pčelnata vŭška. **(Vergleichende Versuche zur Bekämpfung der Bienenlaus.)** Pčelarstvo, Sofija 9 (1963) Nr. 3. S. 10–12.
Fünf Bienenvölker, die von der Bienenlaus befallen waren, wurden mit Naphthalin behandelt (15 g Naphthalin wurden auf weißes Papier gestreut, das am Boden der Beute ausgebreitet wurde). Am Morgen des darauffolgenden Tages wurden 12–115 Läuse je Bienenvolk und durchschnittl. je 22 bestreute Bienen vom Papier abgelesen. Nach der 2. Behandlung wurden morgens nur bei 3 Völkern je 1–7 Läuse gefunden, nach der 3. Behandlung gar keine mehr. Die Läuse wurden in allen 5 Bienenstöcken vernichtet. Die Anzahl der über-

schütteten Bienen stieg jedoch nach der 2. Behandlung auf durchschnittl. 49 je Bienenvolk und nach der 3. Behandlung auf 125. Die an der frischen Luft gelassenen bestreuten Bienen erholten sich nach 10–15 Min. und flogen davon. Sieben andere Bienenvölker wurden auf dieselbe Art 3 Abende hintereinander mit Kampfer behandelt. Die Ergebnisse waren unbefriedigend: sogar nach der 3. Behandlung blieben bei den Bienen einzelne Läuse zurück. Noch unbefriedigender waren die Ergebnisse bei einer 3maligen Behandlung auf dieselbe Weise mit 10 g Thymol. Zwei Wochen nach der Behandlung war der Zustand der Bienen wie vor der Behandlung. Bei der Beräucherung von 18 Bienenvölkern mit Phenothiazin wurden befriedigende Ergebnisse bei ruhigem Wetter und Anwendung der richtigen Methode erzielt.

NRB/ZSNTI, übersetzt v. Ch. Eshkowa. 5570.

3-64/04-0456 Kondoň, Stanislav. **Die Tätigkeit der Imkerorganisation der ČSSR.** Bienenvater [Wien] 84 (1963) Nr. 10. S. 288–294. – 1 Abb. 5590.

3-64/04-0457 Anonym. **Aus dem Jahresbericht des Deutschen Imkerbundes für 1963.** Westf. Bienenztg. **76** (1963) Nr. 10. S. 297–301. 5590.

3-64/04-0458 **Honey from hive to market.** 2nd ed. London: H.M.S.O. 1963. (28 S.) 8° = Ministry of agriculture, fisheries and food. Bulletin No. 134. (SR 51, 134)

3-64/04-0459 **Védekezés a lucerna és a vöröshere kartevői ellen és a házíméhek védelme.** (Bekämpfung der Schädlinge der Luzerne und des Rotklees und der Schutz der Bienen.) Budapest: Országos mezög. könyvtas és dokumentacios központ. 1963. (121 S.) 8° = Skakfordit á skivonatok gyütemény Nr. 11. (SR 3053, 11)

H. SEIDENRAUPEN

3-64/04-0460 Bensam, Arlene, Kitazume, Y. und Yčas, M.; Syracuse, N.Y., Upstate Med. Center, State Univ. of New York. Ribonucleic acid metabolism in the silk gland. **(Ribonucleinsäure-Stoffwechsel in der Seidendrüse.)** Exp. Cell Res. **31** (1963) Nr. 2. S. 329–339. – 3 Abb., 3 Tab., 31 Lit. 5656.

3-64/04-0461 Ajkazjan, A. K. Ob osobennostjach jaic, formirovavšichsja v organizme samca tutovogo šelkoprjada. **(Über die Besonderheiten der Eier, die im Organismus des Männchens des Maulbeerseidenspinners entstanden sind.)** Naučn. dokl. vysš. školy. Biol. n. **1962** Nr. 3. S. 33–34. – Aus: Referativnyj žurnal Moskva. Životnovodstvo, veterinarija **1963** Nr. 7. 58. 280. S. 33.
Eierstöcke wurden in die Leibeshöhle unkastrierter männl. Raupen des Maulbeerseidenspinners der V. Altersstufe gebracht. Die operierten männl. Raupen verwandelten sich in eine Puppe und später in einen Schmetterling. Jedes männl. Tier hatte ca. 20 ausgebildete Eier. Die aus implantierten Eileitern herausgewaschenen Eier wurden in warmem Wasser aktiviert, und sie begannen sich sofort nach der Diapause zu entwickeln. In der 1. Versuchsserie ohne Diapause entwickelten sich 14,7% der Raupen vollständig, aber nur 2 von ihnen konnten aus dem Ei schlüpfen.

übersetzt v. G. Boetticher. 5656.

TIERERNÄHRUNG

B. CHEMISCHE BESTANDTEILE DES TIERKÖRPERS UND DER FUTTERMITTEL

3-64/04-0462 Ulmann, M. und Seidemann, J.; Potsdam-Rehbrücke, Inst. für Ernähr. der Dtsch. Akad. der Wiss. zu Berlin. **Zur Kenntnis einer weiteren in der Stärke vorkommenden Kohlenhydrat-Komponente.** Ernährungsforschung 8 (1963) Nr. 1. S. 77–82. – 4 Abb., 1 Tab.
Bei der papierchromatographischen Kapillaranalyse von wäßrigen Kartoffelstärkelösungen wird ein Kohlenhydrat abgetrennt, das sich von Amylose und

Amylopektin darin unterscheidet, daß es bei Anwendung von 0,2 n NaOH als Laufmittel mit dessen Front mitgeführt wird und mit Jod Violettfärbung ergibt. Es handelt sich offensichtlich um ein höheres Dextrin, daß nach Erhitzen auch von Amylose und Amylopektin und von Stärke in verstärktem Maße abgetrennt werden kann. Es ist ferner in der bei Auflösung von Kartoffelstärke in 30%iger Na-Salicylatlösung in Lösung gehender Amylose enthalten. B. Gaßmann. 7115.

3-64/04-0463 Harrap, B. S. The molecular weight of a purified high-sulphur protein derived from wool. **(Das Molekulargewicht eines aus Wolle erhaltenen gereinigten Proteins mit hohem Schwefelgehalt.)** Austral. J. biol. Sci. **15** (1962) Nr. 3. S. 596–597. — 1 Abb., 2 Lit. 7225.

3-64/04-0464 Müller, Jörg; Berlin, Humboldt-Univ., Med. Tierklin. **Die Aminosäurenzusammensetzung von Rinderalbumin aus Blut und Leber.** Acta biol. med. german. [Berlin] **11** (1963) Nr. 2. S. 290–292. — 1 Tab., 3 Lit.

Mittels Papierchromatographie wurde die Aminosäurezusammensetzung (**AS-Z**) von Albumin aus Rinderserum sowie aus normalen bzw. zirrhotisch verändertem Lebergewebe und aus periportalem Bindegewebe untersucht. Das Albumin aus normalem Lebergewebe vom Rind enthält danach signifikant weniger Glutaminsäure, Lysin, Tyrosin und Threonin als Serumalbumin, aber signifikant mehr Glycin, Serin und Prolin. Diese Unterschiede lassen sich nach Ansicht des Autors nicht mit Störungen durch Bindegewebseiweiß erklären. Die AS-Z der Albuminfraktion aus dem periportalem Bindegewebe stimmt mit der des Serumalbumins überein; die AS-Z der Albuminfraktion aus cirrhotischem Lebergewebe ähnelt mehr der des Serumalbumins bzw. dem Albumin aus periportalem Bindegewebe als der AS-Z des Albumins normalen Lebergewebes. H. Richter. 7230.

3-64/04-0465 Etten, C. H. van, Rackis, J. J., Miller, Robert W. und Smith, A. K.; Peoria, Ill., Northern Regional Res. Lab. Amino acid composition of safflower kernels, kernel protein, and hulls, and solubility of kernel nitrogen. **(Aminosäurezusammensetzung der Samen, Samenschalen und des Samenproteins sowie Löslichkeit des Stickstoffs der Samen von Färber-Saflor.)** J. agric. Food Chem. **11** (1963) Nr. 2. S. 137–139. — 1 Abb., 3 Tab., 23 Lit.

Die Aminosäurezusammensetzung der Samen und Samenschalen von Färber-Saflor (*Carthamus tinctorius*), einer im Westen der USA immer häufiger angebauten Ölfrucht, wurde säulenchromatographisch untersucht. Der Anteil an Methionin, Cystin, Lysin und Tryptophan pro 16 g N betrug in den Samen 1,5; 1,7; 3,2 und 0,9 g. Im Vergleich zu den Samen anderer Arten wurde höherer Arginin- und Valin- sowie niedrigerer Lysin-Gehalt gefunden. Die Samenschalen enthielten Hydroxyprolin, der Glycin-Gehalt betrug $^1/_3$ des Gehaltes von Sojabohnenhülsen. In Extraktionsversuchen wurde aus dem entfetteten Samenmehl bei pH 9 die größte Menge N extrahiert. Durch Ansäuern mit n HCl bis pH 4 wurde aus diesen Extrakten ein Rohprotein (45 g pro 100 g trockenes entfettetes Mehl) erhalten, das in seiner Zusammensetzung dem im Samen enthaltenen Protein entsprach. Unterhalb pH 4 nimmt die Löslichkeit des Samen-N ab, was auf die Bildung unlöslicher Protein-Phytat-Komplexe zurückgeführt wird. Nach saurer Hydrolyse lag der Samen-N im wesentlichen in löslicher Form vor, während dies beim Schalen-N nur zu 70% der Fall war. P. Stoß. 7230.

3-64/04-0466 Rosenberg, H., Ennor, A. H., Hagerman, D. D. und Sugai, Sadako. L-threonine ethanolamine phosphate: a compound newly isolated from fish. **(L-Threonin-äthanolaminphosphat: eine neue aus Fisch isolierte Verbindung.)** Biochem. J. **84** (1962) Nr. 3. S. 536–541. 7330.

C. UNTERSUCHUNGS- UND VERSUCHSMETHODIK

3-64/04-0467 Burde, R. de la, Jarrell, J. E. und Bavley, A.; Richmond, Va., Res. Center, Philip Morris Inc. Column chromatographic method for separation of carbohydrate degradation products. Separation of furan derivatives on aluminium oxide. **(Säulenchromatographische Methode für die Trennung von Kohlenhydratabbauprodukten. Trennung von Furanderivaten an Al_2O_3.)** Analyt. Chem. **35** (1963) Nr. 10. S. 1535–1536. – 1 Tab., 11 Lit.
Die Chromatographie einer wäßrigen Lösung von Fructose, die 10 Std. bei pH 5,2 unter Rückfluß gekocht wurde, erfolgt an einer Säule (4 × 33 cm) von basischem Al_2O_3. Eluiert wird nacheinander mit Aceton, Essigester, Methanol und Wasser. Papierchromatographie der Eluate zeigt das Vorhandensein von Furfural, 5-Hydroxymethylfurfural, Furfurylalkohol und Fumarsäure im Aceton. Reine Fructose wird im Methanol und im Wasser wiedergefunden. Auf einer Säule (4 × 70 cm) von neutralem Al_2O_3 wird die Acetonfraktion rechromatographiert. Mit Toluol werden zuerst Furfural und Furfurylalkohol nacheinander eluiert, dann mit Chloroform 5-Hydroxymethylfurfural und mit 95%igem Äthanol Fumarsäure. Die Verbindungen sind papierchromatographisch einheitlich. F. Kreienbring. 7485.

3-64/04-0468 Towne, Jack C. und Spikner, John E.; Chicago, Veterin. Adm. Res. Hospital, Radioisotope Serv.; Northwestern Univ., Med. School. Fluorometric microdetermination of carbohydrates. **(Fluorometrische Mikrobestimmung von Kohlenhydraten.)** Analyt. Chem. **35** (1963) Nr. 2. S. 211 bis 214. – 4 Abb., 1 Tab., 9 Lit.
Eine Anzahl Zucker reagiert in stark sauren Lösungen mit o-Phenylendiamin unter Bildung stabiler fluorescierender Verbindungen, die mutmaßlich substituierte Chinoxaline darstellen. 0,25–2,5 γ Zucker werden mit 100 γ o-Phenylendiamin in 3 ml 50%iger H_2SO_4 (w:w) 3 Std. auf 120–125° erhitzt. Nach dem Abkühlen und Auffüllen auf 5 ml mit 50%iger H_2SO_4 wird im Spektrofluorometer die Fluorescenz gemessen. Das optimale Molverhältnis der Reaktionspartner liegt für D-Glucose, L-Arabinose, D-Ribose und Furfurol bei 10 (o-Ph.):1 (Zucker). Mit m- und p-Phenylendiamin reagiert D-Glucose nur sehr wenig. Der Einfluß der Struktur der Zucker (z. B. D-Ribose und 2-Desoxy-D-ribose) auf die Reaktion wird besprochen. Generell nimmt mit steigender Säurekonzentration bei allen untersuchten Zuckern die Fluorescenz der Analysenlösung zu. Die Fluorescenz (ausgedrückt in Mikroampere) steigt im Bereich bis zu 2,5 γ Zucker/5 ml linear mit der Konzentration an. F. Kreienbring. 7485.

3-64/04-0469 Radhakrishnamurthy, B., Kayman, H. und Berenson, G. S. A rapid method of identification of hexosamines and hexuronic acids on glass paper. **(Eine schnelle Methode zur Identifizierung von Hexosaminen und Hexuronsäuren an Glaspapier.)** Arch. Biochem. Biophysics **99** (1962) Nr. 3. S. 534–535. – 1 Tab., 9 Lit. 7485.

3-64/04-0470 Wassermann, L. und Hanus, H.; Eiselen, Ulm/Donau, Fa. Ulmer Spatz. **Dünnschichtchromatographie von Zuckern und Zuckeralkoholen.** Naturwissenschaften **50** (1963) Nr. 9. S. 351. – 1 Tab., 5 Lit.
Zucker und Zuckeralkohole lassen sich dünnschichtchromatographisch auf Kieselgur/Kieselgel G (60:40, keine Imprägnierung) trennen. Fließmittel: Isopropanol/Essigester/Wasser (27,0:3,5:1,0). Auftragmenge: 10–20 μg. Sprühreagens: Bleitetraacetat. Es werden die $R_{Glucose}$-Werte (Glucose = 1) zahlreicher Zucker und Zuckeralkohole angegeben. H. Ruttloff. 7485.

3-64/04-0471 Schmidt, Marian. Fractionation of acid mucopolysaccharides on DEAE-Sephadex anion exchanger. **(Fraktionierung von sauren Mucopolysacchariden an DEAE-Sephadex-Anionenaustauscher.)** Biochim. biophysica Acta [Amsterdam] **63** (1962) Nr. 2. S. 346–348. 7485.

3-64/04-0472 Lundquist, Knut. Isolation of 3-hydroxy-1-(4-hydroxy-3-methoxyphenyl)-2-propanone from lignin. **(Die Isolierung von 3-Hydroxy-1-[4-hydroxy-3-methoxyphenyl]-2-propanon aus Lignin.)** Acta chem. scand. **16** (1962) Nr. 9. S. 2303–2304. – 10 Lit. 7490.

3-64/04-0473 Dahl, Olle; Malmö, Sweden, Scan's Centrallab. Creatine content as an index of the quality of meat products. **(Der Kreatingehalt als ein Zeichen der Qualität von Fleischprodukten.)** J. agric. Food Chem. **11** (1963) Nr. 4. S. 350–355. – 1 Abb., 5 Tab., 13 Lit.
Vf. analysierte eine Reihe von 61 Fleischprodukten und Wurstsorten auf N, Kreatin (teilweise + Kreatinin) und wasserlösliche Guanidinverbindungen. Es wurden 2 Analysenmethoden miteinander verglichen: Methode A basiert auf dem Jaffe's Test, einer Farbreaktion zwischen Kreatinin und Picrat, Methode B beruht auf der Farbreaktion zwischen wasserlöslichen Guanidinverbindungen und einer freien Guanidin-NH_2-Gruppe und Diacetyl, intensiviert durch α-Naphthol in alkalischer Lösung. Es wird gezeigt, daß der Kreatingehalt (berechnet als %-Gehalt des Rohproteins) angenähert als Kriterium für die Qualität von Fleischprodukten herangezogen werden kann. Ausnahmen bilden Leberpastete und Leberwurst sowie gekochte Produkte wie z. B. Corned beef. I. Schröder. 7495.

3-64/04-0474 Eldridge, A. C., Wolf, W. J., Nash, A. M. und Smith, A. K.; Peoria, Ill., Northern Regional Res. Lab. Alcohol washing of soybean protein. **(Alkohol-gewaschenes Sojabohnenprotein.)** J. agric. Food Chem. **11** (1963) Nr. 4. S. 323–328. – 5 Abb., 4 Tab., 30 Lit.
Aus wäßrigem Extrakt von Hexan entfettetem Sojabohnenmehl wird durch Säurepräzipitation das Protein isoliert. Es enthält 2–4% eines Phospholipid ähnlichen Materials. Die Entfernung dieser Lipide gelingt weder durch isoelektrische Präzipitation, Dialyse oder $(NH_4)_2SO_4$-Präzipitation noch durch Waschen mit Wasser. Vff. untersuchen die Extrahierbarkeit mit verschiedenen Alkoholen in variierten Konzentrationen. Sie weisen einen entscheidenden Einfluß der Alkoholkonzentration auf die Menge an extrahiertem Material sowie auf den N-Gehalt des Proteins nach. Die optimalen Alkoholkonzentrationen betragen bei Methylalkohol 95–97% (v/v), bei Äthylalkohol 84–88% (v/v) und bei Isopropylalkohol 78–88% (v/v). Es wird der Einfluß der Extraktionszeit, der Temperatur und des pH sowie das Lösungsmittel-Protein-Verhältnis untersucht. Das gewaschene Protein besitzt verbesserte Farbe und Geschmack sowie einen extrem stabilen Schaum niederer Dichte.
I. Schröder. 7500.

3-64/04-0475 Nooij, E. H. de und Niemeijer, J. A. Free-boundary electrophoresis of histones. **(Freie Grenzelektrophorese von Histonen.)** Biochim. biophysica Acta [Amsterdam] **65** (1962) Nr. 1. S. 148–149. – 3 Abb., 3 Lit. 7500.

3-64/04-0476 Jones, R. W., Babcock, G. E., Taylor, N. W. und Dimler, R. J.; Peoria, Ill., Northern Regional Res. Lab. Fractionation on wheat gluten by gel filtration. **(Fraktionierung von Weizenkleber durch Gel-Filtration.)** Cereal Chem. **40** (1963) Nr. 4. S. 409–414. – 3 Abb., 2 Tab., 12 Lit.
Eine Fraktionierung von Weizenkleber aus rotem Hartweizen in Glutenin und Gliadin wurde auf Sephadex-Säulen unter verschiedenen Bedingungen hinsichtlich Lösungsmittel, Kleberkonzentration und Sephadex-Teilchengröße durchgeführt. Bei allen Versuchsbedingungen wurden die gleichen Resultate erzielt, nämlich die Abtrennung von elektrophoretisch fast reinem Glutenin und von Gliadin, das Beimengungen von Glutenin enthielt. Die 4 Gliadinkomponenten wiesen zwar verschiedene Durchlaufgeschwindigkeiten auf, konnten aber nicht rein erhalten werden. K. Koepke. 7500.

3-64/04-0477 Nimmo, C. C., O'Sullivan, Mary T., Mohammad, Ali und Pence, J. W.; Albany, Calif., U.S. Dep. of Agric., A.R.S. Fractionation and zone electrophoresis of proteins of water-soluble materials of flour. **(Die Fraktionierung und Zonenelektrophorese von Proteinen wasserlöslicher Stoffe aus Mehl.)** Cereal Chem. **40** (1963) Nr. 4. S. 390–398. – 2 Abb., 1 Tab., 20 Lit.
Vff. bestimmen in einem wäßrigen Mehlextrakt Anzahl, Menge und Zusammensetzung der unter den entsprechenden Bedingungen löslichen Proteine. Die Fraktionierung wird mit Anionenaustauschercellulose durchgeführt. Die Elektrophorese mit Polyacrylamidgelen (pH 6,0–6,1) ergibt bessere Ergebnisse (15–17 Proteinkomponenten) als mit Stärkegelen. Die Papierelektrophorese war weniger wirkungsvoll. Die Aminosäurezusammensetzung, die von 5 erhaltenen Fraktionen untersucht wurde, wird diskutiert.
I. Schröder. 7500.

3-64/04-0478 Oberdorfer, Alfred; München, Univ., Physiol. Chem. Inst.; Städt. Krankenhaus. **Zur Darstellung der Livetinfraktion aus dem Dotter des Hühnereies.** Hoppe-Seyler's Z. physiol. Chem. **331** (1963) Nr. 1/6. S. 280–286. – 1 Tab., 22 Lit. Zus. in Engl.
Vf. isolierte die Livetinfraktion im Gegensatz zu Plimmer, Kay und Cook auf folgendem Wege: Aus dem gefriergetrockneten Ausgangsmaterial wurden die Lipide mit wasserfreiem Butanol extrahiert. Mit Hilfe einer Phosphatpufferlösung niedriger Ionenstärke, 0,05 m pH 7, wurde aus dem getrockneten Extraktionsrückstand die Livetinfraktion herausgelöst und anschließend durch Zusatz von Ammonsulfat bis zu einer 80%igen Sättigung des Pufferextraktes ausgefällt. Das so erhaltene Präparat enthält 14,7% N, keinen Lipidanteil und keinen P. Die dargestellte Livetinfraktion wurde elektrophoretisch, chromatographisch und in der Ultrazentrifuge analysiert. Es wurden elektrophoretisch 4 Komponenten erhalten. Die chromatographische Trennung ergab 9 Fraktionen. Bei der Untersuchung in der Ultrazentrifuge trennte sich die Livetingesamtfraktion in 2 verschieden schnell sedimentierende Komponenten auf. Bei der Auftrennung der Livetingesamtfraktion und den teilweise getrennten Fraktionen (β- und γ-Livetin) wurden 17 Aminosäuren erhalten, die tabellarisch aufgeführt sind. G. Rothe. 7500.

3-64/04-0479 Benesch, Reinhold und Benesch, Ruth E. Protein derivatives with new sulfhydryl groups. **(Proteinderivate mit neuen Sulfhydrilgruppen.)** Biochim. biophysica Acta [Amsterdam] **63** (1962) Nr. 1. S. 166–170.
7500.

3-64/04-0480 Darbre, A. und Blau, K.; London, King's Coll. The quantitative estimation of some amino acids by gas chromatography. **(Die quantitative Bestimmung einiger Aminosäuren mittels Gaschromatographie.)** Biochem. J. **88** (1963) Nr. 1. S. 8P–9P. – 1 Lit.
Vff. benutzen zur gaschromatographischen Bestimmung von Aminosäuren den D-6-Gaschromatographen der Fa. Griffin & George Ltd., London, der mit der Gasdichtewaage als Detektor arbeitet. Die Aminosäuren werden dabei zunächst in ihre N-Trifluoracetyl-n-amylester überführt und anschließend an 6 Fuß langen Säulen von Polyäthylenglykoladipat oder Fluoralkylsilicon QF-1 oder an Silicon mit Celite als Träger bei Temperaturen zwischen 140–180° getrennt. Aus einer synthetischen Standardaminosäuremischung wurde eine Reihe von Aminosäuren, wie Glycin, Alanin, Valin, Leucin, Isoleucin, Threonin, Serin, Methionin, Prolin und Phenylalanin, durch Berechnung aus den Peakflächen quantitativ wiedergefunden. Nicht vollständig quantitative, jedoch reproduzierbare Werte, wurden für einige weitere Aminosäuren gefunden.
U. Zelck. 7505.

3-64/04-0481 Krampitz, G. und Wieneke, J.; Bonn, Univ., Inst. für Anatomie und Physiol. der Haustiere. **Beiträge zur Aminosäuren-Bestimmung**

in biologischem Material. 7. Mitt. Über eine automatische Apparatur zur routinemäßigen Bestimmung von Aminosäuren. Z. Tierphysiol., Tierernähr. Futtermittelkunde **18** (1963) Nr. 3. S. 147–166. – 5 Abb., 23 Lit. 6. Mitt. vgl. LZ. Abt. III **5** (1960) Nr. 6. S. 1016.

Es wird der Aufbau einer Apparatur nach dem Baukastenprinzip beschrieben, mit der es möglich ist, bis zu 6 Aminosäurenanalysen gleichzeitig durchzuführen. Zum Transport der Pufferlösungen und der Ninhydrinlösung werden stufenlos regulierbare Kolbenpumpen verwandt, die einen Gegendruck bis 15 atü überwinden können. Der Pufferwechsel erfolgt automatisch durch Magnetventile, die über einen Zeitschalter gesteuert werden. Alle Pufferlösungen durchfließen Luftabscheider. Die Puffer- und Ninhydrinleitungen bestehen aus dickwandigem Glasrohr von 1 mm lichter Weite. Zur Messung des Innendruckes zur Kontrolle des Gesamtsystems besitzen die Druckleitungen jeweils eine Abzweigung für Manometer. Zur Verbindung einzelner Geräteteile dienen Kugelschliffe. Für Proteinhydrolysate werden Säulen von 150 cm und 15 cm Länge bei einem Innendurchmesser von 0,9 cm benutzt, für physiol. Flüssigkeiten Säulenlängen von 50 cm. Weitere apparative Einzelheiten über Mischungsaggregate, Teflonspirale und Photometer werden erläutert. Die Durchführung der Analysen, einschließlich Herstellung der Lösungen, Vorbereitung der Säulen und Berechnungsverfahren werden ausführlich beschrieben. F. Kreienbring. 7505.

3-64/04-0482 Malmstadt, H. V. und Hadjiioannou, T. P.; Urbana, Univ. of Illinois. Specific enzymatic determination of some alpha-amino acids by an automatic spectrophotometric reaction rate method. **(Spezifische enzymatische Bestimmung einiger α-Aminosäuren mit einer automatischen spektrophotometrischen Reaktionsgeschwindigkeitsmethode.)** Analyt. Chem. **35** (1963) Nr. 1. S. 14–16. – 1 Abb., 1 Tab., 8 Lit.

Die Methode basiert auf einer gekoppelten Enzymreaktion, bei der die oxydative Desaminierung von L-Aminosäuren durch L-Aminosäureoxydase (aus Schlangengift) spez. unter Bildung von H_2O_2 katalysiert wird und das H_2O_2 sofort mit o-Dianisidin in Gegenwart von Meerrettich-Peroxydase reagiert. Es entsteht ein gefärbtes Produkt mit einem Absorptionsmax. bei 440 mμ. Die Geschwindigkeit der Bildung des gefärbten Produktes und die daraus resultierende Veränderung der Absorption der Lösung ist deshalb proportional der anfänglichen Aminosäurenmenge, vorausgesetzt, daß die Messung beendet ist, bevor eine signifikante Menge der Aminosäure reagiert hat. Es wird darum die Zeit bis zur Veränderung der Absorption um 0,06 Einheiten gemessen. Trägt man die reziproke Zeit gegen die Menge der Aminosäure auf, erhält man durch den Nullpunkt gehende Geraden. 9 L-Aminosäuren wurden im Bereich von 16–140 γ mit einem rel. Fehler von 2% bestimmt bei Meßzeiten von einigen Sek. bis zu etwa 2 Min. Die Methode ist gut geeignet, um die Reinheit von Aminosäurepräparaten zu prüfen, da die L-Aminosäureoxydase nur die oxydative Desaminierung von L-Aminosäuren katalysiert. H. Kreienbring. 7505.

3-64/04-0483 Circo, Richard und Freeman, Bob A.; Chicago, Univ. Diethylamino-ninhydrin as a color test aid in identification of amino acids on paper chromatograms. **(Diäthylamin-Ninhydrin als Hilfe für den Farbtest bei der Identifizierung von Aminosäuren auf Papierchromatogrammen.)** Analyt. Chem. **35** (1963) Nr. 2. S. 262–263. – 1 Tab., 3 Lit.

Diäthylamin-Ninhydrin als Anfärbereagens ergibt spez. Farben mit einer Anzahl üblicher Aminosäuren und läßt sich zur Identifizierung einzelner Aminosäuren auf Papierchromatogrammen benutzen. Zur Fixierung des Diäthylamins auf dem Papier wird das trockene Chromatogramm am besten durch Eintauchen in Butanol-Essigsäure-Wasser (25:6:25, v:v) angefeuchtet und ca. 2 Min. bei Zimmertemperatur in eine Diäthylamin-Atmosphäre eingehängt. Danach wird das Chromatogramm bei 75–80° im Trockenschrank mit Ventilator getrocknet. Durch Besprühen des trocknen Papiers mit 0,25% Ninhydrin in n-Butanol und 10 Min. Erhitzen auf 75–80° werden die spez. Farbflecke auf hellblauem Untergrund erhalten. Die Behandlung mit Diäthylamin hat nur Erfolg, wenn sie vor der Ninhydrinanwendung vor sich geht. Die Empfindlichkeit der Anfärbung entspricht der des Ninhydrins. Es werden die Farben von 21 Aminosäuren und einer Reihe verwandter Verbindungen angegeben. H. Kreienbring. 7505.

3-64/04-0484 Nehring, K. und Schröder, I.; Rostock, Univ., Inst. für Agrikulturchem. und Bodenkunde. **Untersuchungen zur enzymatischen Hydrolyse von Eiweißfutterstoffen. 2. Mitt. Zur Methodik der Säurehydrolyse.** Pharmazie **18** (1963) Nr. 2. S. 142–146. – 2 Abb., 4 Tab., 10 Lit. 1. Mitt. vgl. 3-64/01-0366.
Vff. führen vgl. Untersuchungen der Druckhydrolyse mit und ohne CO_2 an Erbsenmehl durch (2 Std. bei 3,5–4 atm. mit 400 ml 5 n HCl). Die untersuchten Aminosäuren Tyrosin, Cystin, Lysin und Arginin lagen bei CO_2-Gegenwart nur geringfügig höher. Vff. hydrolysieren dann unter Druck 3 verschiedene enzymatisch vorhydrolysierte Fraktionen von Luzerne (vgl. 1. Mitt. 3-64/01-0366.). Die Bestimmung des NH_2-N ergab unterschiedliche Werte der 3 Fraktionen. Weiterhin wird eine Modifizierung der Hydrolysenmethode nach Kofranyi beschrieben, dann die Stabilität der Aminosäuren während der Säurehydrolyse besprochen und für 12 Aminosäuren eine tabellarische Übersicht ihrer Zerstörung in Gegenwart von Kohlenhydraten gegeben. Anschließend folgt eine Darstellung über die Huminbildung während der Säurehydrolyse in Abhängigkeit von der Konzentration an Kohlenhydraten.
H. Bergner. 7505.

3-64/04-0485 Njaa, L. R.; Bergen, Norw. Fisheries Res. Inst. Methionine detection on paper chromatograms. **(Methioninbestimmung auf Papierchromatogrammen.)** Acta chem. scand. **17** (1963) Nr. 4. S. 1169–1170. – 7 Lit.
Die S-haltigen Aminosäuren und Derivate wurden als 10^{-2} m Lösungen (5 μl) auf Whatman Papier No 3 MM aufgetragen (Fleckengröße = 50 mm²). Nach der Trocknung erfolgte die Anfärbung mit folgendem Reagens: 0,1 ml Chloroplatinsäure (10%) + 7 ml KJ-Lösung (1,1%) + 7 ml H_2O, kurz vor der Anwendung werden 80 ml Stärkelösung (0,5%) zugegeben. Die oxydierten Verbindungen Methioninsulfon, Cysteinsäure und Homocysteinsäure reagieren nicht. Cystein, Cystin, Homocystein, Homocysteinthiolacton, Methylmethioninsulfoniumchlorid, zusammen mit Thiazolidin-4-carbonsäure und 7 anderen Derivaten bleichen das Reagens. Methionin, S-Methylcystein, N-Acetylmethionin, Glycylmethionin, Cystathionin, α-Hydroxy-γ-methylmercaptobuttersäure, Lanthionin, Methioninsulfoxyd und Homocystin reagieren unter Bildung von blauen Flecken infolge der J-Freisetzung. Methionin konnte in $5 \cdot 10^{-5}$ m Lösung oder bei einer Konzentration von $5 \cdot 10^{-6}$ μm/mm² auf dem Papier nachgewiesen werden. Die Grenze des Nachweises liegt bei 0,04 μg.
I. Schröder. 7505.

3-64/04-0486 Pomeranz, Y. und Miller, B. S.; Manhattan, Kans., U.S. Dep. of Agric., A.R.S. Comparison of methods for determination of lysine in cereals. **(Ein Vergleich von Methoden zur Bestimmung von Lysin in Getreide.)** J. Assoc. off. agric. Chemists **46** (1963) Nr. 3. S. 399–405. – 1 Abb., 2 Tab., 25 Lit.
Es wird über eine enzymatische Methode zur Bestimmung von Lysin in Getreideprodukten berichtet. Zur Freisetzung des Lysins erfolgt eine Hydrolyse mit 25,0 ml 2 n HCl/1 g Subst. 5 Std. bei 15 psi. (vgl. Miller u. a., Cereal Chem. **27** [1950] S. 96.). Die Methode beruht auf der Bestimmung des durch

Lysindecarboxylase freigesetzten CO_2. Es werden 10 gemahlene Weizenprodukte untersucht. Zur Testung der Methode erfolgt ein Vergleich mit der mikrobiol. (**I**), 2 dimensionalen Papierchromatographie (**II**) und Ionenaustauscherchromatographie (**III**). Während die Methode (**II**) (n-Butanol-Essigsäure-Wasser (63:10:27) und wassergesättigtes Phenol) zu niedrige Werte ergibt, sind die Lysinwerte von (**I**) und (**III**) vergleichbar. Die Decarboxylasemethode (**IV**) gibt konsequent zu niedrige Werte (82% verglichen mit (**I**)). Die möglichen Gründe für die zu niedrigen Werte werden diskutiert. Abschließend wird der Einfluß höherer Temperatur (85°–88°) auf die Verfügbarkeit des Lysins in Gegenwart von Glucose mit den Methoden (**I**) und (**IV**) untersucht. I. Schröder. 7505.

3-64/04-0487 Loftfield, Robert Berner und Eigner, Elizabeth Ann; Boston, Mass., Harvard Univ. A radioactive hydroxamate method for determining rates of amino acid activation. **(Eine radioaktive Hydroxamat-Methode zur Bestimmung der Raten der Aminosäureaktivierung.)** Biochim. biophysica Acta [Amsterdam] **72** (1963) Nr. 3. S. 372–382. – 8 Abb., 1 Tab., 32 Lit.

Vff. untersuchen die Aktivierung von ^{14}C-Aminosäuren sowohl mit gereinigten Enzymen als auch mit rohen Gewebeextrakten. Die Aminosäureaktivierung kann durch die Messung des in Gegenwart von Hydroxylamin gebildeten ^{14}C-Aminosäurehydroxamats bestimmt werden. Auf diese Weise kann der Umfang der Aktivierung eines einzelnen Substrates angegeben werden, auch wenn andere Substrate daneben aktiviert werden und andere pyrophosphatinkorporierende Reaktionen ablaufen. Die Methode wird im einzelnen beschrieben. Sie erlaubt eine schnelle und einfache Trennung der ^{14}C-Aminosäuren vom ^{14}C-Hydroxamat an Ionenaustauscherpapier, eine genaue Bestimmung der relativen Radioaktivitäten und der Reaktionsraten.
I. Schröder. 7505.

3-64/04-0488 Davídek, Jiří, Klein, Stanislav und Žáčková, Antonie. **Colorimetrische Bestimmung von Nitrat und Nitrit in biologischem Material.** Z. Lebensmittel-Unters. u. -Forsch. **119** (1963) Nr. 4. S. 342–346. – 1 Abb., 6 Tab., 18 Lit.

Die zu den Versuchen benutzte Methode beruht auf 2 Messungen: 1. Nitrit(II)-Oxydation (mit $KMnO_4$ und H_2SO_4) zu Nitrat (I) und Gesamt-(I)-Bestimmung (mit 2,4-Xylenol) als 6-Nitro-2,4-xylenol. 2. Zerstörung von (II) (durch Methylnitritbildung) und (I)-Bestimmung (Differenz aus 1. und 2. ergibt (II)-Gehalt. Photometrische Messung bei 450 mμ. Beide Bestimmungen werden durch Chloride gestört, die mit Ag-Sulfat gefällt wurden. So wurden mit dieser Methode verschiedene Lebensmittel überprüft (u. a. gepökelter Schinken), wobei 10 g Ausgangsmaterial benutzt wurden (Eiweißfällung mit Phosphor-Wolfram-Säure). H. Liebenow. 7510.

3-64/04-0489 Duncombe, W. G. The colorimetric micro-determination of longchain fatty acids. **(Die mikrocolorimetrische Bestimmung von Langkettenfettsäuren.)** Biochem. J. 88 (1963) Nr. 1. S. 7–10.

Mit einer Genauigkeit von $\pm$ 2,5% lassen sich Fettsäuren (C_{10}–C_{18}, auch Öl-, Palmitoolein-, Linol- und Linolensäure) in Mengen von 0,05–0,5 μmol in 5 ml Chloroform quantitativ auf colorimetrischem Wege bestimmen. Cholesterin und Cholesterinester sowie Triglyceride beeinträchtigen das Ergebnis nicht. 5 ml der in Chloroform gelösten Fettsäuren werden mit 2,5 ml Cu-Reagens (9 vol. 1 mol Triäthanolamin, 1 vol. 1 n Essigsäure, 10 vol. 6,45% $Cu(NO_3)_2 \cdot 3\,H_2O$) in einem Zentrifugenglas versetzt und 2 Min. geschüttelt. Nach dem Zentrifugieren wird die wäßrige Schicht abgesaugt und mittels Injektionsspritze 3 ml der Chloroformphase entnommen und mit 0,5 ml 0,1% Na-Diäthyldithiocarbamatlösung (gelöst in Butanol) versetzt. Die Messung erfolgt bei 440 mμ. H. Steger. 7520.

3-64/04-0490 Miller, Cleta K., Steffenson, Daniel, Frame jun., Harlan D. und Strain, Harold H.; Argonne, Nat. Lab. Activated cellulose for solution-adsorption chromatography. **(Aktivierte Cellulose für Lösungsadsorptionschromatographie.)** Analyt. Chem. **35** (1963) Nr. 1. S. 93–95. – 5 Tab., 7 Lit.

Nach bestimmten Verfahren präparierte Cellulose ist für die Säulenchromatographie als Adsorbens zur Trennung von Carotinoiden gut geeignet. Es werden Faktoren beschrieben, die die Adsorptionsaktivität der Cellulose für Carotinoide beeinflussen. Es wurden verschiedene Verfahren der Zerkleinerung (Mahlen, Schlagen u. a.), die Dauer der mechanischen Einwirkung, Lösungszusätze bei der Zerkleinerung, Auswaschen dieser Lösungen nach der Zerkleinerung (Prüfung verschiedener Waschflüssigkeiten) und der Einfluß der Trocknung (Filtration und anschließend im Vakuum getrocknet oder durch Extraktion mit Aceton) untersucht. Eine intensive Zerkleinerung bei Anwesenheit einer polaren Flüssigkeit und gründliche Entfernung dieser Lösung sind die Hauptfaktoren, die die Adsorptionsaktivität beeinflussen. Bei 5 Min. mechanischer Einwirkung betrug der R-Wert (gemessen mit einer Lösung von 10 mg β-Carotin in 100 ml n-Heptan) 0,42, bei 40 Std. 0,23. Die Art des Lösungszusatzes bei der Zerkleinerung zeigte bei Tetrachlorkohlenstoff einen R-Wert von 0,70, der über Benzin, Aceton, Methanol, Pyridin zum Wasser mit 0,13 abnahm. Als Waschlösung zeigten Benzin und Aceton die günstigsten Werte. M. Hoffmann. 7535.

3-64/04-0491 Ronkainen, Pentti; Helsinki, Finnland, Forschungslab. des Alko. **Die Dünnschichtchromatographie der Ketosäuren.** J. Chromatogr. [Amsterdam] **11** (1963) Nr. 2. S. 228–237. – 4 Abb., 2 Tab., 14 Lit. Zus. in Engl.

Es wird die Entwicklung passender Lösungsmittelsysteme und Chromatographiermethoden für die dünnschichtchromatographische Trennung der 2,4-Dinitrophenylhydrazone (DNP) für folgende Ketosäuren beschrieben: α-Keto-β-methylvaleriansäure, α-Ketoisocapronsäure, α-Ketoisovaleriansäure, α-Ketobuttersäure, Brenztraubensäure, Lävulinsäure, α-Ketoglutarsäure, Oxalessigsäure. Die Herstellung und Aufarbeitung der Derivate bis zur chromatographischen Trennung wird mitgeteilt. Methodik: 20 × 20 cm Glasplatte, beschichtet mit Kieselgel G, Schichtdicke 0,10–0,17 mm. Die beschichteten Platten werden 30 Min. bei 110–120 ° aktiviert. Lösungsmittelsystem: Petroläther (13):Äthylformiat(7)/Monocarbonsäure. G. Rothe. 7540.

3-64/04-0492 Neeld, John B. und Pearson, William N.; Nashville, Tenn., Vanderbilt Univ., School of Med. Macro- and micromethods for the determination of serum vitamin A using trifluoroacetic acid. **(Makro- und Mikrobestimmung des Vitamin A im Serum mit Trifluoressigsäure [TFA].)** J. Nutrit. [Philadelphia] **79** (1963) Nr. 4. S. 454–462. – 2 Abb., 6 Tab., 10 Lit.

Vff. weisen auf die Bildung von Trübungen bei der Mikro-Vit.-A-Bestimmung mit $SbCl_3$ in Gegenwart von Feuchtigkeit und die damit verbundenen Unsicherheiten im Ergebnis hin. Sie beschreiben eingehend die Bestimmungsmethodik mit Trifluoressigsäure (TFA) einschließlich der Mikrobestimmung mit 50 μl Serum. Vergleichsuntersuchungen mit der $SbCl_3$- und der TFA-Methode ergeben bei Menschen-, Ratten- und Schweineserum gut übereinstimmende Werte, während bei Schafserum mit TFA signifikant höhere Werte gefunden werden. H. Ackermann. 7562.

3-64/04-0493 Anonym. The determination of alpha-tocopherol in animal tissues. **(Die Bestimmung von α-Tocopherol in tierischem Gewebe.)** Nutrit. Rev. **20** (1962) Nr. 4. S. 111–113. 7566.

3-64/04-0494 Herrmann, J. und Andrae, W.; Berlin, Humboldt-Univ., Inst. für Technol. und Vorratspflege; Zwickau, Bezirkshygieneinst. **Oxydative**

Abbauprodukte der L-Ascorbinsäure. 1. Mitt. Papierchromatographischer Nachweis. Nahrung 7 (1963) Nr. 3. S. 243–255. – Zus. in Russ.
Vff. saugen Luft oder O_2 durch eine Ascorbinsäurelösung (10 g/l) und finden darin anschließend papier- (Schleicher und Schüll 2043a, Butanol-Eisessig-Wasser 4:1:5, aufsteigend) und säulenchromatographisch (Al_2O_3) mit Hilfe verschiedener Nachweisverfahren (UV, 2,6-Dichlorphenolindophenol, Jodstärke, Ag-Nitrat, 2,4-Dinitrophenylhydrazin, Bromkresolgrün, o-Phenylendiamin) insgesamt 17 unterschiedlich wandernde und z. T. chemisch verschieden reagierende Verbindungen. Die Ausfällung der Bis-Hydrazone und deren anschließende papierchromatographische Trennung bringt demgegenüber keinen Vorteil. Die Umlagerungs- und Oxydationsmöglichkeiten werden diskutiert, die nachgewiesenen Oxydationsprodukte jedoch nicht identifiziert.
B. Gaßmann. 7570.

3-64/04-0495 Geßler, M. **Die Bestimmung der Fermente Glutamat-Pyruvat-Transaminase (GPT) und Sorbit-Dehydrogenase (SDH) im Blut der Haustiere und des Haushuhnes.** Dtsch. tierärztl. Wschr. **70** (1963) Nr. 11. S. 304–307. – 1 Abb., 4 Tab. Zus. in Engl.
Untersuchungen an Hühnern zeigen, daß zur Untersuchung des GPT- und SDH-Gehaltes Citratplasma in gleicher Weise wie Serum geeignet ist, wobei ersteres den Vorteil bietet, daß keine Verfälschung der Werte durch Austritt von Fermenten aus den Blutzellen bei alsbaldiger Abtrennung eintritt. Die GPT-Aktivität im Plasma von Hühnern sank mit zunehmendem Alter ab; in Einheiten nach Wroblewski wurde für das Alter von 9 Wochen ein Wert von 1,65 ± 0,48 (1–2,12) ermittelt, für das von 18 Wochen ein Durchschnitt von 0,9 ± 0,38 (0–1,5). Die SDH-Aktivität im Serum betrug (in Einheiten nach Holzer)für das Plasma im Alter von 9 Wochen 1,47 ± 0,32 (1,0–1,72), für das von 17 Wochen 0,82 ± 0,16 (0,6–0,99). Im Gegensatz zu den Befunden beim Menschen wurde nicht nur bei chronischen, sondern auch bei akuten Lebererkrankungen des Huhnes nur eine rel. geringe Erhöhung der GPT- und SDH-Aktivität festgestellt. Bei einer Futterumstellung mit einer Erhöhung des Rohproteingehaltes um ca. 2,5% war eine Steigerung der Aktivität der SDH im Plasma festzustellen, während die GPT unbeeinflußt blieb.
E. Kolb. 7580.

3-64/04-0496 Semenza, G. und Auricchio, S. Chromatographic separation of human intestinal disaccharidases. **(Chromatographische Trennung von Human-Darmdisaccharidasen.)** Biochim. biophysica Acta [Amsterdam] **65** (1962) Nr. 1. S. 172–175. – 1 Abb., 8 Lit. 7580.

3-64/04-0497 Hunter, W. M. und Greenwood, F. C. A radio-immuno-electrophoretic assay for human growth hormone. **(Ein radio-immunoelektrischer Test für Humanwachstumshormon.)** Biochem. J. **85** (1962) Nr. 3. S. 39 P–40 P. 7595.

3-64/04-0498 Stahl, F., Hertling, I. und Knappe, G. **Eine einfache fluorometrische Methode zur Routinebestimmung von Corticosteroiden in kleinen Plasmamengen.** Acta biol. med. german. [Berlin] **10** (1963) Nr. 5/6. S. 480–487.
Vff. beschreiben eine einfache Methodik zur Bestimmung von Corticosteroiden, zu deren Durchführung eine Plasmamenge von 5 ml genügt. Nach Petrolätherwaschung, Methylendichloridextraktion und NaOH-Waschung wird in Äthanol-Schwefelsäure eine Fluoreszens der Corticosteroide angeregt, die im Photometer „Eppendorf" unter Verwendung der Filter 436 mμ und 520 bis 570 mμ gemessen wird. Die höchste Fluoreszensintensität wird mit 70%iger H_2SO_4 und nach einer Reaktionsdauer von 30 Min. erzielt. Die optimale Reaktionstemperatur beträgt 22°. Die Spez. wurde durch Untersuchung von 12 natürlichen und synthetischen Steroiden gesichert. Die Genauigkeit be-

trägt 92,1 ± 11%. Bei 18 gesunden ♂ und ♀ Personen wurde eine mittlere Konzentration von 19,1 ± 3,1 μg% (12,7–28,0 μg%) ermittelt. Mit ACTH-Stimulierung wurde ein deutlicher Anstieg und durch Glucocorticoidzufuhr ein typischer Abfall der Corticosteroidkonzentration erhalten.

S. Willer. 7595.

3-64/04-0499 Edwards, Cecile H., Rice, James O., Jones, James, Seibles, Lawrence, Gadsden, Evelyn L. und Edwards, Gerald A.; Greensboro, Agric. and Techn. Coll. of North Carolina. Chromatography of compounds of biological interest on glass fiber, paraffin-coated, and untreated cellulose paper. **(Die Chromatographie von Verbindungen von biologischem Interesse an Glasfaser, paraffinbehandeltem und unbehandeltem Cellulosepapier.)** J. Chromatogr. [Amsterdam] **11** (1963) Nr. 3. S. 349–354. – 3 Tab., 17 Lit.

Vff. untersuchten eine größere Auswahl an org. Verbindungen, die allg. in pflanzlichen und tierischen Geweben vorkommen, hinsichtlich ihrer Wanderungsgeschwindigkeit in verschiedenen Lösungsmittelsystemen. Die Rf-Werte werden angegeben. I. Schröder. 7610.

3-64/04-0500 Mason, J. L.; Summerland, Canada Dep. of Agric. Flame photometric determination of potassium in unashed plant leaves. **(Flammenphotometrische Bestimmung von Kalium in unveraschten pflanzlichen Blättern.)** Analyt. Chem. **35** (1963) Nr. 7. S. 874–875. – 2 Tab., 3 Lit.

Die Bestimmung des K-Gehaltes in pflanzlichem Material kann sehr schnell nach einer Meth. erfolgen, bei der die Veraschung und das Auflösen der Asche umgangen wird. 25 mg des lufttrockenen gemahlenen Blattmaterials (60-mesh Sieb) werden in einen 50 ml Erlenmeyer-Kolben eingewogen mit 10 ml Glycerin-Isopropanol-Gemisch (200 ml Isopropanol + 125 g Glycerin) versetzt und umgeschüttelt, damit die Substanz gut durchfeuchtet wird. Mit aqua dest. wird die Suspension in einen 250 ml-Meßkolben überführt, der 15 ml Li-Innenstandardlösung (5 gLi/kg) enthält. Die resultierende Suspension enthält somit 1 Teil Pflanzenmaterial in 10000 Teilen. Die Eichung des Flammenphotometers wird im Bereich von 0,5–4,0 mg/kg K) aus einer den Analysenbedingungen entsprechenden Lösung durchgeführt. Untersuchungsergebnisse nach der angeführten Meth. werden mit einer Anzahl Untersuchungen nach chemischen, üblichen flammenphotometrischen und spektrographischen Meth. verglichen. Die Werte zeigen insgesamt eine gute Übereinstimmung. Die Genauigkeit der Analysen nach dem neuen Verfahren ist sehr hoch. H. Kreienbring. 7625.

3-64/04-0501 Taulli, T. A. und Irani, R. R.; St. Louis, Monsanto Chem. Co. Rapid titrimetric determination of orthophosphate with cerous ion. Applications to technical grade inorganic phosphates. **(Schnelle titrimetrische Bestimmung von Orthophosphat mit Cer-III-Ionen. Anwendung auf technische, anorganische Phosphate.)** Analyt. Chem. **35** (1963) Nr. 8. S. 1060–1063. – 4 Tab., 20 Lit.

Eine Probe des Orthophosphats, die 5–15 mg P enthält, wird in einem 100 ml Becherglas auf 30 ml verdünnt und zum Sieden erhitzt. Unter Anwendung eines pH-Meters wird bei 60–90° die Lösung auf einen pH im Bereich von 7,0–9,5 mit NH_4Cl/NH_4OH-Puffer eingestellt. Nach Zugabe von 5 Tropfen einer Eriochromschwarz-T-Lösung wird mit 0,05 m Cer-III-Nitratlösung unter Rühren mit einem Magnetrührer titriert. Man titriert die blaue Lösung bis zur bleibenden Rotfärbung. Cer-III-Nitrat wird durch Reduktion von Cer-IV-Ammoniumnitrat mit einem Überschuß an Hydroxylaminhydrochlorid hergestellt. Eine Reihe z. T. techn. Orthophosphate mit einem P-Gehalt von 8–23% wird mit einer Genauigkeit von ± 0,24% (abs.) bestimmt. 12 γ P in einer Probe werden noch mit einem rel. Fehler von 5% bestimmt bei Anwendung von 5×10^{-4} m Cer-III-Lösung. Die Störung der Bestimmung von

Orthophosphat durch eine Zahl Kationen und Anionen wird untersucht und festgestellt, daß mit Ausnahme von Polyphosphaten die Anionen nur geringe Störungen hervorrufen, die Kationen – besonders Fe-III-Ionen – wirken sich stärker aus. H. Kreienbring. 7640.

3-64/04-0502 Wilson, A. M. und McFarland, O. K.; Detroit, Mich., Wayne State Univ. Utilization of tricaprylmethylammonium thiocyanate as a selective extraction agent in the spectrophotometric determination of cobalt. **(Die Nutzbarmachung von Tricaprylmethylammonium-Thiocyanat als ein selektives Extraktionsmittel bei der spektrophotometrischen Bestimmung des Kobalt.)** Analyt. Chem. **35** (1963) Nr. 3. S. 302–307. – 1 Abb., 4 Tab., 17 Lit.

In Benzol gelöstes Tricaprylmethylammonium-Thiocyanat extrahiert den blauen Co-II-Thiocyanatkomplex vollkommen. Die gepufferte Extraktionslösung besitzt einen pH-Wert von 8 und enthält Na-Citrat zur Maskierung der störenden Fe-Ionen. Eine ungepufferte Lösung mit Na-Thiocyanat, Na-Citrat und Na-Thiosulfat dient zur Beseitigung der störenden Ni- und Cu-Ionen. Die beschriebene Methode eignet sich gut zur Bestimmung des Co-Gehaltes in Gegenwart der Elemente Fe, Cu und Ni. Das Lambert-Beer'sche Gesetz gilt in einem Co-Konzentrationsbereich von 2,00–100 $\times$ 10^{-5} M.
M. Anke. 7650.

3-64/04-0503 Budzier, H. H. **Beiträge zur Methodik der mikrobiologischen Untersuchung von Gärfutter. 1. Mitt. Erleichterung und Verbesserung der Herstellung des Ausgangsinokulates durch Verwendung einer steril arbeitenden Bürette.** Zbl. Bakteriol., Parasitenkunde, Infektionskrankh. Hyg., II. Abt. **116** (1963) Nr. 7. S. 689–691. – 1 Abb., 6 Lit.

Es wird eine automatische Bürette beschrieben, die es gestattet, für mikrobiol. Untersuchungen aus einer beliebigen Einwaage jede gewünschte Verdünnung herzustellen. Vf. benutzt als Luftfilter mit Watte vollgestopfte Bäuche unbrauchbarer Vollpipetten mit entsprechenden Schlauchverbindungen. Die Möglichkeiten zur Sterilisation des Gerätes und dessen Verwendung werden kurz angegeben. E. Krause. 7700.

3-64/04-0504 Hughes, J. W.; Hamilton, Ruakura Animal Res. Stat. Equipment for the separate and total collection of faeces and urine from dairy cattle. **(Ausrüstung für das getrennte und quantitative Sammeln von Kot und Harn bei Milchkühen.)** New Zealand J. agric. Res. **6** (1963) Nr. 1/2. S. 127–139. – 3 Abb., 6 Lit.

Vf. beschreibt ein Stoffwechselgeschirr für Kühe, das besonders wegen des bequemen Sitzes für die empfindlichen Jersey-Kühe empfohlen wird. Die Maße für die sehr zahlreichen (!) Lederriemen sind angeführt. Neu ist die Verwendung eines Separators aus Metall, der Kot und Harn am Tier trennt. Vom Separator, der am Ausflußorgan mit Lederriemen befestigt ist, werden die Ausscheidungen durch weite Schläuche aus imprägniertem Nylon in die Sammelbehälter geleitet. B. Piatkowski. 7751.

3-64/04-0505 Dyer, Irwin A.; Washington, State Univ. Symposium on feed and meats terminology. I. Preparation of feed for animal nutrition experiments. **(Symposium über Futter- und Fleisch-Terminologie. 1. Mitt. Vorbereitung des Futters für Ernährungsversuche mit Tieren.)** J. Animal Sci. **22** (1963) Nr. 2. S. 526–530. – 4 Tab., 16 Lit.

Zur Verminderung der Variation von Versuchsergebnissen bei Untersuchungen zur Ernährung der Tiere bespricht Vf. eine Reihe von Faktoren bei der Vorbereitung des Versuchsfutters, die besonders beachtet werden müssen. Dazu zählen: Ausgeglichenheit der Ration, Futteraufnahme, Vorbereitung zum Mischen, Mischen, Probeentnahme. Eine ausgeglichene Ration ist nicht allein durch ein richtiges prozentuales Verhältnis der Mischungskomponenten gekennzeichnet, sondern muß auch auf die physikalische und chemische Verträglichkeit sowie die biol. Verwertung abgestimmt sein. Die Futteraufnahme kann entscheidend durch die physikalische Form der Ration (z. B. geschroten oder pelletiert) beeinflußt werden. Für den Mischungsprozeß sind vor allem folgende Punkte zu beachten: Größe, Form und Dichte der Teilchen, Reibungskoeffizient, Hygroskopizität, elektrostatische Verhältnisse, Mischzeit, Mischertyp usw. Die Zahl der Proben für die chem. Analyse muß im umgekehrten Verhältnis zur Uniformität der Futtermischung stehen. Für die Probenahme aus Futtermittelpartien wird ein Verfahren beschrieben, das max. Sicherheit gewährleisten soll. L. Hoffmann. 7755.

3-64/04-0506 Algeo, John W.; Santa Ynez, Calif., Santa Ynez Res. Farm. Symposium on feed and meats terminology. II. Terminology and methods for feeding and weighing animals. **(Symposium über Futter- und Fleisch-Terminologie. 2. Mitt. Terminologie und Methoden für Fütterung und Gewichtsfeststellung der Tiere.)** J. Animal Sci. **22** (1963) Nr. 2. S. 531-534. — 3 Tab., 5 Lit. 1. Mitt. vgl. vorst. Ref.
Vf. kritisiert an Hand von Beispielen die häufig in der Lit. zu findende unsachliche und unwissenschaftliche Darstellung von Versuchsergebnissen durch Gebrauch von Begriffen, die jeder Eindeutigkeit entbehren. Bei Fütterungsversuchen sollten die verabreichten Futtermittel bzw. Rationen durch direkte chem. Analysen und nicht durch Angaben aus Tabellenwerken charakterisiert werden. Der Bedarf an Vit. A der Tiere sollte in Int. Einheiten je Tier und Tag angegeben werden. Bei der Bestimmung des Vit.-A-Gehaltes im Blut und Leber ist eine Gewichtsangabe der Int. Einheit vorzuziehen. Für die Angabe des Gehaltes an flüchtigen Fettsäuren im Pansen der Wiederkäuer wird eine Standardisierung empfohlen. Fehler bei der Gewichtsfeststellung der Tiere und ihr Einfluß auf das Versuchsergebnis werden besprochen.
L. Hoffmann. 7755.

3-64/04-0507 Harris, Lorin E.; Logan, Utah Agric. Exp. Stat. Symposium on feeds and meats terminology. III. A system for naming and describing feeds, energy terminology, and the use of such information in calculating diets. **(Symposium über Futter- und Fleisch-Terminologie. 3. Mitt. Ein System für die Benennung und Beschreibung von Futterstoffen, Energie-Terminologie und die Anwendung solcher Information für die Kalkulation der Nahrung.)** J. Animal Sci. **22** (1963) Nr. 2. S. 535–547. — 4 Abb., 10 Tab., 37 Lit. 2. Mitt. vgl. vorst. Ref.
Vf. behandelt folgende Fragen: 1. Schaffung eines Systems einer einheitlichen Art der Benennung und Beschreibung von Futterstoffen. 2. Sammlung von Daten über Futterzusammensetzung mit Hilfe elektronischer Rechenanlagen. 3. Terminologische Probleme im Zusammenhang mit dem Energiegehalt der Nahrung und der chem. Analyse sowie Methoden für die Mitt. von Daten in der Lit. Abschließend wird eine Methode zur Kalkulation einer Nahrung oder Futtermischung für Haustiere auf der Grundlage von Analysendaten auf Tr.-Subst.-Basis beschrieben. L. Hoffmann. 7755.

3-64/04-0508 Border, Jerry R., Harris, Lorin E. und Butcher, John E.; Logan, Utah State Univ. Apparatus for obtaining sustained quantitative collections of urine from male cattle grazing pasture or range. **(Apparat für die quantitative Sammlung von Harn beim männlichen Rind auf Weidegang.)** J. Animal Sci. **22** (1963) Nr. 2. S. 521–525. — 10 Abb., 7 Lit.
Für bestimmte Zwecke ist eine Harnsammlung bei Weidegang erforderlich. Vff. beschreiben ein Versuchsgeschirr mit Kotbeutel und Harnsammelapparat. Letzterer bewährte sich bei Kälte und Hitze. B. Piatkowski. 7765.

3-64/04-0509 Miller, D. S. und Donoso, G.; Mill Hill, London, Nat. Inst. for Med. Relationship between the sulphur/nitrogen ratio and the protein value of diets. **(Die Beziehung zwischen dem Schwefel-Stickstoff-Verhältnis**

und dem Proteinwert von Nahrungsstoffen.) J. Sci. Food Agric. **14** (1963) Nr. 5. S. 345-349. – 2 Tab., 16 Lit.

Vff. untersuchen 25 Nahrungsstoffe auf ihren Proteinwert und finden an limitierenden Aminosäuren fast in allen Fällen das Methionin. Durchgeführte Supplementierungsversuche mit Ratten zeigen eine Erhöhung des Proteinwertes durch Ergänzung mit Methionin. Es wird eine chemische Methode zur Bestimmung des Proteinwertes angegeben, die auf der Bestimmung des S- und des N-Gehaltes beruht. Es wird gezeigt, daß für praktische Zwecke der Proteinwert von gemischten Nahrungsstoffen durch das Verhältnis 1000 S/N angegeben werden kann. Es erfolgen Vergleiche mit biologischen Proteinbewertungsmethoden. Mögliche Fehlerquellen wie Anwesenheit von Nichtaminosäure-S und viel Cystin sowie die Frage der Verfügbarkeit werden diskutiert. I. Schröder. 7780.

3-64/04-0510 Henderickx, H. Biological value and chemical score. **(Biologische Wertigkeit und Chemical Score.)** Z. Ernährungswiss. **3** (1963) Nr. 3/4. S. 158–163. – 2 Abb., 2 Tab.

Auf Grund des Bedarfs an essentiellen Aminosäuren bei wachsenden Ratten und an Hand rezenter Analysenzahlen wurde die Chemical Score für 36 Proteine neu berechnet. Ebenfalls wurde eine Regressionsgleichung aufgestellt: Biologische Wertigkeit = 5,3 + 0,93. Chemical Score R = + 0,975. Zwei Tatsachen wurden dargelegt: 1. die besten Referenzzahlen zum Bestimmen der Chemical Score ergeben sich aus dem Bedarf an essentiellen Aminosäuren; 2. an Hand der Analysenzahlen ist es möglich, die Biologische Wertigkeit eines Proteins zu berechnen. I. Schröder. 7780.

3-64/04-0511 Beames, R. M.; Queensland Dep. of Agric. and Stock. A metabolism unit for use with male pigs. **(Ein Stoffwechselkäfig für männliche Schweine.)** Queensland J. agric. Sci. **19** (1963) Nr. 4. S. 539–547. – 8 Abb., 8 Lit.

Es wird ein Stoffwechselkäfig für männl. Schweine beschrieben, die in dem Gewichtsabschnitt von 40-200 lb. darin gehalten werden können. Durch den besonderen Aufbau des Bodenrostes können Kot und Harn getrennt gesammelt werden. Um den Kot vollständig erfassen zu können, war das Anbringen einer Schürze erforderlich, die den Kot nach hinten ableitet. Für Futter und Wasser befinden sich an der Stirnseite des Käfigs 2 gesonderte Tröge. Unter dem Rost befinden sich die Behälter zum Sammeln des verschütteten Futters und des Kotes und dazwischen der Trichter zum Auffangen des Harnes. Die Breiten-, Längen- und Höhenmaße des Käfigs sind veränderlich, so daß die Käfiggröße dem jeweiligen Entwicklungsstand des Tieres angepaßt werden kann. Das Schwein hat in der Längsrichtung 6 in. Bewegungsfreiheit und kann auch bequem liegen. Maße sind angegeben. H. Jung. 7785.

3-64/04-0512 Rao, M. Narayana, Sreenivas, H., Swaminathan, M., Carpenter, K. J. und Morgan, Clare B.; Cambridge, Univ., School of Agric.; Mysore, India, Centr. Food Technol. Res. Inst. The nutritionally available lysine and methionine of heated casein-glucose mixtures. **(Das verfügbare Lysin und Methionin von erhitzten Casein-Glucose-Mischungen.)** J. Sci. Food Agric. **14** (1963) Nr. 8. S. 544–550. – 4 Tab., 33 Lit.

Nach beschriebener Homogenisierung von 4 Casein-Glucose-Mischungen mit unterschiedlichem H_2O-Gehalt (4,5% – < 15%), werden die einzelnen Mischungen verschiedenen Hitzebehandlungen ausgesetzt. Es werden folgende Methoden angewandt: Bestimmung des verfügbaren Lysins mit Fluordinitrobenzol (vgl. Carpenter, LZ. Abt. III **6** [1961] Nr. 11. S. 1965.), des verfügbaren Methionins mit *Strep. zymogenes NCDO* 592 nach Verdauung mit 0,36% Papain, des Gesamt-Methionins (2 n HCl bei 115° 5 Std.) und des „protein efficiency ratios" mit Ratten. Vff. zeigen, daß die Proteinverwertung bei jungen Ratten durch die Hitzebehandlung in starkem Maße ungünstig beeinflußt wird. Die Ergebnisse der beiden Labormethoden mit Fluordinitrobenzol für „verfügbares" Lysin und des mikrobiol. Verfahrens für verfügbares Methionin werden durch den Rattentest bestätigt. I. Schröder. 7785.

3-64/04-0513 Cunningham, H. M.; Nappan, Nova Scotia, Canada Dep. of Agric. Note on a rapid method for determining the carbon content of feeds and excreta. **(Anmerkung über eine Schnellmethode zur Bestimmung des Kohlenstoffgehaltes in Futterstoffen und Exkreten.)** Canad. J. Animal Sci. **43** (1963) Nr. 1. S. 212–214. – 2 Lit.

Vf. beschreibt ein Schnellverfahren zur C-Bestimmung mit Hilfe des Beckmann GC-2A-Gaschromatographen. Proben mit etwa einem Gehalt von 200 mg C werden in einer „Parr"-O_2-Bombe verbrannt. Die Verbrennungsgase werden auf konstante Temp. und Druck eingestellt. 2 Gasproben aus der Bombe werden gaschromatographisch analysiert. Der C-Gehalt einer Probe errechnet sich aus dem Verhältnis des sich einstellenden Kurvenmax. zum Kurvenmax. einer geeichten Standardgasprobe. Parallelmessungen mit reinen Substanzen überschreiten 0,5% nicht. Bei 16 Kot- bzw. Harnproben betrug die durchschnittliche Abweichung der Doppelbestimmungen bezogen auf den Mittelwert $\pm$ 0,43%. L. Hoffmann. 7819.

3-64/04-0514 Tollerz, Gunnar; Stockholm, Roy. Veterin. Inst. The volume of distribution of sodium thiosulphate as a measure of the extracellular fluid space in suckling pigs. **(Das Verteilungsvolumen von Natriumthiosulfat als ein Maß für das extracelluläre Flüssigkeitsvolumen bei Saugferkeln.)** Acta veterin.scand. 4 (1963) Nr. 2. S. 97-112. – 3 Abb., 3 Tab., 14 Lit.

Ein Wurf von 6 weibl. und 2 männl. Ferkeln der Schwedischen Landrasse wurde 6 Wochen lang wöchentlich untersucht. Vor und nach dem Experiment wurden die Tiere mit 5 g Genauigkeit gewogen. Das Flüssigkeitsvol. betrug ca. 34% des Körpergewichtes bei sechstägigen Ferkeln. Große Unterschiede sind sowohl bei dem einzelnen Ferkel, bei den einzelnen Untersuchungen als auch zwischen gleich alten Tieren vorhanden. E. Otto. 7820.

3-64/04-0515 Schulte, K. E. und Henke, G.; Münster, Westfäl.Wilhelms-Univ., Inst. für Pharmakol. und Lebensmittelchem. **(Der Nachweis von Radioisotopen im Harn. 1. Teil.** Pharmazie **18** (1963) Nr. 8. S. 529–541. – 3 Abb., 7 Tab.

Vff. berichten über einen systematischen Untersuchungsgang zur Messung der Gesamtaktivität von Harnproben, wobei auch auf die Empfindlichkeit und Anwendbarkeit verschiedener Strahlungsdetektoren (Flüssigkeitszählrohr, Szintillationszähler mit Ringschale bzw. mit Bohrloch, Methandurchflußzähler, Autoradiographie) ausführlich eingegangen wird. U. Zelck. 7830.

3-64/04-0516 Hoek, J. van den. Opname, secretie en excretie von fall-out radionucliden bij landbouwhuisdieren. **(Die Aufnahme, Sekretion und Exkretion von Radionukliden aus dem Fallout bei landwirtschaftlichen Nutztieren.)** Tijdschr. Diergeneeskunde 88 (1963) Nr. 10. S. 627-652. – 5 Abb., 8 Tab., 37 Lit. Zus. in Engl., Franz., Dtsch.

In der vorliegenden Arbeit wird eine ausführliche Übersicht der Aufnahme. Sekretion und Ausscheidung radioaktiver Substanzen aus dem Fallout bei den landwirtschaftlichen Nutztieren gegeben. Es werden gleichzeitig die Prinzipien der Kernspaltung, der physikalischen und biologischen Eigenschaften der aus dem Fallout stammenden radioaktiven Isotope sowie die Verbreitung des radioaktiven Niederschlags in der Atmosphäre behandelt. Besondere Bedeutung wird den bodenwissenschaftlichen und botanischen Aspekten beigemessen. Die Aufnahme- und Sekretionsphänomene von ^{131}J,

^{90}Sr und ^{137}Cs bei den Haustieren sind ausführlich dargelegt, wobei vor allem auf die Sekretion dieser Stoffe mit der Milch und die damit in Zusammenhang stehenden Faktoren aufmerksam gemacht wird. G. Mehlhorn. 7830.

3-64/04-0517 Yamagata, Noboru und Iwashima, Kiyoshi; Tokyo, Inst. of Public Health. In vivo measurement of iodine 131 in the thyroid of the dairy cow as an aid for monitoring milk. **(In-vivo-Messungen von ^{131}J in der Schilddrüse von Milchkühen als Hilfsmittel zur Kontrolle der Milch.)** Nature [London] **198** (1963) Nr. 4876. S. 169–170. – 2 Abb.

Vff. bestimmen die ^{131}J-Aktivität der Schilddrüse von Milchkühen in vivo sowie nach dem Schlachten. Die Schilddrüse von Kühen aus verschiedenen Gegenden zeigten einen ^{131}J-Gehalt von 2,7–45,9 mμ C (⌀ 16,5). Mit zunehmendem ^{131}J-Gehalt der Drüsen ergaben auch in-vivo-Messungen eine höhere ^{131}J-Aktivität. Vergleichende Untersuchungen über den ^{131}J-Gehalt der Milch und der ^{131}J-Aktivität der Schilddrüse (in vivo) zeigten eine lineare positive Korrelation. In der Milch wurden 0,019–0,32 (⌀ 0,11) mμC/l ^{131}J ermittelt. Vff. diskutieren abschließend die Zusammenhänge zwischen der ^{131}J-Menge in der Milch und dem Umfang der Weidewirtschaft. H. Bergner. 7830.

3-64/04-0518 Tomaňa, M., Švábenský, O. und Otta, K.; Prag, Zentralforsch.-Inst. für die Lebensmittelind. **Studium der Wirkung der Gammastrahlung auf die L-Ascorbinsäure.** Nahrung **7** (1963) Nr. 3. S. 212–221. – 4 Abb., 4 Tab., 17 Lit. Zus. in Russ.

Vff. ordnen gepufferte, schwermetall- und O_2-freie (pH 4,5) Ascorbinsäure(AS)-Lösungen (10-50 mg/100 g) in Glasampullen (4 ml) auf einer langsam rotierenden Platte kreisförmig ($r \geq 2,5$ cm) um einen ^{60}Co-Punktstrahler (40 C) an und bestrahlen mit Dosen von $25–400 \cdot 10^3$ r (1250–40000 r/h). Anschließend werden in den Lösungen durch Titration mit 2,6-Dichlorphenol-Indophenol oder Chloramin T AS und nach Reduktion mit H_2S durch Dead-Stop-Titration mit Chloramin T Dehydroascorbinsäure (DAS) bestimmt. Dabei ergibt sich eine lineare Abhängigkeit der DAS-Bildung von der Strahlendosis. Die Oxydationsgeschwindigkeit ist der AS-Konzentration und der Strahlungsintensität indirekt proportional. Bei pH 4 ist der AS-Schwund am größten und bei pH 8–10 am kleinsten. Die Oxydationsgeschwindigkeit ist bei Gegenwart von O_2 und Schwermetallionen ($2,5 \cdot 10^{-6}$ bis $2,5 \cdot 10^{-8}$ Mol Cu/ml) erhöht. In Anwesenheit von Nicotinsäure (25 mg/100 g) oder Katalase ist eine deutliche Schutzwirkung zu erkennen. Bei Bestrahlen von Erdbeeren ($500 \cdot 10^3$ r, $40 \cdot 10^3$ r/h) und Weintrauben ($100 \cdot 10^3$, $500 \cdot 10^3$, $1000 \cdot 10^3$ r, $380 \cdot 10^3$ r/h) wird ebenfalls ein starker Schwund des ursprünglichen AS-Gehaltes festgestellt. Im Verlauf der weiteren Lagerung kommt es dann zu einem Ausgleich der Unterschiede im AS-Gehalt bestrahlter und nicht bestrahlter Proben.
B. Gaßmann. 7830.

D. ERNÄHRUNGSPHYSIOLOGIE

Verdauung und Resorption

3-64/04-0519 Baïsset, Antoine und Montastruc, Paul. Recherches sur les actions extra-rénales de l'hormone antidiurétique. Effet de l'hormone sur les sécrétions digestives. **(Untersuchungen über die extrarenalen Wirkungen des antidiuretischen Hormones. Der Einfluß des Hormones auf die Sekretionsvorgänge im Verdauungstrakt.)** C.R. hebd. Séances Acad. Sci. **256** (1963) Nr. 3. S. 783–784. – 3 Lit.

Die extrarenalen Wirkungen des antidiuretischen Hormones der Neurohypophyse sind, wie in vitro und in vivo nachgewiesen werden konnte, zahlreich. Eine systematische Erforschung seines Einflusses auf die Verdauungsdrüsen erschien daher notwendig. Im Tierversuch gelten die Untersuchungen am anaesthesierten Hunde als Modell. Nach den Befunden übt das anti-

diuretische Hormon auf die Speicheldrüsen, die Magendrüsen und das Pankreas eine hemmende Wirkung aus. Der Wirkungsgrad entspricht jeweils der Sensibilität des betreffenden Organes gegenüber dem Hormon. Die vorliegenden im Tierversuche gewonnenen Resultate wurden beim Menschen bestätigt.
H. Busse. 7852.

3-64/04-0520 Wood, Randall D., Bell, M. C., Grainger, R. B. und Teekell, R. A.; Oak Ridge, Univ.; Lexington, Agric. Exp. Stat. Metabolism of labeled linoleic-1-C^{14} acid in the sheep rumen. **(Stoffwechsel von markierter Linol-1-^{14}C-Säure im Schafpansen.)** J. Nutrit. [Philadelphia] **79** (1963) Nr. 1. S. 62–68. – 1 Abb., 5 Tab., 20 Lit.

Die Untersuchungen wurden ausgeführt, um den Umfang der Absorption, die Hydrierung in vivo und den Stoffwechsel der Linolsäure im Pansen zu bestimmen. Dazu wurde 4 Hammeln operativ die Haubenpsalteröffnung abgebunden und durch Injektion durch die ventrale Wand 0,25 mC Linol-1-^{14}C-Säure direkt in den Pansen gegeben. Danach wurde in bestimmten Zeitabständen bis zu 48 Std. Blut aus der Jugularvene entnommen. Die Tiere wurden dann getötet und die inneren Organe in die Untersuchung einbezogen. Die Fette und Fettsäuren wurden nach entsprechender Aufarbeitung durch Wasserdampfdestillation, Verteilungs- und Papierchromatographie abgetrennt und ihre Aktivität gemessen. Die markierten Verbindungen erschienen 4 Std. nach der Injektion im Jugularblut und erreichten zwischen der 8. und 12. Std. ihren Höchstwert. Die meiste Aktivität davon wurde in der nicht wasserdampfflüchtigen Fraktion erhalten, d. h. die aus dem Pansen absorbierten Verbindungen enthalten mehr als 10 C-Atome. In den inneren Organen wie Leber, Lunge Niere, usw. und in der Pansenmucosa und Muskulatur erschienen 0,3–0,5% der Gesamtaktivität. 85–96% der Aktivität wurden im Pansen wiedergefunden, wovon jedoch nur noch 3–6% auf die ursprüngliche Linolsäure entfielen. Etwa 45% der markierten Linolsäure war zu gesättigten Säuren, 33–50% waren zu Öl- bzw. Elaidinsäure hydriert worden. Nichtidentifizierbare Säuren umfaßten 5–17% der wiedergefundenen Aktivität.
G. Sternkopf. 7862.

3-64/04-0521 Žerebcov, P. I. und Vrakin, V. F. Sovremennye predstavlenija ob azotistom obmene v rubce žvačnych. **(Die gegenwärtige Auffassung über den Stickstoffaustausch im Pansen der Wiederkäuer.)** Izvestija Timirjazevskoj sel'skochozjajstvennoj akademii, Moskva **1962** Nr. 6. S. 105–119. – 7 Tab., 89 Lit. Zus. in Engl.

Es werden zu diesem Problem in- und ausländische Untersuchungen ausgewertet und allgemeine Schlußfolgerungen gezogen.
G. Leisner. 7862.

3-64/04-0522 Friend, D. W., Cunningham, H. M. und Nicholson, J. W. G.; Nappan, Nova Scotia, Canada Dep. of Agric. The production of organic acids in the pig. II. The effect of diet on the levels of volatile fatty acids and lactic acid in sections of the alimentary tract. **(Die Produktion organischer Säuren im Schwein. 2. Mitt. Der Einfluß der Nahrung auf das Niveau der flüchtigen Fettsäuren und der Milchsäure in den Abschnitten des Verdauungstraktes.)** Canad. J. Animal Sci. **43** (1963) Nr. 1. S. 156–168. – 4 Abb, 8 Tab., 14 Lit. 1. Mitt. vgl. LZ. Abt. III 8 (1963) Nr. 6. S. 1251.

In 2 Versuchen wurde der Einfluß der Cellulose-, Kleie- und Molkefütterung (getrocknet) auf den Fettsäure- und Milchsäuregehalt im Verdauungstrakt des Schweines geprüft. Celluloseverabreichung führte zur Erniedrigung des Fettsäuregehaltes. Im Dickdarm war der Gesamtsäuregehalt am höchsten. Molke- oder Kleiefütterung ergab nur im Magen und Dünndarm Ameisensäuregehalte. Bei Kleiefütterung wurde weniger Milchsäure gefunden. Im Dünndarm war der Gesamtsäuregehalt am niedrigsten. Die Säurekonz. im Blinddarm der Schweine war 2mal so hoch wie die des Rindes. Die Fütterung

beeinflußte die Proportionen der Säuren in den einzelnen Abschnitten des Verdauungstraktes. Die größte Säuremenge wurde im Magen und etwas weniger im Dickdarm gefunden. Insges. wurden 45 g Säure bei den Kontrolltieren, 60 g bei Molke- und 49 g bei Kleiefütterung gefunden.
W. Jentsch. 7870.

3-64/04-0523 Friend, D. W., Cunningham, H. M. und Nicholson, J. W. G.; Nappan, Nova Scotia, Canada Dep. of Agric. Volatile fatty acids and lactic acid in the alimentary tract of the young pig. **(Flüchtige Fettsäuren und Milchsäure im Verdauungstrakt junger Schweine.)** Canad. J. Animal Sci. **43** (1963) Nr. 1. S. 174–181. — 4 Tab., 12 Lit.
An 79 Ferkeln aus 9 Würfen wurde im Alter von 1–9 Wochen der C_1-C_5 Fettsäure- und der Milchsäuregehalt im Verdauungstrakt (Magen, Dünn-, Blind- und Dickdarm) festgestellt. Die Konz. der gesamten Säuren betrug im Dünndarm unabhängig vom Alter ca. 5 meq./100 ml, ging im Magen im geprüften Zeitabschnitt von 8 auf 2–5 zurück und stieg im Dick- und Blinddarm von 8–9 auf 26–29 meq./100 ml an. Molkefütterung hatte keinen signifikanten Einfluß auf den Säuregehalt. Den Hauptanteil im Magen und Dünndarm machte die Milchsäure aus, im Dick- und Blinddarm die Essigsäure. Das Entwöhnen übte einen Einfluß auf die Proportionen der Säuregehalte aus, Antibiotica nicht. Antibiotica zu Molke erhöhte die Säurekonz. im Magen.
W. Jentsch. 7870.

3-64/04-0524 Griffiths, Mervyn und Davies, David. The role of the soft pellets in the production of lactic acid in the rabbit stomach. **(Die Bedeutung weicher Pellets in der Produktion von Milchsäure im Kaninchenmagen.)** J. Nutrit. [Philadelphia] **80** (1963) Nr. 2. S. 171–180. — 7 Abb., 7 Tab., 13 Lit. 7874.

3-64/04-0525 Untersuchungen über den Einfluß verschieden hoher Wassergaben auf die Verdaulichkeit und die Mastwirkung typischer Rationen bei Schweinen im Hinblick auf die Verwendung von Trocken- und Naßfutterautomaten. Rostock, Oskar-Kellner-Inst. Tierernähr. Dtsch Akad. Landwirtsch.-Wiss. Berlin Plan-Nr.: 1701 17h–2–16/1. 26 S. Abschlußber. (28/2. 1963).
Es wurden Verdauungs- und Mastversuche mit Schweinen zur Ermittlung des Einflusses unterschiedlicher Futterbefeuchtung durchgeführt. Geprüft wurden Trockenfuttermischungen nach Art der Schweinemastfertigfutter mit einem Zusatz von 0 l Wasser (Trockenfütterung), von 1 l Wasser (Feuchtkrümeligfütterung) und von 2,5 l Wasser (Naßfütterung) pro kg Trockenfutter. Im Hinblick auf die Verdaulichkeit konnte nachgewiesen werden, daß eine höhere Futterbefeuchtung die Verdaulichkeit nur in einem sehr geringfügigen und praktisch zu vernachlässigenden Ausmaß senkt. In den Mastversuchen waren bei Feuchtkrümelig- und Naßfütterung dann eine höhere Futteraufnahme und höhere Lgw.-Zunahmen zu bemerken, wenn bei der Vergleichsgruppe mit Trockenfütterung die ständige Versorgung mit frischem Tränkwasser nicht gesichert war. Dabei wurde vom Futterbefeuchtungsgrad keinerlei Einfluß auf die Futterverwertung ausgeübt. Ein stärkerer Einfluß auf die Mastergebnisse zeigte sich von der Futterdosierung her. Ständige Futterdarbietung (Automatenfütterung) führte gegenüber der Mahlzeitfütterung zu höheren Zunahmen bei leicht verschlechterter Futterverwertung. Dies trat unabhängig vom Futterbefeuchtungsgrad ein. 7888.

3-64/04-0526 Štěrba, A., Tyleček, J., Zelenka, J. und Zedník, M. Vliv konzistence krmné dávky na koeficienty stravitelnosti organických živin a dusíkovou bilanci u vykrmovaných prasat. **(Einfluß der Konsistenz der Futterration auf die Verdauungskoeffizienten organischer Nährstoffe und die Stickstoffbilanz bei Mastschweinen.)** Živočišná Výroba **8 (36)** (1963) Nr. 3. S. 167–174. — 7 Tab., 8 Lit. Zus. in Russ., Dtsch.

Die gewonnenen Versuchsresultate erwiesen keine Beziehung zwischen der mit verschiedener Wassermenge vermischten Futterration auf die Verdaulichkeit der Nährstoffe und N-Bilanz. Die VK der org. Nährstoffe einer Futterration mit 44,29% Tr.-Subst. (Wasserzusatz im Verhältnis 1:1) unterschieden sich nicht von den VK von Futterrationen mit einem Tr.-Subst.-Gehalt von 22,15% und 14,76%, d. h. mit einem Wasserzusatz im Verhältnis von 1:3 und 1:5. Diese Feststellungen betreffen Mastschweine mit einem Lgw. von 70–110 kg. Auch auf die N-Bilanz hatten diese Futterrationen keinen wesentlichen Einfluß. ČSSR/ÚVTI. 7888.

Intermediärer Stoffwechsel

3-64/04-0527 Ruffo, A., Testa, E., Adinolfi, Anna und Pelizza, Giuseppina. Control of the citric acid cycle by glyoxylate. 1. A new inhibitor of aconitase formed by the condensation of glyoxylate with oxaloacetate. **(Die Kontrolle des Citronensäurecyclus durch Glyoxylat. 1. Mitt. Ein neuer Inhibitor von Aconitase, gebildet durch die Kondensation von Glyoxylat mit Oxalacetat.)** Biochem. J. **85** (1962) Nr. 3. S. 588–593. 7900.

3-64/04-0528 Ruffo, A., Adinolfi, Anna, Budillon, G. und Capobianco, G. Control of the citric acid cycle by glyoxylate. 2. Mechanism of the inhibition of respiration in liver and kidney particles. **(Die Kontrolle des Citronensäurecyclus durch Glyoxylat. 2. Mitt. Mechanismen der Hemmung der Respiration in Leber- und Nierenpartikeln.)** Biochem. J. **85** (1962) Nr. 3. S. 593–600. — 1. Mitt. vgl. vorst. Titel. 7900.

3-64/04-0529 Cady, P., Abraham, S. und Chaikoff, I. L.; Berkeley, Univ. of California. Relative incorporation of the various propionate carbons into fatty acids by lactating rat mammary gland. **(Die relative Inkorporation der verschiedenen C-Atome der Propionsäure in Fettsäuren durch die Milchdrüse der laktierenden Ratte.)** Biochim. biophysica Acta [Amsterdam] **70** (1963) Nr. 2. S. 118–131. — 1 Abb., 9 Tab., 28 Lit.

Durch präparierte Milchdrüsenschnitte laktierender Ratten wird ohne Glucose das ^{14}C von 2-^{14}C-Propionat (**II**) schneller in Fettsäuren eingebaut als das von 1-^{14}C-(**I**) oder 3-^{14}C-Propionat (**III**). Durch die Zugabe von Glucose wird die Fettsäuresynthese aus **I–III** erhöht. Der Einbau von ^{14}C aus **II** und **III** war identisch und höher als der aus **I**. Markiertes Acetat in geringen Konz. vermindert bei Gegenwart von Glucose den Einbau von ^{14}C in Fettsäuren aus **I**, bei höheren Konz. den aus **I–III**. Die Fettsäuren wurden gaschromatographisch bestimmt. Die Ergebnisse zeigen, daß zur Bildung von Fettsäuren aus Propionat durch die Milchdrüse 3 Möglichkeiten existieren, wobei die direkte Kondensation mit Malonyl-CoA zur Bildung ungerader Fettsäuren dominiert. Glucose stimuliert den Einbau von Propionat-C in Fettsäuren über alle 3 Stoffwechselwege. W. Jentsch. 7910.

3-64/04-0530 Shtacher, Gad und Shafrir, Eleazar; Jerusalem, Israel, Hebrew Univ., Hadassah Med. School; Hadassah Univ. Hospital. Uptake and distribution of fatty acids in rat diaphragm and heart muscles in vitro. **(Aufnahme und Verteilung von Fettsäuren in Rattenzwerchfell und Herzmuskeln in vitro.)** Arch. Biochem. Biophysics **100** (1963) Nr. 2. S. 205–213. — 5 Tab., 23 Lit.

Rattendiaphragmen und Herzschnitte assimilierten steigende Mengen Palmitat-1-^{14}C, wenn das molare Verhältnis von Palmitat zu Albumin im Medium erhöht wurde. Nach 2stündiger Inkubation des Zwerchfells befanden sich etwa 30% des absorbierten Radiopalmitats in der Fraktion der freien Fettsäuren des Gewebes (bei Herzschnitten rund 50%). 40% wurden in Triglyceride und 12% in Phospholipoide eingebaut. Bei Herzschnitten verteilte sich der Rest des aktiven Palmitats zu etwa gleichen Mengen auf Phospholipoide und Triglyceride. Höchstens 1% des absorbierten Radiopalmitats befand sich im CO_2. Bei allen geprüften Palmitatkonzentrationen wurde die Inkorporation und Veresterung von Radiopalmitat in Zwerchfell durch Glucose mit Insulin erhöht. In Herzschnitten war das nur schwach der Fall. In beiden Geweben war der Einbau in CO_2 herabgesetzt. Epinephrin beeinflußte die Aufnahme des Radiopalmitats nur unwesentlich. In Diaphragmen und Herzschnitten hungernder oder alloxandiabetischer Ratten war die Palmitataufnahme zwar erhöht, die Verteilung wechselte jedoch von der Veresterung bis zum Einbau in die Fettsäurefraktion und Überführung in CO_2. Das Modell für die Aufnahme und Verteilung der freien Fettsäuren im Muskel wird diskutiert und mit dem Mechanismus der Fettsäureassimilation in adipösem Gewebe verglichen. U. Zelck. 7910.

3-64/04-0531 Schultz, Stanley G. und Zalusky, Ralph; Brooks, Tex., Air Force Base, USAF School of Aerospace Med. The interaction between active sodium transport and active sugar transport in the isolated rabbit ileum. **(Die Wechselwirkung zwischen aktivem Natriumtransport und aktivem Zuckertransport im isolierten I. ileum des Kaninchens.)** Biochim. biophysica Acta [Amsterdam] **71** (1963) Nr. 2. S. 502–505. – 1 Abb., 1 Tab., 12 Lit.
Vom I. ileum des Kaninchens wurden 5 cm herausgeschnitten und zwischen 2 Kammern gespannt, deren Gasphase aus 95% O_2 und 5% CO_2 bestand, die Lösung aus einem Salzgemisch von 7 Komponenten. Wurden zur Mucosaseite Zucker oder Zuckerderivate hinzugegeben, die aktiv transportiert werden, wurde die Kurzschlußstromstärke erhöht, unabhängig davon ob sie umgesetzt wurden, durch Zucker oder Zuckerderivate, die nicht aktiv transportiert werden, dagegen nicht, auch wenn sie umgesetzt werden. Die Wirkung trat auch bereits nach 5 sek. ein, so daß sie keine Folge erhöhter Energielieferung sein konnte. Durch Phlorizin wurde die bereits durch Glucose erzielte Wirkung rapide aufgehoben. Durch Na wurde der aktive Zuckertransport stimuliert, durch Quabain inhibiert. In der Mucosaoberfläche entsteht eine Wechselwirkung zwischen dem Mechanismus des aktiven Na- und Zuckertransports. Glucose stimuliert den Na-Transport nicht nur als Energiequelle, sondern durch seinen aktiven Transport an sich. W. Jentsch. 7910.

3-64/04-0532 Raafat, M. A., Verbeke, R. und Peeters, G.; Ghent, Belgium, Univ., Veterin. Coll. The metabolism of propionate in the isolated cow's udder. **(Der Stoffwechsel der Propionsäure im isolierten Kuheuter.)** Biochem. J. 88 (1963) Nr. 1. S. 155–159. – 2 Tab., 42 Lit.
Isolierte Kuheuter wurden mit Blut durchströmt, das 1-^{14}C-Propionsäure (I), -Capronsäure (II) oder 3-^{14}C-Buttersäure (III) enthielt. Bei **I**- und **II**-Durchströmung wurden im Gewebe hauptsächlich verschiedene Säuren des Krebs-Cyclus markiert nachgewiesen, weniger Pyruvat und noch weniger Glyoxylsäure, bei **III**-Durchströmung nur Bernstein- und Glutaminsäure. Die ^{14}C-Aktivität der Bernsteinsäure in den Versuchen mit **I** und **III** war in den Carboxylgruppen lokalisiert. Die ^{14}C-Verteilung in der Glutaminsäure war in den Versuchen mit **I** und **II** verschieden. Die Ergebnisse stehen mit dem Propionsäurestoffwechsel über Bernsteinsäure in Übereinstimmung, und es gibt keinen Anhaltspunkt für einen anderen Stoffwechselweg.
W. Jentsch. 7910.

3-64/04-0533 Annison, E. F., Lindsay, D. B. und White, R. R.; Armidale, New South Wales, Australia, Univ. of New England. Metabolic interrelations of glucose and lactate in sheep. **(Wechselbeziehungen im Stoffwechsel von Glucose und Lactat beim Schaf.)** Biochem. J. 88 (1963) Nr. 2. S. 243–248. – 1 Abb., 3 Tab., 20 Lit.
An 2- bis 3jährigen Hammeln wurde bei konst. Infusion von L(+)-Lactat eine Resorptionsgeschwindigkeit von 1,7 ± 0,14 mg/Min./kg bei gefütterten und

von 1,2 ± 0,14 mg/Min./kg bei 24 Std. hungernden Tieren gemessen. Es bestand eine groblineare Beziehung zwischen Resorptionsgeschwindigkeit und Blutlactatkonz. Während der Infusion von ^{14}C-Lactat stammten mindestens 15% des Glucosepools und mindestens 7% des CO_2 vom Lactat. Bei der Infusion von ^{14}C-Glucose stammten mindestens 40% des Lactatpools von der Glucose. Aus dem Vergleich der Radioaktivität von Blutlactat und Plasmaglucose bei der Infusion von markierter Glucose und markiertem Lactat ging hervor, daß 6% der Glucose durch den Glucose-Lactat-Umsatz entstehen. Durch den Einbau von ^{14}C in Glucose bei Infusion von 6-^{14}C-Glucose wurde festgestellt, daß ungefähr 10% umgebildet werden. Der Einbau von Glucose oder Lactat in Leber und Muskel war unbedeutend. W. Jentsch. 7910.

3-64/04-0534 Gorin, Erela und Shafrir, Eleazar; Jerusalem, Hebrew Univ., Hadassah Med. School; Hadassah Univ. Hospital. Turnover of adipose tissue triglycerides measured by the rates of synthesis and release of triglyceride-glycerol. **(Der Umsatz der Fettgewebetriglyceride, an der Synthesegeschwindigkeit und der Abtrennung des Triglycerid-Glycerins gemessen.)** Biochim. biophysica Acta [Amsterdam] **70** (1963) Nr. 2. S. 109–117. – 1 Abb., 3 Tab., 21 Lit.

Im epididymalen Fettgewebe gefütterter Ratten werden etwa 1,7% der Glyceridester in 24 Std. gespalten und resynthetisiert, was einer Halbwertszeit von 41 Tagen entspricht. Die Freisetzung der Fettsäuren aus dem Gewebe ist rel. niedriger als die des Glycerins, da einige Fettsäuren sofort wieder verestert werden. Das Verhältnis von Fettsäureabgabe und Glycerinfreisetzung ist beim Hungern erhöht und bei Glucosezugabe verringert. Glucose beeinflußt nicht die Höhe der Glycerinfreisetzung, vermindert aber die Fettsäureabgabe durch die Förderung der Glycerinsynthese. Ein Mangel an Zusammenhang zwischen Veresterung und Lipolyse ist angedeutet. Bei Gegenwart von Adrenalin wird die erhöhte Synthese durch größere Glycerinfreisetzung ausgeglichen. Die Zugabe von großen Mengen Glucose hemmt die Abgabe von Fettsäuren aus diesen Geweben durch die Erhöhung der Veresterung und die Gleichgewichtseinstellung auf einem höheren Niveau des Triglyceridumsatzes.
W. Jentsch. 7920.

3-64/04-0535 Beare, Joyce L., Campbell, J. A., Youngs, C. G. und Craig, B. M.; Ottawa, Canada, Dep. of Nat. Health and Welfare; Saskatoon, Saskatchewan, Canada, Nat. Res. Council. Effects of saturated fat in rats fed rapeseed oil. **(Effekte gesättigten Fettes bei mit Rapsöl gefütterten Ratten.)** Canad. J. Biochem. Physiol. **41** (1963) Nr. 3. S. 605–612. – 2 Abb., 5 Tab., 8 Lit.

An wachsenden Ratten wurde der Einfluß von Rapsöl verschiedener Herkunft, von Palmöl, Olivenöl, Schmalz, von Mischungen zweier Öle und von Zugaben der Methyl- und Äthylester der Laurin-, Myristin-, Palmitin- und Ölsäure auf Futteraufnahme, Gewichtszunahme und Fettsäurezusammensetzung von Leber und Schlachtkörper untersucht. Die Zugabe einer Mischung von Palm- und Rapsöl ergab bessere Gewichtszunahmen als die alleinige Verabreichung von Rapsöl. Methylester gesättigter Fettsäuren, die zu Rapsöl zugegeben wurden, hatten keinen Einfluß auf die Gewichtszunahme. Die Methylester von Fettsäuren aus Mais- und Rapsöl besaßen geringeren Futterwert als die Originalglyceride. Aus den Fettsäuren des Olivenöls gewonnene Glyceride mit 3% Palmitinsäure ergaben die gleichen Gewichtszunahmen wie Rapsöl mit gleichem Palmitinsäuregehalt und 20% Erucasäure. Die Aufnahme von Pflanzenöl und deren Eignung als Futtermittel steht nicht nur in Beziehung zum Gehalt an Erucasäure, sondern ist abhängig vom Sättigungsgrad und der Kettenlänge seiner Fettsäuren.
W. Jentsch. 7920.

3-64/04-0536 Garton, G. A.; Bucksburn, Aberdeen, Great Britain, Rowett Res. Inst. The composition and biosynthesis of milk lipids. **(Die Zusammensetzung und Biosynthese der Milchlipoide.)** J. Lipid Res. **4** (1963) Nr. 3. S. 237–254.
In einem umfassenden Übersichtsreferat werden Angaben über die Fettsäurezusammensetzung von Kuh-, Schaf-, Ziegen-, Schweine-, Pferde-, Seehund-, Wal- und Frauenmilch gemacht, wobei auch die in neuerer Zeit in der Kuhmilch aufgefundenen Iso-, Aniso- und mehrfachverzweigtkettigen Fettsäuren sowie ungeradzahlige Fettsäuren Erwähnung finden. Weiterhin werden die Fettsäurestruktur der Glyceride der Kuh- und Büffelmilch, die Zusammensetzung der Glyceride von Kuh- und Frauenmilch und der Aufbau der Phospholipoide behandelt. Auch die erst kürzlich entdeckten aldehydo- und ketogenen Spurenstoffe und gewisse am Aroma des Milchfettes beteiligten Carbonylverbindungen, wie Ketone und Ketosäuren, finden Berücksichtigung. Ein weiterer Abschnitt der Arbeit behandelt den Ursprung des Milchfettes. Hierbei wird auf die beiden Quellen, die Plasmakonstituenten und die endogene Synthese der Fettsäuren im Euter, besonders eingegangen. Die Plasmaglykose ist u. a. ein Vorläufer des Glycerins. Zum Schluß werden die Einflüsse von Futter und bei Herbivoren die der Pansenverdauung auf die Zusammensetzung und Biosynthese des Milchfettes behandelt.
H. Steger. 7920.

3-64/04-0537 Suchareva, B. S.; Moskau, Inst. für Therapie der Akad. der Med. Wiss. der UdSSR. Vključenie mečenych aminokislot v insulin i ego polipeptidnuju cep̆ B. **(Inkorporation von markierten Aminosäuren in Insulin und seine Polypeptidkette B.)** Biochimija, Moskva **28** (1963) Nr. 1. S. 45–51. – 1 Abb., 6 Tab., 18 Lit. Zus. in Engl.
Vf. untersuchte die Möglichkeit einer in vitro-Inkorporation von Aminosäuren (AS) in kristallines Insulin und in die aus Insulin isolierte Polypeptidkette B. Bei der Inkubation des Insulins mit ^{14}C-Glycin, -Tyrosin, -Leucin, -Phenylalanin, -Alanin und -Methionin werden diese AS unter Bildung fester Bindungen in das Protein eingebaut. An den endständigen C- und N-Atomen des Proteinmoleküls erfolgt keine spez. AS-Bindung. Der Anteil der Radioaktivität beträgt am N-Ende nicht mehr als 7%, am C-Ende nicht mehr als 13% der Gesamtradioaktivität. Die Blockierung von Amino-, Carboxyl- und abgespaltenen Amid-Gruppen beeinflußt die AS-Inkorporation in Insulin- und Albumin-Moleküle nicht. Die in das Insulin inkorporierten AS verteilen sich gleichmäßig auf die A- und B-Ketten. Die isolierte B-Kette kann ^{14}C-Alanin, -Phenylalanin und -Methionin inkorporieren. Daraus folgt, daß der Einbauprozeß offenbar auf der Stufe derPolypeptidketten desInsulin-Moleküls erfolgen kann.
J. Wünsche. 7930.

3-64/04-0538 Feller, D. D. und Feist, E.; Seattle, Univ. of Washington, School of Med. Conversion of methionine and threonine to fatty acids by adipose tissue. **(Umwandlung von Methionin und Threonin in Fettsäuren durch Fettgewebe.)** Canad. J. Biochem. Physiol.. **41** (1963) Nr. 2. S. 269–273. – 2 Abb., 1 Tab., 9 Lit.
Vff. untersuchten den Umsatz von ^{14}C-markiertem Methionin und Threonin durch epididymale Fettgewebe von Mäusen. Zwischenstufen der Umbildung der Aminosäuren in Fettsäuren wurden chromatographisch identifiziert. Ferner wurde die Aktivität des gebildeten CO_2 bestimmt. Uniform markiertes Methionin wurde zu 0,36% in den Fettsäuren und zu 0,69% im CO_2 wiedergefunden. Die entsprechenden Werte für Threonin betrugen 0,66 und 0,55%. Bei in Stellung 2 markiertem Methionin ergaben sich 0,75% für den Einbau in Fettsäuren und 0,56% im gebildeten CO_2. Aus den chromatographisch bestimmten Zwischenstufen und den angegebenen Umsatzzahlen schließen Vff. unter Berücksichtigung der unter Zugabe von Propionat und α-Ketoglutarat

erhaltenen, daß Methionin und Threonin von Fettgeweben zur Fettsynthese verwertet werden und daß die ableitbaren Stoffwechselwege der anderer Gewebe entsprechen. R. Schiemann. 7930.

3-64/04-0539 Devi, Anima und Sarkar, Nirmal; Quebec, Laval Univ., Fac. of Med. Effects of metallic ions and reducing agents on the incorporation of amino acids into soluble ribonucleic acid and microsomal protein. **(Wirkungen von Metallionen und reduzierenden Agentien auf den Einbau von Aminosäuren in lösliche Ribonucleinsäuren und mikrosomales Protein.)** Biochim. biophysica Acta [Amsterdam] **68** (1963) Nr. 2. S. 254–262. — 1 Abb., 7 Tab., 18 Lit.

An der Überstandsfraktion von Rattenleberhomogenaten untersuchten Vff. den Einbau von ^{14}C- bzw. ^{12}C-markierten Aminosäuren (Leucin, Valin) in die Trichloressigsäure- fällbare Fraktion (s-RNS und Protein) unter verschiedenen Substratbedingungen. Besonders wurde der Einfluß von Metallionen und reduzierenden Agentien auf die Einbaureaktion geprüft. Der Aminosäureeinbau, für den u.a. Mg^{2+} erforderlich sind, wird spez. durch Co^{2+} stark stimuliert. Andere 2-wertige Metallionen sind ohne Einfluß (Mn, Zn, Ca) bzw. inhibieren (Cu, Fe, Bi) stark die durch Co^{2+} stimulierte Einbaureaktion der Aminosäuren. Einen inhibierenden Einfluß haben auch reduzierend wirkende Substanzen wie Cystin, Glutathion, Ascorbinsäure, EDTA u.a. Die Aktivierung durch Co^{2+} wurde auch beim Überstand anderer Gewebshomogenate der Ratte gemessen. Das durch Co^{2+} aktivierte System ist unabhängig von ATP; in Anwesenheit von Hydroxylamin kommt es zu verstärkter Hydroxamsäurebildung. Der Aminosäureeinbau wird auch bei Versuchen in vivo spez. durch Co^{2+} stimuliert, wie Versuche über die Höhe der Markierung der löslichen Leberproteine bei 10 Ratten nach Injektion von ^{14}C-Leucin sowie zusätzlich Co^{2+} beweisen. R. Schiemann. 7930.

3-64/04-0540 Wilcox, E. B. und Nayak, V. P.; Utah State Univ. Interrelationships between leucine, isoleucine and fat. **(Wechselbeziehung zwischen Leucin, Isoleucin und Fett.)** Proc. Utah Acad. Sci., Arts, Letters **40** (1962/63, hrsg. 1963) Nr. 1. S. 117.

An ausgewachsenen Proteinmangelratten wurden Zuwachsrate und Exkretion von Leucin und Isoleucin nach entsprechender Testdiät bestimmt. Ergebnis: Bei steigender Fettgabe verringerte sich die Zuwachsrate signifikant, aber zur Höhe der Exkretion von Leucin und Isoleucin bestand keine gerichtete Beziehung. Die Höhe an Isoleucin in der Diät hatte einen hoch signifikanten Einfluß auf die Menge an exkretiertem Isoleucin und Leucin in den Faeces und auf die Gewichtsänderungen. Es wurde eine lineare Beziehung zwischen der Höhe an Isoleucin in der Diät und entweder der Menge an exkretierter Aminosäure oder der Gewichtsänderung gefunden. Die Wechselwirkung der Leucin- und Isoleucinmenge in der Diät beeinflußte signifikant die Gewichtsänderungen. Bei niedriger Höhe an Isoleucin resultierte eine Steigerung der Leucinaufnahme bei größerem Gewichtsverlust, während bei hoher Isoleucinaufnahme sich die Zuwachsrate erhöhte bei Erhöhung des Diätleucins.
I. Schröder. 7930.

3-64/04-0541 Rees, K. R., Rowland, G. F. und Varcoe, J. S.; London, Univ. Coll., Hospital Med. School. The metabolism of isolated rat-liver nucleoli and other subnuclear fractions. The active site of amino acid incorporation in the nucleus. **(Der Stoffwechsel isolierter Rattenlebernucleoli und anderer subnuclearer Fraktionen. Der aktive Platz der Aminosäureinkorporation in den Zellkern.)** Biochem. J. **86** (1963) Nr. 1. S. 130–136. — 1 Abb., 6 Tab., 17 Lit.

Zellkerne von Rattenlebern wurden ultrabeschallt und durch fraktionierte Zentrifugation in die Nucleoli und 5 weitere subnucleare Fraktionen (2 besonders DNS-reiche Fraktionen, also hauptsächlich chromosomales Material,

2 phospholipoidreiche Fraktionen und die Überstandsfraktion, im wesentlichen aus Protein bestehend) aufgetrennt. Die Fraktionen wurden chemisch (RNS-P, DNS-P, Phospholipoid-P, Proteingehalt) charakterisiert, die Aktivität einer Anzahl Enzyme der biologischen Oxydation sowie der Einbau ^{14}C-markierter Aminosäuren in Protein und von ^{14}C-markierter Orotsäure in die RNS der einzelnen Fraktionen bestimmt. Ferner wurden histochemische Untersuchungen zur Lokalisation bestimmter Stoffwechselreaktionen durchgeführt. Alle Fraktionen inkorporieren Aminosäuren bzw. Orotsäure ohne Zugabe eines energieliefernden Systems. Die bei weitem höchste Aktivität wurde jedoch in den Nucleoli und in den lipoidreichen Fraktionen gefunden. Letztere enthielten ferner eine hohe Aktivität an Oxydationsenzymen. Es wird vermutet, daß das lipoidreiche Material das Heterochromatin darstellt, das mit den Nucleoli verbunden ist, und daß dies die Stelle ist, an der die Inkorporation von Aminosäuren in Proteine durch Rattenleberzellkerne hauptsächlich erfolgt. R. Schiemann. 7930.

3-64/04-0542 Tata, J. R.; Mill Hill, London, Nat. Inst. for Med. Res. Inhibition of the biological action of thyroid hormones by actinomycin D and puromycin. **(Inhibierung der biologischen Wirkung von Thyroidhormonen durch Actinomycin D und Puromycin.)** Nature [London] **197** (1963) Nr. 4873. S. 1167–1168. – 1 Abb., 1 Tab., 10 Lit.

Normalen und thyroidektomierten Ratten wurde L-Thyroxin bzw. Trijodthyronin in Kombination mit Actinomycin D oder Puromycin injiziert und der Grundstoffwechsel sowie die Gewichtsentwicklung der Tiere untersucht. Actinomycin D inhibierte erheblich den Grundstoffwechsel und führte zu Gewichtsverlusten. Dieser Inhibitoreffekt konnte durch die Thyroidhormone nicht beeinflußt werden. Puromycin hatte keinen Einfluß auf den Grundstoffwechsel und inhibierte nur teilweise die stoffwechselsteigernde Wirkung der Thyroidhormone. Unter Berücksichtigung der spez. Inhibitorwirkung der geprüften Antibiotica auf die Proteinsynthese schließt Vf. aus seinen Messungen, daß eine wesentliche biol. Wirkung die Thyroidhormone auf der Regulation der Messengerribonucleinsäurebildung als Vorbedingung für die Proteinsynthese beruht. Die stoffwechselsteigernde Wirkung der Thyroidhormone (Erhöhung der biologischen Oxydation durch die Mitochondrien) ist demzufolge mit einem die Proteinsynthese, d.h. das Wachstum stimulierenden Prinzip gekoppelt. R. Schiemann. 7930.

3-64/04-0543 Sokoloff, Louis, Kaufman, Seymour, Campbell, Phyllis L., Francis, Catherine M. und Gelboin, Harry V.; Bethesda, Md., U.S. Public Health Serv., Nat. Inst. of Health. Thyroxine stimulation of amino acid incorporation into protein. **(Stimulierung des Aminosäureneinbaus in Protein durch Thyroxin.)** J. biol. Chemistry **238** (1963) Nr. 4. S. 1432–1437. – 2 Abb., 5 Tab., 16 Lit.

Untersuchungen über den Einbau von ^{14}C-markiertem Valin sowie von an lösliche Ribonucleinsäuren (s-RNS) gebundenem markiertem Valin in microso males Protein in einem zellfreien Rattenlebersystem ergaben einen stimulierenden Einfluß von L-Thyroxin. Hierbei stimulierte Thyroxin spez. die Übertragungsreaktion der s-RNS-gebundenen Aminosäuren in Protein und nicht die Bildung der s-RNS-Aminoacylbindung. Voraussetzung für die stimulierende Wirkung war die Anwesenheit von Mitochondrien und eines oxydierbaren Substrats. Auch in Anwesenheit von Guanosintriphosphat sowie reduziertem Glutathion, die ebenfalls die Übertragungsreaktion stimulierten, erhöhte Thyroxin den Einbau der s-RNS-gebundenen Aminosäure. Bei Zusatz von ATP, das die Reaktion inhibierte, behielt Thyroxin prozentual die gleiche stimulierende Wirkung. Daraus wird geschlossen, daß der stimulierende Effekt des Thyroxins auf die angegebene Übertragungsreaktion ein direkter ist. R. Schiemann. 7930.

3-64/04-0544 Kivirikko, Kari I.; Helsinki, Univ. Changes in hydroxyproline-containing fractions in the developing chick embryo. **(Veränderungen an den Hydroxyprolin enthaltenden Fraktionen beim Kükenembryo während seiner Entwicklung.)** Nature [London] **197** (1963) Nr. 4867. S. 593–594. – 2 Abb., 17 Lit.
Kükenembryonen enthalten reichlich Hydroxyprolin, das bei der Kollagenbildung eine wichtige Rolle spielt. Es wurden 4 verschiedene Formen analytisch erfaßt: Freies (I), peptidgebundenes, das in Äthanol löslich ist (II), in NaCl lösliches „Kollagen-Hydroxyprolin" (III) und Gesamthydroxyprolin (IV). In den Embryonen erreichten I und III am 14. Bruttag ihre Maxima; danach nahm III langsam, I schnell ab. II war nur in geringen Mengen vorhanden. Die Hauptmasse von IV bestand aus unlöslichem Hydroxyprolin (aus I–IV errechnet); es nahm ständig zu und machte schon am 5. Bruttag 58% von IV aus. Der Anteil an I und III betrug am 5. Bruttag 20%, am 20. nur noch 2 bzw. 5%. Dabei scheint I aus Vorstufen des unlöslichen Hydroxyprolins hervorzugehen.
C. Engelmann. 7930.

3-64/04-0545 Noack, R.; Potsdam-Rehbrücke, Inst. für Ernähr. der Dtsch. Akad. der Wiss. zu Berlin. **Zur biochemischen Funktion des Protein als Grundlage der Bedarfsnormen.** Ernährungsforschung 8 (1963) Nr. 1. S. 15–24.
Vortrag, in dem die heutigen Vorstellungen über die körpereigene Eiweißsynthese, den Abbau der Organeiweiße, den Aminosäuren-Pool und dessen Bedeutung, den Eiweißstoffwechsel einzelner Organe, insbesondere die Eiweißneubildung in Leber, Darm und Muskulatur, das physiol. Eiweiß-Minimum und den optimalen Eiweißbedarf (1–1,3 g/kg Kgw. und 12–13 Cal%) dargelegt werden. B. Gaßmann. 7930.

3-64/04-0546 Spolter, Pari D. und Harper, Alfred E.; Madison, Univ. of Wisconsin. Effect of leucine-isoleucine and valine antagonism and comparison with the effect of ethionine on rat liver regeneration. **(Einfluß des Antagonismus Leucin-Isoleucin und Valin und Vergleich mit dem Einfluß von Äthionin auf die Rattenleberregeneration.)** Arch. Biochem. Biophysics **100** (1963) Nr. 3. S. 369–377. – 2 Tab., 35 Lit.
Vff. untersuchten die Geschwindigkeit der Leberregeneration von Ratten nach partieller Ektomie in Abhängigkeit von verschiedenen Zusätzen (Leucin (I), Isoleucin plus Valin (II), Äthionin (III)) zur Diät. I- und III-Gaben führten zu einer verminderten Futteraufnahme nach der Operation und damit zu einer verminderten Regenerationsgeschwindigkeit. Zugabe von II hob die Depressionswirkung von I weitgehend auf, wobei jedoch zu Beginn der Regeneration bei nur I-Zusatz eine signifikant höhere Ribonucleinsäuremenge gebildet wurde als bei I- + II-Zusatz. III-Zusatz hatte eine höhere Depressionswirkung auf die Neubildung von Leberprotein sowie Ribo- und Desoxyribonucleinsäuren, als auf Grund der Verminderung der Futteraufnahme erwartet werden konnte. R. Schiemann. 7930.

3-64/04-0547 Niekerk, B. D. H. van, Bensadoun, A., Paladines, O. I. und Reid, J.T.; Ithaca, N. Y., Cornell Univ. A study of some of the conditions affecting the rate of excretion and stability of creatinine in sheep urine. **(Eine Studie über einige Bedingungen, die die Geschwindigkeit der Exkretion und die Stabilität des Kreatinins im Schafharn beeinflussen.)** J. Nutrit. [Philadelphia] **79** (1963) Nr. 3. S. 373–380. – 4 Abb., 2 Tab., 15 Lit.
Bei 4°C ist Kreatinin im Schafharn während langer Zeit (bis zu 5 Mon.) stabil, während es bei höheren Temperaturen zersetzt wird. Ansäuern des Harns führte bei höheren Temperaturen zu einer Erhöhung des colorimetrisch (mit alkalischer Pikratlösung) bestimmten Kreatinins. Bei exogener Kreatininzufuhr wurden wechselnde Mengen im Harn wiedergefunden: Oral appliziert 3,5%, abomasal 14,3% und i.v. 83,3%. Es wird geschlußfolgert, daß Kreatinin nur zu einem geringen Teil resorbiert wird und daß der Harn nicht der einzige

Ausscheidungsweg für Kreatinin ist, da 16,7% des i.v. verabfolgten Kreatinins im Harn nicht wiedergefunden wurden (evtl. weitere Ausscheidungswege: Schweiß, Speichel, Darmkanal). Stark erhöhte Proteingaben führten zu einer Erhöhung und Hunger zu einer Verminderung der Kreatininausscheidung im Harn von Schafen. Die Befunde sind im Hinblick auf die Versuche, die Kreatininausscheidung im Harn mit der Körperzusammensetzung zu korrelieren, diskutiert. R. Schiemann. 7930.

3-64/04-0548 Gibley jun., Charles W. und Hamilton, Howard L. Influence of certain purines and pyrimidines on the development of the down feather. **(Der Einfluß bestimmter Purine und Pyrimidine auf die Entwicklung der Daunenfedern.)** Amer. J. Anatomy **112** (1963) Nr. 2. S. 153–161. – 22 Abb., 1 Tab., 34 Lit.
Zur Untersuchung dienten Hautstückchen von Kükenembryonen. Die Gewebekulturen wurden 5 oder 6 Tage lang bei 37° inkubiert und anschließend mikroskopisch untersucht sowie verschiedenen histochemischen Verfahren unterworfen. Es stellte sich dabei heraus, daß durch Hinzufügen von Orotsäure, 8-Azaguanin und Isoguaninsulfat (Konzentrationen von 333 μg/ml bis 166 μg/ml) das Federwachstum gehemmt wurde. Thiouracil und 2-Amino-4-hydroxy-6-methylpyrimidin beeinträchtigten das Federwachstum nur bei sehr viel höheren Werten (3333 bis 833 μg/ml), die wahrscheinlich schon toxisch wirkten. Orotsäure verminderte deutlich die Aktivität der alkalischen Phosphatase und störte den Stoffwechsel der RNS. Thiouracil vermehrte die Reaktion für Phosphatase in der Feder als auch in den peripheren Fibroblasten. Der RNS-Gehalt der Feder wird nicht beeinflußt. 8-Azaguanin und Isoguaninsulfat wirkten ähnlich auf das Phosphatasebild der Feder wie Thiouracil. Histologische Schnitte zeigten vergrößterte, einzelne Nucleoli nach Wachstum in 8-Azaguanin-haltigem Medium. Isoguanin störte die Orientierung der Epidermalzellen innerhalb der Feder. Die Ergebnisse bekräftigen den Standpunkt, daß die lokalisierte Aktivität der alkalischen Phosphatase und die besondere Art der RNS für die Morphogenese der Feder wesentlich sind.
H. Richter. 7930.

3-64/04-0549 Pasternak, C. A., Humphries, Shirley K. und Pirie, Antoinette; Oxford, Univ. The activation of sulphate by extracts of cornea and colonic mucosa from normal and vitamin A-deficient animals. **(Die Aktivierung von Sulfat durch Extrakte aus der Cornea und der Colonmucosa von normalen und Vitamin-A-Mangeltieren.)** Biochem. J. **86** (1963) Nr. 2. S. 382–384. – 2 Tab., 15 Lit.
Vff. bestimmten die Bildung von aktiviertem Sulfat (Adenosin-3'-phosphat-5'-sulfatophosphat) über den Einbau von ^{35}S-markiertem Sulfat durch Extrakte verschiedener Gewebe des Auges von Kälbern, Meerschweinchen, Ratten und Kaninchen. In allen Fällen wurde aktiviertes Sulfat synthetisiert. Die Untersuchungen wurden auf Vitamin-A-Mangeltiere (Ratten und Kaninchen) mit induzierten Epithelschäden ausgedehnt, wobei auch Extrakte der Colonmucosa geprüft wurden. Vitamin-A-Mangel führte nicht zu einer Verminderung der Sulfataktivierung. Lediglich bei Extrakten der cornealen Stroma von Kaninchen besteht die Möglichkeit einer verminderten Aktivierungsfähigkeit durch Vitamin-A-Mangel, die aber durch Zusatz von Vitamin A in vitro nicht wiederhergestellt werden konnte. R. Schiemann. 7960.

Energiewechsel

3-64/04-0550 Héroux, O. (unter techn. Mitarb. von Wright, Donna); Ottawa, Canada, Nat. Res. Council. Adjustments to constant low temperatures in white rats living in groups. **(Anpassung weißer, in Gruppen lebender Ratten an konstant niedrige Temperaturen.)** Canad. J. Biochem. Physiol. **41** (1963) Nr. 3. S. 587–595. – 2 Abb., 4 Tab., 13 Lit.

Albinoratten wurden in Gruppen von 10 Tieren 3 Monate lang bei 19 und -10° im Labor gehalten. Die Tiere paßten sich der niedrigen Temp. durch die Fähigkeit erhöhter Wärmeproduktion, Reduzierung des Zitterns, erhöhte Noradrenalinempfindlichkeit, erhöhte Vascularisation der Ohren, verminderten Protein- und Fettansatz und Vergrößerung von Herz, Leber und Niere an. Die Gruppenhaltung beugte Erkältungskrankheiten, der Vergrößerung der Hypophyse, der Thyreoidea und der Nebennieren vor und führte im Gegensatz zu im Winter im Freien gehaltenen Ratten zu erhöhtem Ruhestoffwechsel, zu normaler Aktivität der Nebennierenrinde und zu keiner stärkeren Pelzbildung. Die unterschiedliche Anpassung an verschiedene Umgebungsbedingungen wird mit ähnlichen Beobachtungen an wilden Ratten verglichen. Dabei wird festgestellt, daß die endokrine und strukturelle Anpassung eher spez. Reaktionen auf kontinuierliche Kältestimulierung sind als wesentliche Komponenten eines Mechanismus der Thermogenese ohne Zittern. W. Jentsch. 8012.

Eiweißstoffwechsel

3-64/04-0551 Askelson, C. E. und Balloun, S. L.; Ames, Iowa, State Univ. Influence of age and dietary protein on certain free amino acids in chick blood plasma. **(Einfluß von Alter und Nahrungseiweiß auf gewisse freie Aminosäuren im Blutplasma von Küken.)** Poultry Sci. **42** (1963) Nr. 1. S. 140–146. – 4 Tab., 15 Lit.

Im Blut von 2, 4, 6 und 8 Wochen alten Küken wurde säulenchromatographisch Lysin, Histidin, Arginin und Ornithin bestimmt. Verfüttert wurde ein teilweise gereinigtes Futter mit isoliertem Sojaprotein (A), dasselbe Futter +0,2% Methionin (B) und ein normales Handelsfutter (C). Gruppe B zeigte gegenüber A verstärktes Wachstum und geringere Plasmakonzentrationen der untersuchten freien Aminosäuren. In Gruppe C war die Gewichtszunahme noch größer und die Plasmakonzentration an Lysin, Histidin und Ornithin geringer, die an Arginin aber höher. Der Lysingehalt wurde am meisten durch das Nahrungsprotein beeinflußt. – In allen 3 Gruppen war der Lysingehalt bei den 8 Wochen alten Küken signifikant niedriger als bei den 2wöchigen. Die anderen Aminosäuren nahmen mit zunehmendem Alter zu. Die Ergebnisse werden im Hinblick auf den Eiweißhaushalt von wachsenden Hühnern diskutiert. W. Goldbach. 8042.

3-64/04-0552 Bauriedel, W. R.; Midland, Mich., Dow Chem. Co. The effect of feeding D-methionine on the D-amino acid oxidase activity of chick tissues. **(Die Wirkung von D-Methionin im Futter auf die Aktivität der D-Aminosäureoxydase im Gewebe von Küken.)** Poultry Sci. **42** (1963) Nr. 1. S. 214–217. – 4 Tab., 12 Lit.

Küken erhielten ein methioninarmes Grundfutter (Kontrolle) oder Grundfutter +0,2% D-Methionin bzw. L-Methionin. Die Kontrolltiere wiesen die geringste Gewichtszunahme auf; signifikante Unterschiede in der Futterverwertung der D- und L-Methionin-Küken bestanden nicht. Die Aktivität der D-Aminosäureoxydase in Leber und Niere war bei den Kontrolltieren höher als bei den 2 anderen Gruppen. Keine signifikanten Unterschiede ergaben sich zwischen den mit D- bzw. L-Methionin gefütterten Küken. Aus den Versuchen wird geschlossen, daß Küken das gesamte resorbierte D-Methionin verwerten können. – Die Bestimmung der Fermentaktivität erfolgte manometrisch nach der Methode von Rodney und Garner. W. Goldbach. 8042.

3-64/04-0553 Thornton, Paul A.; Fort Collins, Colorado Agric. Exp. Stat. Tyrosine, protein and ascorbic acid effects on egg shell thickness from chickens subjected to heat stress. **(Der Einfluß von Tyrosin, Eiweiß und Ascorbinsäure auf die Eischalendicke von Hühnern unter einem Wärmestreß.)** Poultry Sci. **41** (1962) Nr. 6. S. 1832–1835. – 2 Tab., 6 Lit.

Unter einem Wärmestreß erwies sich ein Zusatz von Tyrosin zu einem Futter mit 17% oder 13% Eiweiß bei Weißen Leghorn in Hinsicht auf die Erhaltung der bei Hitze verminderten Schalendicke der Eier als wenig wirksam. Bei gleichzeitiger Verabreichung von Tyrosin und Ascorbinsäure zeigte sich, daß nur die Eier von Tieren mit 13% Eiweiß im Futter eine ausreichende Schalendicke der Eier aufwiesen. Aus diesen Ergebnissen wird geschlossen, daß der unterschiedliche Gehalt der verwandten Futtermischungen an Tyrosin nicht mit der ausbleibenden Wirkung des Vit.-C-Zusatzes bei der eiweißreicheren Ration im Zusammenhang steht. W. Rudolph. 8042.

3-64/04-0554 Consolazio, C. Frank, Nelson, Richard A., Matoush, LeRoy O., Harding, Richard S. und Canham, John E. Nitrogen excretion in sweat and its relation to nitrogen balance requirements. **(Stickstoffausscheidung im Schweiß und ihre Beziehung zu den Anforderungen der Stickstoffbilanz.)** J. Nutrit. [Philadelphia] **79** (1963) Nr. 4. S. 399–406. – 7 Tab., 21 Lit. 8042.

3-64/04-0555 Klavins, J. V., Kinney, Thomas D. und Kaufman, Nathan Body iron levels and hematologic findings during excess methionine feeding. **(Eisengehalt des Körpers und haematologische Befunde bei starker Methioninfütterung.)** J. Nutrit. [Philadelphia] **79** (1963) Nr. 1. S. 101–104. – 2 Tab., 11 Lit. 8042.

3-64/04-0556 Korbitz, B. C., Price, J. M. und Brown, R. R. Quantitative studies on tryptophan metabolism in the pyridoxine-deficient rat. **(Quantitative Studien des Tryptophan-Stoffwechsels bei Ratten mit Pyridoxin-Mangel.)** J. Nutrit. [Philadelphia] **80** (1963) Nr. 1. S. 55–59. – 2 Tab., 21 Lit. 8042.

3-64/04-0557 Vorob'ev, E. S.; Gebiet Moskau, Zuchtwirtsch. „Atschkassowo". Vlijanie vodjanistych kormov, obogaščnnych azotom na usvoenie i ispol'zovanie pitatel'nych veščstv. **(Der Einfluß verschiedener mit Stickstoff angereicherter Saftfuttermittel auf die Aufnahme und Verwertung der Nährstoffe.)** Životnovodstvo, Moskva **25** (1963) Nr. 3. S. 49–51.
In 2 Versuchsserien wurde an Gruppen kastr. Jungbullen der Einfluß von Schlempe (S), ammonisierter Schlempe (ASI = mit Ammoniumwasser; ASII mit kohlensaurem Ammonium) und Grünfutter (Gras-Leguminosenmischung) auf die Aufnahme und Verwertung der Nährstoffe untersucht. Ein Teil der Bullen hatte Duodenalbrücken zur Feststellung der Chymusabscheidungen. Außerdem wurde die Intensität der Pansentätigkeit und des Wiederkäuens und die Verwertung des N aus ASI und ASII festgestellt. Es ergab sich, daß bei der Verfütterung von ASI und ASII die Chymusabscheidung um 1,8% (ASI) bzw. 13,4% (ASII) höher war als bei S. Ebenfalls war die Verwertung des N bei ASII bzw. ASI um 6,5–13,2% besser als bei S.
W. Bonitz. 8050.

3-64/04-0558 Harbers, L. H., Alvares, A. P., Jacobson, A. I. und Visek W. J. Effect of barbituric acid and chlortetracycline upon growth, ammonia concentration, and urease activity in the gastrointestinal tract of chicks. **(Die Wirkung von Barbitursäure und Chlortetracyclin auf Wachstum, Ammoniakconcentration und Ureaseaktivität im Verdauungstrakt von Küken.)** J. Nutrit. [Philadelphia] **80** (1963) Nr. 1. S. 75–79. – 3 Tab., 21 Lit. 8050.

Stoffwechsel stickstofffreier Nährstoffe

3-64/04-0559 Crasemann, E. und Prabucki, A. L.; Zürich, Eidg. TH, Inst. für Tierernähr. **Untersuchungen über den Einfluß der Anreicherung eines Geflügelmastfutters mit Fetten bzw. mit freien Fettsäuren auf den Zuwachs und die Zusammensetzung von Küken im Frühstadium ihrer Entwicklung.** Schweiz. landwirtsch. Forsch. **2** (1963) Nr. 2. S. 218-232. – 2 Abb., 9 Tab., 5 Lit.
Der Einfluß des Futterfettes auf die Zusammensetzung des Körperfettes wurde an 5–6 Küken je Gruppe vom 5.–25. Lebenstag geprüft. Als Fettzusätze (5%

zur vollwertigen Broilermischung) dienten im 1. Versuch Rindertalg, Schweineschmalz, Sojaöl, Kokosöl und Kakaobutter, im 2. Versuch die in freier Form verabreichten Fettsäuren Myristin-, Palmitin-, Palmitin- mit Stearinsäure, sowie Oleinsäure und eine Kombination aller 4 Fettsäuren. Im 1. Versuch betrug der Zuwachsindex 7,03, ohne daß Unterschiede zwischen den einzelnen Fütterungsgruppen bestanden. Auch die grobchemische Zusammensetzung der homogenisierten Kükenkörper war bei den verschiedenen Gruppen gleich. In bezug auf den Anteil der einzelnen Fettsäuren im Depotfett der Küken bestand eine deutliche Abhängigkeit vom Rohfett im Futter. So nahm der Gehalt an Linolsäure (und auch Linolensäure) nach Sojaölzugabe beträchtlich zu, das reich an beiden ist; andererseits war Palmitinsäure im Körperfett reichlich vertreten (22,9%), auch wenn das Futter weniger davon enthielt (14,5%). Im 2. Versuch – mit Küken eines späteren Schlupfes – war der Zuwachs signifikant geringer, am wenigsten auffällig bei der Gruppe mit der Fettsäurenkombination. Der Fettgehalt der Küken blieb ebenfalls hinter dem in Versuch I zurück, obwohl der Kal.-Gehalt der Futtermischungen in beiden gleich war (68 bzw. 65 kcal). Im Körperfett reicherte sich die jeweils zusätzlich gebotene freie Fettsäure deutlich an, besonders die Olein- und Myristinsäure. Im ganzen scheint die Kombination der Fettsäuren einen stärkeren „Anreicherungseffekt" besessen zu haben als die einzeln verabreichten.
C. Engelmann. 8066.

3-64/04-0560 Hamilton, J. W. und Tappel, A. L. Lipid antioxidant activity in tissues and proteins of selenium-fed animals. **(Die Aktivität von Fetten als Antioxydans in Geweben und Proteinen bei Selen-gefütterten Tieren.)** J. Nutrit. [Philadelphia] **79** (1963) Nr. 4. S. 493–502. – 2 Abb., 7 Tab., 18 Lit.
8066.

Mineralstoffwechsel

3-64/04-0561 Anke, Manfred. **Die Mineralstoffversorgung landwirtschaftlicher Nutztiere auf Verwitterungsböden verschiedener geologischer Herkunft in Thüringen.** Wiss. Z. Friedrich-Schiller-Univ. Jena/Thür., math.-naturwiss. R. **12** (1963) Nr. 1. S. 101–105. – 4 Abb., 6 Tab., 15 Lit.

Wiss. Erkenntnisse von heute belegen, daß für den Wiederkäuer ca. 15 Elemente lebensnotwendig sind. Milchleistung und Trächtigkeitsstadium beeinflussen den Bedarf, wobei der Erhaltungsbedarf für K am höchsten und für Co am niedrigsten ist, womit aber nichts über die Häufigkeit des Auftretens von Mangelerscheinungen gesagt ist. K-Mangel wurde unter Praxisbedingungen noch nicht beobachtet, Co-Mangel ist dagegen von weltweiter Bedeutung. Mittels einer Reihe von Tabellen werden z. B. Mengen- und Spurenelementbedarf der Milchkühe angegeben, desgleichen der P-Gehalt sowie der Rohprotein-Mo- und Cu-Gehalt der Luzerne oder der Mn-Gehalt des Rotklees und der Rinderhaare auf thüringer Böden unterschiedlicher geologischer Herkunft mit dazugehörigen umfangreichen Erläuterungen. Auswirkungen der Mangelerscheinungen auf das Tier werden u.a. am Beispiel der Periosis beim Küken dargelegt. Abschließend gelangt Vf. zu dem Schluß, daß auf dem Gebiet der Mineralstoffversorgung der landwirtsch. Nutztiere noch eine Reihe von Fragen einer kollektiven Lösung bedürfen. E. Kieslinger. 8105.

3-64/04-0562 Consolazio, C. Frank, Matoush, LeRoy O., Nelson, Richard A., Narding, Richard S. und Canham, John E. Excretion of sodium, potassium, magnesium and iron in human sweat and the relation of each to balance and requirements. **(Die Ausscheidung von Natrium, Kalium, Magnesium und Eisen in menschlichem Schweiß und die Beziehung zur Bilanz und zum Bedarf.)** J. Nutrit. [Philadelphia] **79** (1963) Nr. 4. S. 407–415. – 10 Tab., 23 Lit. 8122.

3-64/04-0563 McConaghy, S., McAllister, J. S. V., Todd, J. R., Rankin, J. E. F. und Kerr, J. The effects of magnesium compounds and of fertilizers on the mineral composition of herbage and on the incidence of hypomagnesaemia in dairy cows. **(Die Wirkungen von Magnesiumgehalt im Boden und Magnesiumdüngung auf die Mineralstoffzusammensetzung des Grases und auf das Vorkommen von Hypomagnesaemie bei Milchkühen.)** J.agric. Sci. **60** (1963) Nr. 3. S. 313–328. – 2 Abb., 15 Tab., 20 Lit.
In der Literatur wird berichtet (Parr u. Allcroft vgl. Veterin. Rec. **69** [1957] Nr. 45. S. 1041.), daß bei hoher Mg-Düngung keine Hypomagnesaemie oder Tetanie auftraten. In diesen Versuchen sollte nachgeprüft werden, ob auch kleine Mg-Gaben diese Wirkung erzielen. Es wurden je acre **14** bzw. 28 cwt. Mg-Kalkstein, **3** cwt. calciniertes Mg oder ein Besprühen der Blätter mit Mg-Sulfat-Lösung (2%ige Lösung im Frühjahr, 8%ige im Herbst) durchgeführt. Der Mg-Gehalt im Gras wurde dadurch nur leicht erhöht und reicht für einen Schutz gegen das Auftreten von Hypomagnesaemie nicht aus. Der Mg-Gehalt des Plasmas fiel bei Weide stark ab, ohne daß jedoch Tetanie auftrat. Das Versprühen von Mg-Sulfat bewirkte nur vorübergehend (vor Regentagen) eine Erhöhung des Mg-Gehaltes von Gras. Letzterer lag bei ungedüngten Flächen im Frühjahr bei 0,12%, im Herbst bei 0,21% der Tr.-Subst. Zur Verhütung der Hypomagnesaemie sind jedoch 0,2% Mg in der Tr.-Subst. notwendig (Kemp u. a. **1960**, B.V.A. Conference on Hypomagnesaemia). Die Ergebnisse umfangreicher Einzeluntersuchungen werden mitgeteilt.
B. Piatkowski. 8123.

3-64/04-0564 Butler, E. J.; Edinburgh, Moredun Inst. The mineral element content of spring pasture in relation to the occurrence of grass tetany and hypomagnesaemia in dairy cows. **(Der Mineralstoffgehalt von Frühjahrs-Gras in Beziehung zum Auftreten von Grastetanie und Hypomagnesaemie bei Milchkühen.)** J. agric. Sci. **60** (1963) Nr. 3. S. 329–340. – 4 Abb., 7 Tab., 40 Lit.
Das Gras von Weiden, auf denen Tetanie auftrat, hatte weniger Mg und Na und mehr K als „Normalweiden". Das K/(Ca + Mg)- und das (K + Ca + P)/(Mg + Na)-Verhältnis war auf „Tetanieweiden" deutlich höher. Weidegras, nach dessen Verzehr Hypomagnesaemie auftrat, glich in seinem Mineralstoffgehalt dem normaler Weiden. Zwischen dem Mg-Gehalt und den anderen Mineralstoffen bestand keine Beziehung. Der Tetaniebefall ging zurück bei prophylaktischer Mg-Verabreichung. Der Befall von 108 Herden lag bei 4,5%. Hypomagnesaemie wiesen 41,2% der Tiere auf. In tetaniefreien Betrieben schien die Mg-Beifütterung das Auftreten von Hypomagnesaemie nicht herabzusetzen. Auf die großen Abweichungen zwischen den einzelnen Tieren wird hingewiesen. Es wird geschlossen, daß Faktoren der Ration für das Auftreten von Tetanie bei Kühen mit Hypomagnesaemie verantwortlich sind. B. Piatkowski. 8123.

3-64/04-0565 Hemingway, R. G., Ritchie, N. S., Rutherford, A. R. und Jolly, G. M.; Glasgow, Univ. Veterin. Hospital; Aberdeen, Univ., A.R.C. Unit of Statistics. Effects of potassium fertilizers, age of ewe, and small magnesium supplementation on blood magnesium and calcium levels of lactation ewes. **(Die Wirkungen von Kaliumdüngung, Alter des Schafes und kleiner Magnesiumgaben auf Magnesium- und Calciumspiegel im Blut laktierender Schafe.)** J. agric. Sci. **60** (1963) Nr. 3. S. 307–312. – 3 Abb., 2 Tab., 11 Lit.
In diesem Versuch wurde die Wirkung von Mg-Pellets (tägl. 150 mg je Tier) bei verschieden hoher K-Düngung (0,1 bzw. 2 cwt./acre Cl) geprüft. Die Tiere waren verschieden alt. Jede Variante wurde 6mal wiederholt, so daß 18 Versuche vorlagen. Weder die K-Düngung noch die Mg-Beifütterung beeinflußten den Mg- und Ca-Spiegel frisch laktierender Schafe. 22% der Tiere

hatten einen Mg-Gehalt unter 1,0 mg/100 ml. Ältere Tiere zeigten einen rascheren Abfall des Mg-Gehaltes im Plasma und einen konstant niedrigeren Ca-Gehalt. Der Mg-Spiegel lag bei jüngeren Tieren um 0,1–0,2 mg/100 ml niedriger (ca. 1,80 bzw. 1,70) und der Ca-Spiegel um 0,5 mg/100 ml ca. 9,0 bzw. 9,5) höher als bei älteren Schafen. Die individuellen Abweichungen im Mg- und Ca-Spiegel sind sehr groß, ihr Einfluß auf das Endergebnis kann nur durch entsprechende stat. Verfahren vermindert werden.
B. Piatkowski. 8123.

3-64/04-0566 Ritchie, N. S. und Hemingway, R. G.; Glasgow, Univ., Veterin. Hospital. Failure of lactating ewes with low plasma magnesium values to respond to large daily magnesium supplements. **(Laktierende Schafe mit niedrigem Magnesiumgehalt im Blutplasma reagieren nicht auf hohe Magnesiumzusätze.)** J. agric. Sci. **60** (1963) Nr. 3. S. 305–306. – 1 Abb., 2 Lit.

Im Gegensatz zu einer früheren Arbeit (Ritchie u. a. vgl. J. agric. Sci. **58** [1962] Nr. 3. S. 399.) bewirkten Tagesgaben von 4 g Mg keine Erhöhung des Mg-Spiegels bei 14 laktierenden Schafen, die Ausgangswerte von 1,0 mg/100 ml aufweisen. Das Mg wurde in löslicher ($Mg(NO_3)_2$) bzw. unlöslicher Form (MgO) verabreicht. Die Probenahme des Blutes erfolgte 24 Std. nach der Mg-Gabe. Eine Erhöhung des Mg-Spiegels um 0,5 mg/100 ml wurde dann festgestellt, wenn 4 Std. nach der MgO-Verabreichung die Untersuchung erfolgte. B. Piatkowski. 8123.

3-64/04-0567 Taylor, T. G.; Reading, Dep. of Physiol. Chem. Calcium and magnesium in the blood and bones of chick embryos. **(Calcium und Magnesium im Blut und in den Knochen von Küken-Embryonen.)** Biochem. J. **87** (1963) Nr. 1. S. 7p. – 3 Lit.

Vf. entnahm dem Herz von Küken-Embryonen 14–20 Tage nach dem Beginn der Inkubation und von geschlüpften Küken Blut und bestimmte im Serum komplexometrisch den Ca- und Mg-Gehalt. Am 14. Tage wurde ein Ca-Wert von 5,1 mg/100 ml und ein Mg-Wert von 5,5 mg/100 ml ermittelt. Am 19. Tage waren die Werte nach 8,8 mg für Ca und 2,9 mg für Mg verändert, parallel damit geht die Veränderung und Entwicklung der Atmung von der Allantois bis nach dem Durchpicken der Eischale. Nach dem Schlüpfen stellen sich konstante Werte von 10,3 mg/100 ml Ca und 2,4 mg/100 ml Mg ein. Das Ca/Mg-Verhältnis im Serum steigt von 0,9 am 14. Tag auf 4,0 nach dem Schlüpfen. Der Abfall des Blut-Mg-Gehaltes bedeutet einen Anstieg des skelettalen Mg von 0,52% am 14. Tag auf 1,09% am 20. Tag in der Asche der Fußknochen. Die entsprechenden Ca-Werte gehen von 41,1% auf 39,8% zurück. Die erhaltenen Veränderungen werden in Zusammenhang gebracht mit der Muskelaktivität und hormonalen Regulationen. G. Sternkopf. 8123.

3-64/04-0568 Knappen, F.; Bonn, Univ., Inst. für Anatomie und Physiol. der Haustiere. **Der Schwefel im Stoffwechsel des Wiederkäuers.** Landwirtsch. Forsch. **15** (1962) Nr. 3/4. S. 250–256. – 3 Abb., 2 Tab., 11 Lit. Zus. in Engl., Franz.

Im Rahmen eines Vortrages setzt sich der Vf. mit dem Problem der S-Versorgung der Wiederkäuer auseinander und behandelt methodische Fragen, die sich bei Versuchen mit radioaktivem ^{35}S-Sulfat im künstlichen Pansen ergaben. Der Pansensaft wurde mit einer von Sørensen und Schambye entwickelten Sonde bei Rindern und Schafen entnommen. Die bei der Sulfatreduktion entstehende Fraktion des nichtflüchtigen Neutral-S wurde mit einer Apparatur zur vollautomatischen Aktivitätsmessung im Effluat chromatographischer Säulen aufgetrennt. Die Trennung des ^{35}S-haltigen Komponenten erfolgte an Ionenaustauschern nach dem Verfahren von Moore und Stein. Bei diesen Versuchen wurden das Ausmaß der Sulfatreaktion im Pansen, das Verhältnis der bei der Sulfatreaktion entstehenden flüchtigen und nichtflüchtigen S-Verbindungen und die Bestandteile des nichtflüchtigen Neutral-S untersucht. M. Anke. 8124.

3-64/04-0569 Kroe, Donald, Kinney, Thomas D., Kaufman, Nathan und Klavins, J. V.; Durham, N. C., Duke Univ. The influence of amino acids on iron absorption. **(Der Einfluß von Aminosäuren auf die Eisenabsorption.)** Blood **21** (1963) Nr. 5. S. 546–552. – 1 Abb., 3 Tab., 9 Lit.
Bei Ratten wurde der Einfluß von 9 Aminosäuren auf die Absorption des Fe vom Verdauungskanal geprüft. Zu diesem Zweck wurden die Aminosäuren und ^{59}Fe in isolierte Dünndarmschlingen eingeführt und die Serumradioaktivität und die Fe-Aufnahme der Leber festgestellt. Unter den gegebenen Versuchsbedingungen erhöhten alle Aminosäuren den Fe-Gehalt des Blutserums und der Leber der Versuchsratten. Die ohne Aminosäure nur mit Puffer allein versorgten Ratten hatten niedrigere Fe-Werte in Blut und Leber als die Versuchsratten mit einer Aminosäure. M. Anke. 8127.

3-64/04-0570 Moore, T.; Cambridge, Univ. Copper deficiency in rats fed upon meat. **(Kupfermangel bei mit Fleisch gefütterten Ratten.)** Proc. Nutrit. Soc. **21** (1962) Nr. 2. S. XXXVIII–XXXIX. – 1 Lit.
Mit rohem Hammelfleisch gefütterte Ratten zeigten Cu-Mangelerscheinungen. Das Hammelfleisch enthielt 1,28 und 1,01 μg Cu/g Frischsubstanz. Die Mangelerscheinungen werden durch eine Störung der Cu-Absorption und nicht durch ein zu geringes Cu-Angebot verursacht. Die mit Fleisch ernährten Ratten entwickelten innerhalb 3 Wochen eine hyprochrome Anämie; ihr Fell ergraute 6 Wochen nach Verabreichung des Fleisches. Zusätzlich mit Cu, Cu und Ca, und Ca versorgte Ratten zogen ihre Jungen auch bei einer Fleischdiät auf, das war bei der nicht mit Cu und Ca ergänzten Versuchsgruppe nur bei einer von 6 Ratten der Fall. Nach Angaben des Vf. ist die adäquate Ergänzung der Ration mit Cu für die Laktation wichtiger als die mit Ca. M. Anke. 8127.

3-64/04-0571 Siegel, Lewis M. und Monty, K. J.; Baltimore, Md., Johns Hopkins Univ., McCollum-Pratt Inst. A mechanism for the copper-molybdenum interrelationship. II. Response of liver sulfide oxidase activity to nutritional factors. **(Ein Mechanismus für die Kupfer-Molybdän-Beziehungen. 2. Mitt. Die Reaktion der Lebersulfidoxydaseaktivität auf Nahrungseinflüsse.)** J. Nutrit. [Philadelphia] **74** (1961) Nr. 2. S. 167–170. – 1 Abb., 2 Tab., 6 Lit. 1. Mitt. vgl. LZ. Abt. III **7** (1961) Nr. 5. S. 882.
Bei Aufnahme hoher Cu-Mengen (16,5–17,0 ppm) durch die Ratten war die Sulfidoxydaseaktivität der Leber höher als bei niedrigen Mengen (1,0–1,5 ppm). Der Zusatz von 800 ppm Mo zu beiden Rationen verminderte die Sulfidoxydaseaktivität. Mit großer Wahrscheinlichkeit wird die verringerte Sulfidoxydaseaktivität durch den niedrigeren Futterverzehr der Mo-vergifteten Ratten verursacht. Die Beigabe von Na_2SO_4 veränderte die Enzymproduktion nicht, verhinderte aber das Auftreten von Molybdänose. M. Anke. 8127.

3-64/04-0572 Monty, Kenneth J. und Click, Ellen M.; Baltimore, Md., McCollum-Pratt Inst. A mechanism for the copper-molybdenum interrelationship. III. Rejection by the rat of molybdate containing diets. **(Ein Mechanismus für den Kupfer-Molybdän-Stoffwechsel. 3. Mitt. Das Zurückweisen von molybdathaltiger Nahrung durch die Ratte.)** J. Nutrit. [Philadelphia] **75** (1961) Nr. 3. S. 303–308. – 6 Abb., 7 Lit. 2. Mitt. vgl. vorst. Ref.
Dem Versuchsfutter der Ratten wurden 800 ppm Mo als Na-Molybdat und 0,29% Sulfat als Na-Sulfat einzeln und beides zusammen zugesetzt. Die Ratten entwickelten die Fähigkeit, Mo-haltige Nahrung zu erkennen. Sie wiesen toxische Mo-Mengen zurück. Die Empfindlichkeit gegenüber Mo scheint das Ergebnis einer Wechselwirkung des Mo mit anderen Nahrungsbestandteilen zu sein. M. Anke. 8127.

3-64/04-0573 Vander, Arthur J.; Ann Arbor, Univ. of Michigan, Dep. of Physiol. Effects of zinc, cadmium, and mercury on renal transport systems. **(Die Wirkung von Zink, Cadmium und Quecksilber auf die renalen Transportsysteme.)** Amer. J. Physiol. **204** (1963) Nr. 5. S. 781–784. – 5 Tab., 17 Lit.
Mit Hilfe der Clearancemethoden wird die renale Ausscheidung von Glucose, Na und PAH unter dem Einfluß von Zn, Cd und Hg bei narkotisierten Hunden untersucht. Cd und Zn hemmen die maximale tubuläre Sekretionsrate von PAH, während die maximale tubuläre Sekretionsrate für Glucose durch Zn und Hg gehemmt wird. Die Cd-Hemmung der PAH-Sekretion kann durch Vorbehandlung mit Dimercaptopropanol verhindert werden.
H.-A. Ketz. 8127.

3-64/04-0574 Gunn, Samuel A., Gould, Thelma Clark und Anderson, W. A. D.; Coral Gables, Fla., Univ. of Miami, School of Med. Interference with fecal excretion of Zn^{65} by cadmium. **(Die Beeinflussung der fäkalen Exkretion von ^{65}Zn durch Cadmium.)** Proc. Soc. exp. Biol. Med. **111** (1962) Nr. 3. S. 559–562. – 1 Abb., 2 Tab., 7 Lit.
Bei Versuchen mit Ratten und Mäusen zeigte sich, daß durch Cd die ^{65}Zn-Ausscheidung mit dem Kot verringert wird. Leber, Niere und Pankreas retinierten bei den zusätzlich mit Cd versorgten Ratten und Mäusen mehr Radiozink als die gleichen Organe bei den Kontrolltieren. M. Anke. 8127.

3-64/04-0575 Dewar, W. A.; Edinburgh, A.R.C., Poultry Res. Centre. The zinc contents of eggs of some inbred lines on Brown Leghorn fowls. **(Der Zinkgehalt der Eier verschiedener Linien der Braunen Leghorn.)** Proc. Nutrit. Soc. **21** (1962) Nr. 2. S. XIX–XX. – 1 Tab.,
Vf. bestimmt den Zn-Gehalt der Eier von 12 Linien des Braunen Leghorn, indem er Schale und Eiweiß der Eier entfernte, da ihr Zn-Gehalt vernachlässigt werden kann und analysierte das entfettete Eidotter. Im Zn-Gehalt bestand zwischen den einzelnen Linien kein Unterschied. Bei einem Zn-Anteil des Futters von 27 ppm wurden etwa 0,50 mg Zn je Ei gefunden.
M. Anke. 8127.

3-64/04-0576 Miller, W. C., Clifton, C. M. und Cameron, N. W.; Athens, Univ. of Georgia. Zinc requirement of Holstein bull calves to nine months of age. **(Der Zinkbedarf männlicher Holsteinkälber bis zum Alter von 9 Monaten.)** J. Dairy Sci. **46** (1963) Nr. 7. S. 715–719. – 3 Tab., 22 Lit.
In früheren Versuchen traten bei einem Zn-Gehalt von 3,6 ppm Symptome von Zn-Mangel auf (Miller, J. K. und Miller, W. C. vgl. LZ. Abt. III 8 [1963] Nr. 9. S. 1935). In den vorliegenden Untersuchungen erhielten die Tiere 8,6 ppm Zn, was im Vergleich zu höheren Gaben keinerlei abweichende Wirkung erkennen ließ. Geprüft wurden u. a. Zuwachs, Futterverwertung, Größe und Gewicht des Testes (gesamt ca. 216 g Frischgewicht), ihr Zn-Gehalt (ca. 85 ppm in der Tr.-Subst.) sowie der des Blutes (ca. 2,20 ppm.).
B. Piatkowski. 8127.

3-64/04-0577 Starcher, Barry und Kratzer, F. H. Effect of zinc on bone alkaline phosphatase in turkey poults. **(Die Wirkung von Zink auf die alkalische Phosphatase in Knochen von Putenküken.)** J. Nutrit. [Philadelphia] **79** (1963) Nr. 1. S. 18–22. – 5 Tab., 13 Lit. 8127.

3-64/04-0578 Marshall, S. P., Hayward, F. W. und Meagher, W. R.; Gainesville; Lake Alfred, Florida Agric. Exp. Stat. Effects of feeding arsenic and lead upon their secretion in milk. **(Die Wirkung von Arsen und Blei im Futter auf den Gehalt in der Milch.)** J. Dairy Sci. **46** (1963) Nr. 6. S. 580 bis 581. – 8 Lit.
In einem Fütterungsversuch wurden an je 2 laktierende Jersey-Kühe 126 Tage lang Arsen und Blei verabreicht. Gruppe I war die Nullvariante, Gruppe II erhielt 1,17 mg As und 3,23 mg Pb, Gruppe III 2,34/6,47, Gruppe IV 4,68/

12,95 mg pro 100 lb. Lgw. im Futter. Milchproben wurden 5 Tage vor Verabreichung und im Versuchsstadium am 1. und 3. Tag, dann weiter alle 14 Tage untersucht. Alle Milchproben enthielten weniger als 0,05 mg/l As und Pb. I. Lohse. 8127.

3-64/04-0579 Blaxter, K. L.; Kirkhill, Ayr, Hannah Dairy Res. Inst. The effect of selenium on lamb growth: co-operative experiments on Scottish farms. **(Die Wirkung von Selen auf Wachstum der Lämmer: Gemeinschaftsversuche auf schottischen Farmen.)** Proc. Nutrit. Soc. **21** (1962) Nr. 2. S. XIX. — 2 Lit.
4448 Lämmer von 76 Farmen wurden zu 50% mit 3 mg Se als Selenat durch s. c. Injektion in Abständen von 4 Wochen versorgt. Die zusätzlich mit Se versorgten Lämmer nahmen während der Versuchszeit im Mittel 0,81 lb. mehr als die Kontrolltiere zu. Auf 31 Farmen mit einem niedrigen Se-Gehalt des Bodens brachten die Se-Lämmer sogar 1,72 lb. mehr als die Kontrolllämmer, während bei einem hohen Se-Anteil der Futterflächen kein Einfluß der Se-Injektion zu bemerken war. Se-Mangel bei Schafen scheint demnach in Schottland weit verbreitet zu sein. M. Anke. 8127.

3-64/04-0580 Höbel, M. und Miksche, L. **Die Anreicherung von ^{131}J in der Trachea von Ratten.** Arzneimittel-Forsch. **13** (1963) Nr. 8. S. 654–655. — 3 Tab., 8 Lit. 8127.

3-64/04-0581 Koršakov, I. N. und Semenov, S. Ja. Vlijanie mikroėlementov na vosproizvoditel'nuju sposobnost' indeek. **(Der Einfluß von Mikroelementen auf die Reproduktionsfähigkeit der Puten.)** Životnovodstvo, Moskva **25** (1963) Nr. 4. S. 46–47.
Auf Grund der Spektralanalysen bestimmter Futtermittel (Gerste, Körnermais, Zuckerrübenblätter, Salat, Schnittlauch, etc.) wird der Gehalt an Mikroelementen untersucht. Knoblauch, Schnittlauch und Salat als spezifische Grünfuttermittel für Putenküken enthalten Titan, wodurch sie sich von anderem Grünfutter unterschieden. Titan ist wichtig für die Bildung des Federkleides. Neben den spezifischen Grünfuttermitteln enthalten auch Zuckerrübenblätter eine hohe Menge an Titan. Die Fütterung von Gerste und Körnermais an die Puten in der Legeperiode führt zu einer schnellen Verfettung der Tiere und zum Absinken der Befruchtungsziffer der Eier. Dies erklärt sich aus dem sehr geringen Gehalt an Mangan in diesen Futtermitteln. Dagegen haben Weizen und auch Zuckerrübenblätter einen hohen Mangangehalt und sind daher zur Fütterung in der Legeperiode geeignet, um Eiablage und Schlupfprozente zu erhöhen. Das Gesagte gilt auch für alle anderen Geflügelarten. K. Witt. 8127.

3-64/04-0582 Wöhlbier, W. **Der Bedarf der Tiere an Spurenelementen.** Landwirtsch. Forsch., Sonderh. **16** (1962) S. 18–26. — 5 Tab., 9 Lit.
Nachdem weder Bilanzversuche, Analysen ganzer Tiere, Beobachtungen mangelkranker Tiere noch die Anwendung radioaktiver Elemente befriedigende Ergebnisse bei der Ermittlung des Spurenelementbedarfes brachten, schlägt der Vf. vor, die gleichbleibende Zusammensetzung des Blutserums als Kriterium der normalen Versorgung zu verwenden. Die aus dem Blut abgegebenen Spurenelemente werden durch Resorption aus dem Darm ergänzt, deshalb muß auch im Futter eine gewisse Mineralstoffmenge enthalten sein. Diese Arbeitshypothese wird durch bekannte Analysendaten gestützt.
M. Anke. 8127.

3-64/04-0583 Seibold, M.; München, I. Med. Univ.-Klin. **Die Spurenelementversorgung des Menschen.** Landwirtsch. Forsch., Sonderh. **16** (1962) S. 27–40. — 3 Abb., 2 Tab., 9 Lit.
Der Vergleich des Angebotes und Bedarfes der Spurenelemente beim Menschen läßt erkennen, daß Fe-Mangel bei Kindern, Jugendlichen und menstruieren-

den Frauen besonders bei einseitiger Kost befürchtet werden muß. Darüber hinaus kann Cu bei Säuglingen und bei einseitiger Milchnahrung und J in Gebieten mit J-Armut des Bodens und des Trinkwassers ins Minimum kommen. Eine Anreicherung der Lebensmittel mit Spurenelementen wird mit Ausnahme von J (Speisesalz), F (Trinkwasser) und evtl. Fe (Speisesalz oder andere Lebensmittel) in Mangelgebieten abgelehnt. M. Anke. 8127.

Stoffwechsel der Vitamine und anderer Wirkstoffe

3-64/04-0584 Erwin, E. S., Gordon, R. S. und Algeo, J. W.; St. Louis, Mo., Monsanto Chem. Co.; Santa Ynez, Calif., Res. Farm. Effect of antioxidant, protein, and energy on vitamin A and feed utilization in steers. **(Wirkung von Antioxydans, Protein und Energie auf die Vitamin-A- und die Futterverwertung bei Ochsen.)** J. Animal Sci. **22** (1963) Nr. 2. S. 341–345. – 5 Tab., 20 Lit.

In einem 2^3-Faktorenversuch wurden an 144 mit Trockenluzerne vorgefütterte Ochsen Rationen mit 2 verschiedenen Proteingehalten (11–19%), mit 2 verschiedenen Energiegehalten (70–81 Therms/100 lb.) und mit 2 verschiedenen Gehalten an dem Antioxydans 1,2-Dihydro-6-äthoxy-2,4-trimethylchinolin (0 und 0,0125%) verabreicht. In den ersten 70 Versuchstagen enthielten die Rationen kein zusätzliches Vit. A oder Carotin; die Vit.-A-Ausgaben wurden in dieser Zeit durch die höheren Protein- und Energiegehalte beschleunigt, durch das Antioxydans verringert. Danach erfolgte bis zum Versuchsende ein Vit.-A-Zusatz zu allen Rationen. Die Erhöhung des Nahrungsproteins verringerte das Wachstum und verschlechterte die Futterverwertung. Bei Erhöhung des Energiegehalts der Rationen blieb das Wachtum unbeeinflußt, Futteraufnahme und Futteraufwand wurden verringert. Die Schlachtausbeute variierte nur innerhalb 0,2%. Die Schlachtqualität war bei den protein- und energiereich gefütterten Tieren im Vergleich zu den anderen Gruppen schlechter, was nicht auf die absoluten Unterschiede im Fettgehalt der Schlachtkörper, sondern auf die Fettverteilung in den Muskeln zurückgeführt wurde. J. Wünsche. 8152.

3-64/04-0585 Miller, W. J. und Miller, J. K.; Baton Rouge, Louisiana Agric. Exp. Stat. Influence of high level vitamin A supplement on semen characteristics and blood composition of breeding bulls. **(Der Einfluß von gleichmäßig hohen Gaben an Vitamin A auf die Sameneigenschaften und die Blutzusammensetzung von Zuchtbullen.)** J. Dairy Sci. **46** (1963) Nr. 6. S. 583–585. – 2 Tab., 16 Lit.

2 Gruppen mit je 3 Zuchtbullen 3 verschiedener Rassen wurden einmal ohne Vit. A, einmal mit 45000 IU Vit. A zusätzlich gefüttert. Die Versuchsdauer war 13 Wochen nur Grundfutter und 16 Wochen Vit.-Zusatz in Gruppe II. Wöchentlich zweimal wurden Ejakulate untersucht. Blutproben wurden nur am Anfang und am Ende, sowie in der 19. und 24. Woche entnommen. Die Gruppe mit Vit.-A-Zusatz war in allen untersuchten Faktoren der Nullgruppe überlegen. I. Lohse. 8152.

3-64/04-0586 Krieg, R.; Celle, Bundesforsch.-Anst. für Kleintierzucht. **Die Wirkung von Grasgrünmehl-, Carotinöl- und Luzernegrünmehlextraktzusätzen zum Futter in Vergleich zu synthetisch hergestelltem Vitamin A auf den Vitamin-A-Gehalt der Eier Weißer Leghornhennen.** Arch. Geflügelkunde 27 (1963) Nr. 3. S. 215–234. – 12 Tab., 5 Lit.

In 3 Versuchsreihen sollte geklärt werden, inwieweit natürliche Carotine als Vit.-A-Vorstufe besser zur Ablagerung von Vit. A im Ei geeignet sind als ein synthetisches Vit.-A-Präparat (Rovimix). Als Carotinträger dienten Grasgrünmehl (**I**), Carotinöl (**II**) und Luzernegrünmehlextrakt (**III**). Die Vit.-A-Zusätze betrugen (0,6 mg Carotin = 1 IE Vit. A gerechnet): 0; 6500; 13000 IE und 6500 IE als Rovimix + 6500 IE als Grasgrünmehl. Die 81 Legehennen je Versuchsserie kamen bei I und II aus der Auslaufhaltung, bei III aus intensiver Legehennenhaltung 3 Wochen vor Versuchsgeginn in Legekäfige. I: In der Vit.-A-Ablagerung im Ei und in der Leber bestanden zwischen den Gruppen keine Unterschiede. Allein die Tiere, die 3 Wochen lang eine Vit.-A-Mangeldiät erhalten hatten, legten vitaminärmere Eier und hatten entsprechend verarmte Lebern: sie hatten anscheinend die Fähigkeit weitgehend eingebüßt, Carotin in Vit. A zu verwandeln. II: 6500; 19000 und 39000 IE Vit. A/kg Futter wurde verabreicht. Die Eier zeigten in allen Gruppen (von denen keine eine Mangelperiode durchgemacht hatte) unterschiedlichen Vitamingehalt, d. h. 107; 140; 163 bzw. 114; 132 und 158 g/Dotter bei Rovimix bzw. Carotinöl. Die Vit.-A-Speicherung in der Leber entsprach ebenfalls den unterschiedlichen Zusätzen, doch lagerten die Carotinölgruppen nur die Hälfte an Vit. A ab gegenüber der Rovimix-Gruppe. III: 19500 IE Vit. A im Futter steigerten den Vit.-A-Gehalt der Eier um 22% (Luzernemehl) bzw. 31% (Rovimix) gegenüber den Gruppen mit 6500 IE. Die Vitamingehalte der Lebern nahmen von 62,61 auf 67,72 bzw. von 67,75 auf 129,96 mg/100 g Leber zu. Von einem Faktor in der Luzerne, der bei Ratten die Vit.-A-Speicherung begünstigte, war hier nichts zu spüren.

C. Engelmann. 8152.

3-64/04-0587 Plack, P. A.; Shinfield, Reading, Nat. Inst. for Res. in Dayrying. The amounts of vitamin A aldehyde, esters and alcohol and of carotenoids in hen's eggs and in day-old chicks. **(Der Gehalt an Vitamin-A-Aldehyd, -Ester und -Alkohol sowie an Carotinoiden in Hühnereiern und Eintagsküken.)** Brit. J. Nutrit. 17 (1963) Nr. 2. S. 243–250. – 4 Tab., 7 Lit.

Vergleichuntersuchungen zwischen frischen und 21 Tage inkubierten unfruchtbaren Eiern ergaben bei letzteren einen Abfall im Vit.-A(**I**)-Aldehyd-(**II**), **I**-Alkohol(**III**)- und Carotinoid(**IV**)-Wert, während der Gehalt an **I**-Ester (**V**) ansteigt. Wesentlich stärker sind die Veränderungen der einzelnen **I**-Verbindungen zwischen Eiern und Eintagsküken. Letztere weisen gegenüber Eiern derselben Henne einen Abfall des Gehaltes an **II** auf 16%, an **III** auf 18% und an **IV** auf 76% auf, der Gehalt an **V** steigt dagegen auf 270% an. Erhielten die Hennen zusätzlich tägl. 10 mg **I** p. o.; so wurden die folgenden **I**-Werte ermittelt: 16% **II**, 16% **III**, 76% **IV** und 177% **V**. Während der Abfall der **III**-Werte auf eine Umwandlung in **V** zurückgeführt werden kann, fehlt für den **II**-Abfall noch eine bindende Erklärung.

H. Ackermann. 8152.

3-64/04-0588 Marusich, W. und Bauernfeind, J. C.; Nutley, N. J., Hoffmann-LaRoche Inc. The biological activity of B-carotene in poultry and rats. **(Die biologische Aktivität des β-Carotins bei Geflügel und Ratten.)** Poultry Sci. 42 (1963) Nr. 4. S. 949–957. – 1 Abb., 5 Tab., 34 Lit.

Vff. geben einen Überblick über bisherige Untersuchungen zur Ermittlung der biol. Aktivität (BA) des β-Carotins (**I**) zum Vit. A (**II**). Anschließend wird über eigene Untersuchungen an Ratten (Leber- und Nierenspeicherungstest) und Küken (Leberspeicherungstest) berichtet. Synthetisches **I** und **II**-Palmitat wurden in Form von stabilisierten Gelatineperlen, **I** ferner mit getrocknetem Alfalfamehl unter Antioxydanszusatz verabreicht. In bezug auf Leberspeicherung beträgt das **I**/**II**-Verhältnis der BA bei hohen Dosen (2000 bis 10000 IE/lb.) 2,5 bis 4:1. Bei niedrigeren Dosen verringert sich das Verhältnis und erreicht bei 500 IE den Wert 1:1. Gewichtsunterschiede treten bei positiver **II**-Leberspeicherung nicht auf. H. Ackermann. 8152.

3-64/04-0589 Plack, P. A.; Shinfield, Reading, Nat. Inst. for Res. in Dayrying. Effect of high doses of vitamin A palmitate on vitamin A aldehyde, esters and alcohol and carotenoid contents of hen's eggs. **(Einfluß hoher Dosen Vitamin-A-Palmitat auf den Gehalt an Vitamin-A-Aldehyd, -Ester und**

-Alkohol sowie an Carotinoiden in Hühnereiern.) Brit. J. Nutrit. **17** (1963) Nr. 2. S. 235–242. – 1 Abb., 3 Tab., 14 Lit.

Zur Aufklärung der Vit-A-Aldehydbildung in Hühnereiern erhielten 6 Light-Sussex-Hennen ein Legefutter mit einem Zusatz von 2,5 mg Vit. A (**I**)/kg Futter sowie Heu und Mais als Carotinoid (**II**)-Träger. Die Versuchsperiode umfaßte 15 Tage ohne **I**-Zusatz, 14 Tage mit 18,4 mg **I**-Palmitat/Tag und weiter 14 Tage mit 36,8 mg tägl. peroral. Mit zusätzlichen **I**-Gaben steigt der **I**-Aldehyd-, -Ester und -Alkohol-Gehalt an, der **II**-Gehalt fällt ab. Ein konst. Verhältnis von Aldehyd : Alkohol besteht nicht, so daß nicht auf ein einfaches enzymatisches Gleichgewicht zwischen beiden Formen geschlossen werden kann. In der Leber beträgt der Vit.-A-Aldehyd-Gehalt weniger als 1% des Gesamt-**I**-Gehaltes. H. Ackermann. 8152.

3-64/04-0590 Aydelotte, Margaret B.; Cambridge, Univ. Vitamin A deficiency in chickens. **(Vitamin-A-Mangel bei Küken.)** Brit. J. Nutrit. **17** (1963) Nr. 2. S. 205–210. – 3 Abb., 9 Lit.

Durch Vit.-A(**I**)-Mangel tritt bei Küken eine Keratinisierung des conjunctivalen Epithels mit einem Verlust der sekretorischen Zellen auf, während das corneale Epithel nur wenig beeinflußt wird. Ebenfalls verhärten die oesophagen Schleimdrüsen mit ihren Kanälen. Im trachealen Epithel ist im frühen Stadium des **I**-Mangels eine Steigerung der Schleimzellen und des Schleimzellen/Flimmerzellen-Verhältnisses zu beobachten; mit fortschreitendem Mangel keratinisiert auch dieses Epithel. Die Untersuchungen ergaben, daß beim trachealen Epithel eine optimale **I**-Konz. für die Schleimsekretion besteht, die unter der optimalen Gesamtversorgung mit **I** liegt. H. Ackermann. 8152.

3-64/04-0591 Kasper, H. und Hötzel, D.; Gießen, Justus-Liebig-Univ.; Univ. für Ernährungswiss. **Untersuchungen zur Frage der Vitaminresorption im Dickdarm.** Z. Ernährungswiss. 4 (1963) Nr. 1/2. S. 34–42. – 2 Abb., 2 Tab., 39 Lit.

Koprophagiegehinderte Ratten von 40 g Anfangsgewicht mit einem halbsynthetischen Futter erhalten bei Sichtbarwerden der Verarmung an dem betreffenden Vitamin entweder mit Schlundsonde oder durch Injektion in das Lumen des an der Bauchwand fixierten Caecums verschiedene Mengen Thiamin, Pantothensäure, Vit. A oder β-Carotin verabfolgt. Bei den B-Vitaminen an den Gewichtszunahmen und bei Vit. A und β-Carotin an der Leberspeicherung ist zu ersehen, daß sie, wenn auch in geringerem Umfange als bei oraler Gabe, aus dem Caecum resorbiert werden. Im Unterschied zu Vit. A ist bei Carotin nach dessen intracaecaler Applikation die an sich geringe Speicherung in der Leber bei Zusatz von 5% Sulfaguanidin zum Futter um das Mehrfache erhöht. Bei Zufuhr von Carotin mit der Schlundsonde hat Sulfaguanidin keinen Einfluß auf die Carotinspeicherung. Bei beiden Formen der Verabreichung ist die Leberspeicherung nach Gabe von wasserdispersem besser als nach der von ölig gelöstem Vit. A. Aus den Ergebnissen ergibt sich insbesondere, daß die fehlende Ausnutzung enteral synthetisierter B-Vitamine nicht dadurch verursacht sein kann, daß der Dickdarm zur Resorption generell nicht in der Lage wäre. B. Gaßmann. 8152.

3-64/04-0592 Bernhard, K., Lindlar, F., Schwed, P., Vuilleumier, J.-P. und Wagner, H.; Basel, Univ., Physiol.-Chem. Inst. **Fettsäure-Stoffwechsel bei Vitamin-E-Mangel.** Z. Ernährungswiss. 4 (1963) Nr. 1/2. S. 42–49.

6 Wochen alte ♀ Ratten werden 124 Tage lang mit einem fast Vit.-E-freien, 10% Schweinefett enthaltenden Futter ernährt. Bei einem Teil der Tiere werden darauf die nach Verseifen aus Hirn, Leber, Lunge, Milz und Depotfett abgetrennten ungesättigten Fettsäuren isomerisiert und spektrophotometrisch bestimmt. Die restlichen Tiere erhalten bis zum 161. Versuchstag noch insges. 3,74 mg α-Tocopherylacetat verabreicht, ehe sie in gleicher Weise aufge-

arbeitet werden. Trotz der völligen Heilung der E-Mangelsymptome werden in der Polyenfettsäure-Zusammensetzung signifikante Veränderungen gegenüber den Mangeltieren nicht festgestellt. In einem 2. Versuch (140 Tage) mit derselben Mangeldiät werden einmal statt des Schweinefettes 10% Sonnenblumenöl (umgeestert, Vit.-E-arm, 62,9% Linolsäure) verwendet und zum anderen noch zusätzlich insges. 6 mg α-Tocopherol verabfolgt. Die Zusammensetzung der Leberfettsäuren wird nach deren Überführung in die Methylester gaschromatographisch bestimmt. Bei der linolsäurereichen Kost tritt nach 3 Wochen eine Anreicherung des Leberfettes an Linol- und Arachidonsäure ein. Da letztere bei zusätzlicher Vit.-E-Versorgung in signifikant geringeren Mengen vorliegt, wird geschlossen, daß Vit. E die Bildung der Arachidonsäure aus Linolsäure hemmt. Um festzustellen, ob bei E-Mangelratten hinsichtlich des Abbaues aufgenommener Ölsäure Unterschiede bestehen, wird bei je 4 Tieren nach oraler Gabe von 26,53 mg uniform ^{14}C-markierter Ölsäure ($12{,}6 \cdot 10^6$ Imp/min) 12 Std. die Radioaktivität der Expirationskohlensäure gemessen. Ein Unterschied gegenüber Normaltieren wird jedoch nicht beobachtet. B. Gaßmann. 8156.

3-64/04-0593 Marvin, Horace N. Erythrocyte survival of rats deficient in vitamin E or vitamin B_6. **(Überleben von Erythrocyten bei Schafen mit Vitamin-E- und Vitamin-B_6-Mangel.** J. Nutrit. [Philadelphia] **80** (1963) Nr. 2. S. 185–190. — 3 Abb., 2 Tab., 10 Lit. 8156.

3-64/04-0594 Middleton, E. J. und Morrison, A. B.; Ottawa, Ontario, Food and Drug Lab. Vitamin absorption. III. A note on the absorption and utilization of thiamine-S^{35}. **(Vitamin-Resorption. 3. Mitt. Beitrag zur Resorption und Verwertung von Thiamin-^{35}S.)** Canad. J. Biochem. Physiol. **40** (1962) Nr. 12. S. 1840–1842. — 2 Tab., 2 Lit. 2. Mitt. vgl. 3-64/02-0490.

Nach 12tägiger thiaminfreier Kost erhielten ♂ Ratten 5 µg Thiaminhydrochlorid tägl. oder 10 µg jeden 2. Tag oder 20 µg jeden 4. Tag oral oder subcutan. Nach 12 Tagen wurde 4 Tage lang Thiamin-^{35}S verabreicht. Die fäkale Ausscheidung war allgemein bei oraler Verabreichung größer als bei s. c.; die Art der Dosierung blieb ohne Einfluß auf die Beträge der Radioaktivität. Im Urin stieg nur bei oraler Verabreichung von 20 µg an jedem 4. Tag die Ausscheidung stark an, während gleichzeitig die Speicherung in Leber und Muskel gering war. Das Auftreten von Radioaktivität in den Faeces bei s. c. Verabreichung deutet darauf hin, daß das Vitamin oder seine Metaboliten in den Darm ausgeschieden werden. Aus den Versuchen wird geschlossen, daß das geringere Wachstum bei oraler Verabreichung von größeren Dosen in längeren Zeitintervallen nicht auf mangelnder Resorption, sondern auf dem Unvermögen beruht, diese Mengen zurückzuhalten und zu verwerten.
W. Goldbach. 8158.

3-64/04-0595 Vozár, Libor. Hladina medi u krýs a morčiat po zvýšenom príjme vitamínu C. **(Kupferspiegel bei Ratten und Meerschweinchen nach erhöhter Aufnahme von Vitamin C.)** Biológia [Bratislava] 18 (1963) Nr. 6. S. 455–463. — 2 Abb., 2 Tab., 24 Lit. Zus. in Dtsch.

Um den Einfluß hoher Vit.-C-Gaben auf die biochemischen Prozesse im Organismus zu untersuchen, wurde bei Ratten und Meerschweinchen die Wirkung einer peroralen Applikation von 5, 10 und 15 mg Vit. C/100 g Lgw. auf den Cu-Spiegel im Gewebe 20 Tage lang verfolgt. Es stellte sich heraus, daß die Wirkung der hohen Vit.-C-Gaben auf den Cu-Spiegel bei Ratten und Meerschweinchen verschieden stark ist. Bei Ratten, die imstande sind, das Vit. C zu synthetisieren, ändert sich der Cu-Spiegel und steigt bereits nach einer Gabe von 5 mg/100 g Lgw. in der grauen Rindensubstanz des Gehirns, während er in der grauen Gehirnsubstanz außerhalb der Rinde und in der Skelettmuskulatur entsprechend zurückgeht. In der Leber und Niere der

Ratten blieb der Cu-Spiegel unverändert. Bei den Meerschweinchen, die das Vit. C nicht zu synthetisieren vermögen, blieb der Cu-Spiegel im Gehirn, in der Leber, Niere und Skelettmuskulatur unverändert. ČSSR/ÚVTI. 8160.

3-64/04-0596 Swanson, E. W. und Bearden, B. J.; Knoxville, Univ. of Tennessee. Effect of prepartum thyroprotein feeding upon the next lactation. **(Wirkung einer Thyreoproteinfütterung während der Vorbereitungszeit auf die nächste Laktation.)** J. Dairy Sci. **46** (1963) Nr. 5. S. 423–425. – 1 Abb., 1 Tab., 13 Lit.

Vff. füttern eine Versuchsgruppe (28 Tiere) 30 Tage vor dem Kalben bis 1 Tag nach dem Kalben 10 g Thyreoprotein (mit 1,1% L-Thyroxin) je Tier und Tag. Die behandelten Kühe erreichten in 15 Wochen durchschnittlich 5101 lb. FCM und die Kontrolltiere 5033. Der Unterschied war nicht signifikant. Die Thyreoproteinfütterung reduzierte signifikant die Gewichtszunahme in der Vorperiode, hatte dann jedoch auf das Körpergewicht sowie den Gesundheitszustand der Tiere keinen Einfluß. H. Bergner. 8175.

3-64/04-0597 Pose, G. **Ernährung und endokrines System. 1. Mitt. Der Einfluß der Ernährung auf die Schilddrüse.** Ernährungsforschung 8 (1963) Nr. 2. S. 241–262. – 145 Lit.

Vf. gibt eine Literaturübersicht über den Einfluß der Ernährung auf die Schilddrüsenfunktion. So führt Eiweißmangel zu einer Hemmung der Schilddrüsenfunktion und unterstützt die Kropfbildung. Zum gleichen Effekt kommt es bei übermäßiger pflanzlicher Eiweißernährung. Eine Überdosierung an tierischem Eiweiß verursacht eine Überfunktion und kann zu einer Erschöpfung der Schilddrüse führen. Über den Einfluß einzelner Aminosäuren auf die Schilddrüse ist wenig bekannt und oft widersprechen sich die Angaben. Ebenso ist der Einfluß der Kohlenhydrate noch ungenügend erforscht. Pflanzenfette unterdrücken die Schilddrüsenfunktion und verstärken bei gleichzeitigem Jodmangel die Kropfbildung. Tiensche Fette, in großen Mengen verabreicht, führen zur Schilddrüsenhyperfunktion. Vit. A senkt den Grundumsatz und vermindert das Schilddrüsengewicht. Vit.-A-Mangel begünstigt die Kropfbildung. Die Wirkung der B-Vitamine auf die Schilddrüsenfunktion ist nach den bisherigen Ergebnissen nicht eindeutig. Vit.-C- und -D-Mangel können zur Entwicklung des endemischen Kropfes beitragen. Der Einfluß der Mineralstoffe auf die Schilddrüse ist noch ungenügend untersucht. Von den Spurenelementen sollen F, Mn, Co, Cu und Zn funktionshemmend wirken. H. Bergner. 8175.

3-64/04-0598 Binnerts, W. T.; Wageningen, Netherlands, Agric. Univ. Coll. Effect of feeding methyl thiouracil on the excretion of iodine in the milk of dairy cattle. **(Wirkung der Verabreichung von Methylthiouracil auf die Ausscheidung von Jod in der Milch von Kühen.)** Nederl. Melk-en Zuiveltijdschr. **17** (1963) Nr. 2. S. 87–95. – 2 Abb., 2 Tab., 13 Lit. Zus. in Niederl.

In 3 Versuchen an Milchkühen, von denen 2 auf der Weide und 1 in Stoffwechselständen durchgeführt wurde, erhielten die Versuchstiere etwa 2 Wochen lang 2mal tägl. 3,5 g 4-Methylthiouracil in Gelatinekapseln. Der Jodgehalt der Milch nahm zu, und zwar in der 1. Woche in demselben Maße wie der des Blutserums, während er in der 2. Woche den letzteren noch überstieg. Die Ergebnisse zeigen, daß das Vorkommen strumogener Stoffe wie Methylthiouracil im Futter nicht Veranlassung zu dem sehr niedrigen Jodgehalt der Milch in Gebieten mit großer Kropfhäufigkeit gibt. L. Sperling. 8175.

3-64/04-0599 Magee, Aden C. Biological responses of young rats fed diets containing genistin and genistein. **(Biologische Reaktion junger Ratten, deren Rationen Genistin und Genistein enthielten.)** J. Nutrit. [Philadelphia] **80** (1963) Nr. 2. S. 151–156. – 4 Tab., 25 Lit. 8175.

3-64/04-0600 Nelson, F. E., Jensen, L. S. und McGinnis, J. Studies on the stimulation of growth by dietary antibiotics. 1. Changes in growth response of chicks to antibiotics over a three year period. **(Studien über die Wachstumsstimulation durch Nahrungsantibiotica. 1. Mitt. Änderungen der Antibioticawirkung in einer dreijährigen Periode.)** Poultry Sci. 42 (1963) Nr. 4. S. 906–909. – 1 Abb., 1 Tab., 10 Lit.
Im Zeitraum von 3 Jahren wurden verschiedene Antibiotica (Penicillin, Erythromycin, Bacitracin, Tylosin) in Gaben von 4–40 g/t bei Küken, die bis zur 3. bzw. 4. Woche aufgezogen wurden, eingesetzt. – Die prozentuale Wachstumssteigerung im Vergleich zu den Kontrollen war bei unterbrochener Gabe oder bei erstmaliger Verfütterung einzelner Antibiotica am höchsten. Die kontinuierliche Verabreichung über einen längeren Zeitraum führte zum Rückgang der Antibioticawirkung. Tylosin brachte nach erstmaliger Gabe eine Wachstumssteigerung von über 20% und fiel nach 20monatiger kontinuierlicher Zufütterung auf unter 5%. Penicillin vor und während des Versuches verabreicht hatte die geringste Wirkung. P. Matthies. 8185.

3-64/04-0601 Nelson, F. E., Jensen, L. S. und McGinnis, J. Studies on the stimulation of growth by dietary antibiotics. 2. Effect of antibiotics on metabolizable energy of the diet. **(Studien über die Wachstumsstimulation durch Nahrungsantibiotica. 2. Mitt. Die Wirkung der Antibiotica auf die Höhe der umsetzbaren Energie des Futters.)** Poultry Sci. 42 (1963) Nr. 4. S. 909–912. – 3 Tab., 13 Lit. 1. Mitt. vgl. vorst. Ref.
Bei bis zur 4. Woche aufgezogenen Küken wurde der Einfluß verschiedener Antibiotica (Bacitracin, Tylosin, Erythromycin, Virginiamycin) auf die Höhe der umsetzbaren Energie (UE) des Futters geprüft. Die UE wurde mit Hilfe von Chromoxyd ermittelt. Zur Sicherung eines genügend hohen Antibioticaeffektes wurden der Diät teilweise Hennenexkremente zugemengt (2%). – Neben der Erhöhung der 4-Wochengewichte und Verbesserung der Futterverwertung durch die verabreichten Antibiotica konnte in allen Fällen eine Erhöhung der UE festgestellt werden. Letzteres war jedoch dann statistisch zu sichern, wenn die wachstumssteigernde Wirkung der Antibiotica über 7,5% lag. Die ermittelten Darmgewichte lagen bei den mit Antibiotica gefütterten Tieren signifikant unter denen der Kontrolltiere.
P. Matthies. 8185.

3-64/04-0602 Subbotin, V. M.; Omsk, Veterinärmed. Inst. Vlijanie različnych doz streptomicina na sekretornuju i ėkskretornuju funkciju želez želudka i kišečnika. **(Die Wirkung von unterschiedlichen Dosen Streptomycin auf die sekretorischen und exkretorischen Funktionen der Drüsen des Magens und Darmes.)** Antibiotiki, Moskva 8 (1963) Nr. 6. S. 535–539. – 3 Abb., 2 Lit. Zus. in Engl.
Vf. untersucht die Wirkung von Streptomycin auf die sekretorischen und exkretorischen Funktionen der Drüsen des Darmes und des Magens. Die Gaben erfolgten per os und i. m. als einmalige Dosis bzw. in einer Zeitspanne von 20–30 Tagen in Mengen von 250–500 Einheiten/kg Lebendgewicht. Diese Gaben erhöhten die Sekretion von Drüsensaft des Magens und der Därme, es erhöht sich die H-Ionenkonzentration. Parallel erhöht sich auch die Exkretion von N- und P-haltigen org. Verbindungen. Mit einer Zuführung von 5000–10000 Einheiten/kg wurde das Gegenteil erzielt, es tritt eine Bremswirkung der sekretorischen und exkretorischen Funktionen der Verdauungsdrüsen ein, welche besonders bei einer Lang-Zeit-Gabe in maximalen Dosen erzielt worden ist. Die Experimente wurden an 6 Hunden durchgeführt, von denen 2 in der Gegend des Zwölffingerdarmes gefistelt waren.
G. Rothe. 8185.

3-64/04-0603 Ritzel, G. und Leisinger, S.; Basel, Univ., Physiol.-Chem. Inst. **Untersuchungen über den Einfluß oral verabreichten Oxytetracyclins**

auf Leberlipide und Serumcholesterin der weißen Ratte. Z. Ernährungswiss. 4 (1963) Nr. 1/2. S. 1–4. – 4 Tab., 6 Lit. Zus. in Engl.
40 junge ♂ Ratten (47 g Lgw.) werden 28 Tage ad libitum mit einer eiweiß- und fettarmen Cholinmangel-Kost (8% Casein, 87% Saccharose, 5% Salzmischung, Vitamine adäquat) gefüttert, der bei 3 Gruppen 0,5% Cholin, 0,0025% Oxytetracyclin (OTC) oder 0,2% OTC zugesetzt werden. Am Versuchsende werden in der Leber die Gesamtlipide und im Serum das Gesamtcholesterin bestimmt. Dabei stellt sich heraus, daß die bei Cholinmangel auftretende Verfettung der Leber durch therapeutische OTC-Gaben verstärkt wird. Der Serumcholesterinspiegel wird sowohl durch hohe als auch durch niedrige OTC-Fütterung signifikant erniedrigt. B. Gaßmann. 8185.

3-64/04-0604 Harms, R. H. und Waldroup, P. W.; Gainesville, Florida Agric. Exp. Stat. Relationship of the egg formation cycle to antibiotic blood level in laying hens. **(Das Verhältnis des Cyclus der Eibildung zum Antibiotica-Gehalt im Blut von Legehennen.)** Poultry Sci. **41** (1962) Nr. 6. S. 1932 bis 1936. – 4 Tab., 9 Lit.
Aus 2 Versuchen mit Legehennen, die in Einzelkäfigen gehalten wurden, ergaben sich Zusammenhänge zwischen dem Cyclus der Eibildung und dem nach Fütterung eines mit Oxytetracyclin (OTC) supplementierten Futters erhaltenen OTC-Gehalt des Blutserums. Dabei wurden die höchsten OTC-Werte des Blutserums während der Zeit der Eischalenbildung erhalten. Bei einer Blutprobenahme 3 bzw. 6 Std. nach der OTC-Fütterung waren die Serumwerte am höchsten, wenn das Futter von 5.30 Uhr an statt von 17.30 Uhr an verabreicht wurde. Progesteroninjektionen (6,4 mg 13 Std. vor der OTC-Fütterung) setzten den OTC-Gehalt des Blutserums herab.
W. Rudolph. 8185.

3-64/04-0605 Scholtyssek, S.; Stuttgart-Hohenheim, Landwirtsch. Hochschule, Inst. für Tierzuchtlehre. **Kükenwuchsprüfung mit Gallomycin.** Arch. Geflügelkunde **27** (1963) Nr. 3. S. 259–261. – 2 Tab., 2 Lit.
In den USA wird neuerdings ein Antibioticum Erythromycin als Futterzusatz unter dem Namen „Gallomycin“ verwendet, das gegen grampositive Organismen wie besonders Staphylo-, Strepto- und Pneumococcen wirksam ist. Zusätze dieses Antibioticums 5; 10 und 20 g/kg Futter im Vergleich mit 10 g Aureomycin zu einem Kükenalleinfutter führten in einem 8 Wochen lang durchgeführtenVersuch mit 240 Leghornküken nur dann zu einer Verbesserung der Zunahmen, wenn die Aufwandmenge 20 g/kg Futter betrug. In bezug auf die Rohverwertung und die geringen Kükenverluste stimmten alle Gruppen ebenso miteinander überein wie in den Ausschlachtungsergebnissen (Schlachtausbeute und Beurteilung des Schlachtkörpers). C. Engelmann. 8185.

3-64/04-0606 Scholtyssek, S.; Stuttgart-Hohenheim, Landwirtsch. Hochschule, Inst. für Tierzuchtlehre. **Der Ausgleich regelmäßiger Belastungen von Käfighennen durch Antibiotica-Anreicherung des Futters.** Arch. Geflügelkunde **27** (1963) Nr. 3. S. 197–204. – 2 Abb., 2 Tab., 10 Lit.
Antibioticagaben gelten als geeignetes Mittel, Leistungsminderung beim Huhn abzufangen, die durch Belastungen und Streßzustände hervorgerufen werden. In einem 11wöchigen Versuch an 90 New Hampshire-Hennen prüfte Vf., inwieweit die Wirksamkeit von Antibioticazusätzen durch Senkung des Ca-Anteils im Futter begünstigt wird und verglich 2 Fütterungsmethoden miteinander. Die Hennen, denen vollwertiges Legehennenfutter mit 3,5 bis 3,9 g Ca zur Verfügung stand, wurden im Abstand von 21; 33; 9 und 10 Tagen Belastungen durch Herausnehmen aus der Batterie und anschließender Kaltwasserbehandlung oder durch Einzelmanipulationen anläßlich einer Sortiererprüfung ausgesetzt. Danach erhielt eine Gruppe 4 Tage lang nur 0,21% Ca und 180 mg Aureomycin/kg Futter (I), eine andere die gleiche Antibioticagabe bei 0,54% Ca in einem Konzentrat von tägl. 30 g morgens als

„Frühstücksration“ (II). Alle Gruppen reagierten auf die Belastung gleichsinnig mit deutlichem Leistungsabfall, wobei die mehrstündige Störung durch die Handgriffe der Prüflinge am stärksten nachwirkte: Die Legeleistung ging von 65,8 auf 45% (I und II) bzw. 23% (Kontrolle) zurück. Das Eigewicht, das im Verlauf der Versuche um 5 g/Ei zunahm, war bei der Kontrollgruppe am höchsten. Der Wert für die Bruchfestigkeit der Schale war bei der Kontrollgruppe, die ständig Ca aufnahm, mit 4,1 kg/cm² am höchsten, sie betrug bei I 3,1 und bei II 3,8 kg/cm². Im Futterverbrauch stimmten alle Gruppen überein. C. Engelmann. 8185.

3-64/04-0607 Bisping, W.; Hannover, Tierärztl.Hochschule, Inst. für Mikrobiol. und Tierseuchen. **Schattenseiten der Antibiotikaanwendung beim Geflügel.** Dtsch. tierärztl. Wschr. **70** (1963) Nr. 6. S. 145–152. — 3 Abb., 4 Tab., 19 Lit.
Die vermeintlich längst abgetane Frage der mikrobiellen Resistenz nach nutritiver Anwendung von Antibiotica ist in ein neues Licht gerückt seit Einführung der sogenannten High-Level-Feeding (Medizinalfutter, Antistressfutter), bei der Dosen bis zu 220 mg Antibioticum pro kg Futter verabfolgt werden. Auf Körpergewicht umgerechnet sind dies 15 bis 45 mg pro kg, das ist mehr als die therapeutische Tagesdosis des Menschen (15–25 mg/kg). Derartig hohe Dosen können durchaus zu bakterieller Resistenzbildung führen, der nur vorgebeugt werden kann, wenn einerseits die Antibiotica nur in geringen Mengen dem Futter beigemischt werden, da Grad und Geschwindigkeit der Resistenzbildung von der Dosierung abhängig sind, und andererseits nur wenige Antibiotica zu nutritiven Zwecken zugelassen werden. In Versuchen an Hühnerküken konnte außerdem gezeigt werden, daß hohe Dosen oral verabreichten Penicillins die Ansiedlung und Vermehrung von Pilzen (*Candida albicans*) begünstigen. Hohe nutritive Antibioticagaben werden daher als nicht statthaft bezeichnet. E. Wiesner. 8185.

3-64/04-0608 Haenel, H.: **Biologische Wirkungen synthetischer Senfölbildner.** Nahrung **7** (1963) Nr. 7. S. 472–482. — 12 Abb. Zus. in Russ., Engl. — nach Zus.
Untersuchungen mit synthetischen Senfölbildnern erscheinen deshalb besonders interessant, weil sie als Modell für biologische Wirkungen von Phytonziden allgemein angesehen werden. Es wird insbesondere über 2 Verbindungen aus der Gruppe der Carbothialdine berichtet, bei denen nutritive Wirkungen an Hühnerküken und Kälbern sowie konservierende Wirkungen an Fischen festgestellt wurden. Es wurden ferner mikrobiologische Arbeiten durchgeführt (Ausbleiben von Resistenzsteigerungen bei Mikroorganismen nach häufig wiederholtem Kontakt mit den Verbindungen in vivo wie in vitro; größere Toxität der Verbindungen unter aeroben als unter anaeroben Züchtungsbedingungen); Versuche mit markierten Verbindungen ergaben schnelle Resorption, schnelle Ausscheidung zumeist als Sulfat, in geringen Anteilen in unveränderter Form als freies Senföl bzw. Rhodanid. Die Verfütterung sehr hoher Dosen an Hühnerküken führte zu Wachstumsstillstand; Krankheitssymptome blieben aus. 8195.

3-64/04-0609 *Woodbine, Malcolm,* Ed. **Antibiotics in agriculture.** London: Butterworths. 1962. (VII, 439 S. m. Abb. u. Tab.) 14 × 22 cm. 75 s. Sieben große Kapitel beinhalten eingehende Darlegungen zu der großen Rolle, die Antibiotica heute für die Ernährung und Gesunderhaltung von Mensch und Tier spielen. Folgende Überschriften der Hauptteile des Buches kennzeichnen die Schwerpunkte der Ausführungen, die aus der Feder jeweils verschiedener Mitarbeiter stammen: Die gegenwärtige Bedeutung der Antibiotica (Einführung); die Rolle der Antibiotica in der Veterinärmedizin (3 Beiträge); der Einsatz in der Nahrungsproduktion (5 Beiträge, u. a. zu Pflanzenschutz, Vorratsschutz); die Anwendung von Antibiotica in der Fütterung (3 Beiträge, Einsatz bei Schweinen, Geflügel, jungen Wiederkäuern); Antibiotica und Nahrungsmittel (5 Beiträge, u. a. Konservierung von Fleisch, Fisch); Antibiotica und Laboratoriumsarbeit (3 Beiträge, u. a. keimfreie Versuchstiere); Aspekte der öffentlichen Gesundheitspflege (2 Beiträge). Die Diskussionsbeiträge zu den einzelnen Vorträgen sowie zu jedem Vortrag ein Literaturverzeichnis sind beigefügt, Namen- und Sachwortverzeichnis fehlen nicht.
H. D. Hennig.

3-64/04-0610 *Meyer, H.* **Magnesiumstoffwechsel, Magnesiumbedarf und Magnesiumversorgung bei den Haustieren.** Hannover: Verlag M. & H. Schaper. 1963. (IVa, 264 S. m. 11 Abb. u. 36 Tab.) 15 × 21 cm. DM 24,–. Die 1960 vorgelegte und im vorliegenden Buch veröffentlichte Habilitationsschrift behandelt das Thema unter Gliederung in 3 Hauptteile: Physiologie des Magnesium-Stoffwechsels, die Magnesium-Versorgung der Haustiere, Pathologie des Magnesium-Stoffwechsels. Neben einer umfassenden Auswertung der Literatur (Abschluß der Schrifttumsübersicht im Aug. 1960) führte Vf. Untersuchungen zu Problemen durch, „die auf Grund des Schrifttums noch nicht oder noch nicht eindeutig beantwortet erscheinen". Es handelt sich dabei u. a. um die Prüfung der Magnesium-Resorption und -Retention bei ♂ Kälbern und erwachsenen ♂ Rindern; des Mg-Gehaltes im Blutserum von Rind, Pferd, Schwein und Huhn; der Beeinflussung des Blut-Mg-Spiegels durch K, P, S, Parathormon und Oestrogene; des Mg-Gehaltes in den Knochen des Rindes; des Mg-Gehaltes im Speichel des Rindes und seiner Beziehung zum Mg-Spiegel im Blut; der Abhängigkeit des Mg-Gehaltes der Milch vom Mg-Spiegel; des Mg-Gehaltes in Haar, Wolle, Gallensaft, Pansensaft und Darmepithelien; des Mg-Gehaltes in verschiedenen Futtermitteln (bes. in Fertigfuttermitteln für Kälber, Schweine, Geflügel und Hunde). Die Ergebnisse der Arbeit werden als Thesen am Schluß zusammenfassend dargestellt. H. D. Hennig.

E. VERWERTUNG DER NÄHRSTOFFE UND FUTTERMITTEL

3-64/04-0611 Tasker, P. K., Joseph, Kantha, Rao, M. Narayana, Swaminathan, M., Nataraja, N., Speenivasan, A. und Subrahmanyan, V.; Mysore, Centr. Food Techn. Res. Inst. The efficacy of blends of groundnut protein isolate, casein & skim milk powder fortified with essential amino acids in meeting the protein requirements of protein depleted rats. **(Die Wirksamkeit von Mischungen aus isoliertem Erdnußprotein, Casein und Magermilchpulver, ergänzt mit essentiellen Aminosäuren, zur Deckung des Proteinbedarfs proteinverarmter Ratten.)** J. sci. ind. Res. [New Delhi], Sect. C **21 C** (1962) N. 12. S. 332–336. – 6 Tab., 14 Lit.

In Versuchen an wachsenden ♂ Albinoratten wurden Proteinwirksamkeit und N-Retention von isoliertem Erdnußprotein (**I**), einer aus 66 Teilen **I** und 33 Teilen Magermilchpulver (**II**) bestehenden Mischung 3, einer aus 50% **I** + 50% Casein, ergänzt durch 2 Teile L-Lysin-Hydrochlorid und 1 Teil DL-Methionin bestehenden Mischung 4 sowie **II** allein miteinander verglichen, nachdem alle Tiere (6 je Gruppe) vorher 21 Tage durch Verfütterung einer N-freien Diät proteinverarmt worden waren. Nach der Proteinverarmung hatten die Ratten ca. 50% ihres Körper-N, 55% des Leber-N und die gesamte Xanthinoxydase-Aktivität der Leber eingebüßt (Analyse einer Kontrollgruppe). Die Rehabilitation der proteinverarmten Ratten durch 21 tägige Fütterung mit einer der o. a. Diäten mit je 20% Proteingehalt führte zu einer Wiederherstellung der Normalwerte für Xanthinoxydase-Aktivität, Serumprotein, Hämoglobin und Zahl der roten Blutzellen. Die PER-Werte betrugen für **I** = 2,28, für Mischung 3 = 2,31, für Mischung 4 = 2,31 und für **II** = 2,29, die entsprechenden mittleren Protein-Retentionswerte in %: 37,4; 39,0; 42,2 und 42,4. Wenn auch **I** allein etwas geringere Werte ergab als die Mischungen und **II**, so genügte es doch für die Deckung des Proteinbedarfs der proteinverarmten Ratten. H.-D. Bock. 8265.

3-64/04-0612 Little, C. Oran, Burroughs, Wise and Woods, W.; Ames, Iowa Agric. and Home Econ. Exp. Stat. Nutritional significance of soluble nitrogen in dietary proteins for ruminants. **(Ernährungsmäßige Bedeutung von löslichem Stickstoff im Nahrungsprotein der Wiederkäuer.)** J. Animal Sci. **22** (1963) Nr. 2. S. 358–363. – 5 Tab., 19 Lit.

Wenn der Futterwert des Proteins mit seinem physikalischen Zustand korreliert, ergeben sich für die Beurteilung der Proteinverwertung neue Gesichtspunkte. Die Untersuchungen wurden an Lämmern durchgeführt und in Beziehung gesetzt zur in vitro-NH_3-Produktion und dem in vitro-Cellulose-Abbau. Wenngleich kein optimales Verhältnis von leichtlöslichem zu schwerlöslichem N angegeben werden kann, so wird zunächst das Problem erneut aufgeworfen und die Bedeutung einer optimalen Relation an verschiedenen

Beispielen herausgestellt. Maisglutein und hitzebehandeltes Sojaschrot (110 ° 24 Std.) sind schwer lösliche N-Quellen, der Abbau zu NH_3 erfolgt langsam. Die in vitro-Celluloseverdauung ist dementsprechend hinausgezögert. Bei Zufütterung von Harnstoff wird die mikrobiologische Aktivität bedeutend erhöht. Verzehrsleistung und Zuwachs von Lämmern steigen rasch. Sojaschrot, Leinschrot, Casein und gereinigtes Sojaprotein sind leicht lösliche N-Quellen. Bei halbgereinigten Rationen wirkte sich die N-Löslichkeit weniger deutlich aus, lediglich die Celluloseverdaulichkeit war bei Sojaschrot höher als bei Maisglutein. Der Zusatz von Lysin und Methionin zu Maisglutein war nur von geringer Bedeutung.
B. Piatkowski. 8265.

3-64/04-0613 Rérat, Alain, Henry, Yves und Jacquet, Raymond. Relation entre la consommation spontanée d'énergie et la rétention azotée chez le rat en croissance. **(Die Beziehungen zwischen dem spontanen Energieverbrauch und der N-Retention bei wachsenden Ratten.)** C. R. hebd. Séances Acad. Sci. **256** (1963) Nr. 3. S. 787–789. – 1 Abb., 1 Tab., 4 Lit.
Bei Verwendung einer getrennten Nährstoffration, d. h. bei einem in der Menge begrenzten Eiweiß- und einem beliebigen Energieangebot besteht eine konstante Relation zwischen dem Verzehr an spontan verbrauchten Kalorien und der Intensität der Eiweißbildung, die auf der Menge und der Art des dem Tiere zugeführten Proteines beruht. Als Versuchstiere wurden Ratten gruppenweise mit 8–12 Tieren in Einzelkäfigen gehalten und erhielten 8 Wochen lang eine aus Fischmehl, Ölkuchen und Getreidegluten bestehende begrenzte Eiweißmahlzeit und eine eiweißfreie Kost zur beliebigen Aufnahme. Die Versuchsergebnisse sprechen für einen gleichbleibenden Energie- und Eiweißbedarf. Im Bereiche eines bestimmten Körpergewichtes nimmt die Ratte je g retinierten N eine konstante Menge Kalorien, d. h. 300 Bruttokalorien je g retinierten N auf. Die Proteine unterscheiden sich untereinander nur im Gehalt an essentiellen Aminosäuren. Hiervon ist auch die durch das Tier mögliche Ausnutzung im Hinblick auf das Wachstum und den Energieverbrauch abhängig. H. Busse. 8265.

3-64/04-0614 Tyleček, Josef, Štěrba, Antonín und Zelenka, Jiří. Vliv toruly, močoviny a sušeného drůbežího trusu na koeficienty stravitelnosti organických živin a dusíkovou bilanci u přežvýkavců. **(Einfluß der Torulahefe, des Harnstoffes und der getrockneten Geflügelexkremente auf die Verdauungskoeffizienten organischer Nährstoffe und die Stickstoffbilanz bei Wiederkäuern.)** Živočišná Výroba **8(36)** (1963) Nr. 5. S. 295–302. – 7 Tab., 12 Lit. Zus. in Russ., Dtsch.
In den die Torulahefe enthaltenden Futterrationen wurde der aufgenommene N um 3% besser ausgenutzt als in Futterrationen, in welche als Hauptquelle des N extrahiertes Erdnußschrot eingesetzt wurde. Die Einreihung der getrockneten Geflügelexkremente in die Futterration der Versuchshammel bewirkte einen Abfall der N-Verwertung. Auch die Freßlust der Versuchstiere nahm ab. Harnstoff bewirkte eine signifikante Steigerung der N-Verdaulichkeit. Die N-Verwertung der Futterration war aber gering (17,5% vom gesamten aufgenommenen N). ČSSR/ÚVTI. 8265.

F. ERNÄHRUNGSSTÖRUNGEN UND MANGELKRANKHEITEN

3-64/04-0615 Hartmans, J. und Hemkes, O. J.; Wageningen, Inst. voor Biol. en Scheikundig Onderzoek van Landbouwgewassen. Het voorkómen van kopergebrek bij jongvee. **(Das Vorkommen von Kupfermangel bei Jungvieh.)** Landbouwvoorlichting **20** (1963) Nr. 7. S. 361–365. – 1 Abb., 1 Tab., 2 Lit.
Während der winterlichen Stallfütterung wird die Leber mit Cu angereichert. Während des Weidegangs wird den Tieren Cu entzogen, wobei die Färsen den

niedrigsten Cu-Spiegel erreichen. Für die späteren Leistungen ist jedoch eine ausreichende Mineralstoffversorgung während der Aufzucht von großer Bedeutung. In 3 Betrieben, in denen Cu-Mangel vorkam, wurden insges. 34 Jungtiere im Alter zwischen ½–1 Jahr im Herbst bei der Aufstallung in 2 Gruppen eingeteilt, von denen in einer tägl. den Tieren ein Cu-Kuchen gegeben wurde, der 500 mg $CuSO_4$ enthielt. Die im Juli und im Herbst durchgeführten Untersuchungen des Blutplasmas zeigten bei den Versuchstieren in 2 Betrieben einen signifikant höheren Cu-Gehalt als bei den Vergleichstieren, Vergiftungserscheinungen wurden bei den angegebenen Cu-Gaben nicht festgestellt. Bei starkem Cu-Mangel war die Gabe nicht ausreichend, um bis zu dem folgenden Herbst den Cu-Spiegel zu halten. Es wird daher empfohlen, während der Stallfütterung an alle Jungtiere im Alter zwischen ½–2 Jahren tägl. 500 mg $CuSO_4$ zu verabreichen. J. K. Hinrichsen. 8350.

3-64/04-0616 Schöberl, A. und Musche, R.; Hannover, Tierärztl. Hochschule, Chem. Inst. **Arsenhaltige Vergiftungsquellen für Tiere.** Tierärztl. Umschau **18** (1963) Nr. 8. S. 462–464. – 2 Tab.

Neue Vergiftungsquellen durch Arsen sind besonders die Schädlingsbekämpfungsmittel (akute Fälle sowie die zu meist indirekten Schäden führenden Hüttenabgase, enthalten im Flugstaub das mit der Rauchfahne sehr weit getragene Arsenik-Arsentrioxyd). Bei akuten Vergiftungen Nachweis im Verdauungstrakt beweisend (bis zu 24–30 ppm Arsen im Pansen) – bei chronischen in der Leber, da in dieser der Arsengehalt verdoppelt sein kann (normal 30 $\mu g\%$ in der Frischsubstanz und ca. 120 $\mu g\%$ in der Tr.-Subst.; photometrische Arsenbestimmung als sog. „Molybdänblau“ bei 644 $m\mu$). H. Liebenow. 8360.

3-64/04-0617 Freytag, U. und Tettenborn, D.; Hannover, Tierärztl. Hochschule, Inst. für Tierhyg. und Geflügelkrankh. **Vergiftungen durch Frostschutzmittel bei Enten.** Tierärztl. Umschau **18** (1963) Nr. 8. S. 464 bis 466. – 1 Abb., 9 Lit.

Vff. berichten über Vergiftungen durch Glysantin, das über 99% Äthylenglykol enthält, an Hühnern und Enten. Die Tiere (10 Enten und ca. 37 Hühner) verendeten zwischen 6–24 Std. nach Verabreichung von Brot, das in einer mit Kühlwasser gefüllten Wanne eingeweicht war. Hauptangriffspunkt des Glysantins sind die Nieren. H. Liebenow. 8360.

3-64/04-0618 Pljaščenko, S. I., Dudarev, M. A. und Komarovskij, V. G. Slučaj massovogo otravlenija porosjat-sosunov sporyńej. **(Ein Fall von Massenvergiftung bei Ferkeln durch Mutterkorn.)** Veterinarija, Moskva **40** (1963) Nr. 9. S. 59. 8360.

3-64/04-0619 Rusoff, L. L., Temple, R. S., Myers, R. G., Newsom, L. D., Burns, E. C., Barthel, W. F., Corley, Calvin und Allsman, Ava. Residues in fatty tissues and meat of cattle grazing on pastures treated with granular heptachlor. **(Rückstände im Fettgewebe und Fleisch von Rindern, die auf mit gekörntem Heptachlor behandelten Flächen weideten.)** J. agric. Food Chem. **11** (1963) Nr. 4. S. 289–291. – 3 Tab., 7 Lit. 8360.

3-64/04-0620 Phillips, W. E. J. DDT and the metabolism of vitamin A and carotene in the rat. **(DDT und der Stoffwechsel von Vitamin A und Carotin bei der Ratte.)** Canad. J. Biochem. Physiol. **41** (1963) Nr. 8. S. 1793 bis 1802. – 7 Tab., 23 Lit. 8360.

3-64/04-0621 Andersen, A.-M. und Karlog, O. Elimination of parathion in cows after oral and dermal administration. **(Die Eliminierung von Parathion bei Kühen nach oraler und dermaler Verabreichung.)** Acta veterin. scand. **4** (1963) Nr. 2. S. 156–169. – 6 Abb., 1 Tab., 20 Lit. 8360.

H. FÜTTERUNG DER LANDWIRTSCHAFTLICHEN NUTZTIERE

3-64/04-0622 Nehring, K.; Rostock, Oskar-Kellner-Inst. für Tierernähr. der Dtsch. Akad. der Landwirtsch.-Wiss. zu Berlin. **Die Sicherung der Eiweißversorgung in der Landwirtschaft.** Ernährungsforschung 8 (1963) Nr. 1. S. 4–14.

Vortrag. Im Rahmen der Perspektivplanung der Landwirtschaft ist in der DDR eine Steigerung der Milchproduktion um 100, der Fleischproduktion um 50% und der Eierzeugung um das Mehrfache vorgesehen. Voraussetzung für diese Leistungssteigerung ist die entsprechende Zufuhr von Nährstoffen, insbes. von Eiweiß. Für das Jahr 1980 wird ein Mehrbedarf von 1,2 Mill. t Rohprotein, d. sind $^2/_3$ des jetzigen Bedarfs errechnet. Das macht einmal Maßnahmen erforderlich, die zur direkten Verbesserung der Eiweißversorgung von der Landwirtschaft durchzuführen sind. Das sind a) für die Rinderhaltung: Erhöhung der Menge des in den Betrieben produzierten Futters, Verbesserung des Eiweißgehaltes in Futterpflanzen, Verminderung der Konservierungsverluste, Erfassung zusätzlicher Eiweißfutterquellen und sachgemäßer Einsatz der vorhandenen Futtermittel, und b) für die Schweine- und Geflügelhaltung: Erhöhung des Anfalles von hochwertigen, eiweißreichen tierischen Abfallfutterstoffen wie Fischmehl und Tierkörpermehl, verstärkter Einsatz von Trockenmilchprodukten in der Fütterung, Vermehrung der Biosynthese von Eiweißfutterstoffen, Verbesserung des Futterwertes durch besondere Vorbehandlung, Herstellung von biologisch hochwertigen Eiweißfuttermischungen, z. B. durch Zusatz limitierender Aminosäuren, und Erhöhung des Proteingehaltes in den Futterstoffen durch agrotechnische Maßnahmen sowie durch Züchtung. Zum anderen ergeben sich zahlreiche Aufgaben für Wissenschaft und Forschung, die allgemeiner und spezieller Natur sein können, wie z. B. Entwicklung und Standardisierung von Verfahren zur Bewertung der Eiweißfutterstoffe, Untersuchungen über den Eiweiß- und Aminosäuregehalt der verschiedensten Futterstoffe, Untersuchungen über den Einfluß der Düngung auf Ertrag, Zusammensetzung und Qualität, die Haltbarmachung, günstigste Zusammensetzung und die Aufwertung von Futterstoffen sowie die Bearbeitung des Problems der Biosynthese von Futterhefen und Pilzmycelien.
B. Gaßmann. 8451.

3-64/04-0623 Hennig, Arno, Gruhn, Kurt und Kracht, Walter; Jena, Inst. für Tierernähr. **Möglichkeiten zur Verbesserung der Eiweißversorgung monogastrischer Tiere durch den Zusatz essentieller Aminosäuren zum Futter.** Wiss. Z. Friedrich-Schiller-Univ. Jena/Thür., math.-naturwiss. R. **12** (1963) Nr. 1. S. 125–137. – 7 Abb., 21 Tab., 59 Lit.

Die Erhöhung der tierischen Leistungen setzt eine biologisch vollwertige Ernährung voraus. Mangelhafte Versorgung mit Nähr- und Wirkstoffen schöpft das Leistungsvermögen der Tiere nicht aus bzw. setzt einen z.T. beträchtlichen Mehraufwand an Futter voraus. Dies wird an Hand eines Beispiels belegt. Staatlichen Angaben zufolge beträgt der derzeitige GE-Aufwand pro dt Schweinefleisch während des Mastabschnittes 7 GE, der sich bei 100%iger Befriedigung des Eiweißbedarfes auf 4,5–4 GE senken läßt. Vff. gehen auf den Eiweißwert und Aminosäuregehalt der einzelnen Futtermittel ein, schreiben über deren Verfügbarkeit, über den Bedarf der Tiere (vor allem des Geflügels und der Schweine) und legen exogene Einflüsse auf den Aminosäurebedarf der Ration dar. Möglichkeiten der Aminosäurezulagen für wachsendes und Mastgeflügel sowie für Absatzferkel und Mastschweine werden erläutert, desgleichen ausländische Erfahrungen und Ergebnisse besprochen.
E. Kieslinger. 8451.

3-64/04-0624 **Fütterungsversuche an verschiedenen Nutztierarten zur Hebung der tierischen Leistung im Hinblick auf verschiedene Futtermittel, Fütterungsmethoden und die Rassenfrage.** Halle/S., Inst. Tierzucht Martin-

Luther-Univ. Halle-Wittenberg Plan-Nr.: 2155 19 h/1–13. Abschlußber. (8/1. 1963). — 4 graph. Darst., 42 Tab.
Ergebnisse: a)Die Zugabe von Harnstoff zu Mais- bzw. Maiskolbensilage zeigte bei Milchkühen bzw. Mastschweinen eine günstige Futterwirkung. b) Die Kastration männlicher Mastschweine im Gewicht von 90 kg und darüber begünstigte die Futterverwertung u. den Fleischansatz. Die Höhe der Tageszunahmen wurde vom Kastrationszeitpunkt nicht beeinflußt. c) Die Fütterungsintensität in der Schweinemast wirkte sich proportional auf die Mastleistung aus, veränderte die Schlachtleistung jedoch nicht eindeutig. d) Eine Abänderung der Fütterungsmethode zur Fleischleistungsprüfung beim Rind konnte mit zu geringem Eiweißangebot während des Milchentzuges begründet werden. e) Die Einzelfütterung beim Schaf lieferte bei rationierter Futterzuteilung gleiche Leistungen wie die Gruppenfütterung. Die Prüfung physiologischer Zusammenhänge zwischen Woll- u. Fleischleistung ist nur bei Einzelfütterung möglich. f) Die liniare Planungsrechnung kann bei der Zusammenstellung von Futterrationen Verwendung finden. g) Eine Beeinflussung der Fleischqualität durch die Fütterung konnte für die Qualitätsfaktoren intramuskuläres Fett und locker gebundenes Wasser nachgewiesen werden. 8451.

3-64/04-0625 Christmann, Inge, Bergmann, W. und Hammer, K. F. **Mineralstoffversorgung der Rinder in 6 LPG des Kreises Rudolstadt.** Dtsch. Landwirtsch. **14** (1963) Nr. 8. S. 400–403. — 3 Tab., 16 Lit. 8451.

3-64/04-0626 Gross, F. **Bemerkungen zum einheitlichen Futterbewertungsmaßstab für Tierzüchter und Betriebsökonomen.** Z. Agrarökon. **6** (1963) Nr. 7. S. 208–209. — 6 Lit. 8451.

3-64/04-0627 Pettyjohn, J. D., Everett, J. P. und Mochrie, R. D.; Raleigh, North Carolina Agric. Exp. Stat. Responses of dairy calves to milk replacer fed at various concentrations. **(Die Reaktion von Milchkälbern auf die Verfütterung von Milchaustauschern verschiedener Konzentration.)** J. Dairy Sci. **46** (1963) Nr. 7. S. 710–714. — 3 Tab., 11 Lit.
An 30♂ Holsteinkälbern prüften Vff. den Einfluß des Tr.-Subst.-Gehaltes der Tränke im Alter von 14–56 Tagen. Der Tr.-Subst.-Gehalt betrug 5; 10; 15; 20; bzw. 25%, der Tr.-Subst.-Verzehr stieg in der gleichen Reihenfolge von 3,06; 4,06; 4,60; 4,79 auf 4,90 lb., der tägl. Zuwachs betrug 1,57; 2,09; 2,42; 1,45 bzw. 1,92 lb., der Verbrauch an verd. Tr.-Subst. je lb. Zuwachs belief sich auf 1,76; 1,61; 1,55; 2,28 bzw. 2,20 lb. Die Verdaulichkeit der Tr.-Subst. fiel mit steigendem Tr.-Subst.-Gehalt. Vff. empfehlen einen Tr.-Subst.-Gehalt von 15%. B. Piatkowski 8454.

3-64/04-0628 Thomke, S.; Uppsala, Landwirtsch. Hochschule, Inst. für Fütter. und Halt. der Haustiere. **Die Verdaulichkeit von Vollmilch und Milchaustauschfuttermitteln mit Zusatz eines Rindertalg-Schmalz-Gemisches bzw. von Knochenfett.** Züchtungskunde **35** (1963) Nr. 5. S. 214–231. — 1 Abb., 9 Tab., 19 Lit. Zus. in Russ., Engl., Franz.
An jungen Kälbern wurde der Einfluß eines Talg-Schmalz-Gemisches sowie der von Knochenfett auf Verdaulichkeit, Zuwachs und Fleischbeschaffenheit bis zum Alter von 10 Wochen untersucht. Die Milchaustauschfuttermittel A bzw. B hatten folgende Zusammensetzung (%): Magermilchpulver 52 bzw. 69, Präparat bei Milchzuckerherstellung 20 bzw. 0, Rindertalg 15 bzw. 0, Schmalz 8 bzw. 0, Knochenfett 0 bzw. 24, Rohrzucker 3,6 bzw. 5,6, Kochsalz 0,4 bzw. 0,5, Dicalciumphosphat 1,0 bzw. 1,2. Die Kotsammlung erfolgte mit Geschirr am Tier, die Kälber waren in Boxen untergebracht, die in der 1. Versuchsserie mit Stroheinstreu (!) versehen war. Die Verdaulichkeit der Ration nahm von der 3. bis zur 10. Lebenswoche geringfügig bei der Vollmilch (org.Subst. ca. 95→98%), etwas deutlicher bei Austauscher A (88→94%)

und Austauscher B (ca. 93→98%) zu. Bei Austauscher A erhöhte sich die Verdaulichkeit von 74% auf 88%. Vf. stellt heraus, daß die Berücksichtigung des verseiften Kotfettes bei Einsatz von anderen Fetten in der Ration von Bedeutung ist, um die Verdaulichkeit des Fettes und der Kohlenhydrate besser beurteilen zu können. Das unverdaute Neutralfett (in % des verabreichten Fettes) nahm mit zunehmendem Alter ab. Die Höhe des verseiften Fettes ist kennzeichnend für die Austauscher, bei A lag dieser Anteil am höchsten (über 10%), bei B zwischen 2–5%, bei Vollmilch um 1%. Der Gehalt der verseiften Fraktion im Kotfett stieg mit zunehmendem Alter und lag bei Austauscher A am höchsten. Mit steigendem Gehalt (%) in der Tr.-Subst. des Kotes stieg auch der Anteil an verseiftem Fett ($r = +0.80$).
B. Piatkowski. 8454.

3-64/04-0629 Mathieu, C.-M. und Wegat-Litré, Erna; Jouy-en-Josas, Seine-et-Oise, Centre Nat. de Rech. Zootechn. Mise au point d'une méthode d'alimentation des veaux d'élevage. II. **(Gesichtspunkte für eine Fütterungsmethode in der Kälberaufzucht. 2. Mitt.)** Ann. Zootechnie **11** (1962) Nr. 3. S. 197–207. — 4 Abb., 5 Tab., 9 Lit. Zus. in Engl. 1. Mitt. vgl. LZ. Abt. III. 8 (1963) Nr. 1. S. 67.
In der vorliegenden Arbeit wird der Einfluß verschieden hoher Milchgaben in den Wachstumsabschnitten junger Kälber geprüft. 4 Gruppen mit insgesamt 89 Tieren erhielten 200 l Vollmilch, Starterfutter ad. lib. bis 2 kg verzehrt wurden und Heu ad libitum. Gr. A bekam die Milchmenge bis zur 5., Gr. B und C bis zur 7. und Gr. D bis zur 9. Lebenswoche. Der Gr. C wurden hierbei von 1.–7. Lebenswoche tägl. 4 l verabreicht, während bei Gr. B dieselbe Menge anders gestaffelt war: (3. Woche 6 l, 7. Woche 2 l). Von der 2.–13. Lebenswoche erreichten die Gr. A–D folgenden tägl. Zuwachs: 563, 507, 530, 518 g. An Kälberstarterfutter wurden verzehrt: 92,2 kg 78,4 kg, 82,2 kg und 77,7 kg. Die Ergebnisse bestätigen nicht die Auffassung, geringe Vollmilchgaben über einen langen Zeitraum zu verteilen. B. Piatkowski. 8454.

3-64/04-0630 Gumenjuk, I. G., Mirošnikov, A. N. und Postnikov, M. P.; Pensa, Landwirtsch, Inst. Vyraščivanie teljat na racionach s povyšennym soderžaniem silosa. **(Die Aufzucht von Kälbern bei Futterrationen mit gesteigertem Silagegehalt.)** Vestnik sel'skochozjajstvennoj nauki, Moskva 8 (1963) Nr. 4. S. 58–62. — 5 Tab., 8 Lit. Zus. in Engl., Franz., Dtsch.
Anhand eines Fütterungsversuches an Kälbern wird festgestellt, daß die zeitigere Gewöhnung der Kälber an die Fütterung von Saftfutter und insbesondere von Silage einen positiven Einfluß auf Wachstum und Entwicklung der Tiere hat. Das Futter wurde besser verwertet, die Gewichtszunahmen waren höher, während die physiologische Tätigkeit des gesamten Organismus völlig normal war. Die Gewichtszunahmen waren bei den Versuchskälbern bis zum Alter von 9 Mon. um 15,3% höher als bei den Kontrolltieren. Pro 1 kg Gewichtszunahme wurden 22,4% weniger Futter verbraucht, und die Futterselbstkosten pro 1 kg Gewichtszunahme lagen um 31,1% niedriger.
K. Witt. 8454.

3-64/04-0631 Lewis, D. Urea feeding of cattle. **(Harnstoffütterung der Rinder.)** Univ. Nottingham, Rep. School Agric. **1962** (hrsg. 1963) S. 83–86. — 3 Tab., 5 Lit.
Nach einem Überblick über die Möglichkeiten und Erfahrungen der Harnstoff-(I)verfütterung an Wiederkäuer — in den USA werden jährlich ca. 70000 t I verfüttert — sowie über die Gefahren einer falschen I-Dosierung teilt Vf. die Ergebnisse eines vergleichenden Fütterungsversuches an Zwillingsbullen mit. Ein Tier erhielt jeweils eine konventionelle Mastration (7–10 lb. Stroh, 6–7 lb. Trockenschnitzel sowie 3–4 lb. eines aus 70% Mais- und 30% Sojaextraktionsschrot bestehenden Kraftfutters), an den dazugehörigen Paarling wurde eine Ration mit Harnstoff verabreicht (7–10 lb. Stroh, 6–8 lb. Trocken-

schnitzel und 3–4.lb. eines aus 80% Maisschrot, 10% Melasse sowie 10% Harnstoff bestehenden Kraftfutters). Nach einer gewissen Gewöhnungszeit nahmen die Tiere die Harnstoff-Ration normal auf. Zunahmen und Futterverwertung waren bei beiden Gruppen annähernd gleich. Eine Ausnahme bildete der die Harnstoff-Ration erhaltende Aberdeen-Angus-Jungbulle, der infolge geringerer Kraftfutteraufnahme eine schlechtere Zunahme und eine ungünstigere Futterverwertung aufwies. H.-D. Bock. 8458.

3-64/04-0632 Thompson, D. B. J. All-concentrate feeding in beef production. **(Alleinige Konzentratfütterung in der Rindermast.)** Exp. Husbandry Farms exp. Horticult. Stat., Progr. Rep. **1963** S. 37–40. 8458.

3-64/04-0633 **Jungrinder-Verdauungsvorgänge und Futterrationen.** Halle/S., Inst. Tierernähr. Martin-Luther-Univ. Halle-Wittenberg Plan-Nr. : 2155 22-h-0-27/9. Abschlußber. (14/6. 1961).
In vergleichenden Untersuchungen wurden die Anzahl der tägl. Tränkmahlzeiten bei männl. Kälbern und der Einsatz verschieden hoher Gaben von Rauh- und Saftfutter in der Tagesration an Mast-Jungbullen geprüft. Die Jungtiere wurden in der Milchperiode 2-, 4-, 7- oder 9mal tägl. getränkt. Keine dieser Methoden war den anderen eindeutig überlegen, so daß für die praktische Aufzucht das tägl. 2malige Tränken ausreichend sein dürfte. Tagesrationen mit verschiedenem Anteil von Rauh- und Saftfutter zeigten, daß die tägl. Futteraufnahme nicht allein durch die in der Ration aufgenommene Tr.-Subst.-Menge begrenzt wird, sondern dabei auch die Futterart von Bedeutung ist. Mit einer Heugabe von 0,5 kg je Tier und Tag sowie 2 kg Kraftfutter und satt Grünfutter bzw. Zuckerrüben-Sauerblatt konnten keine ausreichenden Mastzunahmen über einen mehrmonatigen Zeitabschnitt erzielt werden. Die Futterversorgung der Jungmastrinder muß auf einen ausreichenden und rationellen Einsatz wirtschaftseigener Futterstoffe orientiert werden, wobei eine Rauhfuttergabe von mehr als 0,5 kg je Tier und Tag und ein 2–3%iger Mineralstoffanteil in der Kraftfuttergabe von 2 kg eine Mindestmenge zur normalen Entwicklung des Körpers und seiner Funktionen sind. 8458.

3-64/04-0634 Lodge, G. A. und Drury, D. J. Protein level in the production ration of dairy cows. **(Der Proteingehalt in der Leistungsration von Milchkühen.)** Univ. Nottingham, Rep. School Agric. **1962** (hrsg. 1963) S. 86–95.— 3 Abb., 2 Tab., 3 Lit.
In einem 26wöchigen vergleichenden Fütterungsversuch an 15 Kuh-Zwillingspaaren sollte geprüft werden, wieweit der Proteingehalt des Leistungsfutters unter der konventionellen Norm (17–18% verd. Rohprotein) bleiben kann. Das zur Deckung des Erhaltungsbedarfs und zur Produktion von 1,5 Gallonen Milch (ca. 6,5–7 l) dienende Grundfutter bestand aus 10lb. Heu, 5lb. Kartoffeln sowie Zuckerrüben und Futterkohl bis Dez., Silage bis Ende März bzw. Weidelgrasweide bis Ende April. Die Kontrollgruppe (I) erhielt als Leistungsfutter ein Kraftfutter mit einem Gehalt von 17,2% Rohprotein, das Kraftfutter der Versuchsgruppe (II) hatte nur 9,5% Rohprotein. Die durchschnittliche tägl. Milchleistung (4% FCM) war zwar bei Gr. II höher (32,3 lb. gegenüber 30,3 lb), allerdings verlief die Milchleistungskurve im Gegensatz zur Gr. I weniger konstant. Der Milchfettgehalt betrug bei Gr. II 4,16%, bei Gr. I 3,99%. Während der Silageperiode wiesen die Tiere der Gr. II stärkere Gewichtsabnahmen als die der Gr. I auf. Vff. vermuten, daß die Ursache dieser Ergebnisse nicht ein Proteinmangel der Ration von Gr. II sondern ein Energieunterangebot infolge der mäßigen Silagequalität ist.
H.-D. Bock. 8460.

3-64/04-0635 Castle, M. E., Drysdale, A. D., Waite, R. und Watson, J. N.; Ayr, Hannah Dairy Res. Inst. The effect of the replacement of concentrates by roots on the intake and production of dairy cows. **(Die Wirkung**

des Ersatzes von Kraftfutter durch Rüben auf Futterverzehr und Leistung von Milchkühen.) J. Dairy Res. **30** (1963) Nr. 2. S. 199–207. – 3 Tab., 11 Lit.
In diesem 16wöchigen Winterfütterungsversuch wurden 12 Ayrshire-Kühe in 3 Gruppen aufgeteilt. Jede Gruppe durchlief 4 Fütterungsprogramme, von denen jedes 4 Wochen dauerte. Alle Tiere erhielten 8 lb. Heu (7,7% Rohprot. und 30,6% Rohfaser) und Grassilage (19,5% Tr.-Subst.) ad libitum. Kraftfutter wurde 3,50 bzw. 1,75 lb. je 10 lb. Milch veranschlagt. In 2 der 4 Programme sind 45 lb. Futterrüben (Tr.-Subst. 18,8%) eingesetzt worden. Die 8,4 lb. Tr.-Subst. an Futterrüben senkten den Silageverzehr zwar um 3,4 lb., erhöhten aber damit die Verzehrsleistung um 5 lb. Die Kraftfutteraufnahme wurde wenig beeinflußt. Die Rationen mit Futterrüben enthielten weniger Rohfaser (5,6 gegenüber 6,4 lb.). Bei niedriger bzw. hoher Kraftfuttergabe wurden ohne Rüben 29,5 bzw. 33,9 lb. und mit Rüben 31,8 lb. bzw. 35,8 lb. Milch tägl. erzielt. Während der Fettgehalt in allen 4 Rationen annähernd konstant blieb, stieg der SNF-Gehalt von 8,42% (niedriges Kraftfutter, ohne Rüben) auf 8,62% (hohes Kraftfutter, Rüben). Die zusätzliche Verabreichung von 1 lb. StW. bewirkte zwischen Kraftfutter hoch und niedrig eine Steigerung um 1 lb. Milch, zwischen den beiden Gruppen mit Rübenfütterung 0,7 lb. Milch. Der Tr.-Subst.-Verzehr betrug bei Rübenfütterung 3% und ohne Rüben 2,5% des Lgw. B. Piatkowski. 8460.

3-64/04-0636 Hoglund, C. R.; East Lansing, Michigan State Univ. Economic analysis of high-level grain feeding for dairy cows. **(Ökonomische Analysen einer hohen Getreidefütterung an Milchkühe.)** J. Dairy Sci. **46** (1963) Nr. 5. S. 401–406. – 4 Abb., 2 Tab., 19 Lit.
Vf. berechnet verschiedene Kombinationen von Futter- und Milchpreisen in ihrem Einfluß auf die günstige Höhe der Getreidefütterung (Getreidemischung). Bei niedrigeren Getreidepreisen (50 Dollar/t) und niedrigen Heupreisen (22 Dollar/t) sowie 4,15 Dollar je cwt Milch (4% FCM) lag die ökonomisch günstigste Getreidegabe bei 6000 lb. je Kuh bei einem Milchertrag von 11000 lb. Wenn die Milch nur mit 3,0 Dollar/cwt bezahlt wurde, lag die optimale Getreidegabe nur bei 4000 lb. Bei hohem Getreidepreis (65 Dollar/t) und niedrigem Heupreis (Milch = 4,15 Dollar/cwt) lag die günstigste Getreidefütterung bei 4500 lb. Dagegen wurden bei niedrigem Getreide -und hohem Heupreis (35 Dollar/t) 6000–6500 lb. Getreide pro Kuh und Jahr am rentabelsten verwertet. Eine Getreidefütterung von 500 lb. plus oder minus in der Nähe des ökonomischen Optimums hat keinen Einfluß auf die Rentabilität und liegt innerhalb der Schwankungsbreite. H. Bergner. 8460.

3-64/04-0637 Popov, N. F., Kurilov, N. V., Krotkova, A. P., Ajrapetova, P. T., Portnova, N. G. und Solovnin, L. N. Preduprеždenie narušenij piščevarenija i obmena veščestv u žvačnych životnych pri kormlenii sacharnoj sveklој. **(Prophylaxe der Verdauungs- und Stoffwechselstörungen bei der Verfütterung von Zuckerrüben an Wiederkäuer.)** Životnovodstvo, Moskva **25** (1963) Nr. 3. S. 70–74. – 2 Tab.
Zur Erforschung der physiol. Störungen durch Verfütterung von größeren Mengen Zuckerrüben an Wiederkäuer wurden Versuche an Schafen mit Pansenfisteln durchgeführt. Um die Rolle der Nitrate, Nitrite, des Zuckers und der Milchsäure zu ermitteln, wurden diese Stoffe einzeln in verschiedenen Konzentrationen durch die Fisteln in den Pansen eingeführt, nachdem vorher die Zusammensetzung des Panseninhalts und des Blutes nach der Verfütterung (bzw. teilweisen künstl. Einführung) von 5 kg Zuckerrüben untersucht wurden. Es zeigte sich, daß sich sowohl im Pansen als auch im Blut der Gehalt an Milchsäure bis zu 10 Std. nach der Futteraufnahme ständig steigerte. Die Tiere verendeten zu diesem Zeitpunkt alle außer einem. Die Einführung von Kaliumnitrat in derselben Menge, wie sie auch in der Zuckerrübengabe vorhanden war, zeigte keine klinischen Veränderungen, während

der Zucker (70 und 40 g/1 kg Lgw.) und Milchsäure (85%–300 ml) dieselben Vergiftungserscheinungen wie die Verfütterung der Zuckerrüben zeigten. Im Pansen befinden sich dabei 1,5–1,7%, im Blut 235 mg% Milchsäure. Abschließend wird, wie auch schon am Anfang, auf die Bedeutung der Zuckerrübe als Milchviehfutter hingewiesen. Die Autoren teilen die Meinung von M. I. Kniga (1961), daß an laktierende Kühe bis zu 20 kg Zuckerrüben tägl., aber in 4 Mahlzeiten verabreicht werden können.
W. Bonitz. 8460.

3-64/04-0638 Demčenko, P. V. Urovén proteinovogo pitanija moločnych korov i molodnjaka. **(Normen der Eiweißfütterung bei Milchkühen und Jungrindern.)** Životnovodstvo, Moskva **25** (1963) Nr. 3. S. 43–49. – 8 Tab.
Auf Grund zweijähriger Versuche an Milchkühen und Jungrindern kommt der Autor zu folgenden Schlußfolgerungen: 1. Der optimale Bedarf der Milchkühe und Jungrinder an verdaul. Protein ist um 15–20% niedriger als die bestehenden Normen fordern. 2. Eine weitere Herabsetzung dieser Grenze hat Leistungsminderung zur Folge. Die Erhöhung des gefundenen Optimums hat weder Leistungssteigerung noch -senkung zur Folge und ist deshalb nicht zweckmäßig. 3. Es besteht die reelle Möglichkeit, die neuen sparsamen Normen der Eiweißfütterung (Senkung bei Milchkühen um 15%, bei Jungvieh von 6–12 Mon. um 10–16%) in den Kolchosen und Sowchosen anzuwenden. Die Normen für alle anderen Nährstoffe müssen eingehalten und der biolog. Wertigkeit des Eiweißanteils besonderes Augenmerk geschenkt werden.
W. Bonitz. 8460.

3-64/04-0639 Todorov, D., Lazarov, J., Lazarov, V. und Šaličev, Ja. Pŭlno zamenjane na senoto i korenoplodite sŭs silaž v dažbite na kravi. **(Voller Ersatz des Heus und der Wurzelfrüchte durch Silage in den Futterrationen der Kühe.)** Izvestija na Instituta po životnovŭdstvo „Georgi Dimitrov"-Kostinbrod, Sofija **17** (1963) S. 29–47. – 3 Abb., 13 Tab., 21 Lit. Zus. in Russ., Dtsch.
NRB/ZSNTI. 8460.

3-64/04-0640 Wiślińska, I. Obserwacje nad żywieniem krów mlecznych różnymi rodzajami kiszonek ze szczególnym uwzględnieniem gospodarki wapnia i fosforu. **(Das Füttern der Milchkühe mit verschiedenen Arten von Gärfutter unter besonderer Berücksichtigung des Calcium- und Phosphorhaushaltes.)** Roczniki Nauk rolniczych, Ser. B **81** (1963) Nr. 4. S. 591–611. – 19 Tab., 62 Lit.
PRL/CBR. 8460.

3-64/04-0641 Maslovskij, K. S., Rybal'čenko, I. S., Archipov, S. M. und Charitonov, P. I.; Borowsk, Gebiet Kaluga, Unions-Forsch.-Inst. für Physiol. und Biochem. Landwirtsch. Nutztiere. Podkormka mikroélementami bykov-proizvoditelej. **(Die Zufütterung von Mikroelementen an Zuchtbullen.)** Životnovodstvo, Moskva **25** (1963) Nr. 4. S. 66–68. – 1 Tab.
Die Fütterung von Mikroelementen (Zn, Mn, Cu, Co) wirkt sich positiv auf den Gesundheitszustand der Bullen aus, verbessert den morphologischen und biochemischen Zustand des Blutes und erhöht die physiologischen Kennziffern des Spermas. Die Fütterung von Zn-Mn-Salz (0,25 mg pro 1 kg Lgw.) beeinflußt die Samenbildung sehr effektiv. Für die Erhöhung der physiologischen Kennziffern des Spermas, die die maximale und vollwertige Ausnutzung der Bullen sichert, kann die tägl. Zufütterung der genannten Mikroelemente im Laufe von 2,5–3 Mon. an die Bullen empfohlen werden.
K. Witt. 8464.

3-64/04-0642 Lawlor, M. J., Smith, W. H. und Beeson, W. M.; Lafayette, Ind., Purdue Univ. Semi-purified diets for sheep. **(Gereinigte Nährstoffe für Schafe.)** J. Animal Sci. **22** (1963) Nr. 2. S. 481–485. – 4 Tab., 6 Lit.

In 6 Versuchen mit 75 Schafen (Lgw. zwischen 67 und 103 lb.) wurde die Wirkung von Rationen, bestehend aus gereinigten Nährstoffen (z. B. 15% isol. Sojabohnen-Protein, 40% Cellulose, 18% Stärke, 18% Cerelose, 1% Maisöl, Vitamin-und Mineralstoffmischungen) in Verbindung mit Zusätzen von Maisöl, Cellulose (Maiskolben, Celluflour, Solka-floc), Vit. B und Zink im Verhältnis zu einer Standardration auf Zuwachs und Futterverwertung geprüft. Mit den Mischungen gereinigter Nährstoffe wurden Zunahmen von 0,40 bis 0,54 lb. je Tag, mit der Standardration 0,54 lb. erzielt. Die Futterverwertung (Futterverbrauch/Zuwachs) schwankte zwischen 4 und 11. Die Steigerung des Maisöls von 1 auf 3% erhöhte die Futtereinnahme. Im Gegensatz zu Celluflour hatten fein geschrotene Maiskolben als Rohfaserquelle in Anteilen von 10–20% der Rationen eine günstige Wirkung auf die Gewichtsentwicklung. Vitamin-B-Ergänzungen und ebenso eine Steigerung von Zn von 10 auf 60 ppm verbesserten das Wachstum. L. Hoffmann. 8482.

3-64/04-0643 Gardner, R. W. und Hogue, D. E.; Ithaca, N. Y., Cornell Univ. Studies on the TDN requirements of pregnant and lactating ewes. **(Untersuchungen über den TDN-Bedarf trächtiger und laktierender Mutterschafe.)** J. Animal Sci. **22** (1963) Nr. 2. S. 410–417. — 10 Tab., 18 Lit.

Der TDN-Bedarf (N.R.C.) wird mit 2,3 lb. für den 6wöchigen letzten Trächtigkeitsabschnitt und 3 lb. für die Laktation angegeben (4 bzw. 4,5 lb. Luzerne-Gras-Heu, 0,4 bzw. 1,0 lb. Maisschrot). 240 Tiere wurden in Gruppen aufgeteilt und erhielten 75, 100 bzw. 125% des Standards. Der TDN-Bedarf während der Laktation ist stark abhängig vom Ernährungsniveau während der Trächtigkeit. Letzteres beeinflußt das Geburtsgewicht bei Zwillingsgeburten, nicht bei Einzelgeburten, deutlich. Reichliche TDN-Versorgung während der Trächtigkeit steigerte bei Zwillingsgeburten das 90-Tage-Gewicht signifikant. Das Lebendgewicht der Muttertiere während der 90tägigen Laktation blieb erhalten, wenn bei Einlingsgeburten 100% und Zwillingsgeburten 125% des Standards verabfolgt wurden. B. Piatkowski. 8490.

3-64/04-0644 Chmielnik, H. Zimowe żywienie owiec dorosłych w okresie karmienia jagniąt. **(Die Ernährung ausgewachsener säugender Mutterschafe im Winter.)** Nowe Rolnictwo **12** (1963) Nr. 4. S. 30–31. — 3 Tab.

Eine Gruppe von Schafen, die je 1 Lamm ernährten, wurde nach den empfohlenen Normen versorgt (je Schaf 3 kg Futterrüben, 1,5 kg Wiesenheu, 0,5 kg Rapsschrot, 0,25 kg Haferstroh, 0,22 kg Kraftfutter). Die 2. Gruppe erhielt dieselben Mengen Futtermittel mit Ausnahme einer verkleinerten Dosis Kraftfutter (0,1 kg) und einer etwas größeren Menge Stroh (0,5 kg). Die sparsame Ernährung der Muttertiere übte auf den Gewichtszuwachs der Lämmer keinen Einfluß aus. Aus dem durchgeführten Versuch geht hervor, daß es möglich ist, die Ration mit der geringeren Menge Kraftfutter zur Ernährung ausgewachsener Muttertiere, die ein Lamm nährten, anzuwenden.
PRL/CBR, übersetzt v. H. Huth. 8490.

3-64/04-0645 Bayley, H. S. und Lewis, D. Fats in pig nutrition. **(Fette bei der Ernährung von Schweinen.)** Univ. Nottingham, Rep. School Agric. **1962** (hrsg. 1963) S. 95–98. — 4 Tab., 3 Lit.

In Mastversuchen an insgesamt 46 Schweinen (Einzelfütterung) wurde der Einfluß unterschiedlicher Fettzulagen (0; 2.5; 5 u. 10% der Ration) zu 4 verschiedenen Mastrationen auf tägl. Zunahmen, Futterverwertung und Fleischqualität geprüft. In dem Lebendgewichtsabschnitt von 120–200 lb. wiesen die Tiere mit 10% Fett in der Ration die höchsten tägl. Zunahmen (693 g), die beste Futterverwertung (1:3.3), den höchsten Anteil an magerem Fleisch und die geringste Rückenspeckdicke auf. Allerdings war bei dieser Ration auch die Aminosäurezusammensetzung am günstigsten.
H.-D. Bock. 8536.

3-64/04-0646 Netesa, A. I.; Moskau, Landwirtsch. Timirjasew-Akad. Effektivnost' sacharnoj sveklу pri otkorme svinej. **(Die Wirkung der Zuckerrüben bei der Schweinemast.)** Živоtnovodstvo, Moskva **25** (1963) Nr. 4. S. 43–46. – 4 Tab.
Die Einbeziehung von Zuckerrüben in die Futterrationen der Mastschweine (43% des Gesamtnährwertes der Ration) hat einen positiven Einfluß auf die Gewichtszunahmen und die Verwertung des Futters. Dabei müssen aber die Rationen nach Gesamtnährstoff- und Proteingehalt, Vitaminen und Mineralstoffen, aber auch nach den essentiellen Aminosäuren ausgeglichen sein.
K. Witt. 8536.

3-64/04-0647 Šigaeva, M. L.; Nowosibirsk, Sibir. Forsch.-Inst. für Tierzucht. Goroch v racionach cypljat. **(Erbsen in den Futterrationen der Küken.)** Živоtnovodstvo, Moskva **25** (1963) Nr. 5. S. 48–49. – 2 Tab.
Anhand von Ergebnissen aus durchgeführten Fütterungsversuchen wird festgestellt, daß in die Rationen der Küken bis zu einem Alter von 2 Mon. Erbsen bis 40% des Gesamtproteinbedarfes in Verbindung mit 15% Milcheiweiß in der Form von Casein und Magermilch einbezogen werden können. Bei der Verbindung von Erbsen und Fleischknochenmehl liegt die rationellste Menge an Erbsen bei 26%. Die Gesamtmenge an pflanzlichem Eiweiß kann in der Futterration bis zu 85% betragen unter der Bedingung, daß Vitamine und Antibiotica der Ration zugesetzt werden. K. Witt. 8544.

3-64/04-0648 Brown, W. O. und Hale, R. W. A high-energy and a low-energy diet for laying hens compared under intensive deep-litter management. **(Vergleich einer energiereichen und energiearmen Futtermischung bei Legehennen in intensiver Tiefstreu-Haltung.)** Res. exp. Rec. Ministry Agric. Northern Ireland **11** (1961) Nr. 2. S. 115–123. – 2 Abb., 6 Tab., 8 Lit.
In 3 Legejahren wurde an Kreuzungshennen der Einfluß einer energiereichen (Mais) und energieärmeren Futtermischung (Hafer) auf die Nutzleistungen untersucht. Die Legeleistung war bei beiden Fütterungen ungefähr gleich. Es wurde bei beiden Diäten gleichviel umsetzbare Energie für 1 Dutzend Eier benötigt, jedoch bei der energiereicheren vergleichsweise weniger Futter. Diese Futtermischung erwies sich als wirtschaftlicher. Die Lebendgewichte und das Auftreten von Brütigkeit wurden durch die Fütterung nicht beeinflußt. Der bei energiereicher Fütterung beobachtete Federnverlust an Hals und Kloake beeinträchtigte die Wirtschaftlichkeit nicht.
W. Rudolph. 8548.

3-64/04-0649 Poppe, S. **Über den Einfluß verschieden hoher Grünmehlanteile und Paprika auf die Dotterfarbe von Hühnereiern.** Z. landwirtsch. Versuchs- u. Untersuchungswes. **9** (1963) Nr. 3. S. 263–271. – 8 Tab., 8 Lit. – nach Zus.
Es werden eine chem. und eine visuelle Methode zur Bestimmung der Dotterfarbe von Hühnereiern beschrieben. In 2 Fütterungsversuchen wird der Einfluß verschieden hoher Grünmehlanteile mit und ohne Paprikazulage für die Dotterpigmentierung untersucht. Durch die Kombination von Paprika und Grünmehl werden außerordentlich gut gefärbte Dotter erzeugt. Im 2. Versuch wurde ein Grünmehl geringer Qualität untersucht. Es zeigte sich ein geringfügiger Einfluß auf die Intensität der Dotterfärbung. Daraus wird die Schlußfolgerung abgeleitet, künftig für Grünmehle, die in Legehennenmischfuttermitteln verwendet werden sollen, einen Mindestcarotingehalt von 150–200 mg/kg zu fordern. Schließlich werden Untersuchungen der Dotterfarbe von Hühnereiern aus 7 sozialist. Großbetrieben dargestellt und nachgewiesen, daß die meisten Intensivhaltungen Eier mit wenig pigmentierten Dottern erzeugen. 8548.

3-64/04-0650 Howe, E. E. und Gilfillan, E. W.; Rahway, N. J., Merck Inst. for Therapeutic Res. Protein carbohydrate and fat content of the diet of the rat as related to growth. **(Der Protein-, Kohlenhydrat- und Fettgehalt in Rationen für Ratten in Beziehung zum Wachstum.)** J. Nutrit. [Philadelphia] **79** (1963) Nr. 4. S. 395–398. – 4 Tab., 7 Lit. 8570.

3-64/04-0651 *Raven, A. M.* und *Robinson, K. L.* **Gegenüberstellung der Auswirkungen bei Naß- und Trockenfütterung an Kälbern unter Anwendung von Protein.** Aus: Nature [London] **192** (1961) Nr. 4809. (Übers. aus d. Engl.) – TO 665.

FUTTERMITTELKUNDE

A. FUTTERSTOFFE, IHRE BEEINFLUSSUNG, KONSERVIERUNG UND ZUBEREITUNG

3-64/04-0652 Groot, Th. de. The influence of heavy nitrogen fertilization on the health of livestock. **(Der Einfluß starker Stickstoffdüngung auf die Gesundheit des Tierbestandes.)** J. Brit. Grassland Soc. **18** (1963) Nr. 2. S. 112 bis 118. – 8 Abb., 7 Tab., 9 Lit.

In seinem Vortrag stellt Vf. zunächst an Hand der Literatur fest, daß eine hohe N-Düngung eine leichte Abnahme des Tr.-Subst.-Gehaltes und der N-fr. E. bewirkt sowie eine Zunahme an N-haltiger Substanz. Wichtig ist die Form, in der N verabreicht wird. Nitrat stimuliert die Resorption der Kationen (K, Na, Mg, Ca), Ammonium die der Anionen (P, S, Cl, Si). Einen großen Einfluß übt die Bindung des N (S, SO_4, Ca, Na etc.) (vgl. Dijkshoorn Netherl. J. agric. Sci. **5** [1957] S. 81.) aus. Vf. berichtet über Ergebnisse, die in 8 „N-Versuchsbetrieben" gezeitigt wurden. Die Anzahl der Besamungen je trächtige Kuh fiel in diesen Betrieben von 2,1 auf 1,4. Die Milchleistung war in allen Betrieben gegenüber Vergleichsgruppen höher. Kühe, die zeitweise die doppelte N-Menge als erforderlich erhielten, laufen Gefahr, Schaden an Leber und Nieren zu bekommen. Nach Auftreten von Hypomagnesaemie wurde durch zusätzliche Mg-Düngung der Mg-Gehalt von 0,15 auf 0,33% (Tr.-Subst.) erhöht. In anderen Betrieben war der K-Gehalt zu hoch. Der K-Gehalt des Bodens wurde gesenkt, er fiel im Gras von 3,33 auf 2,74%, der Mg-Gehalt stieg von 0,14 auf 0,20%. Im Blut wurde ein Anstieg von 1,20 auf 2,84 mg Mg/100 ml Serum verzeichnet. Die Häufigkeit der Grastetanie nahm dabei mit zunehmender N-Düngung ab. Auf den prozentischen Fettgehalt und Proteingehalt in der Milch hatte die N-Düngung keinen Einfluß. Der Ca-, Mg- und P-Spiegel im Serum wies zwischen hoher und niedriger N-Düngung keine Differenzen auf. Während der letzten Jahre wurde vom Vf. Na-Mangel festgestellt. B. Piatkowski. 8630.

3-64/04-0653 Ibbotson, C. F.; Newcastle on Tyne, Nat. Agric. Advisory Serv. The effect of additions of magnesian limestone and magnesium oxide on silage quality. **(Die Wirkung von Zugaben Mg-haltigen Kalksteins und Magnesiumoxyds auf die Silagequalität.)** Empire J. exp. Agric. **31** (1963) Nr. 123. S. 259–266. – 6 Tab., 8 Lit.

Zur besseren Mg-Versorgung der Rinder fügt Vf. je t Pflanzenmaterial vor der Silierung 15–20 lb. Kalkstein (44,3% $MgCO_3$, 46,7% $CaCO_3$) hinzu. Neben den Versuchen in Großsilos mit Grassilage, Feldfutter (Hafer-Gerste-Wicken) und Gras-Kleesilagen wurden auch Laborsilagen mit Kalkstein- bzw. MgO-Zusatz hergestellt. Analysenwerte für Tr.-Subst., Rohprotein, Ca, Mg sowie Angaben über den pH-Wert und die Silagequalität werden mitgeteilt. In den Laborsilagen wurde weiterhin Gehalt an Gesamtsäuren, Aminosäuren, flüchtigen Säuren Essigsäure, Buttersäure, Säurerückstand und flüchtigen Basen sowie der Tr.-Subst.-Verlust bestimmt. Aus den Ergebnissen der Großsilos wird geschlußfolgert, daß Mg-Kalkstein-Zugaben den Silierungsprozeß sowie die Qualität und Schmackhaftigkeit der Silagen nicht beeinträchtigen. Die Laborsilagen mit Mg-Zusatz zeigten einen etwas höheren pH-Wert und eine geringere Qualitätsverschlechterung gegenüber der Kontrollprobe.

U. Bergner. 8730.

3-64/04-0654 Jansová, Jaroslava und Kadaník, Emil. Naše praktické zkušenosti s velkoprovozním silážováním bílkovinné píce s chemickými přísadami. **(Unsere praktischen Erfahrungen mit der Großbetriebssilierung der Eiweißfutterpflanzen mit Hilfe von chemischen Zusätzen.)** Náš Chov **1963** Nr. 6. S. 201–203. – 3 Tab.

In der LPG Vlčice wurden im Jahre 1961 50 Waggons Kleegrasgrünfutter bei Verwendung von 1,5% Melasse, im Jahre 1962 27 Waggons Kleegrasgrünfutter bei Verwendung von Salzsäure (0,37 kg 32% HCl je 1 dt Masse) siliert. Hierzu wurden 2 in den Boden eingelassene und anfahrbare Grubensilos von 250 t Kapazität verwendet. Die Arbeit wurde so organisiert, daß die Grube im Laufe von 3 Tagen gefüllt und zugedeckt wurde. Lt. Analysen war der Tr.-Subst.-Gehalt in beiden Fällen etwa gleich. Die Qualität der Silage hat durch die Anwendung von Salzsäure als Konservierungsmittel nicht gelitten, vielmehr ging der Gehalt an Essig- und Buttersäure zurück. Die LPG Roztoky-Kruh silierte den Klee gleichfalls unter Anwendung von Salzsäure. Die direkten Erntekosten betrugen in Vlčice 535 Kčs (bessere Organisation der Arbeit), in Roztoky Kruh 629 Kčs je 1 ha. ČSSR/ÚVTI. 8730.

3-64/04-0655 Culpin, S. Wilting for silage. **(Anwelken von Silage.)** Exp. Husbandry Farms exp. Horticult. Stat., Progr. Rep. **1963** S. 9–13. – 4 Tab. 8730.

3-64/04-0656 Anonym. Suchoj biopreparat „SKR" dlja silosovanija. **(Das trockene Biopräparat „SKR" zum Silieren.)** Kukuruza, Moskva **1963** Nr. 1. S. 51.

Das Präparat „SKR" wurde vom Ukrain. Inst. für Landwirtsch. entwickelt. Es verbessert die Qualität der Silage und erhöht ihre Haltbarkeit. Es besteht aus getrockneten Milchsäurebakterien und wird aus Magermilch hergestellt. Für 1000 t Grünmasse wurden 1,5–1,6 kg verwendet. G. Leisner. 8730.

3-64/04-0657 Miller, W. J., Brooks, O. L., Beaty, E. R. und Clifton, C. M. Effect of frequency of harvesting coastal bermudagrass for pellets when fed with high and low concentrates to dairy cows. **(Der Einfluß unterschiedlicher Erntezeiten bei Bermudagras-Pellets bei hohen und niedrigen Kraftfuttergaben an Milchkühe.)** Agronomy J. **55** (1963) Nr. 3. S. 278–280. – 3 Tab., 11 Lit.

Küsten-Bermudagras wurde während der Wachstumszeit alle 3 (**I**), 5 (**II**) und 7 (**III**) Wochen geschnitten, künstlich getrocknet und pelletiert und an 2 × 3 Gruppen Milchkühe in Mengen zwischen 29,9 und 34,4 lb./Kuh und Tag verfüttert. In jeweils 3 Gruppen wurde eine niedrige Menge Kraftfutter (a) zwischen 5,8 und 6,4 lb./Kuh und Tag eingesetzt, in den übrigen 3 Gruppen eine hohe Kraftfuttermenge (b) zwischen 10,4 und 11,1 lb./Kuh. Das Kraftfutter supplemierte den Protein-, Mineralstoff- und Vitamingehalt. Mit zunehmendem Alter des Grases ging der Rohproteingehalt von 15,3 auf 10,8% (Tr.-Subst.) zurück, der Rohfasergehalt stieg von **I** zu **III** nur von 28,0 auf 30,9% an. Der Rohfettgehalt betrug bei **I** 3,2% und bei **III** 2,1%, der Aschegehalt zeigte unwesentliche Differenzen. Die Aufnahme der Pellets durch die Milchkühe wurde durch das Alter des Futters nicht beeinflußt. Die Milchproduktion nahm pro jedes 14 Tage-Intervall um 1,7 lb./Kuh und Tag ab. Die Milchleistung war im Durchschnitt bei b um 2,2 lb. höher als bei a. Die Zusammensetzung der Milch (Proteingehalt, Fettgehalt) wurde durch die Fütterung nicht beeinflußt. Die Gewichtszunahme war am höchsten bei **I** b und nahm über **I** a, **II** b, **III** b, **II** a und **III** a ab.

M. Hoffmann. 8860.

3-64/04-0658 Mudd, C. H. Pelleting food for pigs. **(Pelletiertes Futter für Schweine.)** Exp. Husbandry Farms exp. Horticult. Stat., Progr. Rep. **1963** S. 43–44. 8860.

3-64/04-0659 *Schiller, H., Lengauer, E., Gusenleitner, J., Hofer, B.* und *Blöchl, F.* **Fruchtbarkeitsstörungen bei Rindern im Zusammenhang mit dem Mineralstoffgehalt des Wiesenfutters und einigen Faktoren der Wirtschaftsführung.** Eine Untersuchung im Tertiärgebiet des Inn- und Hausruckviertels. Wien: Österreichischer Agrarverlag. 1962. (102 S. m. Abb. u. Tab.) 17 × 24 cm. 140 S = Veröffentlichungen der Landwirtschaftlich-chemischen Bundesversuchsanstalt Linz/D. Band LXIII/5. Die Vff. gingen den Zusammenhängen zwischen Nährstoffgehalt des Bodens, botanischer Zusammensetzung des Grünlandes, Mineralstoffgehalt des Wiesenfutters und der so wichtigen Leistungseigenschaft Fruchtbarkeit nach. Einbezogen wurden Prüfungen des Beifuttermittelverbrauches, der jährl. Weidedauer, der Stärke des Viehbesatzes usw. Die Untersuchungen beschränkten sich auf die Fleckviehrasse im Gebiet des Fleckviehzuchtverbandes Inn- und Hausruckviertel um Ried (Oberösterreich). Nach Kennzeichnung der ökologischen Gegebenheiten im Untersuchungsgebiet sowie der Art und Methoden der Probenahmen werden die Auswertungsergebnisse unter folgenden Hauptpunkten dargestellt: Betriebswirtschaft, Böden, Pflanzenbestände, Mineralstoffgehalt des Wiesenfutters, tierzüchterische Angaben, statistische Auswertung. Es folgt die Diskussion der Ergebnisse unter Besprechung der einzelnen Variablen. Schlußfolgerungen (physiologische, praktische) schließen sich an. 73 Literaturnachweise beschließen die Arbeit. H. D. Hennig.

B. DIE EINZELNEN FUTTERSTOFFE

3-64/04-0660 Flux, D. S., Munford, R. E. und Wilson, G. F.; Palmerston North, New Zealand, Massey Univ. Coll. of Manawatu. Biological estimation of oestrogenic activity in red clover (Trifolium pratense): relative potencies of parts of plant and changes with storage. **(Biologische Bestimmung der Oestrogenaktivität in Rotklee [Trifolium pratense]: Relative Aktivität von Pflanzenteilen und die Veränderung während der Lagerung.)** J. Dairy Res. **30** (1963) Nr. 2. S. 243–249. – 3 Tab., 12 Lit.
Vff. prüfen an jungen ovarektomierten Mäusen die Oestrogenaktivität von verschiedenen Teilen derselben Rotkleepflanzen. Das Versuchsmaterial wurde mit der Diät gefüttert, und das Uterusgewicht der Tiere diente als Testkriterium. Material, das zu verschiedenen Zeiten geerntet worden war, hatte stets in den Blättern oder in den Blättern und Stielen die höchste Aktivität. Stengelfraktionen der Pflanzen waren relativ wenig aktiv und Blüten und Samen waren inaktiv. Die Aktivität von Alkohol-, Aceton- und Gefiertrocknungspräparationen wurde nach einer Lagerungszeit von 18, 115, 212 und 230 Tagen geprüft. Die höchste Aktivität war dann zu beobachten, wenn das frische Material in 95%igen Alkohol gelegt und getrocknet wurde und dann bei Raumtemperatur über konz. H_2SO_4 bei vermindertem Druck lagerte.
H. Bergner. 8910.

3-64/04-0661 Jacobson, D. R., Miller, W. M., Seath, D. M., Yates, S. G., Tookey, H. L. und Wolff, I. A.; Lexington, Univ. of Kentucky. Nature of fescue toxicity and progress toward identification of the toxic entity. **(Die Natur der Schwingel-Toxizität und Fortschritte zur Aufklärung der toxischen Art.)** J. Dairy Sci. **46** (1963) Nr. 5. S. 416–422. – 12 Abb., 3 Tab., 10 Lit.
Aus Schwingel (fescue)-Heu wurde ein toxischer Extrakt gewonnen, der 11% der Heu-Tr.-Subst. enthielt. Er war frei von Lipiden und gewissen Alkaloiden. Ebenso konnten Selen und Bor als Ursache der Toxizität ausgeschlossen werden. Das Extraktionsverfahren wird genau beschrieben. Durch Verabfolgung des Extraktes in den Pansen von Kühen konnten Schwingel-Vergiftungen erzeugt werden. Die klinischen Beobachtungen zeigten, daß Erhöhungen der Temperatur und Atemfrequenz auftraten. Bei kaltem Wetter wurden Lahmheit der Tiere und Gewebsnekrosen an den Beinen und am Schwanz beobachtet. Klinische Einzelheiten und postmortale histopathologische Untersuchungsbefunde werden mitgeteilt. Vff. vermuten, daß das giftige Agens eine Gefäßverengung bei den Tieren bewirkt.
H. Bergner. 8910.

3-64/04-0662 Garner, Frank H.; Cirencester, Roy. Agric. Coll. The palatability of herbage plants. **(Die Schmackhaftigkeit der Futterpflanzen.)** J. Brit. Grassland Soc. **18** (1963) Nr. 2. S. 79–89.

Gras und Klee wird besonders gern nach schnellem Wachstum aufgenommen, vorausgesetzt, daß nicht zu viel Wasser und ausreichend Rohfaser enthalten sind. Der Gehalt an Kohlenhydraten (bes. Zucker) verbessert den Geschmack, da wahrscheinlich das Stengelwachstum weiter anhält und des Blütenstadium hinausgezögert wird. Das Raygras ist im Frühjahr und Herbst, das Knaulgras im Frühjahr, Timothee im Sommer und Herbst, Wiesenschwingel während der gesamten Vegetation, der Weiß- und spätblühende Rotklee während der Vegetation (bes. im Juni und Juli) am schmackhaftesten. Die Luzerne ist wenig verbreitet, die Leistung/ha ist zufriedenstellend, die Schmackhaftigkeit aber fraglich. N-Düngung erhöht die Schmackhaftigkeit bei Gras, da das Wachstums beschleunigt wird; bei Klee bleibt sie ohne Wirkung. Eine S-Düngung blieb jedoch ohne Einfluß, und eine K/Ca-Düngung hemmte sie. Weiterhin werden die Rolle der Konservierungsform und desTieres besprochen. B. Piatkowski. 8910.

3-64/04-0663 Holder, J. M., Swain, F. G. und Colman, R. L.; Wollongbar, New South Wales, Agric. Res. Stat. The use of sod sown vetch (Vicia sativa) as a supplement by dairy cows on the far North Coast of New South Wales. **(Die Anwendung von in Weiden ausgesäten Wicken [Vicia sativa] als Zusatzfutter für Milchkühe an der Nordküste von Neusüdwales.)** Austral. J. exp. Agric. Animal Husbandry **3** (1963) Nr. 9. S. 153–160. — 1 Abb., 4 Tab., 15 Lit.

Zur Verbesserung der Fütterungsbedingungen der Milchkühe in diesem Gebiet wurden Wicken ausgesät, um in dem kritischen Laktationsstadium von Dez. bis März ausreichend qualitativ wertvolles Futter zu haben, da oft durch ungünstige Witterungsbedingungen in dieser Zeit die Tiere nicht ausgefüttert werden können. Der Vergleich des unter Einbeziehung der Wicken verbesserten Fütterungssystems erbrachte gegenüber dem herkömmlichen Fütterungssystem im Mittel der 3 Jahre einen Anstieg der Milchfettleistung um 46,8 lb. je Tier. G. Leisner. 8910.

3-64/04-0664 Fleming, G. A.; Wexford, Ireland, Agric. Inst. Distribution of major and trace elements in some common pasture species. **(Die Verteilung der Mengen- und Spurenelemente in einigen verbreiteten Futterpflanzen.)** J. Sci. Food Agric. **14** (1963) Nr. 3. S. 203–208. — 3 Tab., 18 Lit.

Knaulgras, Wiesenschwingel, Dtsch. Weidelgras, Wiesenlieschgras und Rotklee wurden in Blüten, Blätter und Stengel zerlegt und die Einzelteile auf ihren Mengen- und Spurenelementgehalt untersucht. Die Blätter erwiesen sich als N-, Asche-, Ca-, Mg-, Na-, Fe-, B- und Mo-reicher als Stengel und Blüten. Die Blüten enthielten mehr P und Zn als Stengel und Blätter. Der K- und Mn-Gehalt der 3 Pflanzenteile war unterschiedlich, ohne daß sich eine Regel abzeichnete. Neben den genannten Elementen wurde auch Ba, Sr, Co, Ni, Pb, Sn, V, Cr und Ti spektrographisch bestimmt. M. Anke. 8910.

3-64/04-0665 Lyford jun., S. J., Smart jun., W. G. und Matrone, G.; Raleigh, North Carolina State Coll. Digestibility of the alpha-cellulose and pentosan components of the cellulosic micelle of fescue and alfalfa. **(Verdaulichkeit von α-Cellulose und Pentosan-Komponenten aus der Cellulosemizelle von Rohrschwingelgras und Luzerne.)** J. Nutrit. [Philadelphia] **79** (1963) Nr. I. S. 105–108. — 2 Tab., 18 Lit.

Es wird untersucht, inwieweit die Vereinigung von α-Cellulose und Xylan zum Strukturelement der Pflanze in der Mizelle eine einheitliche gemeinsame Verdaulichkeit besitzt, bzw. ob es ein einheitlicher Nährstoff ist. Die Verdaulichkeit wurde nach der üblichen Methodik an jeweils 2 Schafen ermittelt. Zur Isolation der Cellulosemizelle aus Futter und Kot diente die Methode nach Matrone (vgl. J. Animal Sci. **5** [1949] S. 306.), α-Cellulose wurde aus Rohcellulose durch Behandeln mit 17,5%iger NaOH gewonnen, die Pentosane nach der Destillationsmethode über Furfurol bestimmt. Die Verdaulichkeit der Komponenten der Cellulosemizelle ist nicht gleichartig, für Luzerne sind die Pentosane weniger gut verdaulich als die α-Cellulose, beim Rohrschwingelgras ist es umgekehrt. Man kann die Mizelle dieser Futterstoffe demnach nicht als einheitlichen Nährstoff betrachten. G. Sternkopf. 8910.

3-64/04-0666 Terkamp, E. Koniczyna biała w żywieniu świń. **(Der Steinklee in der Schweinefütterung.)** Przegląd Hodowlany **31** (1963) Nr. 2/3. S. 16–17. – 1 Abb., 1 Tab. PRL/CBR. 8910.

3-64/04-0667 Bredon, R. M., Harker, K. W. und Marshall, B. The nutritive value of grasses grown in Uganda when fed to zebu cattle. I. The relation between the percentage of crude protein and other nutrients. **(Der Nährwert von in Uganda gewachsenem Gras bei Verfütterung an Zebus. 1. Mitt. Die Relation zwischen prozentischem Gehalt an Rohprotein und anderen Nährstoffen.)** J. agric. Sci. **61** (1963) Nr. 1. S. 101–104. – 3 Tab., 14 Lit. 8910.

3-64/04-0668 Bredon, R. M., Harker, K. W. und Marshall, B. The nutritive value of grasses grown in Uganda when fed to zebu cattle. II. The relation between crude fibre and nitrogen-free extract and other nutrients. **(Der Nährwert von in Uganda gewachsenem Gras bei Verfütterung an Zebus. 2. Mitt. Die Relation zwischen Rohfaser, N-freien Extraktstoffen und anderen Nährstoffen.)** J. agric. Sci. **61** (1963) Nr. 1. S. 105–108. – 4 Tab., 9 Lit. 1. Mitt. vgl. vorst. Titel. 8910.

3-64/04-0669 Anonym. Nutritional value of leaf proteins — human studies. **(Nährwert von Blattprotein. Untersuchungen an Menschen.)** Nutrit. Rev. 21 (1963) Nr. 8. S. 231–232. 8910.

3-64/04-0670 Zimmer, Ernst; Völkenrode, Inst. für Grünlandwirtsch., Futterbau und Futterkonservier. **Gärfutterbereitung im Futterbaubetrieb. Gärverlauf — Nährstoffverluste.** Landbauforsch. Völkenrode **12** (1962) Nr. 4. S. 80–82. 87–92. – 3 Abb.
Vf. erläutert die biologischen und biochemischen Prinzipien der Gärungsvorgänge bei der Silagebereitung. Er behandelt dann die Gärfähigkeit der Futterpflanzen unter besonderer Berücksichtigung des Gehaltes an gärfähigen Pflanzenzuckern, Eiweißstoffen und Mineralstoffen. Anhand eigener Untersuchungen wird die Gärfähigkeit der Pflanzen in Beziehung zum Rohprotein/Zuckerverhältnis betrachtet. Bei einem Quotienten von 0,8–1,0 sind beste Silagen zu erwarten. Ein Quotient von 0,6 ist noch vertretbar, dagegen ist bei einem Rohprotein/Zuckerverhältnis von <0,4 (wie in frischem Wiesengras) die Milchsäurebildung unzureichend und es treten Fehlgärungen auf. Eine schlechte Silagequalität ist die Folge. U. Bergner. 8920.

3-64/04-0671 **Nährstofförkonomische Untersuchungen über die Verfütterung verschiedener Saft- und Grünfutterarten in frischer, getrockneter und silierter Form.** Halle/S., Inst. Tierernähr. Martin-Luther-Univ. Halle-Wittenberg Plan-Nr.: 215522 h-25/9. Abschlußber. (10/1. 1963).
Die Ergebnisse der durchgeführten Untersuchungen dienen einerseits in methodologischer Hinsicht zur Durchführung weiterer Forschungsvorhaben und andererseits als Hinweise für die praktische Nutzanwendung. 8920.

3-64/04-0672 Roščin, V. P., Galjamin, L. N. und Muravskij, S. E. Silosovanie kukuruzy s suchim biopreparatom „SKR". **(Die Maissilierung mit dem Biopräparat „SKR".)** Životnovodstvo, Moskva **24** (1962) Nr. 9. S. 50–52. – 2 Tab.
Das Biopräparat „SKR", das aus reinen Milchsäurebakterien besteht, kann zur Silierung von Grünmasse, milchwachsreifen und wachsreifen Kolben, feuchten Körnern und auch trockenen Maisstengeln verwendet werden.

Dazu wird pro t Futter 1 g des Präparats in Magermilch und danach in Wasser aufgelöst und über das Silogut gesprüht. Die so zubereitete Silage ist in 5–11 statt in 30–35 Tagen fertig, die Oberflächenverluste sinken um 20%, der Essigsäuregehalt sinkt (von 0,71 auf 0,43%), Geruch und Geschmack werden verbessert und die Tiere fressen mehr (Milchkühe fraßen in 35 Tagen 228 kg mehr). F. Schenk. 8920.

3-64/04-0673 Maryška, F. und Skřivánek, V.; Praha, KZS. Použití čpavkové vody na obohacování siláže dusíkem. **(Verwendung der Ammoniak-Wasserlösung zur Anreicherung des Gärfutters mit Stickstoff.)** Náš Chov **1962** Nr. 24. S. 753–754. – 1 Abb.

In Großversuchen wurde Gärfutter mit einer 25%igen Ammoniaklösung besprengt (im Verhältnis von 1 l Ammoniakwasser zu 1 dt Gärfutter). Dieser Zusatz wirkte sich bei den Versuchskühen durch eine durchschnittliche tägliche Steigerung der Milchleistung um 0,33 kg und bei Mastjungbullen durch eine Erhöhung der Tageszunahmen um 75 g aus. Es werden technische Einzelheiten der Zubereitung der Ammoniaklösung sowie der Mechanisierung des Besprengens des Gärfutters beschrieben. F. Svoboda. 8920.

3-64/04-0674 Sarbasov, T. I. Ėffektivnost' obogaščenija kukuruznogo silosa karbamidom i sul'fatom ammonija. **(Die Wirksamkeit der Anreicherung von Silomais mit Harnstoff und Ammoniumsulfat.)** Trudy Vsesojuznogo naučno-issledovatel'skogo instituta životnovodstva, Moskva **24** (1962) S. 173–181. – 7 Tab., 18 Lit.

Bei sowjetischen Merinoschafen wurde in der 2. Periode der Trächtigkeit und während des Säugens der Nährwert von Silomais untersucht, der mit Carbamid (50 kg je t Grünmasse) sowie mit Carbamid und Ammoniumsulfat (4 kg Carbamid + 2 kg Ammoniumsulfat je t Grünmasse) angereichert war. Die Einführung von Silomais, der mit N-haltigen Stoffen angereichert war, in die Futterration, bestehend aus örtlichen Futterpflanzen der Neulandgebiete Kasachstans, vergrößerte die gesamte N-Menge der Ration um 23 bis 24% und des verdaulichen und im Körper abgelagerten N um 47 bis 53%. Das Verfüttern von angereichertem Gärfutter an trächtige und säugende Schafe für die Dauer von 121 Tagen ermöglichte 220–300 g gewaschener Wolle zu erzielen und den Verlust an Lebendgewicht je Kopf um 2,3 bis 2,9 kg zu verringern. Bei der Verfütterung von Gärfutter mit Carbamid und Ammoniumsulfat war die Produktivität der Schafe auf allen Gebieten etwas höher als bei ihrer Fütterung allein mit Carbamid angereichertem Gärfutter. M. Tomme. 8920.

3-64/04-0675 Kirov, Nikola und Vasilev, Vasil; Sofia, Höheres Landwirtsch. Dimitrow-Inst. Silažirane na ljucerna s melasa i zakvaska ot mlečno-kiseli bakterii. **(Luzerneeinsäuerung mit Melasse und Säurewecker von Milchsäurebakterien.)** Životnovŭdstvo, Sofija **16** (1962) Nr. 5. S. 32–35.

Die bakteriologische und chemische Untersuchung der mit 1–1,5% Melasse sowie mit (0,5%) und ohne Säurewecker (Milchsäurebakterien) silierten frischen Luzerne (Wassergehalt 70–75%) ergab (in Klammern mit Zusatz von Milchsäurebakterien): Gesamtzahl der Mikroorganismen 13,8–32, Ø 22,65 (12,4–15,7, Ø 13,25) Mill./cm³; Anzahl der Fäulnisbakterien 120–560, Ø 319,25 (53–186, Ø 120,5) Td./cm³; pH-Wert 4,37 (4,12); Gesamtsäuregehalt 1,95 (2,70) %; Milchsäure 1,07 (1,92) %; freie Essigsäure 0,59 (0,53)%; freie Buttersäure fehlt. N. Platikanow. 8920.

3-64/04-0676 Brochart, M.; Alfort/Seine, École Nat. Vétérin.; Maison de l'Élevage de l'Yonne-Loiret. Valeur minérale de 160 échantillons de foins récoltés au cours d'une même saison dans le région de l'Yonne-Loiret. **(Mineralstoffgehalt von 160 Heuproben aus derselben Saison, entnommen im Gebiet der Yonne und des Loiret.)** Ann. Zootechnie **11** (1962) Nr. 3. S. 209–216. – 1 Abb., 2 Tab., 3 Lit. Zus. in Engl.

Im Rahmen einer Enquète über den Mineralstoffgehalt des Heues im Zuchtgebiet von Yonne und Loiret wurden 160 Heuproben untersucht. Der Gehalt an P lag bei 52% und der an Na bei 67% der Proben unter der für die beiden Elemente als mittlere Norm angesehenen Konzentration von 1,7 g je kg Heu. Die Mangelwerte stehen in keiner systematischen Beziehung zueinander. Von den Ca-Werten erreichte nur einer nicht den mittleren Normengehalt von 10 g, und bei Mg lagen 4 Proben unter der Norm von 1,44 g je kg Heu. Außerdem wurde der Einfluß der botanischen Zusammensetzung und der geographischen Herkunft auf den Mineralstoffgehalt geprüft und dabei gewisse Beziehungen aufgefunden. Aus den Ergebnissen werden Folgerungen für die Ernährung der Rinder gezogen. L. Sperling. 8930.

3-64/04-0677 Heady, Harold F., Coop, D. W., Rible, J. M. und Hooper, J. F.; Berkeley, Univ. of California. Comparative forage values of California oatgrass and soft chess. **(Futterwertvergleich zwischen Kalifornischem Wiesenhafer und Weicher Trespe.)** J. Range Management **16** (1963) Nr. 2. S. 51–54. — 1 Abb., 1 Tab., 7 Lit.

Die Untersuchungen wurden 2jährig auf einem Bestand mit 67–70% *Bromus mollis* und 18–20% Wiesenhafer (*Danthonia californica*) durch Probenahmen des Aufwuchses bei jedem Auftrieb von Jungrindern durchgeführt. Dabei zeigte der mehrjährige Wiesenhafer seine Beweidungswürdigkeit über das gesamte Jahr hinweg. Sie nahm lediglich im Juni/Juli z. Zt. der Blüte und Samenproduktion etwas ab, während die annuelle Trespe nur von April bis Juli ausreichenden Futterwuchs aufwies. Im ganzen Jahresablauf war *D. californica* reicher an Rohprotein und ärmer an Rohfaser und zeigte einen ausgeglicheneren Gehalt an P_2O_5, Ca und N-fr. E. als *B. mollis*. Bei einer gewissen Schonung der Flächen z. Zt. der Samenreife würde der wertvollere und ausdauernde Wiesenhafer im Bestand zunehmen.

H. Pätzold. 8940.

3-64/04-0678 Wallace, Joe D., Hubbert jun., Farris und Raleigh, R. J. The response of yearling cattle on crested wheatgrass pasture to energy, protein and sodium supplementation. **(Die Reaktion von 1 Jahr alten Rindern bei Kammquecken-Weide auf Energie-, Protein- und Natrium-Ergänzung.)** J. Range Management **16** (1963) Nr. 1. S. 1–5. — 3 Tab., 14 Lit.

In den Weideperioden während 2 Jahren wurde mit jeweils 48 Jungrindern der Einfluß einer Beifütterung an Energie (Gerste,) Protein (Baumwollsaatmehl) und Na (Kochsalz) bei Kammqueckenbeweidung auf den Gewichtszuwachs geprüft. In 6 verschiedenen Reifezuständen wurde die Kammquecke auf Protein, Lignin, Cellulose und Mineralstoffe (P, Ca, Na, K) analysiert und die Verdaulichkeit der Cellulose bestimmt. Während der Vegetationsperiode traten z. B. folgende Änderungen auf: Tr.-Subst. 29–80%, Rohprotein 17–3%, Cellulose 21–30%, Lignin 3,8–8,2%, Verdaulichkeit der Cellulose 58–23%. Energie- und Proteinergänzungen erhöhten signifikant den Gewichtszuwachs. Die Gewichtszunahmen bei Salzbeifütterung in Verbindung mit Baumwollsaatmehl waren geringer als bei alleiniger Baumwollsaatmehlbeifütterung. L. Hoffmann. 8940.

3-64/04-0679 Broster, W. H., Tuck, Valerie J. und Balch, C. C.; Shinfield, Reading, Nat. Inst. for Res. in Dairying. Effect of rationing grass on the growth rate of dairy heifers and on output per acre, with a note on its significance in experimental design. **(Der Einfluß der Graszuteilung auf die Wachstumsrate von weiblichen Jungrindern und auf die Leistung je acre, mit einer Bemerkung über ihre Bedeutung bei der Versuchsplanung.)** J. agric. Sci. **60** (1963) Nr. 3. S. 371–380. — 7 Abb., 4 Tab., 23 Lit.

3 Versuche mit 6–15 Mon. alten ♀ Jungrindern, deren Lgw. zu Versuchsbeginn 400–700 lb. betrug, werden ausgewertet. Einige Gruppen von 6–12 Tieren

grasten, die anderen erhielten gemähtes Gras. Das Futterangebot war mengenmäßig abgestuft, Pflanzenbestand und Reifestadium waren periodenweise unterschiedlich. Der höchste Futterverzehr wurde bei großzügigem Weidegang erzielt, bei dem der Verzehr von 2,84 lb. Tr.-Subst./100 lb. Lgw. nur 44% des Angebotes ausmachte. Damit verbunden waren die höchsten Tageszunahmen von 2,23 lb./Tier, zumal die Tiere selektiv fraßen. Bei ad lib.-Fütterung im Stall wurden maximal nur 2,49 lb. Tr.-Subst./100 kg Lgw. verzehrt, das sind 83% des Angebotes. Die tägl. Gewichtszunahme betrug dabei 1,34 lb. Die Stalltiere verzehrten 76–99% des angebotenen Futters, so daß je acre die meisten Weidetage und die höchsten Gesamtzunahmen berechnet wurden. Zu geringes Futterangebot von 1,5 lb. Tr.-Subst./100lb. Lgw. senkte die Zunahme je Fläche allerdings wieder. Bei überständigem Gras fielen die tägl. Gewichtszunahmen der Stalltiere auf 33–44%, diejenigen der Weidetiere auf 65%, trotz Zufütterung von 2 lb. Kraftfutter je Tier und Tag. ♀ Jährlingsrindern sollten 2,6–3,0 lb. Tr.-Subst./100 lb. Lgw. im Weidegras angeboten werden. Bis zum Blütestadium verzehren die Tiere etwa 88% des Futterangebotes und erreichen 1,6 lb. Tageszunahme. Zero-grazing ist nicht geeignet, in Weideversuchen das Grasen methodisch zu ersetzen.
G. Weiland. 8940.

3-64/04-0680 Alder, F. E. und Minson, D. J.; Hurley, Berks., Grassland Res. Inst. The herbage intake of cattle grazing lucerne and cocksfoot pastures. **(Futteraufnahme von weidenden Rindern auf Luzerne- und Knaulgras-Weide.)** J. agric. Sci. **60** (1963) Nr. 3. S. 359–369. – 1 Abb., 15 Tab., 14 Lit.
Vff. teilen 3jährige Ergebnisse (1955–57) über die Verzehrshöhe bei Weidegang von Luzerne (**I**), Knaulgras (**II**), Luzerne-Knaulgras bei Breitsaat (**III**) und Drillsaat (**IV**) mit. Die Untersuchungen wurden an Hereford-Kreuzungsbullen unter Anwendung von Chromoxyd und der Kot-Index-Methode (N) durchgeführt. Vergleichende Verdaulichkeitsbestimmungen erfolgten an Hammeln im konventionellen Verdauungsversuch. Nach der Kot-Index-Methode wurden in den Jahren 1956 bzw. 1957 je 100 lb. Lgw. an organ. Substanz verzehrt: **I** 2,38 bzw. 1,99 lb., **II** 2,07 bzw. 1,76 lb., **III** 2,20 bzw. 2,02 lb., **IV** 2,29 bzw. 1,97 lb. Bei Verwendung der VK auf Grund des konventionellen Versuches wurden folgende Verzehrsleistungen an organ. Subst. festgestellt: **I** 2,14 bzw. 2,49 lb., **II** 1,70 bzw. 1,32 lb., **III** 2,11 bzw. 2,35 lb., **IV** 1,99 bzw. 2,03 lb. 1956 ist das dafür verwendete Grünfutter in Höhe von 1 inch, 1957 von 2–3 inch über dem Erdboden gemäht worden. Die aufgetretene Differenz zwischen beiden Verfahren wird auf die stattfindende Selektion bei Weidegang zurückgeführt. B. Piatkowski. 8940.

3-64/04-0681 Corbett, J. L., Langlands, J. P. und Reid, G. W.; Bucksburn, Aberdeen, Rowett Res. Inst. Effects of season of growth and digestibility of herbage on intake by grazing dairy cows. **(Der Einfluß von Jahreszeit, Wuchs und Verdaulichkeit des Weidegrases auf die Einnahme durch weidendes Milchvieh.)** Animal Product. **5** (1963) Nr. 2. S. 119–129. – 4 Tab., 20 Lit.
Die Einnahmen an Weidegras durch 20 Milchkühe im Frühjahr und Herbst wurden vergleichend mittels Cr_2O_3-Methode gemessen. Die Kote wurden durch verschiedene Farben gekennzeichnet oder dem Rectum entnommen. Die Verdaulichkeit des Weidegrases ging vom 14. Mai bis 19. Juni von 82 auf 65% und vom 13. Aug. bis 18. Sept. von 75 auf 68% zurück. Die Aufnahme an org. Subst. verminderte sich im Frühjahr um 20% durch eingeschränkte Futteraufnahme und hauptsächlich durch Rückgang in der Verdaulichkeit. Unter vergleichbaren Bedingungen (gleicher Wuchs und gleiche Verdaulichkeit) war die Aufnahme an Gras im Herbst um 10% und die zur Produktion verfügbare verdaul. org. Subst. um 10–20% niedriger (infolge erhöhten Erhaltungsbedarfs). W. Jentsch. 8940.

3-64/04-0682 Salvadori, C.; Eichhof, Bad Hersfeld, Staatl. Lehr- und Versuchsanst. für Grünlandwirtsch. und Futterbau. **Über die Höhe der Futterverluste auf dem Grünland bei Weidegang.** Wirtschaftseigene Futter 9 (1963) Nr. 3. S. 219–229. – 7 Tab., 8 Lit. Zus. in Engl., Franz.
6jährige Ergebnisse eines aus 12 Varianten zu je 200 cm² bestehenden Düngungs- und Nutzungsversuches werden ausgewertet. Die Parzellen wurden von älteren Jungrindern abgeweidet. Die Futterverluste, die als Differenz zwischen 532 Ertragsermittlungen mittels Probeschnitt und dem nicht gefressenen Futter errechnet wurden, betrugen im Durchschnitt 10,4%. Es wurde die Abhängigkeit der Verluste von folgenden Faktoren untersucht: Weidezeit, Nutzungszahl, Weideanteil, Nährstoffversorgung, Witterung. Die höchsten Verluste waren von Juli–August (11,6–12,5%), im 2. und 3. Aufwuchs (12,3%/13,6%), bei Weiden ohne zwischengeschaltete Mähnutzung (14,5%), beim höchsten Ertrag infolge höchster Düngung (13,5%) und bei hohen Temperaturen (11,2%–13,4%) zu verzeichnen. Die Mittelwerte der einzelnen Jahre differierten zwischen 7,6% und 14,2%, der höchste Verzehr für eine Nutzung betrug 75,9%(!). G. Weiland. 8940.

3-64/04-0683 Norman, M. J. T. The pattern of dry matter and nutrient content changes in native pastures at Katherine, N. T. **(Der Verlauf des Trockensubstanz- und Nährstoffgehaltes in Naturweiden von Katherine,** N. T.) Austral. J. exp. Agric. Animal Husbandry **3** (1963) Nr. 9. S. 119–124. – 5 Abb., 1 Tab., 17 Lit. 8940.

3-64/04-0684 App, James L. und Sundquist, W. B. The feed grain program in Minnesota. **(Programm der Getreidefütterung in Minnesota.)** Univ. Minnesota, agric. Exp. Stat., Stat. Bull. **1963** Nr. 464. S. 1–36. 8990.

3-64/04-0685 Rudolph, W. und Grasenack, L.; Nauendorf, Inst. für Geflügelwirtsch. Merbitz. **Versuche über die Verfütterung von Roggenschrot an Mastenten.** Arch. Geflügelzucht Kleintierkunde **12** (1963) Nr. 2. S. 82–87. – 2 Abb., 2 Tab., 7 Lit.
In 2 Versuchen mit je 4 Gruppen zu je 45 Entenküken wurde der Einfluß gestaffelter Anteile Roggenschrot im Futter auf die Gewichtsentwicklung von Mastenten untersucht. Anteile von 40% Roggen ergaben hochsignifikante Gewichtsdepressionen (61. Tag). In Hinsicht auf den im 2. Versuch bei einem Roggenanteil von 25% erhaltenen Wachstumsrückgang sollten nach diesen Versuchsergebnissen nicht mehr als 12,5% Roggenschrot im Mastfutter enthalten sein. W. Rudolph. 8990.

3-64/04-0686 Seerley, R. W. Should you feed malting barley. **(Sollte man Braugerste verfüttern?)** South Dakota Farm Home Res. **13** (1962) Nr. 3. S. 4–5. – 1 Abb., 2 Tab.
In einem Fütterungsversuch mit 84 Schweinen in 7 Gruppen wurden Futtergerste und Braugerste (jeweils eine Sorte) mit Mais als Vergleichskomponente geprüft. Es wurde eine vollwertige Ration, die entweder als Schrotfutter oder in Pelletform angeboten wurde, verfüttert. Die einzelnen Gruppen unterschieden sich wie folgt: Gr. I Mais (Schrot); Gr. II Mais und Futtergerste im Verhältnis 1:1 (Schrot), Gr. III Futtergerste (Schrot), Gr. IV Futtergerste (Pellets) Gr. V Gerste guter Brauqualität (Schrot), Gr. VI Gerste guter Brauqualität (Pellets), Gr. VII Braugerste geringer Qualität (Pellets). – Die Zunahmen im Gewichtsabschnitt 30–180 lb. lagen zwischen 1,46 und 1,57 lb je Tier und Tag. Gesicherte Unterschiede zwischen den Gruppen waren nicht vorhanden. Es wird empfohlen, Braugerste geringer Qualität in der Schweinemast einzusetzen. P. Matthies. 8990.

3-64/04-0687 Danilenko, I. A., Baru, A. Z., Mirošničenko, N. A. und Kacukova, A. A.; Charkow, Forsch.-Inst. für Tierzucht des Waldsteppen- und Polessje-Gebietes der Ukrain. SSR. Aminokislotnyj sostav kormov.

(Aminosäuregehalt von Futtermitteln.) Vestnik sel'skochozjajstvennoj nauki, Moskva 7 (1962) Nr. 8. S. 72–77. – 3 Tab., 4 Lit. Zus. in Engl., Franz., Dtsch.

Es werden die Ergebnisse von Untersuchungen des Gehaltes an Aminosäuren von Kraftfuttermitteln, Saftfuttermitteln sowie anderer Futtermittel mitgeteilt, die bevorzugt in der Schweinefütterung eingesetzt werden. Wenn der Gehalt an Aminosäuren in der Futterration nicht ausbalanciert ist, erhöht sich die notwendige Eiweißmenge. Futterrationen für Schweine, die überwiegend aus Mais und Zuckerrüben bestehen, können hinsichtlich ihres Gehaltes an Tryptophan, Lysin und Methionin durch Beifütterung von Erbsen, Bohnen und Sojabohnen ausgeglichen werden. G. Leisner. 8990.

3-64/04-0688 Blakely, R. M., MacGregor, H. I., Connell, R., Timonin, M. I. und Chandra, P. The effect of moldy wheat on growth, livability and the incidence of mycotic infection in turkey poults. **(Die Wirkung von verschimmeltem Weizen auf Wachstum, Verträglichkeit und Auftreten von mykotischen Infektionen bei Putenküken.)** Canad. J. Animal Sci. **43** (1963) Nr. 1. S. 98–105. – 5 Tab., 22 Lit. 8990.

3-64/04-0689 Thomas, B., Ketz, H.-A., Tunger, L. und Erhardt, V. **Untersuchungen über den Einfluß unterschiedlicher Brotnahrung auf die Körperentwicklung wachsender Albinoratten.** Nahrung 7 (1963) Nr. 5. S. 347 bis 366. – 4 Abb., 8 Tab., 23 Lit. Zus. in Russ., Engl. 8990.

3-64/04-0690 Khandwala, P. K., Ambegaokar, S. D., Patel, S. M. und Rao, M. V.; Radhakrishna, Bombay, Dep. of Nutrit. Studies in fermented foods. Part I. Nutritive value of Idli. **(Untersuchungen fermentierter Nahrungsmittel. 1. Mitt. Der Nährwert von „Idli")** J. sci. ind. Res. [New Delhi], Sect. C **21 C** (1962) Nr. 10. S. 275–278. – 3 Tab., 17 Lit.

In vergleichenden Untersuchungen an ♂ Albinoratten wurde der Nährwert des Proteins von fermentierter und unfermentierter „Idli"- – einer aus 4 Teilen gemahlener Mungbohnen (*Phaseolus mungo*) und einem Teil gemahlenem Reis bestehenden Mischung – verglichen. Es zeigte sich, daß die BW und die Verdaulichkeit des Proteins durch die Fermentierung nicht verbessert worden waren. Die Regeneration der roten Blutzellen und des Hämoglobins nach vorheriger Provokation einer Anaemie der Ratten durch Phenylhydrazin-Injektionen war nach Verfütterung der fermentierten und unfermentierten „Idli"-Mischungen gleich gut wie nach Casein-Verfütterung.
H.-D. Bock. 9000.

3-64/04-0691 Richter, K., Cranz, K. L. und Antoni, J.; Braunschweig-Völkenrode, Inst. für Tierernähr. **Futterwert und Futterwirkung von Ackerbohnen in der Schweinemast.** Schweinezucht u. Schweinemast **10** (1962) Nr. 12. S. 237–239. – 7 Tab., 8 Lit.

In einem Versuch mit 4 Gruppen zu je 8 Schweinen in Getreidemast von 24 kg bis auf 110–112 kg erwies sich die Verfütterung von geschroteten Ackerbohnen (*Vicia faba minor*) im Austausch mit Sojaschrot und Gerste als durchaus möglich. Bei entsprechender Ergänzung des Futters durch 8%, 4% und 3% vitaminiertes Fischmehl neben 1,5% Mineralstoffgemisch und 0,3 g Zinkkarbonat je Tier und Tag zu Mastbeginn wurde Bohnenschrot, beginnend mit 5–10% bei den jungen Tieren und steigend bis zu 30% ab 70 kg Lgw., gut vertragen und verwertet. Ein Einfluß auf die Güte von Fett und Fleisch war nicht zu erkennen. G. Koch. 9000.

3-64/04-0692 Jimenez, A. A., Perry, T. W., Pickett, R. A. und Beeson, W. M.; Lafayette, Ind., Purdue Univ. Raw and heat-treated soybeans for growing-finishing swine, and their effect on fat firmness. **(Rohe und hitzebehandelte Sojabohnen für wachsende Mastschweine und ihre Auswirkung auf die Fettkonsistenz.)** J. Animal Sci. **22** (1963) Nr. 2. S. 471–475. – 3 Tab., 16 Lit.

2 Versuche mit insgesamt 96 Schweinen sind durchgeführt worden, um nicht extrahierte Sojabohnen im rohen oder hitzebehandelten Zustand als Proteinquelle in der Getreidemast bewerten zu können. Im wesentlichen wurden folgende Rationen gegenübergestellt: Getreide-Sojaextraktionsschrot (**I**), **I** plus Sojaöl (**II**), Getreide- nicht extrahierte, erhitzte Sojabohnen (**III**) und Getreide- nicht extrahierte, rohe Sojabohnen (**IV**). Der Rohproteingehalt betrug bis 100 lb. 16%, danach 13%. Die Mischung **III** bewirkte gegenüber den übrigen signifikant höheren Zunahmen. **IV** zeigte stets stark geminderte Zunahmen. Die Mischungen **II, III** und **IV** bewirkten gegenüber **I** eine weichere Konsistenz des Rückenspecks, was mittels chemischer, physikalischer und mechanischer Methoden eindeutig festgestellt wurde. – Gleichzeitig wurde der Einfluß von Methionin und Chlortetracyclin in die Untersuchungen mit einbezogen. H. Jung. 9005.

3-64/04-0693 Phadke, Kalindi und Sohonie, Kamala; Bombay, Inst. of Sci. Nutritive value of field bean (Dolichos lablab). Part IV. Effect of feeding raw field bean on liver constituents & liver enzymes of albino rats. **(Der Nährwert der Feldbohne [Dolichos lablab]. 4. Mitt. Der Einfluß von verfütterten rohen Feldbohnen auf die Leberbestandteile und Leberfermente bei Albinoratten.)** J. sci. ind. Res. [New Delhi], Sect. **C 21 C** (1962) Nr. 8. S. 207–209. – 1 Tab., 38 Lit. 3. Mitt. vgl. 3-64/02-0582.

12♂ Albinoratten (35–45 g) wurden in 2 Gruppen bei Caseindiät (Kontrollgruppe) (**I**) und Feldbohnendiät (**II**) nach einer experimentellen Periode von 14 Tagen auf folgende Leberbestandteile untersucht: H_2O, Protein, Nichtprotein-N, Fett, Glykogen, Gesamt-SH-Verbindungen, Flavinadenindinucleotid (FAD), freies Riboflavin, DNS und RNA, Succinsäuredehydrogenase, Milchsäuredehydrogenase, Xanthinoxydase und Transaminase. Ergebnis: Zwischen den beiden Gruppen bestehen hinsichtlich des H_2O-, Protein-, Nichtprotein-N, DNA- und RNA-Gehalts keine auffallenden Differenzen. Die Lebern der Ratten (**II**) zeigen einen vollständigen Abbau im Glykogen-, Glutathion-, FAD- und freien Riboflavin-Gehalt und eine Zunahme im Fettgehalt. Eine Abnahme der Aktivität der Leberfermente wird nachgewiesen. Eine Zonennekrose der Leber tritt bei (**II**) ein, jedoch nicht, wenn autoklavierte Bohnen verfüttert werden. Vff. schlußfolgern, daß in den rohen Feldbohnen ein unbekannter Faktor vorhanden ist, der für die Lebernekrose und für die Veränderung in der Leberzusammensetzung verantwortlich gemacht werden muß. I. Schröder. 9005.

3-64/04-0694 Makus, Alfred; Braunschweig-Völkenrode, Inst. für Grünlandwirtsch., Futterbau und Futterkonserv. **Der Kartoffel-Futterrest. Kosten frei Trog bei verschiedenen Konservierungsverfahren.** Ber. Landwirtsch. [N.F.] **41** (1963) Nr. 1. S. 129 bis 142. – 3 Abb., 8 Tab., 9 Lit.

Es werden die Kosten je kg Gesamtnährstoff (GN) frei Trog des Kartoffel-Futterrestes bei verschiedenen Konservierungsverfahren verglichen. Bei Erzeugungskosten von 4 bis 12 DM/dt und 5–30% Nährstoffverlusten kostet das kg GN frei Trog für Kartoffeln mit 16% Stärke: in roh verfütterten Kartoffeln 0,37–1,13; roh eingesäuert 0,41–1,13; gedämpft eingesäuert (Großdämpfanlage) 0,42–1,22; tägl. gedämpft 0,46–1,22 und getrocknet (genossenschaftliche Flockenfabrik) 0,47–1,06 DM. Dagegen in der Gerste bei einem Prei svon 35 bzw. 40 DM 0,54 bzw. 0,61 DM. Auf die Höhe der Kosten haben die Nährstoffverluste und die Erzeugungskosten, die in direkter Abhängigkeit zum Stärkegehalt der Kartoffeln stehen, den größten Einfluß. Die Trockenkartoffel bietet die günstigsten Ansatzpunkte für die Fütterungsautomation. G. Leisner. 9030.

3-64/04-0695 Wadsworth, G. R. und McKenzie, J. C. The potato, with special reference to its use in the United Kingdom. **(Die Kartoffel**

unter besonderer Berücksichtigung ihrer Verwendung im Vereinigten Königreich.) Nutrit. Abstr. Rev. **33** (1963) Nr. 2. S. 327–344. 9030.

3-64/04-0696 Zakrividoroga, S. P., Zakrividoroga, Z. S., Lipsic, D. V., Ljubovskaja, P. I., Polotaj, V. A., Tarachovskij, M. L. und Fastovskij, V. L.; Tschernowzy, Unions-Forsch.-Stat. für Kartoffelkrebs. O tokcičnosti dlja životnych poražennogo rakom kartofelja. **(Über die Toxicität mit Krebs befallener Kartoffeln für Tiere.)** Voprosy pitanija, Moskva **21** (1962) Nr. 5. S. 58–66. – 4 Abb., 4 Tab., 6 Lit. Zus. in Engl.

Eine einen Monat lang durchgeführte Verfütterung von mit Krebs befallenen Kartoffeln und besonders von gekochten Krebswucherungen führte bei den Tieren zu Masseverlusten und einem ungünstigen Erscheinungsbild. Es zeigten sich pathologische Veränderungen im Blut und Knochenmark, erhöhte Respiration des Leber- und Hirngewebes, verminderter Eiweiß- und Sulphydrilspiegel im Blutserum, wechselnde Korrelation und Gehalt der Bluteiweißfraktion, verzögerte Einlagerung von radioaktivem Cystin in das Lebergewebe, Zerrüttung des funktionellen Zustandes des tierischen Organismus und Erscheinungen von ernsthaften Gefäßveränderungen in den inneren Organen. Wegen der augenscheinlichen Giftigkeit krebsbefallener Kartoffeln für Tiere wird empfohlen, diese nur für technische Zwecke zu verwenden.

G. Leisner. 9030.

3-64/04-0697 Fangauf, R., Vogt, H. und Penner, W.; Kiel-Steenbek, Lehr- und Versuchsanst. für Kleintierzucht. **Die Eignung von getrockneten Zuckerrübenschnitzeln im Geflügelmastfutter.** Arch. Geflügelkunde **27** (1963) Nr. 3. S. 205–214. – 7 Tab., 29 Lit.

Nach einem umfassenden Überblick über die bisherigen Versuche mit Zuckerrübenschnitzeln in der Geflügelfütterung schildern Vff. eigene Versuche an Mastküken a) mit 90, b) mit 1550 Tieren, bei denen sie 0; 5; 10 und 20% Zuckerrübenschnitzel im Austausch gegen Mais- oder Weizenschrot bei Ausgleich des Eiweißgehaltes in die Futtermischung aufnahmen; die Mischung bestand aus einer Grundmischung (Weizenkleie 18%, Trockenhefe 2–3%, Dorschmehl 6%, Sojaextraktionsschrot 6%, Mineralstoffe 1% und Vitaminzusätzen), der Getreideschrot (Mais- und Weizenschrot, je 20; 15; 10 und 0%) sowie Erdnußschrot (0; 0,25; 0,5; 1%) zugesetzt war. Die Zuckerschnitzel ersetzten ohne nachteilige Wirkung 10% Weizenschrot. Bei einem Austausch von 20% ging das Wachstum und die Futterverwertung deutlich zurück. Maisschrot ließ sich nicht gegen Zuckerrübenschnitzel austauschen. Schon bei 10% Zuckerschnitzel statt Maisschrot nahm die Futterverwertung um 5% ab. C. Engelmann. 9040.

3-64/04-0698 Lange, M. und Stange, E. **Die Verfütterung von Zuckerfutterrüben an Mastschweine.** Wiss.-techn. Fortschr. Landwirtsch. **4** (1963) Nr. 4. S. 180–181. – 6 Tab., 1 Lit.

Vff. berichten über einen mit 2 Neuzüchtungen – Futterzuckerrüben (FZR-NZ) und der Futterrübe Rote Walze – durchgeführten Fütterungsversuch. 3 Gruppen zu je 10 Tieren erhielten 37 (Gr. I, II) bzw. 32 (Gr. III) Tage 1 kg Kraftfuttermischung gleicher Zusammensetzung und dazu FZR-NZ I, II bzw. Rote Walze steigend, aber in jeweils gleicher Menge. Gr. I mit NZ I hatte 552, Gruppe II mit NZ II 459 und Gruppe III mit Rote Walze 353 g ∅ Tageszunahme. Der GN-Gehalt der NZ I war 167,5, bei NZ II 150,7 und bei Rote Walze 118,4 g je kg Rüben. Das 187,3 g verd. Rohprotein enthaltende Kraftfuttergemisch sicherte den Tieren ein Eiweißminimum, weshalb die unterschiedlichen Zunahmen auf den unterschiedlichen Nährstoffgehalt des Tagesfutters zurückgeführt werden. Der Nährstoffertrag von Gehaltsrüben, Massenrüben, Kartoffeln und Gerste je ha wird mit 100:76:68:37 dargelegt. K. Seidel. 9040.

3-64/04-0699 Anonym. **Tapiokachips im Leistungsfutter beim Weidegang.** Mitt. Lehr- u. Versuchsanst. Viehhalt. Landwirtsch.-Kammer Schleswig-Holstein **33** (1963) Nr. 89. S. 30–33.

Mit einem Preis von ca. 33,50 DM/dt und 0,41 DM/kg STE ist Tapiokamehl mit Abstand das billigste Kraftfutter. Neuerdings werden vor allem geschnitzelte Tapiokawurzeln, sog. Tapiokachips auf den Markt gebracht, die z. T. preisgünstiger angeboten werden als Tapiokamehl. Sie werden gern gefressen, vor allem eignen sie sich für die Bullenmast. In der Lehr- u. Versuchsanstalt Sophienhof wurde unter dem Gesichtspunkt der Preiswürdigkeit für die frischmelkenden Kühe ein Weidebeifutter folgender Zusammensetzung gemischt: 40% Tapiokachips, 20% Kokosexpeller, 17% Erdnußexpeller, 10% Rapsschrot, 10% Roggenkleie, 3% Mineralstoffe. Der Preis je dt betrug DM 35,93, je kg STE DM 0,50. (Eiweiß:Stärkewertverh. 1:4,6). Die Mischung wurde sehr gern gefressen, die tägl. Gaben betrugen ⌀ 2–3 kg. Ob ähnlich hohe Anteile an Tapiokachips (40%) auch in Kraftfuttergemischen für die Winterfütterung vertretbar sind, müssen Versuche erweisen.

E. Kieslinger. 9080.

3-64/04-0700 Marples, H. J. S. Maize bran as a carbohydrate food and the effects of high level terramycin supplementation in rations for growing pigs in Uganda. **(Maiskleie als Kohlenhydratfutter und die Wirkungen einer hohen Terramycingabe in Rationen für wachsende Schweine in Uganda.)** Trop. Agric. **40** (1963) Nr. 2. S. 159–163. — 3 Tab., 6 Lit. 9110.

3-64/04-0701 Rodionova, T. S. Ispol'zovanie micelial'nych gribov dlja polučenija belkovo-vitaminnogo korma. **(Die Verwendung von Mycelpilzen zum Erhalten von Eiweiß-Vitaminfutter.)** V sb.: Mikrobiol. kormov, Alma-Ata **1961** S. 58–64. – Aus: Referativnyj žurnal. Biologija, Moskva **1962** N. 4. L 7. S. 2.

Hinsichtlich des Gehaltes an lebenswichtigen Aminosäuren und Vitaminen stehen die Mycel-Pilze der Futterhefe nicht nach und können als Eiweiß-Vitaminfutter verwendet werden. Beim Wachstum auf Nährböden, die nicht als Lebensmittel verwendet werden (Hydrolysenschlempe und Sulfit-Spiritus-Schlempe) liefern die Pilze pp. *Aspergillus*, *Penicillium*, *Oospora* und *Spicaria* eine Ausbeute von Biomasse, die 50% Eiweiß enthält, d. h. nicht weniger als Hefe von pp. *Candida* und *Torulopsis*. Auf synthetischen Nährböden kann die Wachstumsgeschwindigkeit auf das 2 bis 3fache erhöht werden.

übersetzt v. Th. C. Boetticher. 9160.

3-64/04-0702 Nehring, K., Bock, H.-D. und Wünsche, J.; Rostock, Oskar-Kellner-Inst. für Tierernähr. der Dtsch. Akad. der Landwirtsch.-Wiss. zu Berlin. **Die Eiweißqualität von „getoastetem" (dampferhitztem) und ungetoastetem Sojaextraktionsschrot.** Nahrung **7** (1963) Nr. 3. S. 233–242. — 7 Tab., 35 Lit. Zus. in Russ., Engl.

Es wurden 2 Proben Sojaextraktionsschrot derselben Sojabohnen-Provenienz, davon eine „getoastet" (dampferhitzt), biol., mikrobiol. und chem. auf ihre Eiweißqualität untersucht. Die Bestimmung der Urease-Aktivität und der Eiweißlöslichkeit zeigte den einwandfreien Verlauf der Dampferhitzung. Im Rohnährstoffgehalt und im aus den Säurehydrolysaten beider Proben ermittelten Aminosäuremuster ergaben sich keine Unterschiede. An wachsenden Ratten nach der N-Bilanzmethode durchgeführte Untersuchungen ergaben für die getoastete bzw. ungetoastete Probe eine biol. Wertigkeit von 68,6 bzw. 61,9; eine scheinbare Verdaulichkeit von 74,3 bzw. 60,6; eine wahre Verdaulichkeit von 87,8 bzw. 79,0. Die behandelte Probe zeigte ein um 56% besseres mikrobiol. Wachstum. Die mikrobiol. Bestimmung der essentiellen Aminosäuren in den enzymatischen Hydrolysaten ergab für die getoastete Probe für Cystin eine um 74,%, für Lysin eine um 71% und für Methionin eine um

29% bessere Verfügbarkeit. Die Verfügbarkeit der anderen Aminosäuren war nur gering erhöht. Bei der papierchromatographischen Bestimmung waren die Ergebnisse nicht so eindeutig. Die volkswirtschaftlichen Vorteile der Dampferhitzung von Sojaschrot liegen in der Möglichkeit, entweder 30% Sojaextraktionsschrot oder dafür 20% Fischmehl einzusparen. Die Ursachen der besseren Eiweißverwertung werden diskutiert. G. Leisner. 9170.

3-64/04-0703 Anonym. **Ein Fütterungsversuch in bezug auf die Beeinflussung des Fettgehaltes der Milch.** Mitt. Lehr- u. Versuchsanst. Viehhalt. Landwirtsch.-Kammer Schleswig-Holstein **33** (1963) Nr. 89. S. 7–8. 11.

Der sich in Vor-, Haupt- u. Nachperiode gliedernde Versuch wird eingehend erläutert. Im Ergebnis wurden bereits früher getroffene Feststellungen bestätigt, wonach Palmkern u. Kokoskuchen den Fettgehalt der Milch steigern können. Die Verwendung dieser Futtermittel ist ohne weiteres dort vertretbar, wo vom Grundfutter her (z. B. 25 kg gute Grünfuttersilage) die Voraussetzungen für eine gute Streichfähigkeit der Butter gegeben sind.

E. Kieslinger. 9170.

3-64/04-0704 Richards, E. L.; Palmerston North, New Zealand, Massey Univ. Coll. A quantitative study of changes in dried skim-milk and lactose-casein in the 'dry' state during storage. **(Quantitative Untersuchungen über Veränderungen in getrockneter Magermilch und Laktosecasein in trocknem Zustand während der Lagerung.)** J. Dairy Res. **30** (1963) Nr. 2. S. 223–234. – 12 Abb., 23 Lit.

Vf. beschreibt zuerst die Herstellungsverfahren der Trockenmagermilch (**I**) und des Laktose-Caseins (**II**) (getrocknet mittels Gefriertrocknung). Die Produkte wurden bei 45 °C und 75% relativer Luftfeuchtigkeit in luftdichten Gefäßen aufbewahrt. In beiden Materialien nahm die Braunfärbung während der untersuchten Lagerungsdauer bis 120 Tagen linear zu. Die Löslichkeit von **I** verminderte sich in den ersten 10 Tagen der Lagerung rasch, um dann fast konstant zu bleiben. Die Anzahl der freien Aminogruppen nahm bei **I** und **II** in den ersten Tagen ebenfalls stark ab und dann in linearer Form. In ähnlicher Weise verringerte sich der N der δ-Aminogruppen des Lysins von 40 mg auf ca. 10 mg je g Gesamt-N. In beiden Produkten nahm der Gehalt an Galaktose stark zu und erreichte nach 50–60 Tagen Lagerung ein Maximum (**I** = bis 60 mg und **II** bis 90 mg je g N). Dagegen stieg der Anteil der Lactulose nur bis ca. 10 mg und derjenige an Tagatose nur bis ca. 3 mg/g N. Die Zunahme des Reduktionsvermögens der Produkte lief parallel der Galaktosezunahme und ebenso die Bildung von 1-Amino-1-Desoxy-2-Ketose. Die Beziehungen der Ergebnisse zueinander und die Amadori-Umlagerung in Verbindung mit der Bildung eines Lactose-Proteinkomplexes werden diskutiert. H. Bergner. 9210.

3-64/04-0705 Ward, Gerald M.; Fort Collins, Colorado State. Univ. Potassium content of dried milk. **(Kaliumgehalte von Trockenmilch.)** J. Dairy Sci. **46** (1963) Nr. 6. S. 574–576. – 2 Tab., 8 Lit.

Vf. gibt umfangreiche Daten über die chemische Zusammensetzung der Trockenmilch bekannt. Er kam zu folgendem Ergebnis: 1. Der Gehalt an K war in entfetteter Trockenmilch 1959 signifikant höher als 1960. 2. Es gibt Gebiete, in denen die Milch immer höhere oder tiefere K-Werte aufweisen, wobei Unterschiede von 4,2 g/kg auftreten. 3. Wahrscheinlich werden diese Unterschiede durch Fütterung, Rasse und Klima hervorgerufen.

I. Lohse. 9210.

3-64/04-0706 Šulc, Josef. Možnosti výroby zakysaného mléka pro odchov telat. **(Herstellung von saurer Milch für die Kälberaufzucht.)** Průmysl Potravin **14** (1963) Nr. 6. S. 290–293.

Anstelle der im Jahre 1950 eingeführten Herstellung der Sauermilch, deren Acidität stieg und Kühlung erforderte und anstelle der Erzeugung derselben Milch in Trockenform, für deren Erzeugung jedoch der Zerstäubungstrockner nicht ausreichte, wurde die Erzeugung der Sauermilch mit Hilfe der Nisinkultur vorgeschlagen, die eine dauerhaftere und zum Tränken von Kälbern geeignete Milch liefert. Die Optimaltemperatur für die Kultur 30 °C, doch wächst die Kultur auch bei 15–37 °C und das weitere Sauerwerden hört automatisch auf, sobald die Acidität 32–38 ° SH erreicht. Bei diesem Prozeß bildet sich auch das Antibioticum Nisin und bei Einlagerung unter üblicher Temperatur übersteigt die Acidität nicht 40 ° SH. Die Erzeugung kann sowohl in der Molkerei, als auch in den landwirtschaftlichen Betrieben oder „fortsetzungsweise" stattfinden. Vor der Verfütterung müssen Farbe, Aroma, Qualität, Temperatur und Acidität kontrolliert werden. Bei der Säuerung muß man darauf achten, daß die Temperatur nicht unter 15 °C sinken darf. Vor dem Tränken kann die Milch aufgewärmt werden. ČSSR/ÚVTI. 9210.

3-64/04-0707 Kundrat, W.; München, Univ., Tierärztl. Fak., Inst. für Nahrungsmittelkunde. **Bakteriologie der Sauermilcherzeugnisse.** Milchwissenschaft **18** (1963) Nr. 5. S. 225–228.
Es wird über den Ursprung, die mikrobiologische Zusammensetzung, die Herstellung und die Fehler der einzelnen Sauermilchprodukte berichtet. In den Gebieten mit gemäßigtem Klima sind zuerst aus der sog. gestöckelten Milch oder Dickmilch die Säureweckerkulturen herausgezüchtet worden. Mit Säureweckerkulturen werden z. B. hergestellt: Buttermilch, geschlagene Buttermilch und Schwedenmilch. Bei der sog. bulgarischen Buttermilch werden Kulturen, die *Lactobacillus bulgaricus* enthalten, verwendet. In den nordischen Ländern wird die durch Schleimbildung stark fadenziehende Taette oder Taetmjölk hergestellt, in der Varianten von *Streptococcus lactis* und *Streptococcus cremoris* vorhanden sind. In Ländern mit einem warmen Klima besteht die Flora der Sauermilchprodukte aus *Lactobacillus bulgaricus, Streptococcus thermophilus* und *Lactobacillus jugurti*. Andere darin enthaltene Organismen wie Hefen und Milchsäurebakterien, sind als sekundäre Verunreinigungen anzusehen. Es wird ausführlich auf die Herstellung von Joghurt und Acidophilusmilch eingegangen. Erwähnung finden noch die folgenden Sauermilchgetränke: Kefir, Kumys, Skyr, Milchbranntwein und Steinmilch.
H. Hauke. 9210.

3-64/04-0708 Mehnert, Brigitte; München, Univ., Inst. für Tierhyg. **Probleme bei der Beurteilung von Sauermilcherzeugnissen.** Milchwissenschaft **18** (1963) Nr. 5. S. 228–231.
Die von verschiedenen Untersuchern festgestellte echte antibiotische Wirkung bei Sauermilchprodukten wurde von anderen nicht bestätigt. Es werden die Bedenken zurückgewiesen, daß durch den Genuß einer mit *Lactobacillus bulgaricus* gesäuerten Milch die lebenswichtige Coliflora vernichtet würde, da ihr Anteil in den Faeces des Menschen nur 1–5% ausmacht. Vf. konnte nachweisen, daß durch die Züchtung von *Lactobacillus acidophilus*-Stämmen in Gemeinschaft mit Milchstreptococcen eine Änderung der für *L. acidophilus* als artspezifisch geltenden Eigenschaften und der Zell- und Koloniemorphologie erreicht wird. Durch veränderte Züchtungsbedingungen gelang es, verlorengegangene Eigenschaften wie der herzustellen und weitere Abwandlungen zu schaffen. Die Untersuchungen haben gezeigt, daß die in der Gattung *Lactobacillus Beijerinck* zusammengefaßten Arten schwer voneinander abzugrenzen sind. Sauermilchprodukte können, selbst wenn sie lebensfähige, gelegentlich auch in der Darmflora des Menschen anzutreffende Milchsäurebakterien enthalten, nicht mehr leisten, als jedes zur Förderung der Darmflora verabreichte Präparat, das nur indirekt wirksam ist.
H. Hauke. 9210.

3-64/04-0709 Schmidt-Burbach, A. **Zur ernährungsbiologischen Beurteilung der Sauermilch.** Milchwissenschaft 18 (1963) Nr. 5. S. 232–233.

Von den Vorstellungen Metschnikoefs über den von ihm so stark propagierten Joghurt hat sich nur die der antagonistischen Wirkung von *Lactobacillus bulgaricus* auf Colibakterien bei Nachuntersuchungen bestätigt. Dadurch besteht die Gefahr, daß durch den Genuß von Joghurt die physiologischen Verhältnisse und die bakterielle Flora im Darm gestört werden können. Da Acidophilusmilch nachweislich eine geringere bakterizide Wirkung gegenüber Colibakterien besitzt, wird vorzugsweise ihr Genuß empfohlen. Eine Störung der physiologischen Verhältnisse im Darmtrakt ist durch Acidophilusmilch nicht zu befürchten. Die durch Sauermilchprodukte zugeführte Milchsäure wird bereits beim Übertritt in das Duodenum durch Bikarbonate der Pankreas- und Darmsäfte neutralisiert und kann nicht in die als Schranke für Fäulniserreger dienenden unteren Dünndarm- und oberen Dickdarmabschnitte gelangen. Es wird weiter in Erwägung gezogen, ob der Leibessubstanz der Sauermilchbakterien eine ernährungsphysiologische Bedeutung zukommt.

H. Hauke. 9210.

3-64/04-0710 Lembke, Andreas; Kiel, Bundesforsch.-Anst. für Milchwirtsch., Bakteriol. Inst. **Einfluß sauerer Milcherzeugnisse auf die Darmflora.** Milchwissenschaft 18 (1963) Nr. 5. S. 215–221.

Ob die in den Sauermilcharten vorkommenden Bakterien selbst eine Bedeutung für die menschliche Gesundheit haben, wird bezweifelt, da sie im Dünndarm normalerweise zerstört werden und nur unter besonderen Umständen den Dickdarm erreichen. Der Organismus des Menschen ist für eine Verdauung und Resorption saurer Milcherzeugnisse eingerichtet, ob diese vor Süßmilch ernährungsphysiologische Vorteile besitzen, ist bisher noch nicht bekannt. Nur bei einer Fermentschwäche des Verdauungstraktes oder aus anderen Gründen kommt es gelegentlich zu Überempfindlichkeitsreaktionen (Milchallergien). Vor dem Eintritt der unverdaulichen Reste der Nahrung in den Dickdarm sind die assimilierbaren, aus der Milch stammenden Nährstoffe schon resorbiert. Unter normalen Bedingungen erreichen Milchbestandteile nicht den Dickdarm. H. Hauke. 9210.

3-64/04-0711 Haenel, H.; Potsdam-Rehbrücke, Inst. für Ernähr. **Zu Beziehungen zwischen Sauermilcherzeugnissen und der Darmbesiedlung.** Milchwissenschaft 18 (1963) Nr. 5. S. 221–224.

Auf Grund des vorliegenden Schrifttums und aus der allgemeinen Kenntnis mikrobiologischer Verhältnisse nimmt der Vf. an, daß durch die spezifischen Bakterien der Sauermilcherzeugnisse die Standortflora des gesunden Menschen nicht oder nur unwesentlich oder vorübergehend beeinflußt wird. Es gibt Hinweise, daß Sauermilcharten bei bestimmten Erkrankungen, bei der Antibioticatherapie, in der Pädiatrie und Geriatrie günstige Wirkungen entfalten können. Es wird als notwendig erachtet, weitere Untersuchungen darüber anzustellen, ob und wie darmbakteriologische Situationen durch Sauermilcharten beeinflußt werden. H. Hauke. 9210.

3-64/04-0712 Fink, H.; Köln, Univ., Inst. für Gärungswiss. und Enzymchem. **Die experimentelle alimentäre Lebernekrose als empfindlicher Indikator bei thermischer Belastung der Milch. Über die Magermilchtrocknung.** Nahrung 7 (1963) Nr. 4. S. 277–299. – 10 Abb., 5 Tab., 10 Lit.

Vf. gibt eine Übersicht über seine umfangreichen Tierversuche von 1949–59. Werden entwöhnte Albinoratten mit einer Diät ernährt, die 10% Eiweiß aus Magermilchpulver enthält, so sterben bis zu 100% der Versuchstiere zwischen dem 30. und 60. Versuchstag an alimentärer Lebernekrose. Wird die gleiche Eiweißmenge aus frischer Magermilch geliefert, so überleben die Tiere den 120tägigen Aufzuchtversuch und zeigen eine höhere Wachstumsleistung. Walzenpulver waren i. allg. stärker nekroseauslösend als Sprühpulver. Durch Variationsexperimente wurde bewiesen, daß alle Befunde nicht auf das Tiermaterial oder eine ungeeignete Zusammenstellung der Diät, sondern eindeutig auf die Art der Trocknung der Magermilch zurückzuführen sind. Es werden dann die Möglichkeiten zur Ausschaltung des Effektes angegeben wie z. B. Zulage von Thioaminosäuren oder Vit. E, durch gemischte Kost oder durch Erhöhung der Dosis an Magermilchpulver. Letzteres zeigt an, daß beim Trocknen kein Gift, sondern eine Mangelhaftigkeit entsteht. Vf. behandelt dann in der Literatur erschienene Einwände gegen seine Versuche und diskutiert abschließend die Bedeutung der Magermilchtrocknung für die Ernährungslage der Welt. H. Bergner. 9210.

3-64/04-0713 Eichel, H. **Zur Verwendung von Milchzentrifugenschlamm in der Geflügelfütterung.** Arch. Tierernähr. **13** (1963) Nr. 2. S. 107–112. – 10 Lit.
Vf. verwendet in Küken- und Entenfutter sterilisierten, an der Luft getrockneten Milchzentrifugenschlamm (**I**) mit einem Keimgehalt von 1500 Bakterien pro g (pathogene Keime nicnt nachweisbar). In einem Vorversuch mit 22 Küken wurde vom 5.–14. Lebenstag nur **I** und Grünfutter, dann bis zum 70. Lebenstag 40% **I** und 60% Getreide und Grünfutter verabreicht. In der ersten Periode starben 7 Tiere, in der 2. Periode trat verstärkter Vit.-D-Mangel auf. Im Hauptversuch wurden 100 Küken ab 3. Lebenstag mit einem Kükenaufzuchtfutter und 100 mit einer ähnlichen Mischung, in der das Eiweißkonzentrat durch 20% **I** ersetzt worden war, gefüttert. 14 Tage nach Versuchsbeginn waren in der **I**-Gruppe 31 Küken verendet, in der Kontrollgruppe nur 2. Pathol.-histol. und mikrobiol. Untersuchungsbefunde werden mitgeteilt. – In einem ähnlichen Versuch mit je 100 Enten ab 24. Lebenstag ergaben sich nach 7wöchiger Fütterung in der **I**-Gruppe keine nachteiligen Folgen. Vf. schlußfolgert, daß hinsichtlich der prophylaktischen Bemühungen zur Gesunderhaltung der Tierbestände eine Verwendung von **I** in der Tierernährung nicht gerechtfertigt ist. H. Bergner. 9210.

3-64/04-0714 Ferrando, R., Henry, N. und Vaiman, M.; Alfort/Seine, École Nat. Vétérin. Études sur la valeur alimentaire des farines de viande. 2e note. **(Untersuchungen über den Nährwert von Fleischmehlen. 2. Mitt.)** Recueil Méd. vétérin. **138** (1962) Nr. 6. S. 457–461. – 3 Tab. Zus. in Engl., Ital. 1. Mitt. vgl. LZ. Abt. III 8 (1963) Nr. 2. S. 365.
Aus getrocknetem Rinderfilet wird bei 90 °C ein Fleischmehl hergestellt, ebenso ein Kollagen- und Elastinmehl aus Bindegewebe und Sehnen. Ratten werden mit folgenden Mischungen gefüttert: 40–90% Fleischmehl und 60 bis 10% Kollagen-Elastinmehl. Eine 7. Gruppe erhält Rinderfilet-Fleischmehl, das im Autoklaven bei 120 °C in 20 Min. gewonnen und dann bei 90°C getrocknet worden ist. Die Versuchsdauer beträgt 23 bis 25 Tage. Das durchschnittliche Endgewicht ist am höchsten bei Verfütterung von Filet-Fleischmehl, am niedrigsten bei Verabreichung von Bindegewebe- und Sehnenmehl. Bei den ersteren tritt keine Mortalität auf, bei den letzteren beträgt sie 100%. Die Abmagerung erfolgt sehr schnell und der Tod folgt kurz darauf. Es wird angenommen, daß diese Gewebe selbst schädliche Substanzen enthalten. Der biologische Wert der Proteinstoffe eines Fleischmehls wird bestimmt durch den Prozentsatz der Knochen, die Intensität und Art der für das Sterilisieren notwendigen Erhitzung und dem Elastin-Kollagen-Verhältnis. E. Tempel. 9220.

3-64/04-0715 Ferrando, R., Dangoumau, A. und Henry, N.; Alfort/Seine, École Vétérin.; Bordeaux, Inst. Municipal de Rech. sur l'Alimentation Humaine et Animale. Études sur la valeur alimentaire des farines de viande. 3e note. **(Untersuchungen über den Nährwert von Fleischmehlen. 3. Mitt.)** Recueil Méd. vétérin. **138** (1962) Nr. 9. S. 787–788. – 1 Tab., 3 Lit. 2. Mitt. vgl. vorst. Ref.

Aus getrocknetem Rinderfilet sowie aus getrocknetem Binde- und Sehnengewebe werden Mehlprodukte hergestellt sowie in bestimmten Prozentsätzen miteinander gemischt. Der Gehalt an den Aminosäuren Lysin, Cystin, Arginin, Methionin und Tryptophan wird sowohl bei den reinen Mehlprodukten als auch bei den Mischungen bestimmt. Die höchsten Werte weist das reine Fleischmehl auf, die niedrigsten das Mehl aus Sehnen- und Bindegewebe. Junge Ratten, die Futter ohne Lysin und Tryptophan erhalten, wachsen überhaupt nicht, sterben aber nicht. Vff. nehmen an, daß der Gewichtsverlust und die ansteigende Mortalität, die nach Maßgabe des Prozentgehaltes des Fleischmehles an Binde- und Sehnengewebe beobachtet wird, eine andere Ursache haben als ein Mangel an Aminosäuren, insbesondere an Lysin. E. Tempel. 9220.

3-64/04-0716 Kraus, V. Využití konfiskátů z jatek ke krmným účelům. **(Verwendung von Schlachthauskonfiskaten zu Fütterungszwecken.)** Veterinářství **13** (1963) Nr. 4. S. 185. – 1 Abb.
Im Jahre 1961 hörten die Kafillereien im Kreise Znojmo auf, die Schlachthauskonfiskate zu beziehen, und die Veterinärbehörde des Kreises entschied, daß die Konfiskate aus den Schlachthäusern zu Geflügelfutter verarbeitet werden, soweit sie dazu geeignet sind. In den Schlachthäusern wurden von 2 landwirtschaftlichen Betrieben fahrbare Kartoffeldämpfkolonnen als Dampfgeneratoren, sowie Walzenschrotmühlen installiert. Die Konfiskate werden 4–5 Stunden bei 120 °C gekocht und in den Walzenschrotmühlen zu einer Fleischpaste verarbeitet. ČSSR/ÚVTI. 9220.

3-64/04-0717 Taščilin, V. A. Mjaso-kostnaja muka otečestvennogo proizvodstva i ee ispol'zovanie pri mjasnom otkorme svinej. **(Das Fleischknochenmehl einheimischer Produktion und seine Verwendung bei der Fleischmast der Schweine.)** Izvestija Timirjazevskoj sel'skochozjajstvennoj akademii, Moskva **1962** Nr. 4. S. 127–141. – 13 Tab., 25 Lit. Zus. in Engl.
Bei Fütterungsversuchen an Schweinen ergibt sich, daß die Menge an Fleischknochenmehl von 3% für die gesamte Mastperiode auf 1,5% gesenkt werden kann, wenn es durch Leinkuchen ersetzt wird; dabei sinkt die Produktivität nicht. Der vollständige Ersatz von Fleischknochenmehl durch pflanzliche Eiweißfuttermittel (Erbsen, Leinkuchen) ist möglich bei Ausgleich des Gehaltes an Mineralstoffen, Vitaminen und Aminosäuren. K. Witt. 9220.

3-64/04-0718 Steinke, F. H., Bird, H. R. und Strong, F. M.; Madison, Wis., Univ., Coll. of Agric. Unidentified chick growth factor in fish solubles. **(Der nichtidentifizierte Küken-Wachstumsfaktor in Fischpreßwasser.)** J. Nutrit. [Philadelphia] **80** (1963) Nr. 1. S. 60–68. – 7 Tab., 4 Lit.
Der in Menhaden-Fischpreßwasser vorkommende nichtidentifizierte Wachstumsfaktor wurde nach verschiedenen Verfahren in einzelne Fraktionen aufgeteilt und diese in Fütterungsversuchen von 4 Wochen Dauer neben einer gereinigten Diät an Küken geprüft. Die mit den einzelnen Fraktionen gegenüber dem Fischpreßwasser in toto erzielten Gewichtszunahmen zeigten zunächst, daß der Wachstumsfaktor organischer Natur und dialysierbar ist. Ferner konnte etwa die Hälfte der Aktivität mit Wasser oder 50%igem Äthylalkohol und etwa $^1/_3$ mit 80%igem Alkohol extrahiert werden. Bei Prüfung der wasserlöslichen Fraktionen an einem Kationenaustauscher erwies sich diese als schwache Base. Von einem stark basischen Anionenaustauscher wurde etwa die Hälfte der Aktivität festgehalten und konnte mit NaOH eluiert werden. Unter stark sauren Bedingungen war der Faktor stabil, während er durch Alkali teilweise zerstört wurde. L. Sperling. 9230.

3-64/04-0719 Rasheed, A. A., Oldfield, J. E., Kaufmes, J. und Sinnhuber, R. O.; Corvallis, Oreg., Univ. Nutritive value of marine oils. I. Menhaden oil at varying oxidation levels, with and without antioxidants in rat

diets. **(Nährwert von marinen Ölen. 1. Mitt. Menhaden-Öl von verschiedenem Oxydationsgrad mit und ohne Antioxydantien in Rattendiäten.)** J. Nutrit. [Philadelphia] **79** (1963) Nr. 3. S. 323–332. – 11 Tab., 31 Lit.
In Versuchen an Albinoratten mit einer halbsynthetischen Grundkost förderte die 10%ige Beigabe von reinem aus Menhaden-Öl abgetrenntem Triglycerid das Wachstum in gleichem Maße wie Schweineschmalz. Nach künstlicher starker Oxydation (Peroxydwerte von 125 bis 310) verursachte das Triglycerid Fettsucht, Lebervergrößerung und hohe Werte von Malonaldehyd im Blut und den Ausscheidungen der Tiere. Nach besonderer Behandlung des Öles mit Ton und Kohle zur Entfernung des Geruches, der freien Fettsäuren und Pigmente erlitt es innerhalb 24 Std. eine starke Oxydation und führte bei Verfütterung in Mengen von 15% zu den vorher genannten und anderen toxischen Erscheinungen. Diese konnten durch den Zusatz der Antioxydantien Santoquin oder α-Tocopherol zu den oxydierten Ölen vermindert werden. Eine ausführliche Diskussion der durch das oxydierte Öl hervorgerufenen Stoffwechselveränderungen beschließt die Arbeit.
L. Sperling. 9230.

3-64/04-0720 Lohmann, K., Haenel, H. und Grütte, F.-K.; Potsdam-Rehbrücke, Inst. für Ernähr. der Dtsch. Akad. der Wiss. zu Berlin. **Hinweise für konservierende Wirkungen synthetischer Senfölbildner nach Versuchen an Fischen.** Ernährungsforschung **8** (1963) Nr. 1. S. 83–91.
Frischgefangene Plötzen, 50–150 g schwer, werden mit Eis vermischt, in das in verschiedenen Konzentrationen 2-Thion-3-benzyl-5-β-Carboxyäthyl-2-thion-1,3,5-tetrahydrothiadiazin (D 4720) oder Chlortetracyclin (CTC) eingefroren worden ist, und bei 1–3 °C aufbewahrt. Im Verlauf der folgenden 50 Tage werden im Gewebe und Schmelzwasser zum Fäulnisnachweis Gesamtkeimzahl- und Redoxpotentialbestimmungen durchgeführt. Die verzögernde Wirkung geringer CTC-Zusätze (5–10 ppm zum Eis auf die Keimvermehrung bei konservierten Fischen wird bestätigt. Während sich der Zusatz von D 4720 (10, 25 oder 50 ppm) geringer auf die Haltbarkeit auswirkt als CTC, wird die konservierende Wirkung von CTC durch Kombinieren mit D 4720 verstärkt.
B. Gaßmann. 9230.

3-64/04-0721 Nowak, E. **Untersuchungen über die Verwendung von desodorisiertem Fischmehl in der Kükenmast.** Bodenkultur [Wien], Ausg. A **14** (1963) Nr. 2. S. 179–184.
Vf. berichtet über einen Kükenmastversuch (insges. 150 Tiere), der zur Überprüfung des handelsüblichen Fischmehls „Biovin“ auf die Beeinflußbarkeit des Fleisches angestellt wurde. Die Tiere wurden in 6 Gruppen geteilt und erhielten Gaben von desodorisiertem Fischmehl bis Versuchsende über handelsübliches Fischmehl sowie fischmehlfreie Ration. Die Analysenergebnisse zeigten, daß in der Futterwirkung keine erheblichen Unterschiede zu erwarten sind. Es ging ja auch hauptsächlich um die Fleischqualität. Ein anschließendes Verkochen und Verkosten der Junghühner ergab, daß ausschließliche Verfütterung von desodorisiertem Fischmehl keine Geschmacksbeeinträchtigung bewirkte. Bei ebensolcher Verabreichung von nur handelsüblichem Fischmehl war ein starker Trangeschmack vorherrschend.
M. Richter. 9230.

3-64/04-0722 Flanzy, J., Rocquelin, G. und Pihet, Andrée. Mesure de l'absorption d'oxygène par les farines de poisson. Application à leur stabilisation par les antioxygènes. **(Messung der Sauerstoffabsorption in Fischmehlen. Verwendung von Antioxydantien für die Stabilisierung.)** Ann. Zootechnie **11** (1962) Nr. 4. S. 263–272. – 6 Abb., 2 Tab., 12 Lit. Zus. in Engl.
Beim Studium der Möglichkeit, die Oxydation von Fischmehl durch synthetische Antioxydantien zu verhindern oder zu verzögern, erwies sich die

Messung der Sauerstoffabsorption als günstigste Methode für die Bestimmung der Veränderung der Fette. Die damit erhaltenen Resultate zeigen, daß die Zugabe von 0,1% Santoquin oder BHT zu Fischmehlen die Sauerstoffabsorption stark erniedrigt. Durch Gebrauch dieser Mittel können daher die für die Verfütterung ungünstigen Veränderung der Fischmehle, u. a. auch ihre „Carbonisierung" während des Transportes, unterdrückt werden. L. Sperling. 9230.

3-64/04-0723 Waterhouse, H. N. und Scott, H. M.; Urbana, Ill., Agric. Exp. Stat. Supplemental value of fish meal protein in relation to other sources of protein in the test diet. **(Ergänzungswert von Fischmehl-Protein im Verhältnis zu anderen Proteinquellen in der Versuchskost.)** Poultry Sci. **41** (1962) Nr. 6. S. 1936–1939. – 2 Tab., 6 Lit.
In 12 kurzfristigen Versuchen, die in 3facher Wiederholung mit je 10 in elektrisch beheizten Batterien gehaltenen Küken durchgeführt wurden, gelangten 2 Fischmehle als einzige Eiweißquelle und als Ergänzung von Aminosäuren anderer Proteine in Versuchsdiäten zur Prüfung. Die beiden Fischmehle unterschieden sich, wenn sie die einzige Aminosäurequelle bildeten, in ihrer wachstumsfördernden Wirkung sehr wesentlich, zeigten dagegen in Diäten zusammen mit anderen Aminosäurequellen keine signifikanten Unterschiede. Es erscheint daher notwendig, für die Prüfung der Ergänzungswirkung des Eiweißes von Fischmehlen die spezifische Ration zu benutzen, in der das Fischmehl verwendet werden soll. L. Sperling. 9230.

3-64/04-0724 Doboszýnska, B., Ganowiak, Z. und Więrzchowski, J.; Gdańsk, Med. Akad., Lehrstuhl für Lebensmittelchem. **Untersuchungen über die Verwertung von Calcium- und Phosphorsalzen aus Fischgrätenmehl einiger Frischfische und Fischkonserven bei der Verfütterung.** Nahrung 7 (1963) Nr. 4. S. 335–340. – 4 Tab., 9 Lit.
Je 5 Ratten im Alter von 30 Tagen erhielten für 28 Tage in einem verdunkelten Raum folgende Diäten: Diät nach Steenbock Nr. 2935 (**I**); **I** ohne $CaCO_3$ (**II**); **II** + 5% Grätenmehl von Frischfischen (**III**); **II** + 5% Grätenmehl von Fischkonserven (**IV**). Die mittlere Gewichtszunahme betrug bei **I** 31,2 g; bei **II** 13,4 g; **III** 40,6 g und **IV** 43,6 g. Von allen Einzeltieren wird die Epiphysenbreite und der Verkalkungsgrad der Tibien mitgeteilt. Der Ca-Gehalt der Tibien betrug 11,4; 11,8; 16,3 und 16,8% und der P-Gehalt 2,5; 3,3; 6,9 und 7,5% (in der Reihenfolge **I, II, III, IV**). Vff. schlußfolgern, daß die genannten Mineralien sowohl aus frischen als auch konservierten Fischen gut aufgenommen und verwertet werden. Daneben zeigten die verfütterten Fischgrätenmehle eine gute prophylaktisch-antirachitische Wirkung auf junge Ratten. H. Bergner. 9230.

3-64/04-0725 Todd, A. C. E.; Brisbane, Queensland, Dep. of Agric. and Stock. A comparison of Queensland whale meals and fish meal as a protein supplement for grain-fed pigs. **(Ein Vergleich von Queensland-Walmehlen und Fischmehl als Eiweißergänzung für mit Getreide gefütterte Schweine.)** Austral. J. exp. Agric. Animal Husbandry **3** (1963) Nr. 8. S. 69–71. – 2 Tab.
In einem Mastversuch wurde Walfleischmehl und Walfleischknochenmehl gegenüber Fischmehl verglichen. Die Zunahmen war in allen 3 Gruppen zufriedenstellend. Walfleischmehl schien weniger schmackhaft zu sein. Der Eiweißgehalt des Walfleischmehles wechselte von Sack zu Sack beträchtlich. Die Futterkosten lagen in der Walfleischgruppe am günstigsten.
G. Leisner. 9230.

3-64/04-0726 Ammermann, C. B., Arrington, L. R., Loggins, P. E., McCall, J. T. und Davis, G. K. Nutritive value of dried tomato pulp for ruminants. **(Der Nährwert getrocķneter Tomatenpülpe für Wiederkäuer.)** J. agric. Food Chem. **11** (1963) Nr. 4. S. 347–349. – 4 Tab., 15 Lit. 9250.

C. MISCH- UND ZUSATZFUTTERMITTEL

3-64/04-0727 Hemingway, R. G.; Glasgow, Univ. Mineral supplements for sheep. **(Mineralstoffzusätze für Schafe.)** J. Sci. Food Agric. **14** (1963) Nr. 2. S. 75–79. – 1 Tab., 11 Lit.

Es wird der Mineralstoffgehalt von 12 in England gehandelten Mineralstoffmischungen für Schafe und die mit 15 g dieser Mischung verabreichte Mineralstoffmenge mitgeteilt. Alle Mischungen deckten bei Tagesgaben von 15 g 50% des Ca-Bedarfs der Schafe. Die meisten Präparate enthielten in 15 g 15–35% des P-Bedarfes, nur eine Mischung lag unter diesen Werten. Im Mg-Gehalt konnte nach Ansicht des Vf. keines der Präparate befriedigen, im Cu-Anteil waren 3 unzureichend, während der Co-Anteil in allen Mineralstoffmischungen ausreichte. M. Anke. 9350.

3-64/04-0728 *Orth, Adolf.* **Silage und ihre Verfütterung.** Für die landwirtschaftliche Praxis geschrieben. 2. verb. Aufl. Frankfurt (Main): DLG-Verlag. 1963. (117 S. m. Abb. u. Tab.) 14,5 × 21,5 cm. DM 5,80. In dem vorliegenden Buch vermittelt uns der Vf. neue Erkenntnisse und praktische Erfahrungen über die Gewinnung und den rationellen Einsatz von Silage im Stall sowie über die Auswirkung auf Milchleistung und -qualität. Nach der Erläuterung der wesentlichen Grundlagen der Gärung werden die Methoden und die technischen Möglichkeiten zur Gewinnung einer einwandfreien Silage besprochen. So sind die Vor- und Nachteile des Flach- und Hochsilos, die Möglichkeiten des Luftabschlusses und der Technisierung der Entnahme einer vergleichenden Betrachtung unterzogen worden. Ein bes. Kapitel ist dem Harvestore-Silo gewidmet. An Hand der guten und schlechten Erfahrungen der Praxis, der Forschungsergebnisse des eigenen Instituts und der Literatur vermittelt uns der Autor ein abgerundetes Bild über die Möglichkeiten des rationellen Einsatzes der Silage bei den verschiedenen Tierarten bzw. Produktionsrichtungen. In diesem Zusammenhang verdienen die Hinweise für die Gewinnung von Qualitätsmilch bei Silagefütterung bes. Erwähnung. Das mit zahlreichen Abbildungen ausgestattete Buch ist eine erfreuliche Bereicherung des Schrifttums über Silage. B. Piatkowski.

3-64/04-0729 *Wöhlbier, W.* **Die Futtermittel.** Ein Taschenbuch für Beratung, Unterricht und Praxis. Frankfurt Main: DLG-Verlag. 1963. (158 S. m. Tab.) 15 × 22,5 cm. DM 9,80. Bereits im Titel des Buches wird vermerkt, für welchen Benutzerkreis das Werk bes. geeignet ist. Die verschiedenen Probleme sind daher in sehr kurzen und straffen, aber übersichtlichen Formen abgehandelt worden. Eingangs definiert der Autor einige durchaus geläufige Bezeichnungen, wie Grundfutter, Beifutter, wirtschaftseigenes Futter u. a. So empfiehlt er, den Ausdruck „Grundfutter" nur bei Fütterungsversuchen zu verwenden. – Die Besprechung der einzelnen Futterstoffe erfolgt in alphabetischer Reihenfolge, ähnlich wie die Anordnung in den bekannten Futterwerttabellen der DLG. Jeder Futterstoff ist mit folgenden Angaben gekennzeichnet: dem lateinischen Namen, dem Gehalt an Tr.-Subst. und Rohprot., dem Futterwert (St.E., verdaul. Prot.) für Wiederkäuer und Schweine sowie dem Hinweis auf bestimmte Gefahren beim Einsatz. Der Mineralstoffgehalt ist mit „niedrig", „mittel" oder „hoch" charakterisiert. Im Anschluß daran werden einige sehr wichtige Probleme behandelt, u. a. das Futtermittel im Blickpunkt des Viehhalters, Beraters, Herstellers und Handels sowie seine Preiswürdigkeit und sein geplanter Einsatz im Betrieb. Tabellen für den Nähr- und Mineralstoffbedarf, Angaben über Antibioticazusätze, Erläuterung der Bewertungsschlüssel für Heu und Silagen und die Aufführung der Richtlinien für die Probenahme ergänzen die vorangestellten Kapitel in wertvoller Weise. Ein Schlagwortregister am Schluß des Buches erlaubt dem Benutzer eine schnelle Orientierung. B. Piatkowski.

3-64/04-0730 *Brüggemann, Johs.* und *Niesar, K.-H.* **Studien zur industriellen Mischfutterherstellung. 2. Mitt. Der Einfluß der morphologischen Beschaffenheit der Mischkomponenten auf den Homogenitätsgrad einer Mischung.** Hamburg: Fachverband der Futtermittelindustrie e. V. 1962. (94 S. m. Abb. u. Tab.) 14,5×21 cm. DM 8,50. — 1. Mitt. vgl. LZ. Abt. III 7 (1962) Nr. 6. S. 1295. Im 1. Teil der Borschüre stellen Vff. auf der Grundlage von Modellversuchen die Gesetzmäßigkeiten für die Zufallsverteilung von Mischkomponenten beim Mischprozeß, die Zufallsverteilung in Abhängigkeit von der Partikelzahl und -größe, die Errechnung der Standardabweichung für die Zufallsverteilung des Wirkstoffgehaltes verschiedener Präparate und verschiedener Mischfutterkomponenten nach Untermischung im Fertigfutter dar. Methodische Untersuchungen über das Entmischungsproblem, über Ursachen und Möglichkeiten zur Vermeidung der Entmischung eines homogenen Mischgutes werden im 2. Teil beschrieben. Nach einer Zusammenfassung der Ergebnisse werden praktische Hinweise für die Herstellung einwandfrei homogener Mischfuttermittel und für die richtige Probenahme zur objektiven Ermittlung ihres Homogenitätsgrades gegeben. Die Broschüre ist allen in der Mischfutterindustrie tätigen leitenden Technologen, darüber hinaus entspr. Spezialisten der Maschinenbauindustrie sowie den in der Mischfutterindustrie tätigen Landwirten zu empfehlen. H.-D. Bock.

FISCHEREI

B. BIOLOGIE DER FISCHEREILICHEN NUTZTIERE

Biologie der Fische

3-64/04-9001 Judanov, I. G.; Murmansk, Forsch.-Inst. für Hochseefischerei und Ozeanogr. des Polargebietes. Nekotorye čerty biologii sel'dej Severo-Zapadnoj Atlantiki. **(Einige Merkmale der Biologie der Heringe des Nordwest-Atlantiks.)** Rybnoe chozjajstvo, Moskva **39** (1963) Nr. 4. S. 7–11. – 3 Tab.

Die Entdeckung größerer Heringsvorkommen und die Aufnahme einer Hochseefischerei durch die UdSSR vor der nordamer. Atlantikküste haben auch zu neuen Erkenntnissen hinsichtlich der Biologie der Heringe (*Clupea harengus*) in diesem Gebiet geführt. Vf. konnte mehrere lokale Rassen nachweisen und macht Angaben über Reifestadien und Wanderwege der Heringe in diesem Gebiet. Auch über Larvenfunde und Nahrungsuntersuchungen an Heringen dieses Gebietes wird berichtet. Nach den Untersuchungen des Vf. unterscheiden sich die Heringe vor der nordamer. Küste von dem atlanto-skandischen Hering deutlich durch plastische und meristische Merkmale.

G. Predel. 6080.

3-64/04-9002 Zacharov, G. P.; Murmansk, Forsch.-Inst. für Hochseefischerei und Ozeanogr. des Polargebietes. Morskoj okuń nad okeaničeskimi glubinami. **(Der Rotbarsch über den ozeanischen Tiefen.)** Rybnoe chozjajstvo, Moskva **39** (1963) Nr. 4. S. 12–15. – 3 Abb., 1 Tab.

Bereits seit längerer Zeit ist bekannt, daß Rotbarsche im Pelagial über großen Tiefen im Nordatlantik gefangen werden. Im Jahre 1962 wurden von dem Forschungsschiff „Pobeda" östlich und westlich Grönlands in 200–550 m Tiefe Versuchsfänge mit dem pelagischen Schleppnetz auf Rotbarsch durchgeführt. Bei insgesamt 73 Hols wurden 77 Rotbarsche gefangen. Die Fangzeit lag zwischen dem 4. und 22. Juni. Hauptsächlich wurde *Sebastes mentella* gefangen. Es werden weiter Angaben über die Geschlechtsreife der Rotbarsche gemacht.

G. Predel. 6080.

3-64/04-9003 Špet, G. I., Charitonova, N. N. und Bakunenko, L. A.; Kiew, Forsch.-Inst. für Fischwirtsch. der Ukrain. Akad. der Landwirtsch.-Wiss. K sravnitel'noj morfologii žabernogo apparata karasja i karpa v svjazi s različijami v ich pitanii. **(Zur vergleichenden Morphologie des Kiemenapparates von Karausche und Karpfen im Zusammenhang mit ihrer unterschiedlichen Ernährung.)** Zoologičeskij žurnal, Moskva **40** (1961) Nr. 11. S. 1691–1695. – 1 Abb., 1 Tab., 6 Lit. Zus. in Engl.

Die Arbeit berichtet über vergleichende Untersuchungen der postembryonalen Ontogenese des Kiemenapparates von Karausche (*Carassius carassius*) und Karpfen (*Cyprinus carpio*) im Hinblick auf seinen Wert für das Seihen der Nahrung. Danach sind bei der Karausche sowohl die Zahl als auch die Länge der Kiemendornen größer als beim Karpfen. Der gesamte Filterapparat ist bei der Karausche feiner als beim Karpfen. Dadurch ist die Karausche besser an die Aufnahme kleinerer planktischer Nahrung angepaßt, als es beim Karpfen der Fall ist.

G. Predel. 6085.

3-64/04-9004 Nursall, J. R.; Edmonton, Univ. of Alberta, Dep. of Zool. The hypurapophysis, an important element of the caudal skeleton. **(Die Hypurapophyse, ein wichtiges Element des Schwanzskeletts.)** Copeia [Philadelphia] **1963** Nr. 2. S. 458–459. –,1 Abb., 5 Lit.

Vf. hat 115 Fischarten aus 31 Familien und 10 Ordnungen auf einen von früheren Autoren beschriebenen Fortsatz im Schwanzskelett hin untersucht. Für den beschriebenen Fortsatz wird die Bezeichnung Hypurapophyse vorgeschlagen. Die Hypurapophyse sitzt seitlich dem Hypuralknochen auf, der dem Terminalwirbel anliegt. Zusätzlich zu den bereits 1937 von Ford genannten Familien fand Vf. die Hypurapophyse bei folgenden Fischfamilien: Clupeidae, Salmonidae, Catostomidae, Cyprinidae, Ictaluridae, Gasterosteidae, Nematistiidae, Coryphaenidae, Sphyraenidae, Atherinidae und Holocentridae. M. Hegemann. 6085.

3-64/04-9005 Hewitt, Richard E., Word, Lovie W., Haskins, Edna F. und Haskins, Caryl P.; Washington, Carnegie Instn. Electrophoretic analysis of muscle proteins in several groups of poeciliid fishes especially the genus Mollienesia. **(Elektrophoretische Analyse von Muskelproteinen verschiedener Gruppen von Poeciliiden, besonders der Gattung Mollienesia.)** Copeia [Philadelphia] **1963** Nr. 2. S. 296–303. – 10 Abb., 22 Lit.
Die wasserlösliche Fraktion des Muskelproteins von 20 Arten des Poeciliiden aus 8 Gattungen ist elektrophoretisch zur Bestimmung von Verwandtschaftsbeziehungen getrennt worden. Bes. Berücksichtigung fand die Gattung *Mollienesia* und hierbei spez. die morphologisch polytypische Art *M. sphenops*, innerhalb der sich mehrere geographisch isolierte Rassen nachweisen ließen. Die Einführung der Methode in die Taxonomie der Poeciliiden und in das Studium der Evolution geographisch isolierter Populationen wird diskutiert. M. Hegemann. 6085.

3-64/04-9006 Morawa, F. **Die Fettspeicherung bei unseren Barsch-Arten (Barsch, Kaulbarsch, Forellenbarsch und Zander).** Fischwirt **13** (1963) Nr. 8. S. 241–244. – 1 Abb., 2 Tab., 2 Lit.
Die Fettspeicherung wird hauptsächlich durch Nahrungsangebot, Freßzeiten, Klima und Reifezyklus beeinflußt. Alle Barscharten können erhebliche Fettmengen in der Leibeshöhle speichern, während der Fettanteil im Fleisch kaum 1–2% übersteigt. Die Fettgehalte werden im Hinblick auf jahreszeitliche Schwankungen am ausführlichsten bei *Perca fluviatilis* geschildert. Einzelne Angaben über die Fettgehalte verschiedener Körperteile legt Vf. vor für *Acerina cernua*, *Micropterus salmoides salmoides* und *Lucioperca sandra*. Für *P. fluviatilis* aus dem Großen Plöner See wird angeführt, daß die Leibeshöhle (ohne Leber) zur Laichzeit nur 2–5% Fett aufweist, etwa im Aug. aber 10–50%. Der Leberfettgehalt beträgt im Jahresmittel 3–5%, Rogen und Milch enthalten 2–4% Fett. G. Merla. 6085.

3-64/04-9007 Morawa, F. **Wie reagieren Coregonen (Renken, Felchen oder Maränen) auf Veränderungen in ihrem Lebensraum?** Allg. Fischerei-Ztg. **88** (1963) Nr. 18. S. 520–522. – 2 Abb., 4 Lit.
Jeder Fischkörper widerspiegelt Vorgänge, die sich in seinem Inneren (Reifezyklus u. a.) und im Lebensraum (Nahrung, Klima u. a.) vollziehen. Diese Faktoren äußern sich vor allem in der Masse und im Fettgehalt der Fische. Vornehmlich am Beispiel der sich im Jahresablauf verändernden Fettanteile bei *Coregonus fera* und *C. albula* wird die Auswirkung der Gesamtheit aller Faktoren aufgezeigt. Im Frühjahr ist ein starker Anstieg des Fleischfettgehaltes in allen Körperteilen bei ersterer Fischart zu verzeichnen, Bauchlappen und Rückenstück werden bes. fett. Im Spätsommer beginnen die Geschlechtsorgane zu wachsen und das Nahrungsangebot wird geringer. Nach der Laichzeit und im Winter ist am wenigsten Fett vorhanden. Ähnliche Verhältnisse liegen bei *C. albula* vor, wobei zufolge von Besonderheiten in 3 verschiedenen Seen etwas variierende Fettgehalte nachgewiesen wurden. G. Merla. 6085.

3-64/04-9008 Trautner, Klaus. **Über die Verteilung des Glykogens bei einigen Plattfischarten und Beziehungen zwischen dem Glykogengehalt und dem Geschlecht der Fische.** Veröff. Inst. Meeresforsch. Bremerhaven **8** (1963) Nr. 2. S. 179–185. – 3 Abb., 19 Lit.
Die Untersuchungen sind vorwiegend an Flundern (*Pleuronectes flesus*) in der Größe zwischen 20 und 30 cm ausgeführt worden. Daneben ist auch eine

Anzahl von Schollen (*P. platessa*) und Scharben (*P. limanda*) mit berücksichtigt worden. In der Rumpfmuskulatur der physiol. Oberseite ist der Glykogengehalt geringer als in der physiol. Unterseite der Fische. Bei Einteilung des Fisches in einen Kopf- und 3 Körperabschnitte zeigt sich, daß der höchste Glykogengehalt in der Muskulatur des Rumpfendes vorliegt. Die Flunder-♂♂ besitzen einen höheren Glykogengehalt als die ♀♀. Die entsprechenden Werte verhalten sich wie 1:1,45. M. Hegemann. 6085.

3-64/04-9009 Zwillenberg, L. O. **Histochemische Beobachtungen am Saccus vasculosus der Forelle.** Z. Zellforsch. mikroskop. Anatom. **54** (1961) Nr. 4. S. 437–442. – 2 Abb., 14 Lit.

Es wird der Saccus vasculosus der Regenbogenforelle (*Salmo gairdneri*) und der Bachforelle (*S. trutta fario*) histochem. untersucht. Isolierte Kronenzellen und Gruppen von Kronenzellen waren wenig stark und unspezifisch durch Alcianblau färbbar. Eine Perameisensäure-Anilin-Aldehyd-Thionin-Reaktion zeigte, daß solche Zellen mehr Disulfidgruppen enthalten als benachbarte nicht färbbare Zellen. Dieser höhere Disulfidgehalt in Verbindung mit der Färbbarkeit durch Alcianblau braucht nicht notwendigerweise mit der Gegenwart von sauren Mukopolysacchariden zusammenzufallen, die in einigen Fällen im Cytoplasma der Kronenzellen angetroffen wurden. Es wird die Hypothese diskutiert, daß das Zystin gespeichert werden kann und von den Kronenzellen als Vorläufer der sauren Mukopolysaccharide verwendet wird.

E. Amlacher. 6085.

3-64/04-9010 Jansen, W. F. und Kamer, J. C. van de. Histochemical analysis and cytological investigations on the coronet cells of the Saccus vasculosus of the rainbow trout (Salmo irideus). **(Histochemische Analyse und cytologische Untersuchungen über Kronenzellen des Saccus vasculosus der Regenbogenforelle [Salmo irideus].)** Z. Zellforsch. mikroskop. Anatom. **55** (1961) Nr. 3. S. 370–378. – 8 Abb., 22 Lit.

In dem Lumen des Saccus vasculosus und in den Kügelchen („Härchen") und Basalkörperchen der Kronenzellen wurden saure Mukopolysaccharide gefunden, die schwefelig-saure Gruppen enthalten. Desgleichen wurden zu dem Zellgefüge gehörige Proteine nachgewiesen. Die sauren Mukopolysaccharide im Inneren des Organlumens scheinen keine Proteine und Lipide in nachweisbarer Menge zu enthalten. Die Gegenwart von Cystinmolekülen in einigen Kronenzellen ist sehr wahrscheinlich. Die Lokalisation und die Art der Synthese saurer Mukopolysaccharide innerhalb der Kronenzellen wird diskutiert. E. Amlacher. 6085.

3-64/04-9011 Singh, Thakur Prasad und Sathyanesan, A. G.; Varanasi, Banarus Hindu-Univ. On the cellular differentiation of the coronet cells in the Saccus vasculosus of the freshwater catfish Callichrous pabda Ham. **(Über die zelluläre Differenzierung der Koronarzellen im Saccus vasculosus des Süßwasserwelses Callichrous pabda.)** Sci. and Cult. [Calcutta] **29** (1963) Nr. 5. S. 254–255. – 1 Abb., 8 Lit.

Bei *C. pabda* sind wohlausgebildete Koronarzellen sowie dazugehörige Stützzellen im Saccus vasculosus vorhanden. Über die Funktion des Saccus wie auch der Koronarzellen können bisher nur Vermutungen geäußert werden. Man nimmt an, daß beide Elemente bei der Perzeption und Regulierung von Druckdifferenzen in verschiedenen Wassertiefen eine Bedeutung haben. Im vorliegenden Fall reagieren die Koronarzellen unterschiedlich auf PAS. Einige sind ausgesprochen PAS-positiv, andere negativ mit allen möglichen Übergängen. Der größere Prozentsatz reagiert negativ. Bei einigen Zellen ist nur die Kronenpartie färbbar. Die verschiedenen PAS-Reaktionen der Koronarzellen scheinen die Sekretionshypothese einiger Autoren zu stützen.

M. Hegemann. 6085.

3-64/04-9012 Winn, Howard E. und Marshall, Joseph A.; College Park, Univ. of Maryland. Sound-producing organ of the squirrelfish, Holocentrus rufus. **(Das lauterzeugende Organ von Holocentrus rufus.)** Physiol. Zoöl. **36** (1963) Nr. 1. S. 34–44. – 4 Abb., 4 Tab., 9 Lit.
Durch gleichzeitige Kontraktion zweier bilateraler Muskeln wird die Schwimmblase in Vibration versetzt. Vergleiche zwischen normalen und operierten Tieren zeigten, daß die Entfernung eines Lautmuskels ohne Folgen auf die Lauterzeugung blieb. Ebenso hatte die Entfernung der Opercula keine erkennbaren Folgen. Beim Entfernen des Suprascapular kam es zu einer Lautzahlminderung, während die Zahl der Laute bei Verletzung der Schwimmblase anstieg. Gegenüber dem normalen Fisch nahm bei einseitiger Entfernung des Muskels die Schwingungszahl ab, wurden dagegen beide Opercula amputiert, ließ sich keine signifikante Abnahme verzeichnen, so daß angenommen werden muß, daß die Opercula für die Lauterzeugung ohne Bedeutung sind. M. Hegemann. 6085.

3-64/04-9013 Pfeiffer, Wolfgang. **Verbreitung der Schreckreaktion bei Fischen und die Herkunft des Schreckstoffes.** Naturwiss. Rdsch. **14** (1961) Nr. 9. S. 345–347. – 8 Abb., 3 Lit. Vgl. LZ. Abt. III **8** (1963) Nr. 9. S. 1971
Es wird ein Kolbenzellentyp beschrieben, der bei solchen Fischarten vorkommt, die bei Verletzung sogen. Schreckstoff abgeben können. Fische, die keinen Schreckstoff produzieren, besitzen diesen Kolbenzellentyp nicht. Diese Kolbenzellen rücken nicht zur Epidermisoberfläche auf und entleeren ihr Sekret auch nicht nach außen. Ihr Sekret (als Schreckstoff bezeichnet) wird nur bei Hautverletzung frei. Sie sind gleichmäßig über den Fischkörper verteilt. Es wird für diese Zellen der neue Name Schreckstoffzellen vorgeschlagen. E. Amlacher. 6085.

3-64/04-9014 Pfeiffer, Wolfgang; Vancouver, Brit. Columbia, Univ. The fright reaction in North American fish. **(Die Schreckreaktion bei nordamerikanischen Fischen.)** Canad. J. Zool. **41** (1963) Nr. 1. S. 69–77. – 3 Abb., 8 Tab., 8 Lit. Vgl. vorst. Ref.
Die Schreckreaktionen von 5 Arten der Cyprinidae und 2 Catostomidae-Arten (*Ptychocheilus oregonense*, *Richardsonius balteatus*, *Milocheilus caurinum*, *Couesius plumbeus*, *Rhinichthys cataractae*, *Catostomus catostomus* und *C. macrocheilus*) sind untersucht worden. Die Reizschwelle lag bei den Cypriniden um eine Zehnerpotenz höher. Auf die Schreckstoffe der eigenen Familie wird intensiver angesprochen, als auf die der anderen. Salmonidenextrakte machten auf die untersuchten Fischarten keinen Eindruck. Die Schreckstoffe waren in der Epidermis aller untersuchten Fischarten lokalisiert. M. Hegemann. 6085.

3-64/04-9015 Iwai, Tamotsu Maizuri,; Kyoto Univ. Taste buds on the gill rakers and gill arches of the sea catfish, Plotosus anguillaris (Lacépède). **(Geschmacksknospen auf den Kiemenreusen und -bögen von Plotosus anguillaris.)** Copeia [Philadelphia] **1963** Nr. 2. S. 271–274. – 3 Abb., 10 Lit.
In der Epidermis der Kiemenreusen und Kiemenbögen sind hochentwickelte Geschmacksknospen ausgebildet, die der Kontrolle des Nahrungsdurchganges durch die Kiemenhöhle dienen. Die Sinneshügel bestehen aus einer zentralen Sinneszelle mit umgebenden Stützzellen. Anscheinend kommt den Sinneshügeln in gewissem Maße auch eine Funktion bei der Geschmackskontrolle zu. Derartige Sinneshügel auf dem Kiemenapparat sind bei marinen Fischen nicht sehr häufig. M. Hegemann. 6085.

3-64/04-9016 Weber, Hermann. **Die Sinnesfunktion der freien Bauchflossenstrahlen der Labyrinthfische (Anabantidae) und ihr Zusammenwirken mit den Augen.** Z. vergleich. Physiol. **47** (1963) Nr. 1. S. 77–110. – 20 Abb., 2 Tab., 23 Lit. 6085.

3-64/04-9017 Kruppert, H. H. Bernhard und Meijering, Meertinus P. D.; Spiekeroog, Hermann-Lietz-Schule. **Die Beziehungen zwischen Temperatur und Hell-Dunkel-Farbwechsel bei der Scholle (Pleuronectes platessa L.).** Zool. Anz. **170** (1963) Nr. 1/2. S. 55–61. — 2 Abb., 14 Lit.
Der Farbwechsel von Sandfarben nach Schwarz zeigt bei der Scholle Temperaturabhängigkeit. Mit zunehmender Temperatur von 8° auf 16 °C nimmt die Umfärbungszeit von ca. 76 s auf 10 s ab. Dagegen ist die Rückfärbung von Schwarz auf Sandfarben nicht temperaturabhängig. Die Steuerung des Vorgangs über Sympathicus-Parasympaticus ist wahrscheinlich. Die Doppelinnervierung der Melanophoren bedarf noch des Nachweises.
M. Hegemann. 6085.

3-64/04-9018 Kooyman, Gerald L. Erythrocyte analysis of some antarctic fishes. **(Erythrozytenanalyse bei einigen antarktischen Fischen.)** Copeia [Philadelphia] **1963** Nr. 2. S. 457–458. — 2 Tab., 2 Lit.
Während des antarktischen Sommers 1961/62 hat Vf. an 4 Arten der Chaenichthyidae das Vorkommen von Erythrozyten geprüft. Untersucht wurden *Trematomus borchgrevinki*, eine dicht unter dem Eis lebende Art, weiterhin *T. bernacchii* und *T. hansoni*, die in Tiefen zwischen 20 und 500 m vorkommen und schließlich *T. loennbergii*, der in Tiefen unter 400 m lebt. Entgegen der früheren Angabe von Ruud, daß den Chaenichthyidae Erythrozyten fehlen, konnten hier welche gefunden werden, jedoch gegenüber den Fischen der gemäßigten Zonen in verringerten Mengen. Die angegebenen Werte für die geprüften Arten sind folgende: *T. borchgrevinki* 1,19, *T. bernacchii* 0,75, T. *loennbergii* 0,83, *T. hansoni* 0,74 · 10^6 Erythrozyten/mm^3. M. Hegemann. 6085.

3-64/04-9019 Staib, A. H. **Über die Beziehungen zwischen Sauerstoffangebot und -verbrauch beim Goldfisch (Carassius auratus).** Naturwissenschaften **48** (1961) Nr. 10. S. 413–414. — 2 Tab., 3 Lit.
Es wurden kontinuierliche Messungen des Sauerstoffverbrauches in Abhängigkeit vom Sauerstoffangebot und von der Versuchsdauer bei 22–57 g schweren Goldfischen, die mit Wasserflöhen, *Tubifex* und Mehlwürmern gefüttert wurden, gemacht. Die Ergebnisse wurden mit dem t-Test statistisch untersucht. Aus den Versuchen folgt eine Abhängigkeit des Tätigkeitsstoffwechsels vom Sauerstoffangebot. Die Einstellzeiten der gemessenen Größen sinken mit der Zahl der Versuche ab. Für fortlaufende Untersuchungen des Standardstoffwechsels ist ein Sauerstoffangebot in 3- bis 4facher Höhe des zu erwartenden abs. Standardverbrauchs der untersuchten Fische anzustreben.
E. Amlacher. 6085.

3-64/04-9020 Deubler jun., Earl E. und Posner, Gerald S. Response of postlarval flounders, Paralichthys lethostigma, to water of low oxygen concentrations. **(Auswirkung von Wasser mit geringem Sauerstoffgehalt auf postlarvale Flundern, Paralichthys lethostigma.)** Copeia [Philadelphia] **1963** Nr. 2. S. 312–317. — 1 Abb., 2 Tab., 7 Lit.
Besteht die Möglichkeit, zieht die Flunder gut durchlüftetes Wasser dem mit weniger Sauerstoff vor. Rückzugsverhalten, das bei O_2-Konzentrationen unter 3,7 ml/l einsetzt, ist nicht mit ziellosen Bewegungen verbunden. Mit zunehmender Temperatur steigt die Aktivität der Fische. Bei 6,1 °C, 14,4 °C und 25,3 °C waren bei Sauerstoffmangel keine Unterschiede im Verhalten der Tiere erkennbar. M. Hegemann. 6085.

3-64/04-9021 Schwartz, Frank J. und Robinson, Paul F.; Solomons, Md., Chesapeake Biol. Lab.; Edgewood, Md., U. S. Army Chem. Center. Survival of exposed oyster toadfish and biological clocks. **(Überlebensfähigkeit außerhalb des Wasser bei Opsanus tau und biologische Zeitabschnitte.)** U. S. Dep. Interior, Fish Wildlife Serv., progr. Fish-Culturist **25** (1963) Nr. 3. S. 151–154. — 1 Abb., 14 Lit.

Bei 4 Fischen wurde untersucht, wie lange sie außerhalb des Wassers leben können und wie hoch der O_2-Verbrauch in dieser Zeit ist. Die Angaben sind auf Standard-Temperatur und -Druck bezogen. Der O_2-Verbrauch hing von der Fischgröße ab. Der kleinste Fisch (195 g) lebte 21, die beiden mittleren (240 und 248 g) 25 und der größte (482 g) 45 h. Während dieser Zeit wurden pro h 0,014–0,025 ml Luft(?)/g verbraucht. Interessant war die Feststellung, daß zyklische Zu- und Abnahmen der Respirationsraten zu erkennen waren. Dies deutet auf einen Rhythmus biol. Aktivität hin und stützt die Beobachtung über geringe Aktivität bei dieser Fischart vom Vormittag bis gegen 17 Uhr. G. Merla. 6085.

3-64/04-9022 Minamori, Sumio; Hiroshima, Univ., Fac. of Sci. Variations in respiratory enzymes of embryos in the loach fishes. **(Veränderungen der Atmungsfermente der Embryonen schmerlenartiger Fische.)** Jap. J. Genetics **37** (1962) Nr. 6. S. 462–473. — 4 Abb., 5 Tab., 6 Lit. Orig.: engl.

Von *Misgurnus anguillicaudatus* und 3 Rassen verschiedener Größe von *Cobitis taenia striata* sind durch künstlich herbeigeführte Ovulation und Befruchtung gewonnene Eier und Embryonen zur Untersuchung der Fermentaktivität von Katalase und Bernsteinsäuredehydrogenase verwendet worden. Die Katalaseaktivität war bei größeren Arten größer als bei kleineren Tieren (allometrischer Exponent $b = 1{,}50$), während die Bernsteinsäuredehydrogenase sich umgekehrt verhielt (allometr. Exponent für Eier = 1,04, für Embryonen 0,64). Hybriden der oben genannten Fischarten unterschieden sich in ihrer Katalaseaktivität nicht von den Muttertieren. Dagegen lagen die Werte der Bernsteinsäuredehydrogenase stets zwischen denen der Elterntiere. M. Hegemann. 6085.

3-64/04-9023 Hoar, W. S. und Eales, J. G.; Vancouver, Univ. of Brit. Columbia. The thyroid gland and low-temperature resistance of goldfish. **(Schilddrüse und Resistenz gegenüber tiefen Temperaturen beim Goldfisch.)** Canad. J. Zool. **41** (1963) Nr. 4. S. 653–669. — 2 Abb., 7 Tab., 21 Lit.

Das schilddrüsenstimulierende Hormon (TSH) von Säugetieren bewirkt eine Zunahme der Resistenz des Goldfisches (*Carassius auratus*) gegenüber tiefen Temperaturen, jedoch ist dies kein Beweis dafür, daß die durch Akklimatisation und photoperiodische Kontrolle hervorgerufene Resistenz über die Schilddrüse des Fisches erfolgt. Ebenso ließ sich nicht beweisen, daß während eines Kälteschocks die Sekretion der Schilddrüse angeregt wurde. Wie Messungen mit der Radiojod-Methode ergaben, stimuliert TSH die Ausschüttung von Schilddrüsenhormon beim Goldfisch. Geringe Dosierung (0,1 USP-Einheiten/10 g Fisch) ruft innerhalb on 9–12 h max. Ausschüttung des plasmagebundenen Radiojods hervor, während höhere Dosierung von TSH die Aufnahme von Radiojod in die Schilddrüse veranlaßt. M. Hegemann. 6085.

3-64/04-9024 Ryland, J. S.; Lowestoft, Fisheries Lab. The swimming speeds of plaice larvae. **(Die Schmimmgeschwindigkeit von Schollenlarven.)** J. exp. Biol. **40** (1963) Nr. 2. S. 285–299. — 6 Abb., 4 Tab., 15 Lit.

Die Schwimmgeschwindigkeit der Schollenlarven (*Pleuronectes platessa*) wurde in stehendem Wasser und in einer durchströmten, 140 cm langen Glasröhre gemessen. In stehendem Wasser sind Stromstöße von 200 V/s von einem 100 μF-Kondensator zur Auslösung der Schwimmbewegungen benutzt worden. Da keine optomotorische Reaktion vorhanden war, ließ sich das „Fischkarussel" von Bainbridge nicht einsetzen. Die Schwimmbewegungen dauerten nur kurze Zeit an. Die Geschwindigkeit zeigte eine lineare Beziehung zur Larvenlänge und Stärke der postanalen Muskulatur. Die Durchschnittsgeschwindigkeit lag bei 1,5 cm/s, bei frischgefangenen Tieren jedoch bei 9 cm/s. Halberwachsene Larven (III. Stadium) erreichten bis zu 15 cm/s. Max. Geschwindigkeiten werden mit 10 Körperlängen/s angegeben.

Um mit dem Schleppnetz Schollenlarven zu fangen, muß die Schleppgeschwindigkeit 10mal so hoch sein wie die höchste erreichbare Geschwindigkeit der Larven. M. Hegemann. 6085.

3-64/04-9025 Krajuchin, B. V. Stroenie i innervacija piščevaritel'nogo trakta nalima. **(Struktur und Innervation des Verdauungskanals bei der Quappe.)** Trudy Instituta biologii vodochranilišč, Moskva-Leningrad **1963** Nr. 5. S. 110–123. – 14 Abb., 2 Tab., 28 Lit. 6085.

3-64/04-9026 Gomazkov, O. A. und Krajuchin, B. V. O roli bluždajuščego nerva v reguljacii piščevaritel'nych processov u ryb. **(Die Rolle des Nervus vagus bei der Regulierung der Verdauungsprozesse bei den Fischen.)** Trudy Instituta biologii vodochranilišč, Moskva-Leningrad **1963** Nr. 5. S. 124–131. – 5 Abb., 3 Tab., 17 Lit. 6085.

3-64/04-9027 Holmes, W. N. und McBean, R. L.; Vancouver, Brit. Columbia, Univ., Studies on the glomerular filtration rate of rainbow trout (Salmo gairdneri). **(Untersuchungen über die glomeruläre Filtration der Regenbogenforelle [Salmo gairdneri].)** J. exp. Biol. **40** (1963) Nr. 2. S. 335–341. – 3 Tab., 26 Lit.

Bei der Aufrechterhaltung eines homoiosmotischen Innenmediums beim Fisch spielen die glomeruläre Filtration und die Resorption des Wasser in den Nierentubuli eine bedeutende Rolle. Die im Experiment beobachtete Verminderung des Urinflusses nach Anpasssung an 80%iges Seewasser läßt auf eine Reduktion der glomerulären Filtration schließen. Intraperitoneale Injektion von Vasopressin und Oxytocin sowie einem Gemisch beider Substanzen in an Süßwasser angepaßte Forellen ergab signifikanten Anstieg der glomerulären Filtration, wogegen Aldosteron ohne Effekt blieb. Die Anwendung von Corticosteron bei Süßwassertieren hatte nur in 73% der Fälle eine signifikante Reduktion der glomerulären Filtration zur Folge.
M. Hegemann. 6085.

3-64/04-9028 Grajcer, Dov und Idler, D. R.; Vancouver, Brit. Columbia, Fisheries Res. Board of Canada, Technol. Stat. Testosterone, conjugated and "free", in the blood of spawned fraser river sockeye salmon (Oncorhynchus nerka). **(Testosteron, gebunden und „frei", im Blut des abgelaichten Sockeye-Lachses [Oncorhynchus nerka] aus dem Fraser-Fluß.)** Canad. J. Biochem. Physiol. **39** (1961) Nr. 10. S. 1585–1593. – 1 Abb., 14 Lit.

Aus den „freien" und gebundenen Steroid-Fraktionen des Plasmas abgelaichter Weibchen von *Oncorhynchus nerka* gelang es, Testosteron zu isolieren. Die Untersuchungsmethodik (Chromatographie und Analyse des Infrarotspektrums) wird genau geschildert und der Beweis für die Gegenwart des Testosterons in der zugeordneten Steroid-Fraktion des abgelaichten Weibchens von *O. nerka* erbracht. Außerdem wurden einige erfolglose Versuche unternommen, um Dehydroepiandrosteron und Androsteron nachzuweisen.
G. Seifert. 6085.

3-64/04-9029 Idler, D. R., Schmidt, P. J. und Bitners, I.; Vancouver, Technol. Stat. Isolation and identification of adrenosterone in salmon (Oncorhynchus nerka) plasma. **(Isolierung und Identifizierung von Adrenosteron im Plasma von Oncorhynchus nerka.)** Canad. J. Biochem. Physiol. **39** (1961) Nr. 10. S. 1653–1656. – 5 Lit.

Bei der quantitativen Bestimmung verschiedener Steroide von *O. nerka* trat unter bestimmten Voraussetzungen in der Chromatographie ein ultraviolett absorbierender Fleck auf, wenn der Plasmaextrakt von abgelaichten Rognern stammte. Die Polarität des neuen Stoffes war identisch mit der von Adrenosteron und lag zwischen 17 α-Hydroxyprogesteron und seinem 20 β-Dihydro-Epimer, die beide bereits vorher aus dem Plasma dieses Fisches isoliert werden konnten. Die Methode zur Gewinnung der genannten Ergebnisse wird beschreiben. Der R_f-Wert betrug 0,72 cm/h und das Steroid war in einer Konzentration von 2,5 µg/100 ml im Plasma vorhanden. G. Seifert. 6085.

3-64/04-9030 Purko, John und Battle, Helen I. Effects of some purines on development of the brown trout (Salmo trutta fario L). **(Die Wirkungen einiger Purine auf die Entwicklung der Bachforelle [Salmo trutta fario].)** Canad. J. Zool. **39** (1961) Nr. 1. S. 73–79. – 1 Abb., 2 Tab., 22 Lit. 6085.

3-64/04-9031 Jones, Robert S.; Port Aransas, Univ. of Texas, Inst. of Marine Sci. A new spawning area for Istiophorus albicans and the capture of two postlarval istiophorids from the Texas Coast. **(Ein neues Laichgebiet von Istiophorus albicans und der Fang zweier postlarvaler Istiophoriden an der Küste von Texas.)** Copeia [Philadelphia] **1962** Nr. 2. S. 453.
Im Juli 1961 konnten vor der Küste von Texas innerhalb von 2 Tagen 82 Riesenhaie (*Istiophorus albicans*) gefangen werden. Die Tiere stammten aus einem Schwarm laichender Fische, eine Tatsache, die in diesem Gebiet erstmalig beobachtet werden konnte. Im Aug. 1961 wurden dann im gleichen Gebiet 2 junge Istiophoriden von 4,9 und 5,2 mm Länge gefangen, bei denen man mit einiger Sicherheit annehmen kann, daß sie von dem genannten Laichschwarm abstammen. G. Seifert. 6090.

3-64/04-9032 Bernatowicz, Stanisław. Obserwacje nad fenologią rozrodu ryb. **(Beobachtungen über die Fortpflanzungsphänologie der Fische.)** Roczniki Nauk rolniczych, Ser. B **81** (1962) Nr. 2. S. 307–333. – 2 Tab., 11 Lit. Zus. in Russ., Engl. PRL/CRR. 6090.

3-64/04-9033 Żarnecki, S. und Rychlicki, Z.; Zator, Polen, Inst. für Zootechn.; Krakau, Versuchsanst. **Beobachtungen des Laichaktes der Karpfen.** Dtsch. Fischerei-Ztg. **10** (1963) Nr. 6. S. 167–172. – 2 Abb.,
Zu Beobachtungszwecken wurde ein Laichbecken aus Beton in der Größe von 6 m × 3 m gebaut, dessen Seitenwand verglaste Fenster erhielt. So war es möglich, bei *Cyprinus carpio* die verschiedenen Phasen des Ablaichens einwandfrei zu verfolgen, wie z. B. die Umwerbungen und Bewegungen der Laicher, ihr Verhalten bei Ausscheidung der Geschlechtsprodukte, ferner sowohl das Verhalten der Geschlechter zueinander als auch der Milchner untereinander und schließlich die Art der Beteiligung eines 2. Milchners am Laichakt. G. Merla. 6090.

3-64/04-9034 Miller, Rudolph J.; Groningen, Univ., Zool. Lab. Sexual development and hermaphroditism in the hybrid cyprinid, Notropis cornutus × N. rubellus. **(Sexualentwicklung und Hermaphroditismus bei dem Cyprinidenhybriden Notropis cornutus × N. rubellus.)** Copeia [Philadelphia] **1962** Nr. 2. S. 450–452. – 1 Abb., 3 Tab.
Vf. untersuchte 1959–61 mehrere Hundert Hybriden aus dem Catatonk-Fluß bei Candor, New York, auf den Entwicklungszustand der Gonaden und die Ausbildung des Laichausschlages. Der Anteil der Männchen betrug 58%. Unter den Weibchen befand sich eine große Anzahl mit abnormen, offenbar nicht funktionsfähigen Ovarien, deren histol. Besonderheiten beschrieben werden. Unter 41 Exemplaren befand sich ein Tier mit Hermaphroditismus. Bei diesem Exemplar war die linke Gonade zu einer dünnen Schicht Fettgewebe reduziert, welche den *Ductus deferens* umschloß. Die rechte Gonade war vergrößert und bestand aus zwei knolligen Massen von Testikulargewebe, die durch einen dünnen, röhrenförmigen Abschnitt miteinander verbunden waren. Dieser Abschnitt enthielt einige kleine, gering entwickelte Eier. Keiner der Abschnitte dieser Gonade war normal funktionsfähig. G. Seifert. 6090.

3-64/04-9035 Wai, Evelyn Hui und Hoar, William S.; Vancouver, Univ. of Brit. Columbia. The secondary sex characters and reproductive behavior of gonadectomized sticklebacks treated with methyl testosterone. **(Die sekundären Geschlechtsmerkmale und das Fortpflanzungsverhalten gonadektomierter Stichlinge, die mit Methyl-Testosteron behandelt wurden.)** Canad. J. Zool. **41** (1963) Nr. 4. S. 611–628. – 4 Abb., 5 Tab., 23 Lit.

Die Behandlung gonadektomierter Männchen und Weibchen des Dreistachligen Stichlings (*Gasterosteus aculeatus*) mit Methyl-Testosteron induzierte männl. sekundäre Geschlechtsmerkmale. 4–5 Wochen Langtagshaltung (16 h-Tag) rief bei beiden Geschlechtern Angriffs- und Territorialverhalten ähnlich dem in der Zeit vor der Fortpflanzung hervor. Die Kombination Photoperiode und Methyl-Testosteron bewirkte bei 50–60% der kastrierten Männchen und ca. 6% der gonadektomierten Weibchen Nestbauverhalten.

M. Hegemann. 6090.

3-64/04-9036 Chung-Wai-Ho, F. und Vanstone, W. E.; Nanaimo, Brit. Columbia Fisheries Res. Board of Canada. Effect of estradiol monobenzoate on some serum constituents of maturing sockeye salmon (Oncorhynchus nerka). **(Die Wirkung von Oestradiol-Monobenzoat auf einige Bestandteile des Serums reifender Sockeye-Lachse [Oncorhynchus nerka].)** J. Fisheries Res. Board Canada **18** (1961) Nr. 5. S. 859–864. – 1 Tab., 28 Lit.

Beim erwachsenen *Oncorhynchus nerka* konnten im Blute während der Eiproduktion oder nach einer Oestrogeninjektion dieselben Veränderungen festgestellt werden wie bei anderen oviparen Vertebraten. Das Blutbild männl. Lachse nach einer Oestrogeninjektion kam dem von reifenden Weibchen ziemlich nahe. Wird weibl. Lachsen zu den endogenen Sexualhormonen zusätzlich exogenes Oestrogen injiziert, so tritt die mit der Eibildung zusammenhängende Veränderung des Serums im verstärkten Maße auf. G. Seifert. 6090.

3-64/04-9037 Horton, P. A. The bionomics of brown trout in a dartmoor stream. **(Die Bionomie der Bachforelle in einem Heidebach.)** J. Animal Ecol. **30** (1961) Nr. 2. S. 311–338. – 8 Abb., 14 Tab., 55 Lit.

Eine Bachforellenpopulation (*Salmo trutta*) wurde in einem sauren Bach (pH 5,9–6,8) in bezug auf Bestandsgröße, Wachstum, Fortpflanzung und Ernährung von 1956–1958 untersucht. Das Fischwachstum war bes. 1956–57 schlecht, wahrscheinlich als Folge einer zu hohen Populationsdichte. Die Sterblichkeit sowohl junger als auch alter Jahrgänge scheint weitgehend von der Bestandsdichte abhängig zu sein. Die meisten Männchen sind im 3. Lebensjahr geschlechtsreif, die Weibchen im 4. Optimale Verhältnisse herrschen, wenn nur 2 reife Weibchen auf 225 m^2 stehen. Es wurde festgestellt, daß der Fischbestand, der zwischen 0,5–2,0 g/m^2 schwankte, 8–28 g/m^2 Nahrung (Trockengewicht) verbrauchte. Als Hauptursache für das schlechte Wachstum in sauren Bächen (AG 0 + ca. 7 cm, AG I + ca. 12 cm, AG II + ca. 15,5 cm) wird die geringe Bodenfaunaproduktion angesehen. Daneben wirkt sich eine zu hohe Bestandsdichte wachstumshemmend aus.

M.-L. Albrecht. 6095.

3-64/04-9038 Royal, Loyd A. Survival in the estuaries – a most critical phase. **(Überleben in den Flußmündungen — eine äußerst kritische Phase.)** Western Fisheries **64** (1962) Nr. 6. S. 16–17. 29. – 2 Abb.

Als Direktor der Internat. Pazifik-Lachsfischerei-Kommission erläutert Vf. die Ergebnisse der Untersuchungen über die Sterblichkeit der pazifischen Lachse (*Oncorhynchus spec.*). Es gelang nachzuweisen, daß die natürliche Sterblichkeit der Lachse weitgehend durch die jeweiligen Verhältnisse in den Übergangsgewässern vom Salz- zum Süßwasser bestimmt wird. Die kritische Phase, bei der die größten Verluste eintreten können, ist das Smoltstadium, wenn die Lachse ins Meer abwandern und dabei die Brackwasserregionen passieren müssen. Die Temperatur und der Salzgehalt in den Übergangsgebieten

beeinflussen den Lachsbestand bereits derartig, daß gute und schlechte Fänge in den folgenden Jahren allein dadurch verursacht werden.
K. Anwand. 6095.

3-64/04-9039 Hansen, P. M. Cod fry and small cod in coastal waters and on the offshore Banks of West Greenland in 1959. **(Kabeljaubrut und junger Kabeljau [Gadus morhua] in den Küstengewässern und auf den küstenfernen Bänken Westgrönlands 1959.)** Cons. permanent int. Explorat. Mer [Copenhague], Ann. biol. **16** (1959 hrsg. 1961) S. 113–115. – 3 Abb., 2 Tab.
Auf Grund der geringen Fänge an Kabeljaueiern und -larven muß der Jahrgang 1959 als arm angenommen werden. Die Jungfischfänge erfaßten die Altersgruppen I–III. Hier hob sich der Jahrgang 1957 als reich heraus.
M. Berner. 6095.

3-64/04-9040 Baranenkova, A. S. Small cod of age-groups, 0, I, II and III in the Barents Sea. **(Junger Kabeljau [Gadus morhua] der Altersgruppen 0, I, II und III in der Barents-See.)** Cons. permanent int. Explorat. Mer [Copenhague], Ann. biol. **16** (1959, hrsg. 1961) S. 115–116. – 3 Tab.
Die Verteilung der Jungfischgenerationen im Jahre 1959 wird mit der Verteilung in den vorangegangenen Jahren und den hydrographischen Bedingungen verglichen. Die Fänge des Jahrganges 1956 waren etwa durchschnittlich, die der Jahrgänge 1957 und 1958 mäßig. M. Berner. 6095.

3-64/04-9041 Jones, R. Scottish investigations on Faroe haddock in 1959. **(Schottische Untersuchungen über den Schellfisch [Gadus aeglefinus] der Fär Öer 1959.)** Cons. permanent int. Explorat. Mer [Copenhague], Ann. biol. **16** (1959, hrsg. 1961) S. 151–152. – 2 Tab.
Die monatl. Alterszusammensetzung der Anlandungen, die Durchschnittslänge der Altersgruppen, die für 10 Fangstd. berechnete Masse der Altersgruppen und die Marktanlandungen mit Sortierung werden in Tab. aufgeführt. Seit 1958 sinken die Einheitsfänge an Schellfisch. M. Berner. 6095.

3-64/04-9042 Gamble, R. Scottish investigations on North Sea whiting in 1959. **(Schottische Untersuchungen über den Wittling [Gadus merlangus] der Nordsee 1959.)** Cons. permanent int. Explorat. Mer [Copenhague], Ann. biol. **16** (1959, hrsg. 1961) S. 155–157. – 5 Tab.

In den Forschungsfängen war der Jahrgang 1955 gut vertreten, und 1958 fiel etwas besser als die beiden vorangehenden Jahrgänge aus. Von den über 6 Jahre alten Wittlingen gehörten die meisten der sehr guten Generation 1952 an. Die Größenzusammensetzung der Fänge und die Höhe der Anlandungen werden tabellarisch aufgeführt. M. Berner. 6095.

3-64/04-9043 Domanevskij, L. N. und Nozdrin, Ju. P.; Forsch.-Inst. für Hochseefischerei und Ozeanogr. des Atlantiks. Serebristyj i krasnyj cheki. **(Der silbrige und rote Seehecht.)** Rybnoe chozjajstvo, Moskva **39** (1963) Nr. 5. S. 10–13. – 2 Abb.
Merlucius bilinearis und *Urophycis chuss* gehören zur Familie der Gadidae und sind an der nordamer. Küste verbreitet. Vff. untersuchten spez. die Bildung fischereilich wertvoller Konzentrationen dieser Fischarten in Abhängigkeit von den Umweltfaktoren und dem biol. Zustand der Fische. Die umfangreichen Untersuchungen ergaben, daß während der Sommermon. beide Fischarten auf der Georges-Bank fangwürdige Konzentrationen bilden.
G. Predel. 6095.

3-64/04-9044 Dawson, C. E.; Ocean Springs, Miss,. Gulf Coast Res. Lab. New records and notes on fishes from the North-Central Gulf of Mexico. **(Neue Berichte und Notizen über Fische aus dem nördlichen Zentralteil des Golfs von Mexiko.)** Copeia [Philadelphia] **1962** Nr. 2. S. 442–444.

Jüngste Sammlungen enthielten eine Anzahl von Fischarten, die bisher in dem Gebiet vor der Mississippi-Mündung noch nicht oder nur sehr selten gefunden worden waren. Das Gebiet zwischen 88 und 92° w. L. wird als Übergangszone zwischen den nördöstl. und nordwestl. Faunengebieten betrachtet. Die Kenntnis über das Vorkommen dieser Arten trägt zur Lösung einiger zoogeographischer Fragen, insbesondere des „Barrieren-Effekts" der Mississippi-Einmündung bei. Bei den Funden handelt es sich um folgende Arten: *Neoconger mucronatus*, *Fistularia tabacaria*, *Steindachneria argentea*, *Rypticus saponaceus*, *Conodon nobilis*, *Abudefduf saxatilis*, *Pomacentrus fuscus*, *Canthidermis sobaco*, *Xanthichthys ringens* und *Amanses pullus*. G. Seifert. 6100.

3-64/04-9045 Kosswig, Curt; Hamburg, Zool. Inst. und Museum. Ways of speciation in fishes. **(Wege der Artbildung bei Fischen.)** Copeia [Philadelphia] **1963** Nr. 2. S. 238–244. – 29 Lit.
Die allgemeinste Form der Artbildung ist Isolation. Zum Beweis dieser These führt Vf. eine Reihe von Beispielen an. So die mikrogeographische Isolation von Populationen in zeitweilig austrocknenden Gewässern mit Restlagunen oder Abtrennungen durch Hebung des Seebodens. Ähnlich, jedoch in der Vertikalen verlaufend, ist die ökologische Isolation, z. B. die Anpassung von Tieren an bestimmte Horizonte in tiefen Gewässern. Durch Mutationen und Hybridisation mit späterer Rekombination können viele Typen von Tieren erwartet werden, von denen jedoch nur wenige in der Lage sind, die ökologischen Nischen zu besetzen. M. Hegemann. 6100.

3-64/04-9046 McPhail, J. D.; Vancouver, Univ. of Brit. Columbia, Inst. of Fisheries. A systematic study of the Salvelinus alpinus complex in North America. **(Eine systematische Untersuchung des Salvelinus-alpinus-Komplexes in Nordamerika.)** J. Fisheries Res. Board Canada **18** (1961) Nr. 5. S. 793–816. – 6 Abb., 4 Tab., 39 Lit.
In Anwendung der unterscheidenden Funktionsanalyse wurden die Mischpopulationen von *Salvelinus malma* und *S. alpinus* aus dem Karluk- und Frasersee (Kodiak Island, Alaska) verglichen. Die Untersuchung ergab, daß eine Hybridisation zwischen beiden Arten wenn überhaupt, dann in diesen Seen nur selten auftritt. Aus diesem Grunde können beide Formen mit Sicherheit als verschiedene Species angesehen werden. Diese Annahme wird gestützt durch die Ergebnisse einer umfangreichen Untersuchung von 918 Exemplaren beider Arten. Weiterhin wird eine Theorie über die Abstammung und Entwicklung von *S. malma* und *S. alpinus* aufgestellt. G. Seifert. 6100.

3-64/04-9047 Savvaitova, K. A.; Moskau, Univ. O sistematičeskom položenii kamčatskich gol'cov roda Salvelinus. **(Über die systematische Stellung der Kamtschatka-Saiblinge der Gattung Salvelinus.)** Zoologičeskij žurnal, Moskva **40** (1961) Nr. 11. S. 1696–1703. – 3 Tab., 44 Lit. Zus. in Engl.
Nach bisheriger Meinung besiedeln die Gewässer Kamtschatkas zwei *Salvelinus*-Arten, *S. malma* und *S. leucomaenis*. In letzter Zeit waren die Meinungen über die systematische Stellung von *S. malma* sehr geteilt. Eine genaue Untersuchung der meristischen und plastischen Merkmale von *S. malma* und *S. alpinus* ergab keine Unterschiede. Auch im Hinblick auf die Ernährung gleichen sich beide. Vf. kommt zu dem Schluß, daß *S. malma* ein Synonym für *S. alpinus* ist. G. Predel. 6100.

3-64/04-9048 Villwock, Wolfgang; Hamburg, Zool. Staatsinst. und Museum. **Genetische Analyse des Merkmals „Beschuppung" bei anatolischen Zahnkarpfen (Pisces, Cyprinodontidae) im Auflöserversuch.** Zool. Anz. **170** (1963) Nr. 1/2. S. 23–45. – 2 Abb., 2 Tab., 13 Lit.
Die Auflöserversuche bestätigen frühere Untersuchungen an anatolischen Zahnkarpfen, daß die normal beschuppten endemischen Aphanius-Populationen mindestens 2 systematischen Einheiten im Species-Rang angehören,

nämlich den sog. Kizimirlak-Populationen (normale Beschuppung, quergestreifte ♂♂-Formen) und den sog. eigentlichen zentral-anatolischen Populationen. Die Aci-Gölpopulationen sind trotz beträchtlicher Merkmalsunterschiede, die von „normal beschuppt" bis „schuppenreduziert" reichen, als systematische Einheit aufzufassen. Im Falle der anatolischen Zahnkarpfen kann dem Merkmal „Beschuppung" keine Aussagekraft beigemessen werden. M. Hegemann. 6100.

3-64/04-9049 Klingel, Hans. **Verhaltensanalytische und sinnesphysiologische Untersuchungen am Fisch Fierasfer acus (Kaup).** Zool. Anz. **167** (1961) Nr. 3/4. S. 147–149. – 4 Lit.
Es wird das Einschlüpfverhalten des Fisches *Fierasfer acus* in die Holothurie untersucht. Dieses Verhalten ist bei erwachsenen Fischen anders als bei Jungfischen. Die Auslöser für die einzelnen Phasen des Verhaltens konnten durch Versuche mit optischen, olfaktorischen, Tast- und Strömungsattrappen bei Jungtieren und Erwachsenen gefunden werden. Versuche mit Tieren, deren Seitenliniensystem teilweise oder vollständig ausgeschaltet war, zeigten dessen Bedeutung für das Einschlüpfen. Erwachsene *Fierasfer* schwimmen gradlinig auf die Holothurie zu, umschwimmen sie in Schrägstellung mit gelegentlichem Betasten, finden den After und schlüpfen dann mit dem Schwanz voran ein. Die Jungtiere verhalten sich genauso, schlüpfen jedoch mit dem Kopf voran ein. E. Amlacher. 6105.

3-64/04-9050 Thompson, Travis I.; College Park, Univ. of Maryland. Visual reinforcement in Siamese fighting fish. **(Visuelle Verstärkung beim Siamesischen Kampffisch.)** Science [Washington] **141** (1963) Nr. 3575. S. 55 bis 57. – 2 Abb., 5 Lit.
Vf. vergleicht die Wirkung dreier ähnlicher Stimuli zur Auslösung des Angriffsverhaltens beim Kampffisch, *Betta splendens*. Als Stimuli wurden das eigene Spiegelbild in einem 20 s erleuchteten Spiegel, ein bewegtes Modell eines Kampffischmännchens und ein stationäres Modell verwendet. Die Wirksamkeit der Stimuli nahm in der oben genannten Reihenfolge ab. Nach wiederholter Darbietung des Spiegels oder des Modells erhöhte sich die Zahl der Angriffe. M. Hegemann. 6105.

3-64/04-9051 Greenberg, Bernard; Chicago, Roosevelt Univ. Parental behavior and imprinting in cichlid fishes. **(Parentalverhalten und Prägung bei Cichliden.)** Behaviour [Leiden] **21** (1963) Nr. 1/2. S. 127–144. – 2 Tab., 8 Lit.
22 zum ersten Mal sich fortpflanzenden Zuchtpaaren von *Hemichromis bimaculatus* (16) und *Aequidens portalegrensis* (6) wurde in jeweils 2–11 aufeinanderfolgende Brutperioden umfassenden Versuchsreihen mit insgesamt 147 Brutpflegeexperimenten entweder die eigene Brut belassen oder diese gegen Eier oder Jungfische der jeweils anderen Art ganz oder teilweise ausgetauscht. Eier, frischgeschlüpfte oder freischwimmende Jungfische der jeweils anderen Art oder arteigene, aber von fremden Eltern stammende Brut wurde von beiden Arten angenommen und aufgezogen, jedoch offensichtlich nur dann, wenn ihr Alter und Verhalten dem jeweiligen Stadium des Brutzyklus der Eltern genau entsprach. Für die Annahme einer Prägung der Eltern auf die Artmerkmale ihrer ersten oder der folgenden Bruten ergaben sich keine Anhaltspunkte. H.-J. Rümmler. 6105.

3-64/04-9052 Crossman, E. J.; Toronto, Ontario Univ. Predator-prey relationships in pikes (Esocidae). **(Räuber-Beute-Verhältnis bei Hechten [Esocidae].)** J. Fisheries Res. Board Canada **19** (1962) Nr. 5. S. 979–980. – 6 Lit.
In vielen Lebensgemeinschaften von Fischen und anderen Wassertieren besteht ein Verhältnis der Tiere zueinander, welches einem Räuber-Beute-Verhältnis gleichkommt. Bes. gut sind derartige Verhältnisse aus den warmen

Gewässern bekannt und beschrieben. Vf. geht auf die von ihm durchgeführten Studien am Grashecht (*Esox americanus vermiculatus*) ein und erläutert die Beziehungen zwischen diesem und der Sumpfelritze (*Umbra limi*).
K. Anwand. 6110.

3-64/04-9053 Ivanova, M. N. O pitanii chiščnych ryb v pervye četyre goda suščestvovanija Gořkovskogo vodochranilišča. **(Die Ernährung der Raubfische in den ersten 4 Jahren nach dem Bau des Gorki-Stausees.)** Trudy Instituta biologii vodochranilišč, Moskva-Leningrad **1963** Nr. 5. S. 81–86. – 2 Abb., 2 Tab., 10 Lit. 6110.

3-64/04-9054 Széky, Pál. A halak postembrionális növekedésének vizsgálata röntgenfelvételi technika segítségével. **(Untersuchung der postembryonalen Entwicklung der Fische mit Hilfe von Röntgenaufnahmen.)** Állattani Közlemények [Zool. Mitt.] **49** (1962) Nr. 1/4. S. 113–118. – 3 Abb., 34 Lit. Zus. in Franz. Aus: Ung. Agrar-Rdsch. **1963** Nr. 1. 6110.

3-64/04-9055 Swift, D. R.; Ambleside, Westmorland, Freshwater Biol. Assoc. The annual growth-rate cycle in brown trout (Salmo trutta Linn.) and its cause. **(Der jährliche Wachstumsrhythmus der Bachforelle [Salmo trutta] und seine Ursachen.)** J. exp. Biology **38** (1961) Nr. 3. S. 595–604. – 5 Abb., 26 Lit.
Einjährige Bachforellen wurden sowohl in Teichen mit Fütterung (gehackte Leber) als auch in Seen, in denen sie natürliche Nahrung aufnahmen, gehalten und monatl. einmal gemessen. In allen Fällen war das Wachstum im Frühjahr und Herbst gut, im Sommer und Winter dagegen schlecht. Experimentelle Untersuchungen unter konstanten Umweltbedingungen führten in Verbindung mit den Feldarbeiten zu dem Schluß, daß der wichtigste äußere, das Wachstum beeinflussende Faktor die Temperatur ist. Max. Wachstum wird bei 12 °C erreicht. Als primäre Ursache für die Wachstumsabnahme bei Temperaturen über 12 °C wird die Unzulänglichkeit des Respirationssystems der Forelle für höhere Temperaturen angenommen.
M. L. Albrecht. 6110.

3-64/04-9056 Bontemps, Stanislav. The growth of east-european bream, Vimba vimba [Linnaeus] in the Labe and Danube river drainages. **(Wachstum der osteuropäischen Zährte, Vimba vimba, in den Flußgebieten der Elbe und Donau.)** Věstník českoslov. Společnosti zool. **27** (1963) Nr. 2. S. 125–129. – 4 Tab., 13 Lit. Zus. in Tschech.
Es wurden 232 Fische aus der Weichsel, 33 aus der Elbe, 20 aus der Donau, 31 aus der Odermündung, insgesamt 316 Exemplare untersucht. Auf Grund von Schuppenanalysen wurde festgestellt, daß die Zährte in der in die Elbe mündenden Moldau während der ersten 2 Jahre schneller wächst als in der Weichsel. Das spätere bessere Wachstum in der Weichsel und in der Odermündung läßt sich durch Nahrungswanderungen bis zum Meer vor die Mündungen der großen Flüsse erklären. Es ist möglich, daß in der Donau Populationen der Zährte existieren, die keine Nahrungswanderungen unternehmen, ähnlich wie in der Moldau. ČSSR/ÚVTI. 6110.

3-64/04-9057 Lowry, Gerald R.; Corvallis, Oregon State Univ. Use of acetate inserts in scale envelopes. **(Die Verwendung durchsichtiger Plastik-Einlagen in Umschlägen zur Schuppen-Aufbewahrung.)** U. S. Dep. Interior, Fish Wildlife Serv., progr. Fish-Culturist **25** (1963) Nr. 3. S. 165–166.
Bei Felduntersuchungen an *Salmo clarki* (L_t bis 30 cm) zeigte sich, daß es an einer leichten Methode fehlte, von Schuppenkollektionen verwertbare Daten zu erhalten. Der Engpaß bestand in der Auswahl der lesbaren und im übrigen kleinen Schuppen aus einem Material mit vielen regenerierten Schuppen und Überführung auf einen Objektträger. Man half sich dadurch, daß in die Umschläge für die Schuppen-Proben gefaltete, durchsichtige Plastik-Einlagen

gegeben wurden, zwischen denen die Schuppen von dem Entnahmemesser genügend breit abgestrichen werden konnten. Im Laboratorium dienten die Einlagen gleichfalls als Trockenrahmen. G. Merla. 6110.

3-64/04-9058 Schmeidler, Ernst; Hannover, Niedersächs. Fischereiamt für Binnengewässer. **Beobachtungen über die mengenmäßige Entwicklung und den zeitlichen Ablauf des Glasaalaufstieges in der Ems bei Herbrum von 1950 bis 1962.** Dtsch. gewässerkundl. Mitt. **7** (1963) Nr. 4. S. 84–86. – 2 Abb., 3 Tab., 4 Lit.
Seit 1950 liegen genaue Unterlagen über Zeitpunkt und Ausdehnung des Glasaalaufstieges (*Anguilla anguilla*) bei Herbrum vor. 1960 wurde die Emsschleife durchschnitten und in dem begradigten Flußlauf ein neues Wehr errichtet, so daß die Fangergebnisse unter den alten und neuen Verhältnissen verglichen werden können. Der Glasaalaufstieg hat von 1928–1956 eine wesentliche Verstärkung erfahren. Anhand des Temperaturverlaufes können frühere Beobachtungen bestätigt werden, wonach der normale kompakte Aufstieg in keinem Fall bei Wassertemperaturen unter 10 °C vor sich geht. Bei Kälteeinbrüchen (1957) wird er markant unterbrochen. Die Jahre 1950, 1951 und 1958 zeigen, daß spät einsetzender Aufstieg geringere Fangergebnisse bringt. Der Aufstiegszeitraum hat sich seit 1936 von den Mon. Apr., Mai auf die Mon. Apr., Mai, Juni, Juli erweitert. Es wird bestätigt, daß der Glasaalaufstieg nicht nur von Mondphase und Tideströmung, sondern auch von der Wassertemperatur maßgeblich beeinflußt wird. G. Seifert. 6110.

3-64/04-9059 Radovich, John. Effect of ocean temperature on the seaward movements of striped bass, Roccus saxatilis, on the Pacific Coast. **(Der Einfluß der Meerestemperatur auf die Meereswanderungen von Roccus saxatilis an der pazifischen Küste.)** Calif. Fish and Game **49** (1963) Nr. 3. S. 191–206. – 7 Abb., 3 Tab., 25 Lit.
Vf. gibt zunächst einen Überblick über die Bestandsentwicklung dieses Fisches seit den ersten Besatzmaßnahmen an der pazif. Küste Ende des 19. Jh. *Roccus saxatilis* ist ein anadromer Fisch, dessen seewärts gerichtete Wanderungen von einer Kaltwasserbarriere vor dem Golden Gate gehemmt werden. Die Variationen in diesen Wanderungen haben einen deutlichen Einfluß auf den Ertrag der Fischerei und es werden interessante Beziehungen zwischen Fangergebnis und Meerestemperaturen während der Jahre 1920–31 dargestellt. Ein aus den Angelerträgen verschiedener Flußabschnitte errechneter Wanderindex steht während der Jahre 1938–59 ebenfalls in hoher Korrelation zu den Temperaturen an der Küste, so daß auf eine positive Beziehung zwischen der Meerestemperatur und der Wanderintensität geschlossen werden kann. G. Seifert. 6110.

3-64/04-9060 Żarnecki, S.; Zator, Polen, Zootechn. Inst., Versuchsteichwirtsch. **Markierung von Karpfen mit Höllensteinstift.** Dtsch. Fischerei-Ztg. **10** (1963) Nr. 7. S. 185–189. – 3 Abb., 1 Tab.
Anfang Juni 1961 wurden 6 Spiegelkarpfen (*Cyprinus carpio*) von 50–90 g Stückmasse durch Beschriftung mit einem Silbernitratstift individuell gezeichnet. Die Markierung war nach fast 18 Mon. – die Fische wogen dann 700–1000 g – noch erkennbar. In einigen Fällen bildeten sich auf den Markierungsnarben kleine Schuppen. Bei einem gleichfalls markierten Schuppenkarpfen bewährte sich dieselbe Markierungsart nicht. 1962 wurde die Silbernitrat-Markierung ferner mit Erfolg bei Laichkarpfen erprobt, wobei auf eine bes. „tiefe“ Markierung geachtet wurde. G. Merla. 6115.

3-64/04-9061 Marlborough, David. The unsuitability of monel metal opercular strap tags for tagging carp. **(Kiemendeckel-Marken aus Nickel-Legierung sind zur Karpfenmarkierung ungeeignet.)** U. S. Dep. Interior, Fish Wildlife Serv., progr. Fish-Culturist **25** (1963) Nr. 3. S. 155–158. – 1 Tab., 13 Lit.

Durch einen Markierungsversuch bei *Cyprinus carpio*, *Carassius carassius* und *C. auratus* in einem kleinen Teich sollte die Ernährung bei diesen Fischen im Winter untersucht werden. Der Versuch wurde vorzeitig abgebrochen, da Entzündungen und Nekrosen an den Markierungsstellen auftraten. Der vorliegende Bericht zweifelt an der Eignung dieser Kennzeichnungsmethode bei den angeführten Fischarten. Für das Mißlingen der Markierung kommen folgende Gründe in Betracht: Nachteilige Wirkungen der Legierung durch Nickel- und Kupfergehalt, mechan. Abschürfungen am Kiemendeckel durch das Metall und Infektion durch Pilze und Bakterien. G. Merla. 6115.

3-64/04-9062 Paulik, Gerald J.; Seattle, Univ. of Washington. Detection of incomplete reporting of tags. **(Ermittlung der mangelhaften Berichterstattung über Markierungen.)** J. Fisheries Res. Board Canada **18** (1961) Nr. 5. S. 817–832. – 1 Abb., 1 Tab., 19 Lit.

Vf. beschreibt eine Methode, die bei der Durchführung von Markierungsversuchen zur Errechnung der Mindestanzahl der auszusetzenden markierten Fische dient, wenn die Auswertung des Versuches eine bestimmte Anzahl wiedergefangener Exemplare voraussetzt. Unter Berücksichtigung der üblicherweise den Wiederfang beeinflussenden Faktoren, wie Mortalität, Abwanderung, Fanggerätetypen usw., ist es mit dieser Methode möglich, den Anteil der zwar wiedergefangenen, aber nicht zur Kenntnis der untersuchenden Instn. gelangten Fische zu ermitteln, einer Tatsache, die zum überwiegenden Teil in der Nachlässigkeit der Fischer zu suchen ist. Zur Ermittlung der auszusetzenden Fischmenge wurde eine umfangreiche Tab. zusammengestellt, deren Gebrauch an einigen Beispielen erläutert wird. G. Seifert. 6115.

3-64/04-9063 *Bernatowicz, Stanisław.* **Obserwacje nad fenologia rozrodu ryb.** (Beobachtungen über die Fortpflanzungsphänologie der Fische.) Olsztyn. 1963. (1 S.) 8° = Instytut rybactwa Środladowego Nr. 24. (SR 3181, 24)

3-64/04-9064 *Bryliński, Edmund* und *Brylińska, Maria.* **Wyniki znakowania leszcza w kompleksie jeziora Wdzydze.** (Markierungsergebnisse bei Bleien im Komplex des Wdzydze-Sees.) Olsztyn. 1963. (1 S.) 8° = Instytut rybactwa Środladowego Nr. 23. (SR 3181, 23)

3-64/04-9065 *Sakowicz, Stanisław.* **Troć z jeziora Wdzydze.** (Die Seeforelle des Wdzydze-Sees.) Olsztyn. 1963. (1 S.) 8° = Instytut rybactwa Środladowego Nr. 21. (SR 3181, 21)

3-64/04-9066 *Sych, Roman.* **Metoda odciskania łusek ryb na tworzywie sztucznym.** (Verfahren zur Herstellung von Fischschuppenabdrücken auf Kunststoff.) Olsztyn. 1963. (1 S.) 8° = Instytut rybactwa Środladowego Nr. 38. (SR 3181, 38)

3-64/04-9067 *Weiler, Wilhelm.* **Die Fischfauna des Tertiärs im oberrheinischen Graben, des Mainzer Beckens, des unteren Maintals und der Wetterau, unter besonderer Berücksichtigung des Untermiozäns.** Frankfurt/M.: Kramer. 1963. (72 S. m. 258 Abb. ,2 Taf., 1 Kt) 4° = Abhandlungen der Senckenbergischen naturforschenden Gesellschaft. 504. (SR 76, 504)

Biologie der sonstigen fischereilichen Nutztiere

3-64/04-9068 Theede, Hans. **Experimentelle Untersuchungen über die Filtrationsleistung der Miesmuschel Mytilus edulis L.** Kieler Meeresforsch. **19** (1963) Nr. 1. S. 20–41. – 28 Abb., 2 Tab., Lit. 6125.

C. LEBENSRAUM DER FISCHE

(Hydrographie und Hydrobiologie)

3-64/04-9069 Lieder, Ulrich; Berlin, Humboldt-Univ., Inst. für Fischereiwes. **Über Spurenelemente in den Binnengewässern und ihre Bedeutung für die Binnenfischerei.** Dtsch. Fischerei-Ztg. **10** (1963) Nr. 4. S. 106–109. – 13 Lit.

Während in der Pflanzen- und Tierernährung über die physiol. Bedeutung der Mikronährstoffe bereits umfangreiches praktisch verwertbares Tatsachenmaterial vorliegt, ist über Vorkommen und Bedeutung der Spurenelemente in den Binnengewässern bisher nur wenig bekannt. Das ist teils durch Analysenschwierigkeiten und teils durch typisch limnologische Probleme bedingt. So wurden aus Binnengewässern bislang hauptsächlich die Mikronährstoffe Mn, Cu, Zn, Mo, Co und ferner V und Se nachgewiesen. An Hand internationaler Spezialliteratur bespricht Vf. die Ergebnisse über die Bedeutung dieser Spurenelemente in den Binnengewässern. Bei Anwendung dieser Elemente auf dem Wege über Düngung oder Fütterung ist zwischen See und Teich zu unterscheiden. Nur im letzteren Falle erscheint ein wiss. kontrollierter versuchsweiser Einsatzfischereilich sinnvoll. G. Merla. 6130.

3-64/04-9070 Dunn, Diana Rowan; Liverpool, Univ. The bottom fauna of Llyn Tegid (Lake Bala), Merionethshire. **(Die Bodenfauna des Llyn Tegid [Bala-See], Merionethshire.)** J. Animal Ecol. **30** (1961) Nr. 2. S. 267–281. — 5 Abb., 4 Tab., 24 Lit.
Die Untersuchung wurde in den Jahren 1950–52 durchgeführt. Llyn Tegid ist mit 6,4 km Länge und 1,2 km Breite der größte See von Wales. Die größte Tiefe beträgt 42 m. Das Litoral reicht bis 3 m Tiefe, die Sublitoralregion schließt sich bis in 15 m Tiefe an. Das Wasser ist sehr weich (6,1 mg/l Gesamthärte). Der O_2-Gehalt beträgt noch im Sept. in 25 m Tiefe 60% der Sättigung. Es handelt sich also um ein ausgesprochen oligotrophes Gewässer. Die Hauptfischart ist *Coregonus pennati*. Die Fauna setzt sich aus 80 Litoral-, 7 Sublitoral- und 7 Profundalarten zusammen. 6 Arten kommen in allen Zonen vor. Verteilung und Durchschnittsmenge jeder Art werden mitgeteilt. Die jahreszeitl. Veränderungen in der Bodenfauna werden diskutiert. Entsprechend der Flugzeit der Insekten ist ein Sommerminimum festzustellen. Im Herbst kommt es zu einem Maximum infolge der großen Zahl von Junglarven. Der See wird mit anderen Gewässern verglichen und große Ähnlichkeit mit dem Loch Lomond festgestellt, die Individualität jedes Sees jedoch ausdrücklich betont. M.-L. Albrecht. 6135.

3-64/04-9071 Martin, Paul. Le planton du lac Léman (Inventaire). **(Das Plankton des Genfer Sees [Übersicht].)** Schweiz. Z. Hydrol. **23** (1961) Nr. 2. S. 462–493. — 26 Abb., 45 Lit.
Ausführliche Darstellung der vorgefundenen Arten des Phyto- und Zooplantons. 6135.

3-64/04-9072 Neess, John C., Dugdale, Richard C., Dugdale, Vera A. und Goering, John J.; Wisconsin, Univ.; Pittsburgh, Univ. Nitrogen metabolism in lakes. I. Measurement of nitrogen fixation with N^{15}. **(Der Stickstoff-Stoffwechsel in Seen. 1. Mitt. Messung der Stickstoffbindung mit ^{15}N.)** Limnol. and Oceanogr. **7** (1962) Nr. 2. S. 163–169. — 3 Abb., 1 Tab., 10 Lit.
Schwerer Stickstoff ist zur Untersuchung des Stickstoff-Stoffwechsels und der biol. Stickstoffbindung durch lebende Organismen gut geeignet. Vff. bestimmten die Stickstoffbindung in Wasserproben aus verschiedenen Seen. Hierzu wurde der im Wasser vorhandene Stickstoff zunächst durch eine Helium-Sauerstoff-Mischung ausgetrieben und durch ^{15}N ersetzt. Nach der Behandlung wurde gebundener Stickstoff in Kjeldahlstickstoff umgewandelt. Nach Oxydation mittels Hypobromid wurde der elementare Stickstoff massenspektroskopisch untersucht, und aus dem Verhältnis von $^{15}N:^{14}N$ konnte die Stickstoffbindung ermittelt werden. In autoklavierten Proben konnte kein gebundener ^{15}N festgestellt werden, ein Zeichen dafür, daß ein Austausch auf phys. Wege nicht stattfindet. Der Einfluß von gleichzeitig miteingeführtem CO_2 und von pH-Wertänderungen auf die Stickstoffbindung wurde nicht untersucht. Die verwendeten Glasapparaturen sowie die Analysenmethodik werden ausführlich beschrieben. D. Nehring. 6135.

3-64/04-9073 Rodina, A. G.; Leningrad, Zool. Inst. der Akad. der Wiss. der UdSSR. O rasprostranenii serobakterij v presnych vodach i meste ich v sisteme pokazatel'nych organizmov Kol'kvica i Marssona. **(Über die Verbreitung von Schwefelbakterien im Süßwasser und ihre Stellung im Kolkwitz-**

Marsson-Leitorganismen-System.) Mikrobiologija, Moskva **30** (1961) Nr. 6. S. 1080–1083. – 11 Lit. Zus. in Engl.

Die modernen Untersuchungsmethoden gestatten es, Schwefelbakterien auch in kleinen Mengen im Gewässer nachzuweisen. Untersuchungen in verschiedenen Seen und Flüssen der UdSSR ergaben, daß Schwefelbakterien weit verbreitet sind. Bes. in der Nähe von Energiequellen sind sie zu finden. Schwefelbakterien, unter ihnen auch *Beggiatoa*, können nur dann als Indikatoren für polysaprobe Gewässer betrachtet werden, wenn sie in großen Mengen vorkommen. In gewisser Zahl dürften sie überall dort vorkommen, wo eine Mineralisation von Eiweißstoffen erfolgt. G. Predel. 6135.

3-64/04-9074 Gusev, M. V.; Moskau, Lomonossow-Univ. Sinezelenye vodorosli. **(Blaualgen.)** Mikrobiologija, Moskva **30** (1961) Nr. 6. S. 1108–1128. – 225 Lit.

Auf der Grundlage eines umfangreichen Literaturstudiums untersuchte Vf. die Besonderheiten in den Lebensäußerungen der Cyanophycea. Bei der Betrachtung der Physiologie und Biochemie dieser Organismengruppe, gelangt er zu der Ansicht, daß den Cyanophyceae verschiedenartige Austauschreaktionen eigen sind, die ihre Spezifität bestimmen. Dazu gehören: Stickstoffixierung, Photosynthese, photosynthetische Assimilation org. Säuren, Chemosynthese u. a. Zahlreiche Cyanophyceae konzentrierten innerhalb ihrer systematischen Gruppe bestimmte physiol. Möglichkeiten, die sie im Laufe der Entwicklung von anderen Organismengruppen abgrenzten und die Einnahme entspr. physiol. Nischen gestatteten. G. Predel. 6135.

3-64/04-9075 Smirnov, N. N. und Feoktistova, O. I. O toksičnosti sinezelenych vodoroslej. **(Die Toxizität der Blaualgen.)** Trudy Instituta biologii vodochranilišč, Moskva-Leningrad **1963** Nr. 5. S. 10–20. – 9 Tab., 22 Lit. 6135.

3-64/04-9076 Watts, J. R. und Harvey, R. S. Uptake and retention of Cs^{137} by a blue-green alga in continuous flow and batch culture systems. **(Aufnahme und Speicherung von ^{137}Cs durch eine Blaualge bei kontinuierlichen und diskontinuierlichen Kulturverfahren.)** Limnol. and Oceanogr. 8 (1963) Nr. 1. S. 45–49. – 3 Abb., 3 Tab., 7 Lit.

Vff. untersuchten die Aufnahme von ^{137}Cs durch *Plectonema purpureum*, welche häufig in dem Kühlwasser eines Atomreaktors auftrat. Die max. Cs-Aufnahme verlief proportional der Cs-Konzentration der Nährlösung und war bei fließendem Kulturmedium 7 mal größer als in stehendem. 3 Tage nach Übertragung der Algen in Cs-freie Nährlösung enthielten sie nur noch 10% des aufgenommenen Caesiums. M. Schlüter. 6135.

3-64/04-9077 Leentvaar, P. Quelques rotateurs rares observés en Hollande. **(Einige in Holland selten beobachtete Rotatorien.)** Hydrobiologia [Den Haag] **18** (1961) Nr. 3. S. 245–251. – 3 Abb., 17 Lit.

In Planktonproben des Jahres 1960 wurden folgende seltene oder bisher in Holland nicht beobachtete Arten gefunden: *Kellicottia bostoniensis*, *Brachionus bennini*, *B. budapestinensis*, *B. urceolaris var. sericus*, *Keratella tropica*, *Conochiloides coenobasis*. Für jede Art werden die am Fundort festgestellten Umweltbedingungen, insbesondere die chem. Zusammensetzung des Wassers, mitgeteilt. M.-L. Albrecht. 6135.

3-64/04-9078 Brinkhurst, Ralpho; Liverpool, Univ. Taxonomical studies on the tubificidae (Annelida, Oligochaeta). **(Taxonomische Untersuchungen über die Tubificiden [Annelida, Oligochaeta].)** Int. Rev. ges. Hydrobiol., Beih. **1963** Nr. 2. S. 1–89. – 59 Abb., 183 Lit.

Vf. versucht in seiner Arbeit, die Grundlagen für eine systematische Revision der Familie Tubificidae zu legen, die durch das Fehlen von Typenmaterial sehr erschwert wird. Einige Gattungen werden bereits in der vorliegenden Arbeit umorganisiert. Die Diagnosen sind aus allen erreichbaren Beschreibungen ausgewählt und geben den modernsten Stand. Für den Ökologen ist bes. wertvoll, daß sich alle Beschreibungen auf totes Material beziehen. Die Untersuchung erfolgt in Ammans Lactophenol, das alle Chitinstrukturen klar hervortreten läßt. Die nicht chitinisierten Strukturen sind darin ebenfalls in vielen Fällen zu sehen. Notfalls müssen sie durch Sektion freigelegt werden. Die beigegebenen Gattungs- und Artbestimmungstab. sind durch Abb. wichtiger Merkmale ergänzt. D. Barthelmes. 6135.

3-64/04-9079 Poddubnaja, T. L. Žiznennyj-cikl i temp rosta nevskogo limnodrila (Limnodrilus newaensis Mich., Oligochaeta, Tubificidae). **(Lebenszyklus und Wachstumstempo von Limnodrilus newaensis, Oligochaeta, Tubificidae.)** Trudy Instituta biologii vodochranilišč, Moskva-Leningrad **1963** Nr. 5. S. 46–56. – 8 Abb., 7 Tab., 9 Lit. 6135.

3-64/04-9080 Basch, Paul F.; San Francisco, Univ. of California. Environmentally influenced shell distortion in a freshwater limpet. **(Durch die Umgebung beeinflußte Schalenverzerrung bei einer Süßwasserschnecke.)** Ecology **44** (1963) Nr. 1. S. 193–194. – 1 Abb., 1 Lit.
Vf. beschreibt eine Vielzahl abnormer, verzerrter und verkümmerter Schalen von *Ferrissia shimekii*. Eine Population dieser Schnecke hatte versehentlich über ein Jahr in einem Aquarium gelebt, das unabgedeckt war und nur von Zeit zu Zeit mit Frischwasser aufgefüllt wurde. Das Beispiel zeigt, daß die Schalenform als taxionomisches Merkmal höchst unsicher ist.
W. v. Tümpling. 6135.

3-64/04-9081 Collardeau, C.; Lyon, Fac. des Sci. Influence de la température sur la consommation d'oxygène de quelques larves de Trichoptères. **(Der Einfluß der Temperatur auf den Sauerstoffverbrauch einiger Trichopterenlarven.)** Hydrobiologia [Den Haag] **18** (1961) Nr. 3. S. 252–264. – 4 Abb., 3 Tab., 14 Lit.
Es wurde der Einfluß der Temperatur auf den O_2-Verbrauch der Larven von *Polycentropus flavomaculatus*, *Plectrocnemia conspersa* und *Limnophilus rhombicus* untersucht. Der O_2-Verbrauch steigt mit der Temperatur. Dieser Anstieg ist jedoch nicht gleichmäßig. Zwischen 4° und 10 °C ist er gleich Null, zwischen 10° und 20–22 °C ist er schwach, über 22 °C außerordentlich hoch. Man kann daraus schließen, daß die Larven an Temperaturen von 4°–22 °C gut angepaßt sind. Zwischen den Kurven der lotischen Formen (*Polycentropus* und *Plectrocnemia*) und der lenitischen Form (*Limnophilus*) besteht kein signifikanter Unterschied. Während jedoch der O_2-Verbrauch der Polycentropidae, sehr aktiven und erregbaren Organismen, bei gleicher Temperatur große Schwankungen zeigt, sind diese bei *Limnophilus rhombicus*, einer wenig aktiven Larve, nur schwach ausgebildet. M.-L. Albrecht. 6135.

3-64/04-9082 Degrange, Charles. Processus cinétique de l'éclosion chez les Ephéméroptères. **(Der Schlupfprozeß bei den Ephemeropteren.)** Trav. Lab. Hydrobiol. Piscicult. Univ. Grenoble **52/53** (1960/1961, hrsg. 1961) S. 53–58. – 6 Abb., 8 Lit.
Der Schlupfprozeß sowie die Embryonalentwicklung wurde bei *Ephemerella ignita*, einigen Heptageniidae, *Cloëon* und anderen Baëtidae studiert. Alle genannten Formen haben während der Entwicklung im Ei im Gegensatz zu Plecopteren und Odonaten eine charakteristische Lage: Der Körper ist kreisförmig gebogen, die Extremitäten sind in S-Form zusammengelegt. Kurz vor dem Schlüpfen wird die Amnionflüssigkeit und das Wasser, das in das Eiinnere eingedrungen ist, durch Schlucken aufgenommen. Die frontale Sprengung des Eies gestattet eine Perforation des Chorions. Die vorlarvale Kutikula wird abgeworfen bei gleichzeitiger neuer Wasseraufnahme. *Cloëon*

dipterum ist sowohl vivipar als auch ovovivipar, je nach der Region, in der diese Art vorkommt. Die Lage des Embryos im Ei unterscheidet sich nicht von dem mitgeteilten Schema. M.-L. Albrecht. 6135.

3-64/04-9083 Degrange, Charles. L'éclosion des Odonates Zygoptères Agrion puella (L.) et Enallagma cyathigerum (Charp.) **(Das Schlüpfen von Agrion puella und Enallagma cyathigerum [Odonata, Zygoptera].)** Trav. Lab. Hydrobiol. Piscicult. Univ. Grenoble **52/53** (1960/1961, hrsg. 1961) S. 69–76. – 6 Abb., 23 Lit.
Es scheint, als ob die Bewegungen der „pulsierenden Organe" oder „Kopfherzen", die beim Schlüpfen einiger Odonaten bemerkt wurden, nichts weiter als die peristaltischen Kontraktionen des Oesophagus sind, welche im Zusammenhang mit dem Schlucken der Amnionflüssigkeit entstehen. Die Flüssigkeitsaufnahme durch den Embryo zieht das Eintreten von Wasser durch die Micropylen-Öffnungen nach sich. Das Endochorion zerreißt, und die Dottermembran dehnt sich unter Bildung eines transparenten Bläschens. Nachdem die Pronymphe das in diesem Bläschen enthaltene Wasser geschluckt hat, sprengt sie diese Membran und die Larve wirft nach erneuter Wasseraufnahme die embryonale Kutikula ab. M.-L. Albrecht. 6135.

3-64/04-9084 Šilova, A. I. Metamorfoz Lipinella arenicola Shilova (Diptera, Tendipedidae). **(Die Metamorphose von Lipinella arenicola [Diptera, Tendipedidae].)** Trudy Instituta biologii vodochranilišč, Moskva-Leningrad **1963** Nr. 5. S. 71–80. – 16 Abb., 13 Lit. 6135.

3-64/04-9085 Degrange, Charles. Les premiers stades larvaires de l'Ephéméroptère Oligoneuriella rhenana (Imh.). **(Die ersten Larvenstadien der Ephemeroptere Oligoneuriella rhenana.)** Trav. Lab. Hydrobiol. Piscicult. Univ. Grenoble **52/53** (1960/1961, hrsg. 1961) S. 59–67. – 17 Abb., 7 Lit.
Die Nymphen-, Subimaginal- und Imaginalstadien von *Oligoneuriella rhenana* sind von Grandi (1947) beschrieben worden. Von den jüngeren Stadien hat er jedoch nur das 3. und 4. Larvenstadium untersucht. Im Vergleich mit der Nymphe zeigt die neugeborene Larve gewisse Eigenheiten: Die Maxillartracheenkiemen sind bereits vorhanden, jedoch noch rudimentär, die Tibia der Vorderextremitäten besitzt eine doppelte Borstenreihe. Das 2. Larvenstadium ist vor allem durch die Entwicklung der Maxillartracheenkiemen, das Erscheinen einer doppelten Borstenreihe auf dem Femur der Vorderbeine und den Beginn der Rückbildung der 2. Reihe der Zähne der Fußkrallen gekennzeichnet. M.-L. Albrecht. 6135.

3-64/04-9086 Georges, D. Diptères Psychodidae paléarctiques. **(Paläarktische Psychodiden [Diptera].)** Trav. Lab. Hydrobiol. Piscicult. Univ. Grenoble **52/53** (1960/1961, hrsg. 1961) S. 101–109. – 1 Abb., 9 Lit.
Dr. Clastrier vom Pasteur-Institut in Algier hat eine bedeutende Psychodiden-Kollektion zusammengetragen, die er von 1955–1958 in Frankreich, der Schweiz, Belgien, Norwegen, Schweden, Finnland und Algerien sammelte. Es handelt sich bei sämtlichen Exemplaren um Imagines, von denen die meisten gezüchtet worden sind, so daß in vielen Fällen gesicherte ökol. Angaben vorliegen. Es wurden 13 Arten der Gattung *Psychoda*, *Clytocerus ocellaris*, 5 Arten der Gattung *Telmatoscopus* und 6 Arten der Gattung *Pericoma* identifiziert. In dem Material fand sich eine neue Art: *Pericoma delphinensis* n. sp., die eingehend beschrieben wird. M.-L. Albrecht. 6135.

3-64/04-9087 Vaillant, F. Complément à la révision des Psychodidae de France (Diptera). **(Ergänzung zur Revision der Psychodidae [Diptera] Frankreichs.)** Trav. Lab. Hydrobiol. Piscicult. Univ. Grenoble **52/53** (1960/1961, hrsg. 1961) S. 111–116. – 17 Abb., 7 Lit.
Die 1961 in den Ann. Soc. ent. Franc. erschienene Revision der Psychodidae Psychodinae wird weiter ergänzt. Es werden Angaben über 15 Arten bzw.

Unterarten gemacht, bei denen es sich z. T. um Beschreibungen, z. T. um ökol. Mitteilungen handelt. Bis jetzt sind 91 paläarktische *Pericoma*-Arten bekannt. 46 davon kommen in Frankreich vor. Von 30 dieser französ. Arten wurden die Larven beschrieben. M.-L. Albrecht. 6135.

3-64/04-9088 Vaillant, F. Larves nouvelles de Pericoma Walker (Diptera, Psychodidae). **(Neue Pericoma-Walker-Larven [Diptera, Psychodidae].)** Trav. Lab. Hydrobiol. Piscicult. Univ. Grenoble **52/53** (1960/1961, hrsg. 1961) S. 117–129. — 39 Abb., 7 Lit.

In 2 vorhergehenden Arbeiten (1957 und 1958) hat Vf. die Beschreibung von neuen Larven palaearktischer *Pericoma*-Arten gegeben. In vorliegender Veröffentlichung werden 5 weitere Larven des letzten Stadiums beschrieben: *P. auberti, P. delphinensis, P. huescana, P. palustris* und *P. pannonica.* Eine Bestimmung jüngerer Larvenstadien ist bisher nicht möglich. Das Wachstum der *Pericoma*-Larven ist sehr unharmonisch und die Bestimmungsmerkmale, die eine Unterscheidung der Larven verschiedener Arten in bestimmten Entwicklungsstadien zulassen, sind in diesem Falle nicht anwendbar.
M.-L. Albrecht. 6135.

3-64/04-9089 Butorin, N. V. Gidrologičeskie uslovija Kujbyševskogo vodochranilišča v period zapolnenija. **(Die hydrologischen Verhältnisse im Kuibyschewer Stausee während seines Anstaus.)** Trudy Instituta biologii vodochranilišč, Moskva–Leningrad **1963** Nr. 5. S. 278–301. — 12 Abb., 8 Tab., 11 Lit. 6138.

3-64/04-9090 Butorin, N. V. Formirovanie gidroličeskogo režima Gor'kovskogo vodochranilišča (1955–1959 gg.). **(Die Bildung des hydrologischen Regimes des Gorki-Stausees [1955–1959].)** Trudy Instituta biologii vodochranilišč, Moskva-Leningrad **1963** Nr. 5. S. 239–277. — 22 Abb., 20 Tab. 6138.

3-64/04-9091 Butorin, N. V. Uroveń Rybinskogo vodochranilišča i ego kolebanija (1948–1960 gg.). **(Der Wasserstand des Rybinsker Stausees sowie seine Schwankungen in den Jahren 1948-1960.)** Trudy Instituta biologii vodochranilišč, Moskva–Leningrad **1963** Nr. 5. S. 302–321. — 14 Abb., 6 Tab., 4 Lit. 6138.

3-64/04-9092 Kurdin, V. P. Uslovija formirovanija gruntovogo kompleksa Ugličskogo vodochranilišča. **(Die Bedingungen für die Bildung des Bodenkomplexes des Uglitscher Stausees.)** Trudy Instituta biologii vodochranilišč, Moskva–Leningrad **1963** Nr. 5. S. 322–328. — 3 Abb., 3 Tab., 7 Lit. 6138.

3-64/04-9093 Rutkovskij, V. I. Temperaturnyj režim Rybinskogo vodochranilišča. **(Die Temperaturverhältnisse des Rybinsker Stausees.)** Trudy Instituta biologii vodochranilišč, Moskva-Leningrad **1963** Nr. 5. S. 132–238. — 37 Abb., 32 Tab., 47 Lit. 6138.

3-64/04-9094 Bezler, F. I. Sezonnye izmenenija chimičeskich svojstv vody Rybinskogo vodochranilišča. **(Die jahreszeitlichen Veränderungen der chemischen Zusammensetzung des Wassers im Rybinsker Stausee.)** Trudy Instituta biologii vodochranilišč, Moskva-Leningrad **1963** Nr. 5. S. 329–350. — 8 Abb., 7 Tab., 14 Lit. 6138.

3-64/04-9095 Morduchaj-Boltovskoj, F. D. Osnovnye trofičeskie svjazi v volžskich vodochraniliščach. **(Die hauptsächlichen trophischen Verbindungen in den Wolga-Stauseen.)** Trudy Instituta biologii vodochranilišč, Moskva-Leningrad **1963** Nr. 5. S. 36–45. — 1 Abb., 41 Lit. 6138.

3-64/04-9096 Feoktistova, O. I. Soderžanie vitamina B_{12} v fitoplanktone Rybinskogo i Ugličskogo vodochranilišč. **(Der Gehalt an Vitamin B_{12} im Phytoplankton des Rybinsker und Uglitscher Stausees.)** Trudy Instituta biologii vodochranilišč, Moskva-Leningrad **1963** Nr. 5. S. 3–9. — 4 Abb., 4 Tab., 20 Lit. 6138.

3-64/04-9097 Èkzercev, V. A. und Sokolova, M. A. Soobščestva chvošča prirečnogo na Ivańkovskom vodochranilišče. **(Die Gemeinschaft von Equisetum fluviatile im Iwanowsker Stausee.)** Trudy Instituta biologii vodochranilišč, Moskva-Leningrad **1963** Nr. 5. S. 21–35. – 6 Abb., 6 Tab., 3 Lit. 6138.

3-64/04-9098 Sládeček, Vladimír; Prag, Chem.-Technol. Hochschule. **Eine bemerkenswerte Encentrum-Art (Rotatoria).** Zool. Anz. **167** (1961) Nr. 9/12. S. 360–362. – 2 Abb., 9 Lit.
Vf. beschreibt aus einem Stausee südl. von Prag *Encentrum moldavicum* als neue Art. Die Art ist mit *E. eurycephalum* nahe verwandt. Es werden die Unterscheidungsmerkmale zu ihr angegeben. W. v. Tümpling. 6138.

3-64/04-9099 Zarečnaja, S. N. K faune ručejnikov Gorkovskogo vodochranilišča. **(Die Trichopteren-Fauna des Gorki-Stausees.)** Trudy Instituta biologii vodochranilišč, Moskva-Leningrad **1963** Nr. 5. S. 57–70. – 15 Abb., 3 Tab., 12 Lit. 6138.

3-64/04-9100 Nemecek, Ernst P.; Wien, Bundesmin. für Land- und Forstwirtsch. **Die Hydrologie der Trinkwasserversorgung aus Staugewässern und staunahem Grundwasser.** Wasser u. Abwasser [Wien] **1961** S. 245–266. – 11 Abb., 3 Lit.
Vf. untersucht ausführlich die hydrol. Bedingungen – vor allem die Strömungsverhältnisse – bei der Entnahme von Wasser aus dem Hypolimnion einer Talsperre. Aus den ermittelten hydrologischen Daten ist zu erkennen, daß bei im Verhältnis zur gespeicherten Wassermenge großen Entnahmemengen auch Wasser aus dem Epi- und Metalimnion mit abfließt, woraus sich die Notwendigkeit ausreichender Wasseraufbereitung ergibt. Für die Entnahme aus dem Grundwasser in der Nähe eines gestauten Flusses entstehen durch den Anstau und die Verkittung des Untergrundes sehr schwierige Verhältnisse. Eingehend beschrieben werden die Verhältnisse für einen Horizontalfilterbrunnen des Wasserwerkes Passau, der auf einer Donauinsel liegt und durch den Stau bei Jochenstein beeinflußt wird. W. v. Tümpling. 6138.

3-64/04-9101 Dosch, Friedrich; Wien, Univ. **Die Änderungen der Keimzahlen des Wassers in gedeckten Trinkwasserspeichern.** Wasser u. Abwasser [Wien] **1961** S. 278–301. – 5 Abb., 2 Lit.
Vf. untersucht die bakteriol. Verhältnisse im größten Leitungsspeicher der Wiener Wasserwerke, Inhalt $4 \times 150000\ m^3$, Tagesdurchsatz $120000\ m^3$. Bei der Speicherung von $1 \times 150000\ m^3$ über 11 Mon. ergaben die bakteriol. Untersuchungen des Speicherinhaltes folgendes Bild: Während der ersten 8 Tage nahm der Keimgehalt auf ca. $^1/_{10}$ des Anfangswertes ab, stieg in der folgenden Woche weit über den Anfangswert, um dann innerhalb von 3 Wochen wieder auf den Anfangswert zu sinken und bis zum Versuchsende diesen Wert einzuhalten. Untersuchungen bei Durchflußbedingungen ($10000\ m^3/d$) ergaben, daß nur die psychrophilen, nicht aber die thermophilen Keime sich im Behälter vermehrten. Die Ergebnisse zeigen, daß keine Qualitätsverminderung des gespeicherten Wassers eingetreten war.
W. v. Tümpling. 6138.

3-64/04-9102 Sládeček, Vladimír. Contribution to the knowledge of the rotifer Ascomorpha minima Hofsten. **(Beitrag zur Kenntnis des Rotators Ascomorpha minima.)** Hydrobiologia [Den Haag] **18** (1961) Nr. 3. S. 274 bis 276. – 3 Abb., 8 Lit.
Ascomorpha minima wurde im Plankton des großen Fischteiches Zehun am Cidlina-Fluß in Ostböhmen in geringer Menge gefunden. Die Art gehört unzweifelhaft zu der typischen Form, wie sie von Hofsten 1909 von der Insel Gotland beschrieben worden ist. Die Lorica hat eine Gesamtlänge von 48 μ und eine max. Breite von 31 μ. Die taxionomische Stellung der größeren Form

(80 μ), die 1943 von Carlin beschrieben wurde, ist bei künftigen Untersuchungen näher zu definieren. Auch die ökol. Verhältnisse müssen berücksichtigt werden. M.-L. Albrecht. 6140.

3-64/04-9103 Berrie, A. D. und Visser, S. A.; Kampala, Uganda, Makerere Univ. Coll. Investigation of a growth-inhibiting substance affecting a natural population of freshwater snails. **(Untersuchungen über eine wachstumshemmende Substanz, die auf eine natürliche Population von Süßwasserschnecken einwirkt.)** Physiol. Zoöl. **36** (1963) Nr. 2. S. 167–173. – 1 Abb., 1 Tab., 17 Lit.
In einer vorangegangenen Untersuchung wurde bei einer Population von *Biomphalaria sudanica* in einem kleinen Gewässer ohne Zu- und Abfluß eine Wachstumshemmung festgestellt. Nach der nun vorliegenden Arbeit konnte jetzt ein toxisch wirkender Stoff aus dem Wasser isoliert werden, dessen Wirkung sich an Schnecken derselben Population auch im Lab. nachweisen ließ. Die toxische Substanz, die möglicherweise von den Schnecken selbst abgeschieden wird, ist wahrscheinlich ein Ester mit einem Molekulargewicht von 360 und der Summenformel $C_{18}H_{32}O_7$. Es ist zu vermuten, daß die Stärke der Schnecken-Population durch das Gift in gewissen Grenzen gehalten wird. G. Merla. 6140.

3-64/04-9104 Schmutterer, Josef. **Geschiebe- und Schwebstoffführung der österreichischen Donau.** Wasser u. Abwasser [Wien] **1961** S. 61–70. – 4 Lit.
Die Schwebstoffführung der Donau weist nach Zeit und Ort sehr große Schwankungen auf. Die statistische Bearbeitung sehr umfangreicher Messungen ergab jedoch einen eindeutigen Zusammenhang zwischen Wasserführung und Schwebstoffdichte, der sich mathematisch einwandfrei darstellen läßt. Dabei ist die Schwebstoffmenge bei Hochwasser mehr als 10mal so hoch wie bei Niederwasser. Für eine einwandfreie Bilanzierung der Schwebstofffracht ist allerdings noch eine intensive Beobachtung vieler Einzelfragen notwendig. Für die Geschiebeführung der Donau ergab sich durch nur zweimal wöchentl. Messung in einem geeigneten Profil die gleiche mathematische Abhängigkeit von der Wasserführung wie für die Schwebstofffracht. Für die Geschiebeführung ist zugleich eine einwandfreie Bilanzierung möglich. W. v. Tümpling. 6145.

3-64/04-9105 Gard, Richard; Berkeley, Calif., Univ. Insulation of a Sierra Stream by snow cover. **(Isolierung eines Baches der Sierra Nevada durch Schneebedeckung.)** Ecology **44** (1963) Nr. 1. S. 194–197. – 4 Abb., 13 Lit.
Die Untersuchungen hatten das Ziel, den Einfluß der Schneebedeckung auf die Temperaturen über und unter der Schneeoberfläche zu ermitteln. Es wurden tägl. vertikale Temperaturmeßserien vom Bachbett bis 1 m über dem Schnee durchgeführt. Die stärksten Temperaturschwankungen wurden unmittelbar über dem Schnee gemessen, weil die Schneeoberfläche während des Tages die Sonnenenergie zurückstrahlt und während der Nacht kalte Luft aufnimmt. Es zeigte sich, daß Schnee ein guter Isolator des Baches und der unteren Schneemassen ist. Unter 1 m Schnee betrug die Bachtemperatur 0–0,2 °C, während die Lufttemperaturen zwischen – 26 °C und + 9,5 °C schwankten. Zur Zeit der stärksten Kälte war die Temperatur 50 cm unter der Schneeoberfläche 7 grd wärmer als die darüber gemessene Lufttemperatur. M.-L. Albrecht. 6145.

3-64/04-9106 Botosaneanu, L. und Negrea, St. Une oasis aquatique à faune relique dans la Plaine du Danube inférieur. **(Eine aquatische Oase für die Reliktfauna in der Unteren Donauebene.)** Hydrobiologia [Den Haag] **18** (1961) Nr. 3. S. 199–218. – 12 Abb., 8 Lit.
Es wurde ein Komplex von Quellen, die in der Unteren Donauebene (= Wallachische Tiefebene) in ca. 100 m Höhenlage gelegen sind, unter-

sucht. Das Gebiet ist durch Überfluß an kaltem Wasser, Schutz durch dichtes Weidengehölz, verschiedene Substrate und zahlreiche nahrungsreiche Quellen gekennzeichnet. Diese Elemente ermöglichen einer Reliktfauna die Existenz. Sie setzt sich aus Rotatorien, Tardigraden, Coleopteren, Trichopteren, Hydracarinen usw. zusammen, aus Arten, die in der Rumänischen Ebene lediglich an dieser einen Stelle vorkommen. Es handelt sich um Formen, die sonst im Gebirge oder in nördlicher bzw. nordöstlicher gelegenen Gebieten verbreitet sind oder um charakteristische Hochmoorarten. Diese Fauna stellt einen Rest der Wasserfauna dar, die die Rumänische Tiefebene besiedelte, als das Gebiet noch dicht bewaldet war. Durch die Umwandlung in Ackerland wurde der Charakter der Landschaft völlig verändert. M.-L. Albrecht. 6145.

3-64/04-9107 Matoničkin, Ivo; Zagreb, Univ. **Epibiontische Verhältnisse auf den Kalktuffwasserfällen des Flusses Krka in Dalmatien.** Hydrobiologia [Den Haag] **18** (1961) Nr. 3. S. 219–224. – 16 Lit.
Extreme Lebensbedingungen auf den Standorten der Kalktuff-Wasserfälle ermöglichen nur bes. angepaßten Arten die Besiedlung. Formen, denen diese Anpassungen fehlen, können in diesen Standorten nur gemeinsam mit Arten, für welche der Biotop primär ist, leben. Die Chlorophyceen *Cladophora glomerata* und *Vaucheria gemminata* sind im Sommer dicht mit epiphytischen Spalt- und Kieselalgen bedeckt. Der wichtigste Epiphyt an den Moosen ist die Desmidiacee *Oocardium stratum*. Sie besiedelt meist Stellen mit starker Strömung. Am Aufbau der Kalktuff-Wasserfälle ist sie dadurch beteiligt, daß sich dort, wo sie sehr zahlreich auftritt, große Mengen von $CaCO_3$ ablagern können. Der Amphipode *Fontogammarus dalmatinus krkensis* und die Larven von *Ephemerella ignita* sind mit einigen Ciliatenarten (*Vorticella* spec., *Epistylis* spec.) besiedelt. M.-L. Albrecht. 6145.

3-64/04-9108 Fetzmann, Elsalore. **Algensoziologische Untersuchungen in Altwässern der Donauauen.** Verh. int. Verein. theoret. angew. Limnol. **14** (1959, hrsg. 1961) S. 466–470. – 4 Lit.
Vf. beschreibt aus einem Altwasserarm der Donau, dessen schlammige Ufer ein breiter Gürtel von *Callitriche, Myriophyllum, Potamogeton, Phalaris* und *Hippuris* umgibt, eine Algengesellschaft, die sich vor allem aus *Oscillatoria limosa* und zahlreichen Diatomeen zusammensetzt. Die Gesellschaft ist am besten während der kühlen Jahreszeit entwickelt und bildet am Boden braune Überzüge. Diese lösen sich bei starker Photosynthese und steigen an die Oberfläche. Begleiter sind im Frühjahr Euglenen, im zeitigen Sommer Konjugaten. M. Schlüter. 6145.

3-64/04-9109 Michajlov, V. V. und Teplyj, D. L.; Astrachan, Med. Inst., Kasp. Forsch.-Inst. für Ozeanogr. O toksičnosti sine-zelenych vodoroslej reki Volgi. **(Über die Toxizität der Blaualgen der Wolga.)** Zoologičeskij žurnal, Moskva **40** (1961) Nr. 11. S. 1619–1624. – 7 Lit. Zus. in. Engl.
Entsprechende Versuche zeigten, daß Blaualgen aus der Wolga und anderen Gewässern toxische Stoffe nur bei Trocknung und Erwärmung absondern. In frischem Zustand sind sie nicht toxisch, weder bei Einimpfung noch bei Verfütterung. Toxische Stoffe, die man durch Erhitzen oder Trocknung gewonnen hat, zeigten Giftwirkung bei Fischen und anderen Tieren, wenn diese im Labor geimpft wurden. Sowohl Warmblüter als auch Fische starben nach der Injektion in kurzer Zeit. Jedoch können frische und auch abgestorbene Blaualgen im Wasser nicht die Ursache für Wintererkrankungen der Karpfen (*Cyprinus carpio*) in der Wolga sein. G. Predel. 6145.

3-64/04-9110 Tosio, B. Serra. Deux stations nouvelles de la Méduse d'eau douce Craspedacusta sowerbyi Lankester dans le Sud-Est de la France. **(Zwei neue Fundorte der Süßwassermeduse Craspedacusta sowerbyi im Süd-**

osten Frankreichs.) Trav. Lab. Hydrobiol. Piscicult. Univ. Grenoble **52/53** (1960/1961, hrsg. 1961) S. 49–52. – 13 Lit.

Die Süßwassermeduse *Craspedacusta sowerbyi*, bekannt seit ihrer Entdeckung in den Gewächshäusern des Regent's Parks in London im Jahre 1880, ist seitdem mehrfach aus der ganzen Welt, bes. aus Nordamerika, gemeldet worden. In Frankreich waren bisher 6 Standorte bekannt. Im Juli 1959 wurden in der Rhône bei Viviers in einer Stauhaltung Larvenstadien festgestellt (Oberflächenströmung 20 cm/s, Wassertemperatur 19,3 °C). I. allg. stimmte das Aussehen mit den Beschreibungen anderer Autoren überein. Die Zahl der Tentakeln betrug jedoch nicht 16, sondern niemals mehr als 8. Der 2. Fundort ist ein Altwasser der Isère, 5 km östlich von Grenoble. Im Juli 1960 bei einer Wassertemperatur von 23,4 °C konnten hier sämtliche Entwicklungsstadien beobachtet werden, an denen u. a. auch die Art der Nahrungsaufnahme studiert wurde. M.-L. Albrecht. 6145.

3-64/04-9111 Lewis, D. J. The Simulium neavei complex (Diptera, Simuliidae) in Nyasaland. **(Der Simulium-neavei-Komplex [Diptera, Simuliidae] in Njassaland.)** J. Animal. Ecol. **30** (1961) Nr. 2. S. 303–310. – 2 Abb., 31 Lit.

Simulium nyasalandicum und *S. woodi* wurden erstmalig in Njassaland entdeckt, doch bisher ist über sie nur wenig bekannt. Sie gehören zum *S. neavei*-Roubaud-Komplex, deren Angehörige sich im späten Larven- und Puppen-Stadium an Krebse anheften. Die Imagines sind Überträger der Onchozerkose, einer durch einen Nematoden hervorgerufenen Schädigung der Augen, die oft zur Erblindung führt. Während der 14tägigen Untersuchungsfahrt wurden nur wenige Larven und Puppen von *S. nyasalandicum* gefunden, jedoch keine Imagines. Es ist anzunehmen, daß die Art spärlich vertreten ist oder selten Menschen befällt. Von *S. woodi* wurden noch weniger Exemplare gesammelt. Infolge der Entwaldung des Gebietes ist die Art wahrscheinlich zurückgegangen. Der *S. neavei*-Komplex ist bisher aus 4 Verbreitungsgebieten in Njassaland bekannt. M.-L. Albrecht. 6145.

3-64/04-9112 Dorier, A. und Grenier, P. Description de deux formes nouvelles de Simulies: Simulium carthusiense f. brevicaulis et Simulium carthusiense f. truncata. **(Beschreibung von zwei neuen Simuliumformen: Simulium carthusiense f. brevicaulis und Simulium carthusiense f. truncata.)** Trav. Lab. Hydrobiol. Piscicult. Univ. Grenoble **52/53** (1960/1961, hrsg. 1961) S. 93–100. – 15 Abb., 2 Lit.

Im Verlauf der Untersuchungen über die Simuliiden der Franz. Alpen wurden die Larven und Puppen von 2 neuen Typen entdeckt. Sie unterscheiden sich von den Hauptarten, auch z. T. als Imagines, so weitgehend, daß eine Abtrennung in Unterarten gerechtfertigt erscheint. Beide Formen leben in Höhen von 440–480 m. M.-L. Albrecht. 6145.

3-64/04-9113 Degrange, Charles. Description de la nymphe de Cordulegaster bidentatus Selys 1843 (Odonate-Anisoptère). **(Beschreibung der Nymphe von Cordulegaster bidentatus [Odonata-Anisoptera].)** Trav. Lab. Hydrobiol. Piscicult. Univ. Grenoble **52/53** (1960/1961, hrsg. 1961) S. 77 bis 82. – 8 Abb., 12 Lit.

Die Beschreibungen der Nymphe von *Cordulegaster bidentatus* stützen sich fast alle auf die Arbeiten von Carbot aus dem Jahre 1872. Vf. fand die seltene und standorttreue Art in einem Wasserfall der Isère bei Claix in eine Höhenlage von 450 m. Sie erreicht eine Gesamtlänge von 42 mm und eine Kopfbreite von 8,1 mm. Das 6. Abdominalsegment ist 7,7 mm breit. Außerdem wird eine Neubeschreibung der häufigeren Art *C. annulatus* gegeben, die ihr sehr ähnlich ist. Bei ihr betragen die entsprechenden Maße 41 mm, 7,9 mm und 7,2 mm. Die Hauptunterschiede zwischen beiden Arten bestehen in der Augenstellung, der Borstenzahl des Praementums und der Labialpalpen. Bei *C. annulatus* sind die Seiten des 8. und 9. Abdominalsegments zu Spitzen ausgezogen, welche *C. bidentatus* fehlen. Die seitlichen Cerci des letzten Abdominalsegments von *C. annulatus* sind gerade, diejenigen von *C. bidentatus* dagegen convex.

M.-L. Albrecht. 6145.

3-64/04-9114 Werff, A. van der. **Beitrag zur Ökologie der Diatomeen aus dem Dollart-Ems-Gebiet.** Verh. int. Verein. theoret. angew. Limnol. **14** (1959, hrsg. 1961) S. 481–485. – 1 Abb., 5 Lit.

Vf. untersuchte außer den im Sediment abgelagerten Diatomeen auch die lebenden Arten im Dollart-Ems-Gebiet, die für die Festlegung der Sedimente große Bedeutung haben. Die Außen-Ems umfaßt den teilweise im Wattenmeer gelegenen Mündungstrichter mit ca. $2^0/_{00}$ Salzgehalt und einem stark entwickelten Kieselalgen-Plankton. Die Mischung von Meer- und Brackwasser findet bei Knoc und Oterdum statt. Dabei sterben viele Diatomeen ab; die Schlickmassen werden von kleinen, benthischen Arten besiedelt. Im Dollart nimmt das Plankton weiter ab, neu treten einige Binnenlandarten auf. In der Ems werden 4 Planktonstufen unterschieden. Im Dollart-Ems-Gebiet entwickelt sich kein autochthones Brackwasser-Diatomeen-Plankton und, von den Platen und Küstenstreifen abgesehen, kaum eine Diatomeen-Flora am Boden. M. Schlüter. 6148.

3-64/04-9115 Schütz, Liselotte. **Die Fauna der Fahrrinne des NO-Kanals.** Kieler Meeresforsch. **19** (1963) Nr. 1. S. 104–115. 6148.

3-64/04-9116 Favorite, Felix, Schantz, John W. und Hebard, Charles R. Oceanographic observations in Bristol Bay and the Bering Sea 1939–41 (USCGT Redwing). **(Ozeanographische Beobachtungen in der Bristol-Bucht und der Bering-See, 1939–41 [USCGT Redwing].)** U.S. Dep. Interior, Fish Wildlife Serv., spec. sci. Rep. **1961** Nr. 381. S. 1–323. – 6 Abb., Tab., 9 Lit.

Angaben über Temperatur, Salzgehalt, Sauerstoff, Phosphat, Nitrit und Silikat von 555 Untersuchungsstationen. 6150.

3-64/04-9117 Yentsch, Charles S.; Woods Hole, Oceanographic Instn. Measurement of visible light absorption by particulate matter in the ocean. **(Messung der Absorption des sichtbaren Lichtes durch feste Teilchen im Ozean.)** Limnol. and Oceanogr. **7** (1962) Nr. 2. S. 207–217. – 1 Abb., 2 Tab., 12 Lit.

Vf. verwendete eine photoelektrische Meßanordnung, die es ermöglichte, das an den festen Teilchen des Meerwassers gestreute Licht zu erfassen. Hohe spektrale Auflösung wurde durch das Entfernen der Teilchen mittels Membranfilter und Prüfen desselben gegen ein ungebrauchtes Filter in einen Spektrophotometer erhalten. Bis 100 m Wassertiefe zeigten die erhaltenen Kurven Farbbanden, die charakteristisch für die Absorption durch Chloroplasten sind. Mit zunehmender Wassertiefe verschiebt sich die Absorption allmählich von längeren zu kürzeren Wellenlängen. Bei einer differenzierten Filtration wurden bei einem Porendurchmesser von 5,0 μ nahezu alle Chloroplasten zurückgehalten. Die durchgegangenen Teilchen bewirkten nur eine geringe selektive Schwächung des sichtbaren Lichtes. Die Lichtabsorption wird im Zusammenhang mit den Phytoplanktongesellschaften des Meerwassers diskutiert.

D. Nehring. 6150.

3-64/04-9118 Menzel, David W. und Speath, Jane P. Occurrence of Vitamin B_{12} in the Sargasso Sea. **(Das Vorkommen von Vitamin B_{12} im Sargasso-Meer.)** Limnol. and Oceanogr. **7** (1962) Nr. 2. S. 151–154. – 4 Abb., 2 Tab., 5 Lit.

Vff. bestimmten die Konzentration des Vitamins B_{12} im Sargasso-Meer während eines Jahreszyklus. Die jahreszeitl. Schwankungen stimmen in der euphoten Zone überein mit den Schwankungen der Primärproduktion. So steigen die Mittelwerte sowohl des Vitamin B_{12}-Gehalts als auch der Primärproduktion ab Nov. allmählich an, bis im März und Apr. ein Maximum erreicht wird. Es erfolgt dann ein steiler Abfall und von Mai–Okt. bleibt ein Minimum erhalten. Die mittlere Konzentration an Vitamin B_{12} beträgt im Oberflächenwasser (bis ca. 50 m) 0,4 m μg/l, das Maximum mit etwa 1,6 m μg/l wird in 500 m Wassertiefe erreicht. Die Konzentration sinkt dann bis 2600 m Wassertiefe langsam auf den Wert 1,0 m μg/l ab. Es wird angenommen, daß das Vitamin B_{12} zwar nicht direkt die Produktivität bestimmen kann, daß es aber einen bestimmenden Einfluß auf die Artenzusammensetzung des Phytoplanktons ausübt. D. Nehring. 6150.

3-64/04-9119 Gutknecht, John; Woods Hole, Mass., Marine Biol. Lab. Zn^{65} uptake by benthic marine algae. **(^{65}Zn-Aufnahme durch marine Benthos-algen.)** Limnol. and Oceanogr. 8 (1963) Nr. 1. S. 31–38. – 5 Abb., 5 Tab., 19 Lit.

Vf. untersuchte an *Fucus vesiculosus*, *Ulva lactuca*, *Porphyra umbilicalis* und *Laminaria agardi* Aufnahme und Abgabe von ^{65}Zn in Abhängigkeit von verschiedenen Umweltfaktoren. Stets absorbierten abgetötete Algen mehr ^{65}Zn als lebende; die ^{65}Zn-Aufnahme war bei Grün- und Braunalgen stärker pH-abhängig als bei Rotalgen. Licht stimulierte leicht die ^{65}Zn-Aufnahme und Abgabe; die ^{65}Zn-Abgabe wurde durch steigende Temperatur etwas erhöht, die ^{65}Zn-Aufnahme verzögerten Uranylnitrat und Phenylurethan. Die biol. Halbwertszeit von ^{65}Zn schwankte in den Algen bei Belichtung und Verdunklung zwischen 4 und > 100 Tagen. *Fucus* zeigte mit 829 mg/kg Trockenmasse den höchsten, *Porphyra* mit 123 mg/kg Trockenmasse den niedrigsten Zink-Gehalt. Für die Zn-Aufnahme und -Abgabe werden weniger Stoffwechsel- als vielmehr Absorptions-Austauschvorgänge verantwortlich gemacht.
M. Schlüter. 6150.

3-64/04-9120 Kühlmorgen-Hille, Georg. **Quantitative Untersuchungen der Bodenfauna in der Kieler Bucht und ihre jahreszeitlichen Veränderungen.** Kieler Meeresforsch. **19** (1963) Nr. 1. S. 42–66. – 28 Abb., 2 Tab., Lit. 6155.

3-64/04-9121 Blumer, Max, Mullin, Michael M. und Thomas, David W.; Woods Hole, Mass., Oceanographic Instn. Pristane in zooplankton. **(Pristan im Zooplankton.)** Science [Washington) **140** (1963) Nr. 3570. S. 974. – 1 Tab., 9 Lit.

Bei der Untersuchung der biol. Quelle für Kohlenwasserstoffe im Seewasser stießen Vff. auf ein stark verzweigtes Isomer des Nonadecans, das in großen Mengen im Fett der Calanoiden vorkommt. Dieses 2, 6, 10, 14-tetramethylpentadecan macht bei 5 untersuchten *Calanus*-Arten 1–3% des Körperfettes aus. Der Lebertran von Walen und Haien enthält denselben Stoff, dessen Herkunft dadurch aufgeklärt ist. Die strukturellen Ähnlichkeiten zwischen Phytol und Pristan lassen vermuten, daß das letztere von *Calanus* aus dem Chlorophyll seiner Phytoplanktonnahrung gebildet wird.
W. v. Tümpling. 6150.

3-64/04-9122 Remmert, Hermann. **Telmatogeton remanei n. sp., eine neue marine Chironomide aus der Kieler Förde.** Zool. Anz. **171** (1963) Nr. 5/8. S. 165–178. – 23 Abb., 3 Tab., 7 Lit. 6150.

3-64/04-9123 Dietrich, G. und Siedler, G. **Ein neuer Dauerstrommesser.** Kieler Meeresforsch. **19** (1963) Nr. 1. S. 3–7. – 13 Abb., 10 Lit. 6200.

3-64/04-9124 Edwards, Gail P., Pfafflin, James R., Schwartz, Leonard H. und Lauren, Paul M.; New York, Univ., Coll.of Engng.; Civil Engng. at Cooper Union for the Advancement of Sci. and Art. Determination of nitrates in wastewater effluents and water. **(Bestimmung der Nitrate in Abwasserabläufen und Wasser.)** J. Water Pollut. Control Federat. **34** (1962) Nr. 11. S. 1112–1116. – 1 Abb., 3 Lit.

Die Standardmethoden zur Nitratbestimmung mit Bruzin, Phenoldisulfonsäure oder die Reduktionsmethode liefern ungenaue Ergebnisse. Dagegen ist eine andere Methode, die Reduktion unter kontrollierten Bedingungen zu Nitrit, zur Nitratbestimmung bestens geeignet, insbesondere weil Chloride nicht stören. Bereits vorhandenes Nitrit wird vor der Analyse durch NaN_3 im sauren Medium zerstört. Die zugegebene Zinkmenge (6 mg im Gemisch mit NaCl pro 50 ml Untersuchungswasser), die Reduktionszeit (7 min) und die Reaktionstemperatur müssen genau eingehalten werden. Das gebildete Nitrit dient zur Diazotierung von Sulfanilsäure bei pH 1,4. Das entstandene Diazoniumsalz wird mit Naphthylamin bei pH 2,5 zu einem roten Diazofarbstoff gekuppelt. Die Färbung wird kolorimetriert. Eine genaue Analysenvorschrift wird mitgeteilt. D. Nehring. 6200.

3-64/04-9125 Castenholz, Richard W. An evaluation of a submerged glass method of estimating production of attached algae. **(Bewertung einer untergetauchten Glasplattenmethode zur Berechnung der Produktion festgehefteter Algen.)** Verh. int. Verein. theoret. angew. Limnol. **14** (1959, hrsg. 1961) S. 155–159. – 2 Abb., 1 Tab., 5 Lit.

Vf. stellte im Litoral von Süßwasserseen, Salzseen und an der Küste den jahreszeitl. Produktionswechsel und die Gesamtproduktion fest. Zur Erfassung der vor allem vertretenen Kieselalgen dienten Glasplatten. Nach 2–4 Wochen Expositionszeit berechnete Vf. die Produktionsrate in mg aschefreien Trockengewichtes/m²/Tag unter Berücksichtigung von Zahl und Volumen der häufigsten Diatomeen. Der Verlust durch weidende Tiere wird bei der angewandten Expositionszeit gering veranschlagt. Zur Verbesserung der Methode schlägt Vf. Bestimmung der Primärproduktion mit Hilfe der O_2- oder ^{14}C-Methode vor. M. Schlüter. 6200.

D. FISCHEREIWIRTSCHAFT

Binnenfischerei

3-64/04-9126 Jeppson, Paul W.; Sagle, Ida., Dep. of Fish and Game. Control of peamouth and suckers by eradication of spawning populations. **(Bekämpfung von Mylocheilus caurinus und Catostomus spp. durch Vernichtung der Laichfische.)** U. S. Dep. Interior, Fish Wildlife Serv., progr. Fish-Culturist **25** (1963) Nr. 3. S. 154.

Den Fischarten kann wirksam begegnet werden, wenn sie vom See zum Laichen in die Nebenflüsse ziehen. Die laichwilligen Rogener von *M. caurinus* sind 4 bzw. 3 Jahre alt, wenn sie im späten Apr. bei Wassertemperaturen von 7–16 °C in die Flüsse aufsteigen. Die Eier schlüpfen in 10–14 Tagen. Nach einigen Wochen tritt die Brut im See auf. Die Bekämpfung im Fluß erfolgte durch ca. 1350 g Rotenon je Fließgeschwindigkeit von 90 cm/s in einer Zeit von 10 min. Das verwendete Rotenon war 5%ig. Da Vertreter der Gattung *Catostomus* mit dem Gift nicht stromabwärts ziehen, sind höhere Dosen und längere Anwendungszeiten nötig. Die Eier wurden durch das Gift nicht beeinträchtigt, so daß zur Brutbekämpfung manchmal eine 2. Behandlung erforderlich war. G. Merla. 6240.

3-64/04-9127 Rahn, Joachim; Waren/Müritz, Produktionsgenossensch. werktätiger Fischer. **Erster Einsatz der Propellerpumpe UPL 250 in der FPG „Müritz“.** Dtsch. Fischerei-Ztg. **10** (1963) Nr. 7. S. 201.

Vf. berichtet von ersten Erfahrungen mit der Propellerpumpe UPL 250 beim Absenken des Wopacksees. Es wird festgestellt, daß die Pumpe den Binnenfischereibetrieben empfohlen werden kann, da die Förderleistung von ca. 443–494 m³/h, der Preis von DM 1540, das Gewicht von 250 kg und der Energieverbrauch von 7,4 kW innerhalb von 4½ Tagen als sehr günstig zu bezeichnen sind. Der Wasserstand des 7 ha großen Wopacksees konnte in 4½ Tagen um 65 cm gesenkt werden, obwohl der Zufluß von ca. 27 m^3/h nicht abgesperrt wurde und Grundwasser der umliegenden Wiesenflächen mit abgepumpt wurde. E. Kienast. 6245.

3-64/04-9128 Ehrlich, S. und Jedynak, K. Nutria influence on a bog lake in Northern Pomorze, Poland. **(Nutria-Einfluß auf einen Moor-See in Nord-Pommern, Polen.)** Hydrobiologia [Den Haag] **19** (1962) Nr. 3. S. 273 bis 297. – 27 Abb., 1 Tab., 5 Lit.
Ein Gelände von 130 ha, bestehend aus einem nahezu verlandeten See mit nur 2–3 ha freier Oberfläche, Schwingwiesen, rohr- und seggenbewachsenen Torfflächen, durchzogen von einem trägen Wasserlauf und mehreren Gräben, wurde einschließlich angrenzender Mineralboden-Wiesen eingezäunt und 4 Jahre lang jeden Sommer mit Nutrias (*Myocastor coypus*) besetzt. Die Tiere vermehrten sich alljährlich und wurden im Dez. gefangen. Die mittlere Siedlungsdichte betrug 2,3–11,5 Stck./ha; zeitweilig (vor und nach der Vegetationszeit) wurde zugefüttert. Die Tiere fraßen im Frühling Rhizome, die sie ausgruben, später junge Halme und schließlich Wiesengras. Sie bevorzugten *Stratiotes aloides*, so daß schon im ersten Sommer die Wasserfläche davon befreit war. Später verschwand sogar das Schwing-Rohr, die freie Wasserfläche erreichte 11 ha. Im Trockenjahr 1959 erfolgte eine Besiedlung der kahlgefressenen Riedflächen mit Süßgräsern, Nesseln und Disteln. Wegen des üppigen Graswuchses konnten über 50 Jungrinder im Gehege geweidet werden. Das früher klare Wasser des Sees nahm Teichwassercharakter an und bildete massenhaft Plankton und Wasserblüten, so daß starke Fischbesiedelung erfolgte. In den vorher fischfrei geltenden Gewässern wurden 1960 schätzungsweise 1,2 t *Esox lucius*, 0,7 t *Tinca tinca* und 4 t Kleinfisch (*Perca fluviatilis*, *Rutilus rutilus*) gefangen. Die Pflanzengesellschaften änderten sich andauernd. Wolfgang Müller. 6250.

3-64/04-9129 Wallis, O. L.; Washington, Nat. Park Serv. Trout stocking-frequency cycles and a device to determine age classes of trout present. **(Häufigkeitszyklen beim Forellenbesatz und Gedanken zur Bestimmung der Altersklassen der vorhandenen Forellen.)** U. S. Dep. Interior, Fish Wildlife Serv., progr. Fish-Culturist **25** (1963) Nr. 1. S. 15–22. – 4 Abb.
In stark befischten Gewässern bringt der jährliche Besatz mit Forellen gute Resultate. Die Angler pflegen die Bestände so stark zu dezimieren, daß eine übermäßige Konkurrenz zwischen den Altersgruppen verhindert wird. Das Wachstum ist jedoch nicht so gut, als wenn der Besatz regelmäßig in größeren Abständen vorgenommen wird. Wird der Besatz in 2jährigem Abstand durchgeführt, so überwiegen in einer Saison die Altersklassen II und IV und in der anderen die Altersklasse III. Bei einem 3jährigen Besatzzyklus überwiegt stets eine Altersklasse. In Seen, die keinen natürlichen Nachwuchs und einen schwachen Fischbestand haben, wird das Besatzprogramm in einem 4–6-jährigen Zyklus durchgeführt. Zur Bestimmung der Altersklassen wird eine Methode erläutert. M.-L. Albrecht. 6255.

3-64/04-9130 Abramson, Norman J. Distribution of California angling effort in 1961. **(Die Verteilung der Angelintensität in Kalifornien 1961.)** Calif. Fish and Game **49** (1963) Nr. 3, S. 174–182. – 1 Abb., 4 Tab., 7 Lit.
In den letzten 15 Jahren durchgeführte Postumfragen geben eine Übersicht über die Verhältnisse der Gesamtangeltage auf den einzelnen Gewässern Kaliforniens (Binnengewässer, Sacramento-San-Joaquim-Delta und Ozean). Der Bericht gibt eine Übersicht dieser Daten für 1961 und bringt weiterhin Resultate über die Anzahl der Angellizenzen für alle drei oder für nur eines der Gewässer. Bei der Auswertung wird eine Methodik angewandt, welche es ermöglicht, außer dem Standardfehler auch den „Nichtbeantwortungsfehler" zu erfassen, der dadurch entsteht, daß erfolgreiche Angler eher dazu neigen, die Fragekarten ausgefüllt zurückzusenden als die weniger erfolgreichen. Die

Gesamtangelstunden der ca. 1,4 Mill. Angelberechtigten verteilen sich wie folgt: Binnengewässer 55,8%, Ozean 29,4% und Sacramento-San-Joaquin-Delta 14,8%. G. Seifert 6255.

3-64/04-9131 Seeley, Charles M., Tharratt, Robert C. und Johnson, Richard L. California inland angling surveys for 1959 and 1960. **(Untersuchungen über den Angelsport auf kalifornischen Binnengewässern von 1959 und 1960.)** Calif. Fish and Game **49** (1963) Nr. 3. S. 183–190. – 1 Abb., 3 Tab., 11 Lit.

Periodische Postumfragen bringen seit 1935 eine Übersicht über Angelerfolge und -aufwand sowie über stärkere Veränderungen der Fischpopulationen. Über die Hälfte der 1,5 Mill. Anglerkarteninhaber angelte 1959/60 auf Salmoniden, deren Erträge in den letzten Jahren steigende Tendenz zeigten. Die Gesamtfänge an *Roccus saxatilis*, *Micropterus dolomieu* und Panfish waren 1959 und 1960 höher als in früheren Jahren. Zurückzuführen ist diese Steigerung hauptsächlich auf erhöhte Befischungsintensität. Durch die Schaffung von Warmwasserstaubecken nehmen auch die Fänge von Warmwasserfischen ständig zu. G. Seifert. 6255.

3-64/04-9132 Wiesner. **Schätzung des Fischereiertrages der Fließgewässer in der Forellenregion.** Allg. Fischerei-Ztg. **88** (1963) Nr. 13. S. 376–379. – 5 Abb., 1 Tab., 13 Lit.

Es ist bei Forellengewässern außerordentlich schwierig, den wirklichen Ertrag zu schätzen. Die Angaben sollen in kg/ha gemacht werden. Vf. stellt 4 Ertragsklassen auf. Klasse I: 125–250 kg/ha; meist 8–12 m breite Niederungsbäche mit natürlichen Bedingungen (Wechsel tiefer und flacher Strecken, Krautbänke), Sommertemperaturen bis 18 °C. Klasse II: 60–125 kg/ha; Bäche im Voralpengebiet, Mittelgebirge und Hügelland mit schwankender Wasserführung, ausgedehnten Flachwasserstrecken, überwiegend tiefen Temperaturen. Klasse III: 20–60 kg/ha; Gebirgsbäche, Quellwasserbäche, regulierte Gewässer mit niedrigem Wasserstand. Klasse IV: unter 20 kg/ha; Hochgebirgsbäche mit starker Geröllführung, stark schwankender Wasserführung und Temperatur, Bäche mit saurem Wasser und stark versandete Bäche. Die mitgeteilten Werte geben nicht die Leistungsfähigkeit, sondern den ständigen Ertrag bei einer ordentlichen Bewirtschaftung der Gewässer an. M.-L. Albrecht. 6255.

3-64/04-9133 Kulk, Gerhard; Waren/Müritz, Produktionsgenossensch. werktätiger Fischer. **Das Rechnungswesen und die ökonomische Entwicklung der FPG „Müritz“ in Waren-Müritz.** Dtsch. Fischerei-Ztg. **10** (1963) Nr. 2. S. 51–54.

Vf. verweist auf den 1959 für die PwF ausgearbeiteten Kontenrahmen, der zusammen mit der neu entwickelten Planmethodik die Grundlagen für die wirtschaftliche Rechnungsführung, eine operative Leitung und Lenkung des Produktionsablaufes und die Brigadenabrechnung schuf. Weiterhin wird die ökonomische Entwicklung der FPG an Hand von Zahlenmaterial dokumentiert. E. Kienast. 6255.

3-64/04-9134 Rahn, Joachim; Waren/Müritz, Produktionsgenossensch. werktätiger Fischer. **Auswertung der Ergebnisse der Karpfenwirtschaft in der FPG „Müritz“.** Dtsch. Fischerei-Ztg. **10** (1963) Nr. 8. S. 240–245. – 2 Abb.

Vf. berichtet über die finanzielle Auswertung der herkömmlichen Karpfenwirtschaft in der FPG „Müritz“ und kommt an Hand von wertvollem Zahlenmaterial zu der Überzeugung, daß die Karpfenwirtschaft auf die finanziellen Betriebsergebnisse keinen günstigen Einfluß ausübte. Der Durchschnittswert der AE wurde durch die herkömmliche Karpfenwirtschaft geringfügig vermindert und eine Verbesserung der Durchschnittserzeugungsleistung in der Fischproduktion (DM/kg) konnte im Jahre 1962 ebenfalls nicht erreicht werden. E. Kienast. 6255.

3-64/04-9135 Anwand, Karl; Berlin, Humboldt-Univ. **Biometrische Untersuchungen am Karpfen aus der Teichwirtschaft Peitz.** Z. Fischerei Hilfswiss. [N.F.] **10** (1961) Nr. 1/3. S. 69–104. – 14 Abb., 17 Tab., 33 Lit.
Im Herbst 1958 wurden ein K_1-Bestand und je drei K_2- und K_3-Bestände vermessen und gewogen, daraus Mittelwerte und Körperproportionen wie l/H, l/K, k berechnet und das Material beschreibend variationsstatistisch bearbeitet. Übereinstimmend mit anderen Untersuchungen wurde eine Abnahme des Kopfanteils und der Schwanzlänge und eine Zunahme der Hochrückigkeit bis zum K_3 gefunden. Bei sehr breiten Klassen folgte die Massenverteilung in den Altersklassen kaum einmal der Normalverteilung. Die mittleren Stückmassen aus den Stichproben waren mit Ausnahme der K_1 in allen Fällen höher als die aus den Abfischungsergebnissen der Grundgesamtheit berechneten Werte. An Hand von monatl. Probefängen wurde bei K_3 eine Massenzunahme bis in den Sept. festgestellt. Vorwüchser und Nachwüchser ließen sich nicht einwandfrei an Hand ihrer Körperproportionen voneinander und vom Mittel ihres Bestandes unterscheiden. Wolfgang Müller. 6310.

3-64/04-9136 Zobel, Herbert; Berlin-Friedrichshagen, Inst. für Binnenfischerei der Dtsch. Akad. der Landwirtsch.-Wiss. zu Berlin. **Maßnahmen zur Senkung der Stückverluste in der Karpfenteichwirtschaft.** Dtsch. Fischerei-Ztg. **10** (1963) Nr. 2. S. 55–59.
Zur Steigerung der Karpfenproduktion (*Cyprinus carpio*) in den Teichwirtschaften der DDR ist es erforderlich, eine ausreichende Satzfischerzeugung sicherzustellen. Um die hohen Satzfischverluste zu senken, wird eine Reihe von Vorschlägen zur Diskussion gestellt. Sie betreffen u.a. die periodische Trockenlegung von Teichflächen, die Desinfektion mit Branntkalk und Kalkstickstoff, Bodenbearbeitung, Gründüngung, org. und mineralische Düngung und schließlich Parasiten- und Krankheitsbekämpfung, wobei der Bekämpfung der Bauchwassersucht vorrangige Beachtung zukommt. G. Merla. 6315.

3-64/04-9137 Dersinske, Ewald; Prenzlau, VEB Binnenfischerei. **Ergebnisse unterschiedlicher Aufzuchtbedingungen bei K_1 in einigen Betriebsteilen des VEB Binnenfischerei Königswartha.** Dtsch. Fischerei-Ztg. **10** (1963) Nr. 4. S. 114–119. – 6 Tab., 4 Lit.
Ein Vergleich von Aufzuchtbedingungen und -ergebnissen bei *Cyprinus carpio* zeigte die Bedeutung ausreichender Bodenbearbeitung und Gründüngung in Brutstreckteichen. Gleichmäßig hohe Erträge sind auf entspr. Teichpflege zurückzuführen. Trotz mangelhafter Teichpflege und damit schwankender Erträge werden Brutstreckteiche aber nicht selten recht stark besetzt, wobei zu schwache K_1 anfallen. Es sollte stärker mit K_V-Besatz gearbeitet werden. Wo das möglich ist, sollten die Brutstreckteiche bei K_0-Besatz unbedingt eine Bodenbearbeitung erfahren, zusätzlich sollte Gründüngung und org. Düngung angewendet werden. Die in den untersuchten Teichwirtschaften aufgetretenen hohen Brutverluste weisen auf ungünstige Aufzuchtbedingungen in den Teichen hin. G. Merla. 6315.

3-64/04-9138 Volf, František, Janeček, Václav und Havelka, Josef. Zhuštěné obsádky v chovu kapra. **(Steigerung der Besatzdichte in der Karpfenzucht.)** Živočišná Výroba **8(36)** (1963) Nr. 5. S. 311–314. – 2 Tab., 9 Lit. Zus. in Russ., Dtsch.
In Třeboň wurden im Jahre 1961 Versuche mit fünffacher Steigerung der Besatzdichte bei K_1 durchgeführt, wobei sämtliche wichtigen chem.-biol. Kennziffern zur objektiven Beurteilung der Ergebnisse ermittelt wurden. Der Versuchsverlauf war bei intensiver Beifütterung der ausgesetzten Karpfen mit einer Futtermischung günstig. Im Herbst des gleichen Jahres wurden mehr als 15 dt K_2/ha abgefischt, was der fünffachen Hektarproduktion des Jahres 1960 gleichkommt. Auf Grund dieser Ergebnisse wird die Methode in weiteren Teichwirtschaften eingeführt. 6315.

3-64/04-9139 Ušakov, N. Zaryblenie nagul'nych prudov. **(Einsetzen der Fische in Abwachsteiche.)** Rybovodstvo i rybolovstvo, Moskva 4 (1961) Nr. 2. S. 11–13. – 4 Abb., 1 Tab.
Beschrieben wird die Abfischung von K_2 aus den Winterteichen und ihr Umsetzen in die Abwachsteiche. Vor dem Besatz werden die Fische in einer 5%igen Salzlösung gebadet. Das Bad soll nicht kälter als 5 °C und nicht wärmer als 19 °C sein. Nach dem Bad werden die Fische in einem schwach durchströmten Hälter etwa 2 h aufbewahrt. Die Besatzdichte der Abwachsteiche beträgt für das Moskauer Gebiet 1650–2750 Stück K_2 mit einer Masse von ca. 250 kg/ha. Bei diesem sogenannten „3–5fachen Besatz" werden 750 bis 1250 kg/ha abgefischt. In einzelnen Teichwirtschaften wird auch der „8 bis 10fache Besatz" angewendet. Hier beträgt die Karpfenernte 10–15 dt/ha. Weiter wird der Transport von Satzkarpfen über längere Strecken beschrieben.
G. Predel. 6315.

3-64/04-9140 Hepher, B.; Dor, Israel, Fish Cult. Res. Stat. Primary produktion in fishponds and its application to fertilization experiments. **(Primärproduktion in Fischteichen und ihre Anwendung für Düngungsversuche.)** Limnol. and Oceanogr. 7 (1962) Nr. 2. S. 131–136. – 5 Abb., 14 Lit.
In ungedüngten und „Standard"-gedüngten Fischteichen Israels (60 kg/ha Superphosphat und 70 kg/ha Ammonsulfat alle 2 Wochen) wurde die Primärproduktion durch die Hell- und Dunkelflaschen-Sauerstoffmethode bestimmt. In ungedüngten Teichen betrug sie 138–190 mg C/m² · h, in den gedüngten das 4–5fache. Mit Zunahme der Tiefe nahm die Primärproduktion stark ab, und in den meisten Fällen lag in den gedüngten Teichen die Kompensationsschicht (Ausgleich Atmung/Assimilation) in nur 40 cm Tiefe. Die Chlorophyll-Konzentration erreichte in gedüngten Teichen einen Maximalwert von 212,3 mg/m³, und die Produktion/Chlorophylleinheit war höher als in ungedüngten Teichen. Wöchentliche Düngung mit den oben genannten Mengen vermehrte die Produktion in den oberen Wasserschichten und senkte sie in den tieferen, wo Beschattung durch das Plankton die Lichtdurchlässigkeit vermindert. Die Wirkung der übermäßigen Düngung kann so die Produktion/Flächeneinheit senken.
Wolfgang Müller. 6325.

3-64/04-9141 Klas, Jaroslav. Nový efektivní způsob letnění rybníků. **(Eine neue wirksame Methode der Sömmerung von Teichen.)** Českoslov. Rybářství **1963** Nr. 5. S. 72.
Es wird empfohlen, in die zur Sömmerung bestimmten Teiche im Frühjahr einen verstärkten Besatz von K_1, welcher in den Sommermonaten abgefischt wird, auszusetzen, wonach die Teiche gesömmert werden. Die empfohlene verkürzte Sömmerung wenig produktiver Teiche ist gerade bei intensiver Düngung vorteilhaft. Sie erfüllt ihren Zweck, den Teichboden zu belüften, wenn sie durch Bodenbearbeitung mit Scheibeneggen, Kultivatoren oder Fräsen ergänzt wird.
ČSSR/ÚVTI. 6330.

3-64/04-9142 Kirstein, Manfred. **Der gegenwärtige Stand der Saugbaggerentwicklung.** Wasserwirtsch.-Wassertechn. **13** (1963) Nr. 4. S. 186–188. – 8 Lit.
Unter den die Transportleistung einer hydraulischen Förderanlage beeinflussenden Faktoren sind neben Maschinenleistung und Druckhöhe der Pumpe vor allem der mittlere Korndurchmesser, Konzentration, Rohrleitungsdurchmesser und -länge sowie die Lagerbedingungen des zu fördernden Bodens zu nennen. Gestiegene Anforderungen betreffs Spülweite und Bodenart wirken sich in Erhöhung von Antriebsleistung und Pumpendruck aus. Die vergrößerte Transportkapazität der Saugbagger muß – zur vollen Ausnutzung des Gesamtaggregates – durch leistungsfähige Organe auf der Aufnahmeseite belastet werden können. Vf. weist u. a. bes. auf die Entwicklung der Baggerpumpen und Saugköpfe hin und geht auf Rekonstruktionsmaßnahmen bei der Bestandsflotte ein.
G. Merla. 6335.

3-64/04-9143 Vieth, H. Wzajemne korzyści produkcji stawowej i rolniczej. **(Der wechselseitige Nutzen der teich- und landwirtschaftlichen Produktion.)** Gospodarka rybna **15** (1963) Nr. 6. S. 8. 6340.

3-64/04-9144 Schäperclaus, W.; Berlin-Friedrichshagen, Inst. für Binnenfischerei der Dtsch. Akad. der Landwirtsch.-Wiss. zu Berlin. **Neue Möglichkeiten zur Ertragssteigerung der Binnenfischerei durch pflanzenfressende Fische aus China.** Dtsch. Fischerei-Ztg. **10** (1963) Nr. 8. S. 227–240. – 13 Abb.
Ctenopharyngodon idella und *Hypophthalmichthys molitrix* sind vorwiegend Pflanzenfresser und nutzen damit Nährstoffe, die kein anderer hiesiger Fisch verwertet. Beide Fische sind gute Futterverwerter, wachsen rasch, werden spät geschlechtsreif, können bei Zufütterung hohe ha-Erträge erreichen und sollen zudem sehr schmackhaft sein. Diese Vorzüge sprechen ohne Zweifel für eine Verwendung dieser Fische in der heimischen Teichwirtschaft. Es ist jedoch für hiesige Bedingungen u. a. noch zu klären, wie die Fische zu überwintern sind, ob eine stets sichere Fortpflanzung zu erwarten ist und ob die auf diesem Wege zusätzlich zu erzielenden Erträge in Teichen mit *Cyprinus carpio* die Aufwendungen lohnen. G. Merla. 6345.

3-64/04-9145 Krause, C. und Eppel, S.; Peitz, Bez. Cottbus, VEB Binnenfischerei. **Bericht über einen Versuch der Entenmast in der Freiwasserhaltung.** Dtsch. Fischerei-Ztg. **10** (1963) Nr. 4. S. 109–113. – 2 Abb., 3 Tab., 7 Lit.
Die Frage, wie sich feuchtkrümeliges und trockenes Futter auf Futterverbrauch und Mastendgewicht auswirken, konnte auf Grund versuchstechn. Schwierigkeiten nicht eindeutig geklärt werden. Mittels Auffangkästen wurde festgestellt, daß vom Futtertisch im Teich mit feuchtkrümeligem Entenfutter 1,1% und vom Automaten mit Trockenfutter 2,1% ins Wasser fielen. Es wurde ferner berechnet, daß durch Entenhaltung ein mittlerer Fischmehrzuwachs von 0,8 kg/Ente bei einem Besatz von 1000 K_2 (*Cyprinus carpio*) und einem mittleren Entenbesatz von 111 Enten/ha, umgerechnet für die Zeit von Mitte Apr.–Mitte Okt., zu verzeichnen war. G. Merla. 6345.

3-64/04-9146 Michler, Günter; Königswartha, VEB Binnenfischerei. **Die Stabilisierung der Satzfischproduktion vom Standpunkt der Arbeitsökonomik aus betrachtet.** Dtsch. Fischerei-Ztg. **10** (1963) Nr. 7. S. 208–210. – 2 Tab., 6 Lit.
Vf. gibt eine genaue Darstellung der Verteilung der Arbeitszeit der Teichwirtschaftsbrigaden des VEB Binnenfischerei Königswartha für das Jahr 1962 und schlußfolgert daraus, daß eine weitere Stabilisierung der Satzkarpfenproduktion möglich wäre, wenn für Bodenbearbeitung, Gründüngung, Teichbodendesinfektion, Düngung und Fütterung in den Aufzuchtteichen mehr Arbeitszeit als bisher aufgewendet wird. Als für die Stabilisierung der Satzkarpfenproduktion wesentliche Faktoren werden weiterhin die zeitgerechte Durchführung der Arbeiten, die weitere Technisierung und eine der Produktionsentwicklung entspr. Bereitstellung von Arbeitskräften genannt.
E. Kienast. 6350.

3-64/04-9147 Michler, G. und Schäperclaus, W.; Königswartha, VEB Binnenfischerei; Berlin-Friedrichshagen, Inst. für Binnenfischerei der Dtsch. Akad. der Landwirtsch.-Wiss. zu Berlin. **Ergebnisse und Probleme der Karpfenteichwirtschaft in der UdSSR.** Dtsch. Fischerei-Ztg. **10** (1963) Nr. 1. S. 1 bis 21. – 15 Abb., 5 Tab.
Im Jahre 1962 konnte durch Besuch der Allunionsausstellung in Moskau, des Allunionsinst. für Binnenfischerei in Leningrad mit zugehöriger Versuchsteichwirtschaft Ropscha, des Fischereiinst. Kiew und seiner Versuchsteichwirtschaft Niwka sowie schließlich des Donfischkombinats Slawjansk im Donezbecken Einblick in die Teichwirtschaft der UdSSR gewonnen werden.

Vff. berichten u. a. über die Höhe der Erträge, über Beifische in Karpfenteichen, Besatzzahlen und Stückverluste, Fütterung und Düngung, über Züchtungsmethoden, Krankheitsbekämpfung, Bodenbearbeitung und Überwinterung der Fische. Abschließend werden die gesammelten Erfahrungen für die Teichwirtschaft der DDR in Form von Empfehlungen ausgewertet.
G. Merla. 6350.

3-64/04-9148 Keiz, Günter. **Eine schlangenfressende Regenbogenforelle.** Allg. Fischerei-Ztg. **88** (1963) Nr. 20. S. 576. – 2 Abb. 6420.

3-64/04-9149 McCarraher, D. B. Production of northern pike in natural rearing ponds in Nebraska. **(Die Aufzucht von Esox lucius in natürlichen Aufzuchtteichen in Nebraska.)** U. S. Dep. Interior, Fish Wildlife Serv., progr. Fish-Culturist **25** (1963) Nr. 3. S. 165. – 1 Tab.
Nach den Ergebnissen einer Zuchtanstalt aus den Jahren 1955–1962 über die Hechtaufzucht in kleinen, ablaßbaren Teichen schwankten die Setzlings-Erträge von ca. 8–35 kg/ha, max. erreichten sie ca. 100 kg/ha. Ausschlaggebend hierfür waren die in den einzelnen Jahren unterschiedlich vorhandene Naturnahrung und wechselnde Temperaturen. Zwischen Laicherzahl und Anzahl aufgekommener Setzlinge war keine positive Korrelation erkennbar. Die Dauer der Aufzuchtperiode, die von der Temperatur und dem Fischwachstum abhing, schwankte zwischen 27–69 Tagen (Mittel = 43 Tg.). Die natürliche Vermehrung der Fische in den kleinen Teichen stellte eine wichtige Nebenproduktion dar, die bes. für Angler-Organisationen sehr geeignet ist.
G. Merla. 6450.

3-64/04-9150 Bishai, H. M.; Khartoum, Univ. Experiments on the suitability of broad beans (Vicia faba L.) as diet for fish. **(Versuche über die Eignung von Saubohnen [Vicia faba] als Fischnahrung.)** Hydrobiologia [Den Haag] **20** (1962) Nr. 1. S. 31–39. – 3 Abb., 2 Tab., 22 Lit.
In Aquarien wurden 11 Mon. hindurch je 10 Exemplare von *Tilapia nilotica* (Gesamtlänge 4,8–7,8 cm, Masse 1,18–7,00 g) einmal mit ausreichenden Mengen von Oligochaeten und ferner mit geschroteten, eingeweichten Saubohnen gefüttert. Letztere enthielten 1,2% Fett, 31,4% Eiweiß und 52,1% Kohlehydrate. Die Ergebnisse zeigten, daß die Bohnen einen hohen Nährwert besitzen und den Wachstumsanforderungen für die Fische genügen. Bei Oligochaeten-Fütterung wurden die Fische im Mittel 10 cm lang und 12,2 g schwer, bei der Bohnenfütterung 9,2 cm lang und 11,3 g schwer. Das Resultat spricht für die Verwendung der Bohnen in der Teichwirtschaft als zusätzliches Futtermittel. G. Merla. 6450.

3-64/04-9151 McConnell, William; Tucson, Ariz., Univ. Primary productivity and fish harvest in a small desert impoundment. **(Primärproduktion und Fischernte in einem kleinen Wüsten-Stausee.)** Trans. Amer. Fisheries Soc. **92** (1963) Nr. 1. S. 1–12. – 4 Abb., 4 Tab., 18 Lit.
Der Pena Blanca Lake wurde westnordwestlich von Nogales an der mexikanischen Grenze errichtet. Die Oberfläche beträgt ca. 20 ha bei 6 m mittlerer Tiefe. Die durchschnittl. jährliche Bruttoprimärproduktion für Benthos-Pflanzen und Plankton betrug 1,6 kg O_2/m^2 während dreier Jahre (1959–1961). Die durchschnittl. jährliche Fischernte von „largemouth bass“ und „black crappie“ betrug ca. 155 kg/ha, das ist 0,98% der Bruttophotosynthese. Unter Berücksichtigung aller Umstände wird das als nahe beim potentiellen Maximum liegend beurteilt. Die *Ictalurus-punctatus*-Produktion war dagegen viel niedriger. Die Hauptdaten der Untersuchungen wurden aus Schätzungen gewonnen, deren Methodik und Genauigkeit erörtert wird.
Wolfgang Müller. 6450.

3-64/04-9152 Regier, Henry A.; Ithaca, N. Y., Cornell Univ. A cost analysis of farm ponds in Tompkins County, New York. **(Eine Kostenanalyse**

von Farmteichen in Tompkins County, New York.) U. S. Dep. Interior, Fish Wildlife Serv., progr. Fish-Culturist **25** (1963) Nr. 3. S. 144–148. – 4 Tab., 3 Lit.

Nach den Preisen von 1960/61 und bei 20-jähriger Bewirtschaftung wurde berechnet, daß der gegenwärtige Kostenwert für einen 0,4-ha-Teich (Landerwerb, Bau, Unterhaltung u. a.) 2420 $ beträgt. Bei 5%iger Verzinsung fallen hierfür mittlere jährl. Kosten in Höhe von 187 $ an. Für denselben Teich entstehen weitere Bewirtschaftungskosten (Fischbesatz, Düngung u. a.) nach dem Gegenwartswert in Höhe von 235–1305 $, die von Wirtschaftsweise und Besatzart abhängen. Bei gleichem Zinsfuß sind 18–100 $ hierfür als mittlere jährliche Kosten anzusetzen, die sich somit insgesamt auf 205–287 $ belaufen. Diese Rechnung dürfte annähernd auch für große Teile der nordöstl. USA zutreffen. G. Merla. 6450.

3-64/04-9153 *Bernatowicz, Stanisław.* **Proba aklimatyzacji krzyzowski ripusa z sieja.** (Versuch der Akklimatisierung der Hybriden von Coregonus albula infraspecies ladogensis mit Coregonus lavaretus sensu lato.) Olsztyn. 1963. (1 S.) 8° = Instytut rybactwa Środladowego Nr. 25. (SR 3181, 25)

3-64/04-9154 *Danielewski, Stanisław.* **Badania nad składem profilów dna stawowego.** (Untersuchungen über die Zusammensetzung der Teichbodenprofile.) Olsztyn. 1963. 8° = Instytut rybactwa Środladowego Nr. 26. (SR 3181, 26)

3-64/04-9155 *Danielewski, Stanisław.* **Mineralizacja osadów dennych w okresie zimowego osuszania stawów rybnych.** (Die Mineralisierung der Bodenablagerungen während des Austrocknens der Fischteiche im Winter.) Olsztyn. 1963. (1 S.) 8° = Instytut rybactwa Środladowego Nr. 27. (SR 3181, 27)

3-64/04-9156 *Grygierek, Eugenia.* **Wpływ ryb na faune skorupiaków plantonovych.** (Der Einfluß der Fische auf die Crustaceenfauna des Planktons.) Olsztyn. 1963. (1 S.) 8° = Instytut rybactwa Środladowego Nr. 28. (SR 3181, 28)

3-64/04-9157 *Grygierek, Eugenia.* **Zmiany rozmieszczenia skorupiaków jako wyraz oddzialywania narybku Karpi na boicenoze stawu.** (Veränderungen in der Verteilung der Crustaceen als Ausdruck für die Einwirkung der Karpfenbrut auf die Biozönose des Teiches.) Olsztyn. 1963. (1 S.) 8° = Instytut rybactwa Środladowego Nr. 29. (SR 3181, 29)

3-64/04-9158 *Grygierek, Eugenia* und *Wolny, Paweł.* **Wpływ osuszania zimowego na wystepowanie slimakow w stawach.** (Der Einfluß der Trockenlegung der Teiche im Winter auf das Auftreten von Schnecken.) Olsztyn. 1963. (1 S.) 8° = Instytut rybactwa Środladowego Nr. 30. (SR 3181, 30)

3-64/04-9159 *Gurzeda, Antoni.* **Wpływ czynnika zageszczenia obsady na charakter odzywiania sie narybku karpi.** (Der Einfluß des Faktors Besatzdichte auf den Charakter der Ernährung der Karpfenbrut.) Olsztyn. 1963. (1 S.) 8° = Instytut rybactwa Środladowego Nr. 31. (SR 3181, 31)

3-64/04-9160 *Martyšev, Feodoskij Georgievič.* **Intensivnye formy prudovogo rybovodstva.** (Intensive Formen der Teichwirtschaft.) Moskva: Izd. „Znanie". 1963. (46 S.) 8° = Narodnyj universitet kul'tury Nr. 7. (SR 2822, 7)

3-64/04-9161 *Migala, Kazimierz.* **Wyniki zywienia narybku karpi jeczmieniem.** (Ergebnisse der Fütterung der Karpfenbrut mit Gerste.) Olsztyn. 1963. (1 S.) 8° = Instytut rybactwa Środladowego Nr. 32. (SR 3181, 32)

3-64/04-9162 *Wolny, Paweł, Migala, Kazimierz* und *Gurzeda, Antoni.* **Zasady zywienia narybku karpi.** (Ernährungsgrundsätze für Karpfenbrut.) Olsztyn. 1963. (20 S.) 8° = Instytut rybactwa Środladowego Nr. 6. (SR 3181, 6)

3-64/04-9163 *Wlodek, Stanisław.* **Wartosc pokarmowa rozwielitki Daphnica magna w zbiornikach o skrajnie róznej zyznosci wody.** (Der Futterwert von Daphnia magna in Gewässern mit extrem unterschiedlicher Fruchtbarkeit des Wassers.) Olsztyn. 1963. (1 S.) 8° = Instytut rybactwa Środladowego Nr. 33. (SR 3181, 33)

3-64/04-9164 *Wojno, Tadeusz, Trzebiatowski, Ryszard* und *Wolny, Paweł.* **Wpływ niektorych czynników na wyniki zimowania narybku karpi.** (Der Einfluß einiger Faktoren auf die Ergebnisse der Überwinterung der Karpfenbrut.) Olsztyn. 1963. (1 S.) 8° = Instytut rybactwa Środladowego Nr. 34. (SR 3181, 34)

3-64/04-9165 *Wolny, Paweł, Wojno, Tadeusz* und *Trzebiatowski, Ryszard.* **Zmiany niektorych składnikow chemicznych w ciele dwuletnich karpi w okresie wzrostu.** (Die Veränderung einiger chemischer Bestandteile im Körper zweijähriger Karpfen während der Wachstumszeit.) Olsztyn. 1963. (1 S.) 8° = Instytut rybactwa Środladowego Nr. 35. (SR 3181, 35)

3-64/04-9166 *Wójcik-Migalowa, Irena.* **Wpływ narybku karpi (Cyprinus carpio) i jego róznych zageszzen na dynamike liczebnosci i biomasy fauny dennej.** (Der Einfluß der Karpfenbrut [Cyprinus carpio] und ihrer verschiedenen Besatzdichte auf die Dynamik der Zahl und Biomasse der Bodenfauna.) Olsztyn. 1963. (1 S.) 8° = Instytut rybactwa Środladowego Nr. 36. (SR 3181, 36)

3-64/04-9167 *Wysokiński, Antoni.* **Wpływ cyrkulacji wody w zimochowach na wyniki zimowania kroczkow karpia.** (Der Einfluß der Wasserzirkulation in Winterteichen auf die Ergebnisse der Überwinterung von Jungkarpfen.) Olsztyn. 1963. (1 S.) 8° = Instytut rybactwa Środladowego Nr. 37. (SR 3181, 37)

Küsten- und Hochseefischerei

3-64/04-9168 Macdonell, J. A. Machinery requirements for deep sea tuna seiners. **(Maschinenmäßige Anforderungen für Hochseethunseiner.)** Western Fisheries **64** (1962) Nr. 6. S. 52–53. 58–59. – 1 Abb.

Es werden verschiedene Typen von Haupt- und Hilfsmaschinen sowie Aggregaten für Hochseeseiner beschrieben und mehrere Hinweise über deren wirtschaftlichsten Einsatz gegeben. Durch den Einbau der empfohlenen Antriebsmaschinen und die Kombination der Typen soll es nach Ansicht des Vf. möglich sein, jährlich 12500 Dollar an Betriebskosten einzusparen. K. Anwand. 6505.

3-64/04-9169 Campbell, Blake A. Fishermen's incomes. A review of cross returns reported by fishermen in 1961. **(Einkommen der Fischer. Ein Bericht über den Bruttoumsatz der Fischer im Jahre 1961.)** Western Fisheries **64** (1962) Nr. 6. S. 18–20. 29. – 5 Tab.

In dem ökonomischen Bericht über die Lachsfischerei Britisch-Kolumbiens werden detaillierte Angaben über die im Jahre 1961 erzielten Fangwerte der einzelnen Fanggeräte und -methoden (Stellnetze, Angeln, Langleinen und Ringwaden) gemacht. Der Fangwert der angelandeten Lachse betrug im Berichtsjahr 38,8 Mill. Dollar. Von diesem Betrag gingen für laufende Einsatzkosten 12,0 Mill. Dollar, für Abschreibungen an Booten und Geräten 4,0 Mill. Dollar und für Ausgaben zu Neuanschaffungen 2,6 Mill. Dollar ab, so daß ein Nettowert von 20,2 Mill. Dollar übrigblieb. Das Nettoeinkommen eines Fischers im Jahre 1961 betrug 1290 Dollar. K. Anwand. 6515.

3-64/04-9170 Heimann, Richard F. G. Trawling in the Monterey Bay area, with special reference to catch composition. **(Schleppnetzfischerei im Gebiet der Monterey-Bucht, unter besonderer Berücksichtigung der Fangzusammensetzung.)** Calif. Fish and Game **49** (1963) Nr. 3. S. 152–173. – 6 Abb., 4 Tab., 3 Lit.

Die Fänge von 8 Trawlern, die 1960 zwischen dem Pigeon Point und dem Point Sur fischten, werden mit denen von 17 Trawlern aus dem Jahre 1956 verglichen. Bes. Wert wurde dabei auf den Anteil der auf See weggeworfenen, nicht marktfähigen Fische gelegt. Außerdem wird ein Überblick über die Gesamtfänge und die Fangzusammensetzung in den Jahren 1951–60 gegeben. Im Durchschnitt setzten sich die Fänge folgendermaßen zusammen: 1. Zwischen 40 und 60 Faden Tiefe 9,2% Scorpaeniden, 51,5% Plattfische, 18,2% Haie und Rochen, 21,1% sonstige Fische. Fang/Hol 961,3 Pfund, davon 43,1% nicht marktfähig. 2. Zwischen 60 und 130 Faden Tiefe 89,6% Scorpaeniden, 3,4% Plattfische, 9,6% Haie und Rochen, 3,3% sonstige Fische. Fang/Hol 2559,5 Pfund, davon 15,7% nicht marktfähig. 3. Zwischen 130 und 200 Faden Tiefe 58,4% Scorpaeniden, 25,1% Plattfische, 9,6% Haie und Rochen, 6,9% sonstige Fische. Fang/Hol 2258,4 Pfund, davon 14,0% nicht marktfähig. Insgesamt werden 53 an den Fängen beteiligte Arten aufgeführt, die 23 Familien angehören. G. Seifert. 6515.

3-64/04-9171 Andreev, M. N.; Kaliningrad, Fischereitechn. Hochschule. O vybore sposobov oblova i poiska ryby promyslovymi sudami s donnym tralom. **(Über die Wahl der Fangmethode und der Fischsuche auf Produktionsfahrzeugen mit Grundschleppnetz [Ein Versuch der Anwendung der Spieltheorie].)** Rybnoe chozjajstvo, Moskva **39** (1963) Nr. 5. S. 27–36. – 7 Tab.

Vf. macht am praktischen Beispiel den Versuch, die Erkenntnisse der Spieltheorie auf die Bedingungen der Schleppnetzfischerei anzuwenden. Seine auf Konferenzen in der UdSSR vorgetragenen Arbeitsergebnisse haben lebhaftes Interesse gefunden. Es wird die Ansicht vertreten, daß mit der genannten Methode und ihrer Anwendung in der Hochseefischerei eine bedeutend höhere

Wirtschaftlichkeit beim Einsatz der Fischereiflotte erzielt werden kann und „Zufall“ und „Glück“ immer mehr in den Hintergrund treten. Die Methode wird in ihrer Anwendung beschrieben. G. Predel. 6560.

3-64/04-9172 Caldwell, David K.; Los Angeles, County Museum. The sea turtle fishery of Baja California, Mexico. **(Der Seeschildkrötenfang von Baja California, Mexico.)** Calif. Fish and Game **49** (1963) Nr. 3. S. 140–151. – 9 Abb., 1 Tab., 24 Lit.

Vf. gibt einen Bericht über den Schildkrötenfang an der Golf- und Atlantikküste dieser Halbinsel. Nach einem historischen Überblick folgt eine Beschreibung der von den Seri-Indianern angewandten Geräte und Fangmethodik. Neben dem spez. Fang mit Handharpunen von kleinen Fahrzeugen aus, in denen man mit Außenbordmotoren zum Fangplatz fährt, treten Schildkröten auch als Beifang in Garnelenschleppnetzen und anderen Geräten auf. Die gefangenen Schildkröten (meist *Chelonia mydas carrinegra*) werden in „Ställen“ bis zu 14 Tage am Leben erhalten und bei Bedarf verkauft. Oftmals verfrachtet man sie lebend, gesalzen oder getrocknet auf dem Wasser- oder Landweg nach Mexiko und den USA. Die Konservenindustrie ist von einiger Bedeutung. Der Schildkrötenfang bildet neben der Touristik die wichtigste Einnahmequelle dieses Gebietes. G. Seifert. 6620.

3-64/04-9173 *MacKenzie, M. K.* **A review of present knowledge relative to a possible tuna fishery in New Zealand.** Wellington: New Zealand marine dep. 1961. (49 S.) 4° = Fisheries-technical-report No. 4. (SR 2819, 4)

3-64/04-9174 *Sampson, W. G.* **Tuna fishing in Australia and its possible application in New Zealand.** Wellington: New Zealand marine dep. 1962. (43 S. m. Abb.) 4° = Fisheries-technical-report No. 5. (SR 2819, 5)

E. BEEINFLUSSUNG DER FISCHEREI DURCH DIE UMWELT

3-64/04-9175 Beurle, Georg; Linz, Wasserwirtschaftsverband. **Seenschutz und Wasserwirtschaft.** Österreichs Fischerei, Sonderh. Seenschutz, Schriftenr. österr. Wasserwirtsch. Nr. **43** (1961) S. 9–18.

Vf. setzt sich mit den wasserwirtschaftlichen Einflüssen auf den Zustand der Seen auseinander. Zur Vermeidung größerer Schäden sollten Wasserstandsschwankungen bei wasserwirtschaftlichen Eingriffen möglichst auf die Größenordnung der natürlichen Schwankungen beschränkt bleiben. Die Geschwindigkeit der Veränderung sollte 10 cm/d nicht überschreiten, da sonst erheblicher techn. Aufwand zur Ufersicherung notwendig wird. Außerdem ist dem Laichverhalten der Fische Rechnung zu tragen. Die Beeinflussung der Wassergüte durch die zunehmende Trophierung wird an Beispielen erläutert, und die zur Abwendung ernster Gefahren notwendigen Maßnahmen im Einzugsgebiet der Seen werden dargestellt. Die Bedeutung der Flußstaue für Wasserwirtschaft und Landeskultur bringt neue Probleme, vor allem mit der Geschiebeführung der Flüsse. W. v. Tümpling. 6650.

3-64/04-9176 Einsele, Wilhelm; Scharfling/Mondsee, Bundesinst. für Gewässerforsch. und Fischereiwirtsch. **Seenschutz und Fischerei.** Österreichs Fischerei, Sonderh. Seenschutz, Schriftenr. österr. Wasserwirtsch. Nr. **43** (1961) S. 19–31. – 17 Lit.

Vf. faßt alle anthropogenen Einflüsse auf den Zustand der Seen unter dem Begriff der Belastung zusammen und unterscheidet 9 Unterbegriffe: Belastung durch organ. Stoffe, düngende Stoffe, mineralische und toxische Belastung, verwahrlosende Einflüsse, Einflüsse des Wasserbaues, des Verkehrs, der Ufernutzung sowie der wasserwirtschaftlichen Nutzung. Am Beispiel werden die Einflüsse der verschiedenen Belastungen auf die Fischerei wie den allg. Zustand der Seen ausführlich dargestellt und Möglichkeiten der Belastungsverminderung besprochen. Bes. Wert sollte auf die gesetzlichen Möglichkeiten einer Prophylaxe in allen Belastungsmomenten gelegt werden. W. v. Tümpling. 6650.

3-64/04-9177 Langer-Hansel, Harald; Wien, Bundesmin. für Handel und Wiederaufbau. **Seenschutz und Fremdenverkehr.** Österreichs Fischerei, Sonderh. Seenschutz, Schriftenr. österr. Wasserwirtsch. Nr. **43** (1961) S. 32–38.
Die Nächtigungsfrequenz des österr. Fremdenverkehrs betrug 1950 15,5 Mill., 1960 bereits 41 Mill., wovon fast 20% auf Sommeraufenthalte an den österr. Seen entfallen. Als wichtiger Wirtschaftszweig ist der Fremdenverkehr deshalb an den Maßnahmen des Seenschutzes bes. interessiert. Neben den landeskulturellen Problemen der Bebauung der Seeufer interessiert vor allem die Verschmutzung des Wassers sowie der ständig zunehmende, sehr störende Motorbootbetrieb. Es werden im Interesse der Förderung des Fremdenverkehrs eine Reihe von Vorschlägen gemacht, deren Realisierung voll im Interesse auch des Seenschutzes läge. W. v. Tümpling. 6650.

3-64/04-9178 Wendelberger, Gustav; Wien, Inst. für Naturschutz und Landschaftspflege. **Seenschutz und Naturschutz.** Österreichs Fischerei, Sonderh. Seenschutz, Schriftenr. österr. Wasserwirtsch. Nr. **43** (1961) S. 39–80.
Vf. schildert die Funktion — landschaftl. Wert, Erholung, Verkehr, wasserwirtschaftl. Nutzung — und die Bedrohung der Seen durch Versiedlung der Ufer, techn. Eingriffe am Ufer, Verunreinigung und Wasserstandsschwankungen an Beispielen. Die Möglichkeit der Sanierung ist durch das Gesetz sehr weitgehend gegeben, doch werden die gesetzlichen Bestimmungen nicht mit der notwendigen Schärfe angewandt. Bes. Wert muß in der Zukunft auf die Koordinierung aller Interessenten am Gewässer gelegt werden. In den anschließenden 19 Diskussionsbeiträgen werden die verschiedensten Probleme des Seenschutzes — Nährstoffzufuhr, Kanalisationsprobleme, hygienische Verhältnisse, Motorbootverkehr, Besiedlung der Ufer, Camping — an Beispielen dargestellt und Möglichkeiten der Sanierung gezeigt. W. v. Tümpling. 6650.

3-64/04-9179 Genzer, W. E. **Reinhaltung der Gewässer. Eine Umfrage des Deutschen Industrie- und Handelstages.** Fischwirt **13** (1963) Nr. 8. S. 225 bis 229. — 1 Tab.
Durch eine Umfrage bei der Industrie wurden die bisherigen Leistungen und finanziellen Aufwendungen zur Gewässerreinhaltung ermittelt. Hierbei wurden nicht nur die Eigenmaßnahmen der Industriebetriebe für die Reinigung der Abwässer berücksichtigt, sondern es wurden auch diejenigen Maßnahmen erfaßt, die zu einer Verminderung des Abwasseranfalls geführt haben. Von den Betrieben ab 10 Beschäftigten wurden rund 87% befragt, der Rest waren abwasserunerhebliche Betriebe. Im Zeitraum von 1950–1960 wurden in der BRD 2,7 Md. DM, davon 1,1 Md. DM für die Errichtung von Eigenanlagen aufgewendet. Die für die Gewässerreinhaltung verwendeten Mittel zeigen einen erfreulichen Anstieg. So hat die Industrie von 1950 — 1957 durchschnittlich pro Jahr 184 Mill. DM aufgewendet, von 1958–1960 dagegen 414 Mill. DM, was einer Steigerung von 224% entspricht. D. Nehring. 6655.

3-64/04-9180 Waldichuk, Michael. Pollution in B. C. waters. **(Verunreinigung in Gewässern Britisch-Kolumbiens.)** Western Fisheries **64** (1962) Nr. 6. S. 60–62.
Die Abwässer, die in die Küstengewässer von Britisch-Kolumbien gelangen, stammen vorwiegend aus der Industrie des Landes. Dabei spielen die Abwässer der Papierfabriken eine bes. Rolle, die neben Holzstoffen Sulfate und Sulfite enthalten. Daneben kommen auch Abwässer mit hohem Cyanid-Gehalt aus der Metallind. in Betracht. Nach den bisherigen Beobachtungen soll die Einleitung der Abwässer noch keine ernste Gefahr für die Fischerei in den Küstengebieten bedeuten. K. Anwand. 6665.

3-64/04-9181 Danecker, E.; Scharfling/Mondsee, Oberösterreich, Bundesinst. für Gewässerforsch. und Fischereiwirtsch. **Immer mehr verbreitet sich die Einsicht, daß die Bäche unserer Landgebiete nicht von Natur aus zur Kanalisation und zur Aufnahme von Abfällen bestimmt sind. Ammoniak und Jauche als Ursache von Fischsterben.** Österreichs Fischerei **16** (1963) Nr. 7/8. S. 106–112. – 8 Lit.

Vf. untersuchte die Wirkung von Jauche gegenüber Regenbogenforellensetzlingen (*Salmo gairdneri*). Die giftig wirkende Komponente ist freies Ammoniak. In 1 l Jauche wurden Werte zwischen 0,4 und 5,0 g ermittelt. Die Wirkung der Jauche ist pH-abhängig. Bei Ableitungen von $^1/_8$ l/s in einen Vorfluter mit neutral reagierendem Wasser wird die schädliche Ammoniakkonzentration für Regenbogenforellensetzlinge (0,2 mg/l) bei Fließgeschwindigkeiten zwischen 2 und 60 l/s erreicht. Die Wirkung ist ferner von der Wasserhärte abhängig. Die Vergiftungssymptome treten spontan auf, geschädigte Fische erholen sich nur selten vollständig. NH_3 wirkt als Nervengift und verursacht Krämpfe. Auch eine Blutzerstörung kann eintreten. Bei höheren Wassertemperaturen kann Sauerstoffmangel durch die starke org. Belastung der Jauche (13–32 g$KMnO_4$/l) eintreten und die Giftwirkung des freien NH_3 verstärkt werden. D. Nehring. 6665.

3-64/04-9182 Nümann, W.; Langenargen, Staatl. Inst. für Seenforsch. und Seenbewirtsch. **Die Entwicklung der Bodenseefischerei unter dem Einfluß der Abwässer.** Österreichs Fischerei **16** (1963) Nr. 6. S. 82–84.

Viel stärker als die sichtbaren Schmutzteilchen belasten die löslichen Düngestoffe die Gewässer. Während vor dem Kriege kein Phosphat im Wasser des Bodensees nachgewiesen werden konnte, waren es 1959 bereits 9 mg/m³. Der See produziert infolge dieser Düngung 20 × soviel org. Substanz wie früher. Zum Ausfaulen wird 25 × soviel Sauerstoff verbraucht, und Plankton und Bodentiere nahmen um das 10fache zu. Die Renkenerträge stiegen von 120 t auf 6–700 t, der Hektarertrag an allen Fischen stieg in den letzten 30 Jahren von 6–8 kg auf 28 kg. Die Felchen wurden zwar schnellwüchsiger, werden dadurch aber zum großen Teil vor dem Erreichen der Laichreife gefangen. Der reifwerdende Teil hat keine vollwertigen Eier, so daß die Ausfälle in den Brutanstalten größer geworden sind. Auch der abnehmende Sauerstoffgehalt bedeutet eine Gefahr für diese Fische. Der Bestand an Barschen hat stark zugenommen. Durch Heraufsetzen des Schonmaßes für Blaufelchen auf 35 cm und Erhöhung der Maschenweite auf 44 mm soll der ungünstigen Entwicklung begegnet werden. H. Müller/Berlin. 6665.

3-64/04-9183 Christie, Ronald M. und Battle, Helen I.; London, Univ. of Western Ontario. Histological effects of 3-trifluormethyl-4-nitrophenol (TFM) on larval lamprey and trout. **(Histologische Wirkungen von 3-Trifluormethyl-4-Nitrophenol (TFM) auf Neunaugen- und Forellenlarven.)** Canad. J. Zool. **41** (1963) Nr. 1. S. 51–61. – 21 Abb., 5 Tab., 7 Lit.

In niedrigen Konzentrationen tötet TFM Neunaugenlarven, während es für Knochenfische ungiftig ist. Die Versuche sind an *Entosphenus lamottei* und *Salmo gairdneri* ausgeführt worden. Nach Einwirkung des Natriumsalzes von TFM traten bei Neunaugen in der Pharynxregion Schwellungen ein. Dunkelrotfärbung der gleichen Region war auf Gefäßdilatationen zurückzuführen. Die Kiemen waren hiervon ebenfalls erfaßt. Bei den Forellen traten ähnliche Erscheinungen auf. Im Bindegewebe zwischen dem respiratorischen Epithel und dem vasculären Endothel waren Ödeme zu beobachten. Geringe Zunahme der Sekretionstätigkeit der Schleimzellen der Epidermis war bei beiden Arten charakteristisch. An den Nervengeweben, der Herzmuskulatur, dem Verdauungstrakt und den Nieren waren weder zytol. noch histol. Veränderungen zu finden. M. Hegemann. 6665.

3-64/04-9184 Hehenwarter, Ekkehard. **Der Traunsee im Brennpunkt naturwissenschaftlicher Forschung.** Österreichs Fischerei, Sonderh. Seenschutz, Schriftenr. österr. Wasserwirtsch. Nr. **43** (1961) S. 83–87.
Im Zuge der Projektierung der Kraftwerkskette vom Traunsee bis zur Donau wurden ausführliche Untersuchungen über das Gebiet der Traun angestellt Vf. umreißt kurz die durchgeführten Arbeiten über die geol., biol., fischereil., phys.-chem. und meteorol. Verhältnisse des Flusses und des Sees. Die Vielzahl der langjährigen Untersuchungen gibt ein genaues Bild des gegenwärtigen Zustandes des Traunsees und der Traun. W. v. Tümpling. 6685.

3-64/04-9185 Liebmann, Hans; München, Bayer. Biol. Versuchsanst. **Untersuchungen über die Einwirkung von Stauhaltungen auf die natürliche Selbstreinigung.** Wasser u. Abwasser [Wien] **1961** Zur Limnol. der Speicherseen u. Flußstaue S. 35–51.
Vf. schildert die durch den Anstau eintretenden Veränderungen in ihrem Einfluß auf die natürl. Selbstreinigung. Nachteilig in den Stauhaltungen gegenüber dem ungestauten Strom ist, daß das Licht nur bis zur Tiefe von 2,5 m — also nur in den Randzonen des Staues — wirksam ist. Nachteilig ist weiterhin die starke Sedimentation, das Fehlen turbulenter Strömungen, die Bildung eines Gelegegürtels sowie die Gefährdung des Sauerstoffhaushaltes durch Faulschlammablagerungen und Wasserblüten. Vorteile des gestauten gegenüber dem ungestauten Strom liegen in der höheren Wassertemperatur, der Ausbildung größerer Flächen mit weicher Unterwasserflora, der verlängerten Verweildauer des Wassers, verringerten Wasserstandsschwankungen und der Zerstörung der Abwasserfahnen. Fischereilich wird der Fluß völlig verändert, da die Kieslaicher verschwinden und nur Krautlaicher sich zu halten vermögen, wobei der Bestand i. allg. durch künstlichen Besatz aufrechterhalten werden muß. Fischereischäden lassen sich durch fischereiwirtschaftl. Maßnahmen beim Aufstau jedoch weitgehend vermeiden. Sofern jedoch die Wasserqualität vor der Aufstau α- bis β-mesosaprobe Verhältnisse aufweist, treten nach dem Aufstau mit Sicherheit ernsthafte Kalamitäten durch Faulschlammablagerungen, H_2S-Bildung und Algenblüten auf.
W. v. Tümpling. 6685.

3-64/04-9186 Märki, Erwin; Zürich, TH, Anst. für Wasserversorg., Abwasserreinig. und Gewässerschutz. **Gewässerschutzprobleme an Staugewässern in der Schweiz.** Wasser u. Abwasser [Wien] **1961** Zur Limnol. der Speicherseen u. Flußstaue S. 78–92. — 8 Abb., 3 Lit.
Da der Rohenergiebedarf der Schweiz zu $^1/_3$ aus der Wasserkraft gedeckt wird, kommt hier den Staugewässern bes. Bedeutung zu. Der Anstau der Limmat um 20 m brachte erhebliche Schwierigkeiten für die Wasserversorgung. Der Fluß ist durch die Abwässer von ca. 1 Mill. Einwohner stark belastet, die BSB_5-Tagesfracht beträgt ca. 30 t. Die Infiltration des sauerstofffreien Wassers in das Grundwasser führte zur Lösung von Eisen und zur Ausfällung von Mangan im Rohrnetz der Wasserversorgung, außerdem zur störenden Entwicklung einer Zoogloea im Grundwasserwerk Wettingen. Im Lauf von 30 Jahren dichteten die Schlammassen den Stauraum ab, so daß nun Sorgen um die durch die verminderte Infiltration fehlenden Wassermengen auftreten. Ähnliche Schwierigkeiten werden für 2 weitere Fälle ausführlich geschildert. Als Schlußfolgerung ergibt sich aus den angeführten Beispielen, daß nur durch umfangreiche Untersuchungen aller Zusammenhänge vor Einrichtung eines Staues größere Schäden vermieden werden können. W. v. Tümpling. 6685.

3-64/04-9187 Slanina, Kurt; Wien, Bundesanst. für Wasserbiol. und Abwasserforsch. **Über die Restwassermenge in Entnahmestrecken.** Wasser u. Abwasser [Wien] **1961** Zur Limnol. der Speicherseen u. Flußstaue S. 141–152. — 3 Lit.

Umleitungskraftwerke führen zu einer oft bedeutenden Verminderung der Wasserführung auf einer Strecke des natürlichen Flußbettes. Hierdurch wird der Grundwasserstand abgesenkt und es fehlt an Verdünnungswasser für das eingeleitete Abwasser. Schädigungen des Fischbestandes und der Landschaft sind die Folgen. Die auftretenden Schwierigkeiten werden an Beispielen dargestellt. Zur Verminderung der Schäden ist eine kontinuierliche Restwassermenge von 5–10% der mittleren Wasserführung zu fordern. Zur Vermeidung der Grundwasserabsenkung und zur Förderung der Fischerei wie zum Schutze der Lansdchaft sind in der Entnahmestrecke Staue einzurichten. Unbedingt erforderlich ist außerdem die ausreichende Abwasserreinigung im Gebiet der Entnahmestrecke oder Ableitung der Abwässer ins Unterwasser des Kraftwerkes. W. v. Tümpling. 6685.

3-64/04-9188 Schiemenz, Friedrich. **Die Auswirkung des Wehres Geesthacht auf die örtlichen Fischereiverhältnisse im Stauraum der Elbe, insbesondere auch die Ausschaltung von Überschwemmungen.** Fischwirt **13** (1963) Nr. 4. S. 101–109.; Nr. 5. S. 149–157. — 1 Abb., 11 Lit.
Die Ergebnisse der Untersuchungen, die 2 Jahre nach Fertigstellung des Wehres angestellt wurden, werden gegliedert in 1. Fruchtbarkeit des Gewässers, 2. Wasserbeschaffenheit, 3. Aufenthaltsstellen für Fische und 4. Fanggelegenheiten. Zu 1: Der Wegfall der Überschwemmungsflächen und die schlechte Besiedlung des abgelagerten Schlammes im Stauraum wirken sich negativ auf die Fruchtbarkeit aus, während der Steinbelag der Ufer und Buhnen gut besiedelt war. Zu 2: Die befürchtete Verschlechterung der Wasserbeschaffenheit durch den Rückstau trat bisher noch nicht ein. Zu 3: Durch den Anstau sind die durch Wasserstandsschwankungen ausgelösten Wanderungen der Fische stark eingeschränkt worden. Ruhegewässer für die Zeit der Grundeisbildung sind für die Fische notwendig. Mit reichlichem Aufkommen von Fischbrut ist zu rechnen. Zu 4: Die Treibnetzfischerei wird in der Zukunft ausfallen, Aalhamen können nur zu Hochwasserzeiten eingesetzt werden. Wurfnetze und Zugnetze haben schon seit längerer Zeit an Bedeutung verloren. Auch die Reusenfischerei wird geringeren Erfolg als vor dem Wehrbau haben. Bei Rückgang der Wollhandkrabben wird die Fischerei mit Legeangeln an Bedeutung gewinnen. H. Müller/Berlin. 6685.

3-64/04-9189 Schauberger, Walter. **Vorschreibungen für die Ausführung von Seeuferböschungen.** Österreichs Fischerei, Sonderh. Seenschutz, Schriftenr. österr. Wasserwirtsch. Nr. **43** (1961) S. 87–88. — 1 Abb.
Der Uferschutz ist als Uferdeckwerk mit Trockenpflaster in der Neigung 1:2 auf einem 20 cm tiefen Grobschotterbett anzulegen. Die Oberfläche der untersten Pflasterschar soll eben mit dem Seegrund liegen. Am oberen Ende des Pflasters ist ein Rasenstreifen von 1 m Breite anzulegen.
W. v. Tümpling. 6685.

3-64/04-9190 Die Reinigung von Abwässern aus Schlachthöfen und Krankenhäusern. München: Oldenburg. 1961. (251 S. m. 70 Abb. u. 18 Tab.) 8° = Münchner Beiträge zur Abwasser-, Fischerei- und Flußbiologie. Bd. 8. (1963 A 1172)

3-64/04-9191 *Vladimirov, V. I., Suchojvan, P. G.* und *Bugaj, K. S.* Hrsg.: Akad. nauk Ukrain. SSR, Inst. gidrobiologii. **Razmnoženie ryb v uslovijach zaregulirovannogo stoka reki (na primere Dnepra).** (Vermehrung der Fische unter den Bedingungen der Stromregulierung am Beispiel des Dnepr.) Kiev: Izd. Akad. nauk USSR. 1963. (393 S.) 8°. (1963 A 1128)

F. FISCHKRANKHEITEN

3-64/04-9192 Geus, Armin. **Eine siamesische Zwillingsbildung bei einem Guppy-Männchen (Lebistes reticulatus).** Mikrokosmos **50** (1961) Nr. 7. S. 201 bis 203. — 5 Abb., 8 Lit.
Es wird über einen Fall von siamesischer Zwillingsbildung bei einem männlichen *Lebistes reticulatus* berichtet. Der Nebenkörper bestand größtenteils aus Muskulatur und verschiedenen Organrudimenten. Die Augenanlage war

unsymmetrisch gelagert, das rudimentäre Gehirn zeigte eine gewisse Gliederung, blieb aber weit hinter der normalen Ausbildung zurück. Die Nachkommen dieses Fisches, ein Erstlingswurf von 17 Tieren, waren vollkommen normal gestaltet. E. Amlacher. 6710.

3-64/04-9193 Niazi, I. A.; Montreal, McGill Univ. The histology of tail regeneration in the ammocoetes. **(Die Histologie der Schwanzregeneration bei Ammocoetes.)** Canad. J. Zool. **41** (1963) Nr. 1. S. 125–146. — 20 Abb., 28 Lit.
Ammocoeten von *Petromyzon marinus* und *Entosphenus lamottenii* sind in der Lage, morphol. vollwertige Schwänze nach Amputation zu regenerieren. Die Regenerationsfähigkeit hält während des ganzen larvalen Lebens an. Selbst Rückenmark und 3–4 Spinalganglien werden erneuert.
M. Hegemann. 6710.

3-64/04-9194 Dyk, Václav und Lucký, Zdeněk. Rezervoáry cizopasníků kapra a jiných užitkových ryb. **(Parasitenreservoire des Karpfens und anderer Nutzfische.)** Sborník Vysoké Školy zemědělské Brně, Řada B **11(32)** (1963) Nr. 1. S. 53–69. — 9 Abb., 1 Tab., 38 Lit. Zus. in Russ., Dtsch.
Bei parasitologischen Untersuchungen von Fischen aus den Gewässersystemen der Donau und der Odra wurde festgestellt, daß die meisten Unkrautfische Parasitenreservoire für den Karpfen sind und daß fischfressende Vögel in starkem Maß zur Einschleppung von Parasiten in die Teiche beitragen. Insgesamt wurden 42 Parasitenarten festgestellt, die von Unkrautfischen auf Nutzfische übertragen werden können; darunter waren 22 Arten, die beim Karpfen parasitieren und deren Träger 18 Arten von Unkrautfischen waren. Bei der Karausche, die phylogenetisch dem Karpfen am nächsten steht, fand man 9 Arten von identischen Parasiten, beim Perlfisch 10, bei der Güster 9 und beim Barsch 8 Arten. Die Bekämpfung der Parasiten wird näher beschrieben. ČSSR/ÚVTI. 6730.

3-64/04-9195 Ergens, Radim; Prague, Czechoslov. Acad. of Sci., Inst. of Biol. Direct control measures for some ectoparasites of fish. **(Eine direkte Methode zur Bekämpfung einiger Ektoparasiten an Fischen.)** U.S. Dep. Interior, Fish Wildlife Serv., progr. Fish-Culturist **24** (1962) Nr. 3. S. 133–134. — 1 Tab., 5 Lit.
Vf. empfiehlt ein neues Kurzbad zur Bekämpfung von protozoischen Hauttrübern und monogenen Trematoden. Die Stammlösung umfaßt 2 Teile: 1. Trypaflavin 2,5% — 10 ml; 2. Ammoniumhydroxyd 10% — 1000 ml. Diese Lösung muß 1:1000 verdünnt werden. Das Bad wirkt toxisch auf Fische nach 6–10 min. Dagegen sterben *Trichodina* und *Chilodonella* nach 120 bzw. 150 s Badedauer bei 3–12 °C ab. Ektoparasitische Würmer sterben bereits nach 45–90 s Badedauer. Th. Mattheis. 6730.

3-64/04-9196 Reichenbach-Klinke, Heinz-Hermann. **Die Gattung Diplozoon v. Nordmann, zugleich Neubeschreibung einer Species und zweier Subspecies sowie Revision der Gattung.** Z. Parasitenkunde **20** (1961) Nr. 6. S. 541–557. — 5 Abb., 2 Tab., 13 Lit.
Es werden 2 von der Beschreibung der Originalart abweichende Diplozoon-Formen von *Abramis sapa* und *Blicca björkna* als Subspecies von *D. paradoxum* beschrieben. Die *Diplozoon*-Art von Gobio gobio wird als *D. gracile* neu beischrieben. Die kennzeichnenden Körpermerkmale (Verdauungstraktus, Haftapparat, Geschlechtsorgane) der Diplozoen werden besprochen, verglichen und im Hinblick auf ihren diagnostischen Wert behandelt. Es wird versucht, taxionomisch näher zusammengehörende Arten zusammenzufassen. Mit Hilfe bisher bekannter Artmerkmale wird eine Bestimmungstab. der bisher beschriebenen Arten aufgestellt. E. Amlacher. 6750.

3-64/04-9197 Reichenbach-Klinke, Heinz-Hermann. **Beobachtungen am Kiemenparasiten Microcotyle centropristes MacCallum und Bemerkungen**

zur Diagnose der Art (Trematoda: Monogenea, Microcotylidae). Z. Parasitenkunde **21** (1961) Nr. 2. S. 136–140. – 1 Abb., 1 Tab., 12 Lit.
Es wird eine *Microcotyle* spec. von den Kiemen der Chaetodontiden *Chaetodon auriga*, *Ch. lunula* und *Parachaetodon ocellatus* beschrieben. Ein Vergleich mit den bisher beschriebenen Arten führt zu der Folgerung, daß es sich um *Microcotyle centropristes* MacCallum **1913** handelt. Die Unterschiede bezüglich der Eier werden damit erklärt, daß beim Original unreife Eier vorgelegen haben können. E. Amlacher. 6750.

3-64/04-9198 Hasan, R. und Qasim, S. Z.; Aligarh, India, Muslim Univ. Trypanosoma punctati n.sp. from the fish Ophicephalus punctatus Bloch, common fresh-water murrel of India. **(Trypanosoma punctati n. sp.aus Ophicephalus punctatus, aus Indien.)** Z. Parasitenkunde **22** (1962) Nr. 2. S. 118 bis 122. – 1 Abb., 1 Tab., 17 Lit.
Die Infektionsrate betrug ca. 5%. Hauptsächlich größere Exemplare waren infiziert. Die Parasiten sind 30–36 μ lang und 1,02–1,67 μ breit. Charakteristisch ist eine freie Geißel von etwa $^3/_4$ der Körperlänge. Kern und Blepharoplast sind verhältnismäßig groß. Das Cytoplasma ist vakuolisiert und enthält um die Vakuolen zahlreiche Granula. Die hier beschriebene neue Art ist die erste *Trypanosoma*-Art aus *O. punctatus*, während aus derselben Fischgattung bereits eine Reihe von Trypanosomen bekannt sind, mit denen die neue Art sorgfältig verglichen wird. Th. Mattheis. 6760.

3-64/04-9199 Sorvačev, K. F., Zadvoročnov, S. F. und Isaev, F. A.; Moskau, Lomonossow-Univ., Lehrstuhl für Biochem. der Tiere; Forsch.-Inst. der RSFSR für Teich- und Fischwirtsch. K voprosu ob immunizacii ryb. **(Über die Immunisierung der Fische.)** Biochimija, Moskva **27** (1962) Nr. 2. S. 202–207. – 5 Abb., 5 Tab., 20 Lit. Zus. in Engl.
An ein- und zweijährigen Karpfen (*Cyprinus carpio*) konnte gezeigt werden, daß sich im Blutserum folgende Eiweißfraktionen nachweisen lassen: Albumin, α-, β- und γ-Globuline. Ihre elektrophoretische Geschwindigkeit ist ähnlich dem Serumprotein des Kaninchens. Die Nachkommenschaft hyperimmunisierter Eltern ererbt die erworbene Immunität gegen Bauchwassersucht und ist resistent gegen eine solche Infektion. Gleichzeitig damit wird eine drastische Veränderung des Verhältnisses der Eiweißfraktionen beobachtet, die eine Abnahme der Albumine, im geringeren Grade der α- und β-Globuline, und eine drastische Erhöhung der γ-Globulinfraktion, sowohl rel. als auch abs., umfaßt. Th. Mattheis. 6790.

3-64/04-9200 Maestrone, G. und Benjaminson, M. A.; New York, Animal Med. Center. Leptospira infection in the gold fish (Carassius auratus). **(Leptospira-Infektion bei Carassius auratus.)** Nature [London] **195** (1962) Nr. 4842. S. 719–720. – 13 Lit.
Im ersten Versuch wurden dem Wasser (pH 7,2, 18–22 °C) pro ml 50 *L. pomona* hinzugefügt. Leptospiren konnten in den Kiemen, im Leberparenchym und in den Blutgefäßen der Muskulatur von 1 h nach der Kontamination bis zum Ende des Versuchs (nach 8 d) nachgewiesen werden. Im 2. Versuch wurden die *C. auratus* nur für 1 h einer Kontamination von 800000 *L. canicola*/ml ausgesetzt und danach sofort in sauberes Wasser von pH 5,0 umgesetzt. Infolge des letalen pH-Wertes wurden nach 24 h keine Leptospiren im Wasser mehr nachgewiesen. Kulturen aus Gehirn, Herz und Muskulatur waren von 1 h bis zum 10. d positiv, während solche aus Niere vom 2.–17. d positiv waren. *C. auratus* ist empfänglich für *Leptospira*-Infektionen und beherbergt sie in Kiemen und Niere wenigstens 17 Tage. Von dort dürften sie auch wieder in das umgebende Wasser gelangen. Histol. Untersuchungen am Wirtsgewebe und Immunreaktionen, um die Einwirkung der Leptospiren auf den Fisch festzustellen, wurden nicht durchgeführt. Auf die Überträgerrolle der Fische und neue Gesichtspunkte der Leptospiren-Epidemiologie

wird hingewiesen. In Gebieten mit *Leptospira*-Endemien sollten die Wassertiere ebenfalls untersucht werden. Wertvolle Hinweise sind zu erwarten. Th. Mattheis. 6790.

3-64/04-9201 Kincheloe, John W.; Cook, Wash., Bureau of Sport Fisheries and Wildlife. The cultivation and drug sensitivity of myxobacteria isolated from diseased fish. **(Züchtung und Chemotherapeutika-Empfindlichkeit von Myxobakterien, die von kranken Fischen isoliert wurden.)** U.S. Dep. Interior, Fish Wildlife Serv., progr. Fish-Culturist **24** (1962) Nr. 3. S. 119–126. – 1 Abb., 2 Tab., 13 Lit.

Nach Schaffung eines geeigneten Nährbodens (sog. Columnaris-Medium + Fischpepton) wurden 23 Stämme von Myxobakterien gegen 44 Chemotherapeutika im Plättchen-Diffusionstest geprüft. Hierbei erwiesen sich Streptomycin und Tetracyclin sowie deren Abkömmlinge bei 5–10 μg als wirksam, außerdem noch Mandelamine und Triburon. Es folgt eine Gruppe von Stoffen, die gegen 80% der Stämme wirksam waren und als mögliche Therapeutika in Betracht kommen. Vorsicht ist geboten, da einige in ihrer Eigentoxizität auf Fische noch nicht bekannt sind. Th. Mattheis. 6790.

3-64/04-9202 Andres, A. G. und Kuražskovskaja, T. N. Patogistologičeskie izmenenija u lešča pri deficite kisloroda. **(Die pathohistologischen Veränderungen des Bleis bei Sauerstoffmangel.)** Trudy Instituta biologii vodochranilišč, Moskva-Leningrad **1963** Nr. 5. S. 87–109. – 31 Abb., 3 Tab., 41 Lit. 6805.

3-64/04-9203 Papermaster, Ben W., Condie, Richard M. und Good, Robert A. Toxicity of endotoxin and shake venom in the hagfish. **(Die Toxizität von Endotoxin und Schlangengift für Eptatretus stoutii.)** Nature [London] **195** (1962) Nr. 4836. S. 84. – 2 Tab., 7 Lit.

Frisch gefangene kalifornische Hexenfische (*E. stoutii*) erhielten *E.-coli*-Endotoxin, Gifte der Wassermokassinschlange (*Agkistrodon piscivorus*) und der gelben Kobra (*Naja flava*) injiziert. Die Schlangengifte wirkten lähmend auf das Nervensystem der Fische, während Coli-Endotoxin völlig wirkungslos blieb. Die Applikation von Coli-Endotoxin an Kaninchen hatte dagegen tödlichen Ausgang. Die bei Säugern beobachtete tödliche Wirkung von Coli-Endotoxin ist nach der Theorie von Stetson ein Resultat der Hypersensibilität gegenüber Produkten der Darmflora der betreffenden Tiere. Th. Mattheis. 6805.

3-64/04-9204 *Bryliński, Edmund.* **Analiza populacji leszcza w kompleksie jeziora Wdyzdze wraz z okresleniem smiertelności spowodowanej liguloza.** (Analyse der Bleipopulation im Komplex des Wdyzdze-Sees mit der Bestimmung der Sterblichkeit durch Ligula-Befall.) Olsztyn. 1963. (1 S.) 8° = Instytut rybactwa Środladowego Nr. 22. (SR 3181, 22)

3-64/04-9205 *Ljajman, Ėduard Maksimilianovič.* **Bolezni ryb.** (Fischkrankheiten. Praktischer Leitfaden für Tierärzte.) Moskva: Sel'chozizdat. 1963. (294 S.) 8°. (1963 A 1156)

G. FISCHVERARBEITUNG

3-64/04-9206 Mann, H.; Hamburg, Bundesforsch.-Anst. für Fischerei. **Oxydationsmittel zur künstlichen Erzeugung von Sauerstoff im Wasser.** Fischwirt **13** (1963) Nr. 8. S. 245–246. – 1 Tab., 1 Lit.

Zur Sauerstoffverbesserung in Hälteranlagen oder zur Sauerstoffversorgung bei Fischtransporten werden Tabletten angeboten, die im Wasser Sauerstoff entwickeln. Sie enthalten entweder Harnstoffperoxyd oder Natriumperborat. Versuche mit diesen Tabletten ergaben, daß der Sauerstoffgehalt im Versuchsgefäß in kurzer Zeit stark anstieg. Gleichzeitig zeigte sich, daß während des Versuchs eine pH-Werterhöhung von 7,1 bzw. 7,4 auf über 9 eintrat. Fischversuche mit *Lebistes reticulates* ergaben schon nach 2 h, daß die Fische geschädigt werden. Auf der Haut setzten sich kleine Gasperlen fest, die das Schwimmen behinderten. Auch die Kiemen wurden geschädigt und waren durch chem. Reiz stark gerötet. Daphnien und Tubifiziden waren noch empfindlicher. Die Versuche haben gezeigt, daß bei der Anwendung von Sauerstofftabletten zumindest große Vorsicht geboten ist. D. Nehring. 6830.

3-64/04-9207 Sukrutov, N. I.; Forsch.-Inst. für Hochseefischerei und Ozeanogr. des Atlantiks. Puti ulučšenija zagotovki i chranenie moroženoj ryby, dobyvaemoj v Srednej Atlantike. **(Wege zur Verbesserung der Bereitung und Lagerung von Frostfisch, der aus dem Mittelatlantik stammt.)** Rybnoe chozjajstvo, Moskva **39** (1963) Nr. 5. S. 69–74. – 5 Abb.
Fische, die in den tropischen Gewässern gefangen werden, sind infolge der hohen Temperaturen in der ersten Verarbeitungsstufe weniger gut haltbar und lagerfähig. Untersuchungen über die wichtigsten Faktoren, die zu einer besseren Lagerfähigkeit der Fische beitragen, ergaben: 1. Sorgfältige Behandlung der Rohware und Vermeidung jeglicher Beschädigungen sind notwendig. 2. Die Zeit bis zur Tieffrostung muß so kurz wie möglich gehalten werden, die Kühltechnik bedarf einer Verbesserung und die gefrosteten Fischblöcke müssen im Innern mindestens –12 °C haben. Unbedingt notwendig ist auch die Glasierung der gefrosteten Fische. G. Predel. 6830.

3-64/04-9208 Bykov, V. P.; Moskau, Unions-Forsch.-Inst. für Hochseefischerei und Ozeanogr. Vlijanie raznych sposobov defrostacii na kačestvo razmoraživaemoj ryby. **(Einfluß verschiedener Auftaumethoden auf die Qualität der aufgetauten Fische.)** Rybnoe chozjajstvo, Moskva **39** (1963) Nr. 5. S. 75–80. – 1 Abb., 3 Tab., 5 Lit.
Die Frage, ob gefrostete Fische schnell oder langsam aufgetaut werden sollen, wird gegenwärtig von verschiedenen Autoren noch unterschiedlich beurteilt. Vf. untersuchte die Qualität aufgetauter Karpfen (*Cyprinus carpio*). Die Fische wurden nach dem Abtöten einmal unmittelbar und zum anderen erst nach einer gewissen Frist tiefgefrostet. Die Anwendung unterschiedlicher Auftaumethoden ergab, daß bei den Fischen, die unmittelbar nach dem Abtöten eingefrostet wurden, eine möglichst kurze Auftauzeit die qualitativ besten Produkte lieferte. G. Predel. 6830.

H. FANGGERÄTE

3-64/04-9209 Judanov, K. I.; Forsch.-Inst. für Fischwirtsch. der Ostsee. Kontrol' čuvstvitel'nosti gidroakustičeskich priborov. **(Kontrolle der Empfindlichkeit hydroakustischer Geräte.)** Rybnoe chozjajstvo, Moskva **39** (1963) Nr. 5. S. 37–38. – 1 Abb.
Die Genauigkeit der Angaben von Fischansammlungen mit Hilfe eines Echolotes hängt in sehr starkem Maße von der Empfindlichkeit des jeweiligen Echographen ab. Selbst beim gleichen Gerät kann die Empfindlichkeit in Abhängigkeit von verschiedenen Faktoren schwanken. Vf. beschreibt eine Vorrichtung, die es gestattet, die Empfindlichkeit der Arbeit von Echographen zu messen. Das Schaltbild für einen Kondensator und 2 Widerstände, aus denen die Meßvorrichtung besteht, sowie die Arbeitsweise der Kontrollvorrichtung werden beschrieben. G. Predel. 6862.

3-64/04-9210 Mohr; Hamburg, Inst. für Netzforsch. **Aalkörbe aus Plastik.** Fischwirt **13** (1963) Nr. 4. S. 112–114.
Aalkörbe aus Holz unterliegen oft einem so hohen Verschleiß, daß sie u. U. schon nach 2 Jahren unbrauchbar geworden sind. Deshalb wurden Körbe aus schlagfestem, kältebeständigem Polyvinylchlorid (PVC) erprobt. Als Bindematerial diente Telefonkabel mit Plastikmantel. Wegen der Flexibilität der Plastikstäbe müssen diese entsprechend eng gebunden werden. Fangvergleiche in Weser und Ems zeigten die fangtechn. Eignung der Plastikkörbe. Da jedoch der Kostenaufwand für diese Geräte wesentlich höher als für die herkömmlichen Aalkörbe ist, können erst mehrjährige Versuche etwas über

die Wirtschaftlichkeit aussagen. Aller Voraussicht nach werden die Plastikkörbe aber die dafür notwendige Lebensdauer sicher erreichen bzw. überschreiten. E. Schlieker. 6864.

3-64/04-9211 Gadidov, N., Pîrcălăboiu, St. und Elefteriu, R.; Talianul suspendat, o nouă unealtă de pescuit la litoralul marin romînesc. **(Das Schwebnetz, ein neues Fischfanggerät im rumänischen Meereslitoral.)** Bul. Inst. Cercetări Proiectări piscicole **21** (1962) Nr. 1. S. 80–87. — 3 Abb., 3 Tab., 9 Lit. 6866.

3-64/04-9212 Denisov, L. I.; Wolgograd, Abt. des Staatl. Forsch.-Inst. für Binnenfischerei. Izbiratel'nost' častej kryl'ev zakidnogo nevoda. **(Die Selektivität der Teile von Flügeln eines Zugnetzes.)** Rybnoe chozjajstvo, Moskva **39** (1963) Nr. 4. S. 53–55. — 1 Abb., 2 Tab.
Bei Untersuchungen an bewegten Zugnetzen wurde festgestellt, daß Fische lediglich unmittelbar am Steert durch die Flügel schlüpfen. In den vorderen Teilen der Flügel erfolgt praktisch kein Durchschlüpfen der Fische. Ein anderes Bild wird dann beobachtet, wenn das Zugnetz aus techn. Gründen zum Stehen kommt. In solchen Fällen gehen die Fische auf der ganzen Flügellänge durch das Netz. Es wird betont, daß bei einer Flügellänge von 300 m lediglich die letzten 30 m am Steert aus engerem Netz hergestellt werden müssen und der übrige Flügel aus weitmaschigem Material einer Maschenweite gefertigt werden kann. G. Predel. 6866.

3-64/04-9213 Świniarski, Józef. Wpływ barwienia i warunków atmosferycznych na sieci stylonowe. **(Einfluß der Färbung und des Wetters auf Stylon-Netze.)** Gospodarka rybna **15** (1963) Nr. 2. S. 21–22. — 1 Abb., 4 Tab. PRL/CBR. 6866.

3-64/04-9214 Alekseev, N. I.; Murmansk, Forsch.-Inst. für Hochseefischerei und Ozeanogr. des Polargebietes. O forme i natjazenii vaera pri tralenii. **(Form und Spannung der Kurrleine beim Schleppen.)** Rybnoe chozjajstvo, Moskva **39** (1963) Nr. 5. S. 39–42. — 4 Abb., 1 Tab., 2 Lit.
Vf. beschreibt die mathematischen Vorgänge, die es gestatten, Form und Spannung der Kurrleinen in Abhängigkeit von den hydrodynamischen Bedingungen bei der Schleppnetzfischerei zu berechnen. Diese Frage ist insbesondere bei der pelagischen Schleppnetzfischerei von sehr großer Bedeutung G. Predel. 6866.

3-64/04-9215 Torban, S. S.; Moskau, Unions-Forsch.-Inst. für Hochseefischerei und Ozeanogr. Teoretičeskie predposylki primenenija podvesnych mašin dlja vyborki košel'kovych nevodov. **(Theoretische Voraussetzungen der Anwendung von Aufhängemaschinen für das Herausnehmen von Beutelnetzen.)** Rybnoe chozjajstvo, Moskva **39** (1963) Nr. 5. S. 43–50. — 4 Abb., 3 Tab. Vgl. nachst. Ref.
In den letzten Jahren hat sich der Power-Block immer mehr in der Ringwadenfischerei durchgesetzt. Vf. betrachtet die Vorteile dieser Vorrichtung im Vergleich zu den üblichen Netzeinholmaschinen. Danach hat der Power-Block folgende Vorzüge: 1. Das Netz wird beim Einholen in die Arbeitstrommel eingeklemmt, wodurch sich der Reibungskoeffizient erhöht. 2. Alle herabfallenden Teile des Netzes wirken als aktive Kräfte und erleichtern die Arbeit mit dem Netz. 3. Der Power-Block beansprucht keinen Platz auf dem Schiffsdeck. G. Predel. 6866.

3-64/04-9216 Torban, S. S., Grojsman, M. Ja., Kurapcev, P. A. und Arljuk, Ju. A.; Moskau, Unions-Forsch.-Inst. für Hochseefischerei und Ozeanogr. Promyslovye ispytanija podvesnoj mašiny dlja vyborki košel'kovych nevodov. **(Erprobungen von Power-Blöcken zum Herausnehmen der Beutelnetze unter Produktionsbedingungen.)** Rybnoe chozjajstvo, Moskva **39** (1963) Nr. 5. S. 51–59. — 7 Abb. Vgl. vorst. Ref.

Die Erprobung eines in der UdSSR entwickelten Power-Blocks ergab im Jahre 1962 positive Resultate in der Ringwadenfischerei. Das Gerät hat eine Masse von 240 kg, eine Zugleistung von 600 kg bei einer Einholgeschwindigkeit von 20 m/min. Der Antrieb erfolgt elektrisch mit 2,2 kW. Die Einholgeschwindigkeit kann elektrisch reguliert werden. Trotz der guten Ergebnisse mit dem Power-Block PMVK-1 waren aber noch einige Mängel feststellbar, die sich u. a. auf das Profil der Netztrommel und die Netzführung an der Schiffswand beziehen. G. Predel. 6866.

3-64/04-9217 Bourgois, François und Farina, Luigi. Improvement of techniques for fishing with lights. **(Verbesserung der Technik der Lichtfischerei.)** FAO Studies and Rev. **1961** Nr. 17. S. 1–16. – 9 Abb.

Die Verbesserung der Methoden der Lichtfischerei auf *Sardina pilchardus* und *Sardinella aurita* war Gegenstand der 1957–1959 von FAO-Experten durchgeführten Untersuchungen in tunesischen Gewässern. Danach wird die Fischerei mit einem Seiner (mit der Ringwade), einem Motorboot und 2–3 Lampenboten ausgeübt. Unterwasserlampen (500 Watt) erwiesen sich gegenüber Überwasserlampen als weit wirkungsvoller. Die Lampen werden von luftgekühlten Dieselaggregaten gespeist. Die Umstellung auf Unterwasserlampen erfordert Veränderungen an den Aggregaten (15–30 V statt 110–220 V bei Überwasserlampen). E. Schlieker. 6866.

3-64/04-9218 Butler, T. H. An improved prawn trap. **(Eine verbesserte Garnelenreuse.)** Western Fisheries **66** (1963) Nr. 1. S. 15–16. – 4 Abb., 2 Tab.

Die Garnelenfischerei (*Pandalus, Pandalopsis, Crangon*) Britisch-Kolumbiens findet auf hartem Grund in 40–90 Faden Wassertiefe statt. Ein- oder zweikehlige Krebskörbe aus Holz- oder Eisendrahtgestell mit Netz bespannt sind mit einer Klappe zur Entnahme des Fanges versehen. Bewährt haben sich neuartige Körbe, die ohne Klappe, jedoch mit ausklappbarem Eingangstrichter als Kehle gearbeitet sind. Die Trichtereingänge bestehen aus verzinktem Drahtnetz, die Seitenwände können ebenfalls aus diesem Material oder aus verzinktem Blech bestehen. E. Schlieker. 6866.

3-64/04-9219 Hattop, Hans-Wolfgang. **Neue Anwendungsgebiete der Elektrofischerei.** Dtsch. Fischerei-Ztg. **8** (1961) Nr. 10. S. 295–299. – 3 Abb.

Versuche zur Herstellung und Anwendung von Scheuchketten, die leichter zu handhaben sein müßten als Zugnetze, werden durchgeführt. Schwierigkeiten treten im Finden eines geeigneten Elektrodenmaterials auf. Außer Groß-Elektrofanggeräten scheint auch die Entwicklung von solchen Geräten aussichtsreich, die im kleineren Raum mit Hilfe des elektrischen Stromes (z. B. Aal in größeren Tiefen) fangen. Ein derartiges Gerät befindet sich in Vorbereitung. E. Schlieker. 6868.

3-64/04-9220 Bruschek, E. **Die Bedeutung des Leitvermögens der Gewässer für die Elektrofischerei.** Österreichs Fischerei **15** (1962) Nr. 5. S. 47–54. – 2 Lit.

Das Leitvermögen der Gewässer in den Ursteinsgebieten Österreichs liegt ca. zwischen 20 und 200 Mikrosiemens, das der Gewässer in Kalksteingebieten zwischen 200 und 600 Mikrosiemens. Das Leitvermögen ergibt sich zunächst aus der Härte bzw. dem SBV, 1 SBV entspricht etwa 80 Mikrosiemens. Wegen des Gehaltes an weiteren Salzen ist das tatsächliche Leitvermögen meist höher. Es schwankt mit wechselnder Wasserführung und Wassertemperatur. Das Leitvermögen bestimmt die richtige Auslegung eines Aggregates.
E. Schlieker. 6868.

3-64/04-9221 *Dembinski, Wiktor* und *Rózycki, Karol.* **Steelonowe narzedzia połowu ryb. Zasady doboru steelonowych tkanin sieciowych.** (Steelon-Geräte [Netze] für den Fischfang.) Olsztyn. 1963. (15 S.) 8° = Instytut rybactwa Środladowego Nr. 5. (SR 3181, 5)

I. ORGANISATION UND PLANUNG

3-64/04-9222 Kienast, Eckhard; Berlin-Friedrichshagen, Inst. für Binnenfischerei der Dtsch. Akad. der Landwirtsch.-Wiss. zu Berlin. **Über die Möglichkeiten zur Steigerung der Arbeitsproduktivität.** Dtsch. Fischerei-Ztg. **10** (1963) Nr. 2. S. 33–37. – 2 Tab., 8 Lit.
Vf. geht von den Möglichkeiten zur Steigerung der Arbeitsproduktivität aus, die sich aus der begrifflichen Trennung von lebendiger und vergegenständlichter Arbeit ergeben und behandelt die einzelnen Faktoren zur Steigerung der Arbeitsproduktivität, die sich aus den sich wechselseitig beeinflussenden Komponenten des Arbeitsprozesses und der Verbesserung der gesellschaftlichen Organisation der Arbeit ergeben. E. Kienast. 6870.

3-64/04-9223 Kienast, Eckhard; Berlin-Friedrichshagen, Inst. für Binnenfischerei der Dtsch. Akad. der Landwirtsch.-Wiss. zu Berlin. **Probleme der Ermittlung des Nutzeffektes von Investitionen.** Dtsch. Fischerei-Ztg. **10** (1963) Nr. 8. S. 217–226. – 7 Tab., 14 Lit.
Nach einem Überblick über die vielfältigen Möglichkeiten, den Nutzeffekt von Investitionen zu bestimmen, werden die einzelnen Kennziffern an Hand von 3 VEB Binnenfischerei ausgewertet und ein Vorschlag unterbreitet, welche Kennziffern spez. für die Nutzeffektsermittlung im volkseigenen Sektor der Binnenfischerei beachtet werden müßten. E. Kienast. 6870.

K. FISCHEREIRECHT

3-64/04-9224 Paul, Ludwig. **Übersicht über das neue Bayerische Wasserrecht mit Hinweisen auf die für die Fischerei wesentlichen Bestimmungen.** Allg. Fischerei-Ztg. **88** (1963) Nr. 5. S. 136.; Nr. 6. S. 171–172.; Nr. 7. S. 194–196.; Nr. 8. S. 223–224.; Nr. 9. S. 251–252.
Aufbauend auf das Gesetz zur Ordnung des Wasserhaushaltes (WHG) vom 27. Juli 1957 wurde am 26. Juli 1962 das neue Bayerische Wassergesetz (Bay WG) verabschiedet, das am 1. Jan. 1963 in Kraft trat. Dieses Gesetz stellt bes. das Wohl der Allgemeinheit in den Vordergrund. Es hat den Charakter eines Wasserwirtschafts- und Gewässerschutzgesetzes. Demgemäß unterwirft es auch alle wesentlichen Formen der Gewässerbenutzung einer öffentlich-rechtlichen Erlaubnis oder Bewilligung; der Umfang des Gewässereigentums kann Beschränkungen unterworfen werden. Endlich gilt das neue Bay WG für alle oberirdischen Gewässer, soweit diese in unmittelbarem Zusammenhang mit dem natürlichen Wasserhaushalt stehen, sowie für das Grundwasser. Das Gesetz gliedert sich in 12 Teile und umfaßt insgesamt 104 Artikel. D. Nehring. 6880.

3-64/04-9225 Hemsen, Jens. **Und wieder: Die Motorboote!** Österreichs Fischerei **16** (1963) Nr. 7/8. S. 100–104. – 1 Lit.
Vf. beschäftigt sich mit der österreichischen Gesetzgebung zur Einschränkung des Motorbootverkehrs und warnt vor übermäßiger Toleranz, da nur durch energische Maßnahmen die Ruhe in den Erholungsgebieten und der Uferschutz der Gewässer erhalten werden kann. Als positives Beispiel wird das neue Bayerische Wassergesetz hervorgehoben, wonach die Zulassung zur Schiff- und Floßfahrt auf einem bestimmten Gewässer von einer Bewilligung der Kreisverwaltungsbehörde abhängig ist. In Österreich ist es dagegen jedem Inhaber eines Schiffsführerpatentes gestattet, ein gekennzeichnetes Fahrzeug auf allen Gewässern zu benutzen, lediglich die Länderregierung kann hierbei einschränkende Verordnungen erlassen. Einige weitere Punkte des Bayerischen Wassergesetzes werden diskutiert. G. Seifert. 6880.

3-64/04-9226 Ozere, Samuel V. Conservation and freedom of the sea. **(Erhaltung und Freiheit des Meeres.)** Western Fisheries **64** (1962) Nr. 4. S. 34–38, 42–45.

In der Arbeit wird eine Erklärung wiedergegeben, die anläßlich der Jahresversammlung der Vereinigung der Hochseefischer in Amherst, Nova Scotia, vom Vf. als Vertreter des Fischerei-Ministeriums Kanadas abgegeben wurde. Sie behandelt Probleme, die sich aus der fischereilichen Ausnutzung der Meere ergeben. Es wird eingegangen auf die Bedeutung der Fischereikonventionen, auf die rechtlichen Grundlagen des Fischfanges auf hoher See und die strittigen Fragen der Ausdehnung der Hoheitsgewässer.
K. Anwand. 6880.

L. FISCHEREILICHE WIRTSCHAFTSGEOGRAPHIE

3-64/04-9227 Brockstedt, H. **Die Fischereiwirtschaft anderer Länder.** Jber. dtsch. Fischwirtsch. **1961** (hrsg. 1962) S. 299–306. – 8 Tab.
1961 stieg der Ertrag der Weltfischerei gegenüber dem Vorjahr um 3 Mill. t auf 41,16 Mill. t an, von denen die Hälfte aus Asien einschließlich der SU entfielen. Der überwiegende Teil der Fänge (23,6 Mill. t) stammte aus den Meeresgebieten der nördlichen Halbkugel. Die Heringsartigen, Schellfischartigen und Süßwasserfische waren die fischereilich wichtigsten Artengruppen. Zu den Ländern mit dem größten Fischaufkommen zählten Japan, Peru, China, SU, USA, Norwegen und Spanien. Die Produktion an getrockneten, gesalzenen und geräucherten Fischen betrug 2,8 Mill. t, an Konserven 1,6 Mill. t und an Fischmehl und Solubles 2,4 Mill. t. K. Anwand. 6890.

3-64/04-9228 Manea, Gh. I. Cîteva date privind situaţia piscicolă din Elveţia. **(Einige Daten über die fischereiliche Situation in der Schweiz.)** Bul. Inst. Cercetări Proiectări piscicole **20** (1961) Nr. 4. S. 87–92. – 3 Abb., 5 Tab., Zus. in Russ., Franz.
Es werden Angaben über die Fischwirtschaft der Schweiz auf Grund von Informationen anläßlich eines Besuches in dem Kantonalen Lab. für Hydrobiol. in Zürich und der Bundes-Fischerei-Inspektion von Bern gemacht. Sie beziehen sich auf die Fischarten, die die Gewässer der Schweiz bevölkern, auf den Prozentsatz der Beteiligung der wichtigsten Fischarten an der fischereilichen Gesamtproduktion, auf die Besiedlung der Schweizer Gewässer in den letzten 80 Jahren, auf die Ein- und Ausfuhr von Fischen und Fischprodukten und auf den Fischkonsum in der Schweiz. E. Amlacher. 6890.

Redaktionsschluß: 10. 1. 1964

Herausgeber: Deutsche Demokratische Republik · Deutsche Akademie der Landwirtschaftswissenschaften zu Berlin, Institut für Landwirtschaftliche Information und Dokumentation, Berlin W 8, Krausenstraße 38/39; Fernsprecher: 22 51 61. Chefredakteur: Dr. Ursula Wittbrodt, stellvertretender Chefredakteur: Dr. Werner Kleeberg, Berlin W 8, Krausenstraße 38/39; Fernsprecher: 22 51 61. Redaktion der Abteilung III – Tierzucht · Tierernährung · Fischerei: Dr. Hans Dieter Hennig, Dr. habil. Bernhard Piatkowski und Dr. Werner Steffens, Berlin W 8, Krausenstraße 38/39; Fernsprecher: 22 51 61. Verlag: Akademie-Verlag GmbH, Berlin W 8, Leipziger Straße 3–4; Fernsprecher: 22 04 41, Telex-Nr. 011773, Postscheckkonto: Berlin 350 21. Bestellnummer dieses Heftes: 1030 III – IX/4. Das Landwirtschaftliche Zentralblatt, Abt. Tierzucht · Tierernährung · Fischerei, erscheint monatlich. Einzelheft DM 20,–; einseitig bedruckte Ausgabe DM 24,–. Jahresbezugspreis DM 240,–; einseitig bedruckte Ausgabe DM 288,– einschl. Register, zuzüglich Porto- und Versandkosten. Gesamtherstellung: VEB Druckerei „Thomas Müntzer" Bad Langensalza. Veröffentlicht unter der Lizenznummer 1290 des Presseamtes beim Vorsitzenden des Ministerrates der Deutschen Demokratischen Republik.

Bei Fragen zur Produktsicherheit wenden Sie sich bitte an:
If you have any questions regarding product safety,
please contact:

Walter de Gruyter GmbH
Genthiner Straße 13
10785 Berlin
productsafety@degruyterbrill.com